296个精选网页元素赏析

500幅精彩页面赏析

安定

色彩搭配得当，会营造出安定舒适的感觉；色调不协调，人就会紧张烦躁；颜色太复杂，也会给人带来混乱。

#996600 R=153 G=102 B=0
#BEA34A R=190 G=164 B=58
#E7D09C R=231 G=206 B=156

#996600 R=153 G=102 B=0
#7D1F0A R=125 G=31 B=10
#E7D09C R=231 G=206 B=156

#7D1F0A R=125 G=31 B=10
#BEA34A R=190 G=164 B=58
#A07A4B R=160 G=122 B=75

#7D1F0A R=125 G=31 B=10
#006633 R=0 G=102 B=51
#A07A4B R=160 G=122 B=75

#33336A R=51 G=51 B=106
#006633 R=0 G=102 B=51
#E7E6B7 R=230 G=230 B=182

#33336A R=51 G=51 B=106
#7D1F0A R=125 G=31 B=0
#E7D09C R=231 G=208 B=158

#E7E6B7 R=230 G=230 B=182
#33336A R=51 G=51 B=106
#68688C R=104 G=104 B=140

#33336A R=51 G=51 B=106
#BEA43A R=190 G=164 B=58
#E7E6B7 R=230 G=230 B=182

冲击力强

红、黄等暖色调以及对比强烈的色彩，对人的视觉冲击力强，给人以兴奋感，使人对页面产生兴趣。

#B20000 R=178 G=178 B=0
#000000 R=0 G=0 B=0
#FFFFFF R=255 G=255 B=255

#000080 R=0 G=0 B=128
#000000 R=0 G=0 B=0
#FFFFFF R=255 G=255 B=255

#B20000 R=178 G=178 B=0
#CCCCCC R=204 G=204 B=204
#FFFFFF R=255 G=255 B=255

#000080 R=0 G=0 B=128
#CCCCCC R=204 G=204 B=204
#FFFFFF R=255 G=255 B=255

#B20000 R=178 G=178 B=0
#FFCC00 R=255 G=204 B=0
#000000 R=0 G=0 B=0

#000080 R=0 G=0 B=128
#FFCC00 R=255 G=204 B=0
#000000 R=0 G=0 B=0

#B20000 R=178 G=178 B=0
#B00000 R=128 G=0 B=0
#000000 R=0 G=0 B=0

#000080 R=0 G=0 B=128
#66AE65 R=102 G=166 B=229
#000000 R=0 G=0 B=0

厚重

画面色彩厚重会突出页面深厚的底蕴和具有冲击的唯美效果。抢人眼目的西洋画一般采用厚重的色彩。

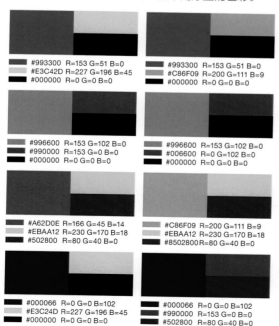

#993300 R=153 G=51 B=0
#E3C42D R=227 G=196 B=45
#000000 R=0 G=0 B=0

#993300 R=153 G=51 B=0
#C86F09 R=200 G=111 B=9
#000000 R=0 G=0 B=0

#996600 R=153 G=102 B=0
#990000 R=153 G=0 B=0
#000000 R=0 G=0 B=0

#996600 R=153 G=102 B=0
#006600 R=0 G=102 B=0
#000000 R=0 G=0 B=0

#A62D0E R=166 G=45 B=14
#EBAA12 R=230 G=170 B=18
#502800 R=80 G=40 B=0

#C86F09 R=200 G=111 B=9
#EBAA12 R=230 G=170 B=18
#8502800 R=80 G=40 B=0

#000066 R=0 G=0 B=102
#E3C24D R=227 G=196 B=45
#000000 R=0 G=0 B=0

#000066 R=0 G=0 B=102
#990000 R=153 G=0 B=0
#502800 R=80 G=40 B=0

华贵

橙色、大红、红褐色可以为淡雅的网页点燃激情，如同素色的空间里跳动的火焰，它可让网页更加华贵。

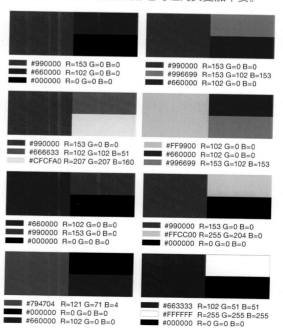

#990000 R=153 G=0 B=0
#660000 R=102 G=0 B=0
#000000 R=0 G=0 B=0

#990000 R=153 G=0 B=0
#996699 R=153 G=102 B=153
#660000 R=102 G=0 B=0

#990000 R=153 G=0 B=0
#666633 R=102 G=102 B=51
#CFCFA0 R=207 G=207 B=160

#FF9900 R=102 G=0 B=0
#660000 R=102 G=0 B=0
#996699 R=153 G=102 B=153

#660000 R=102 G=0 B=0
#990000 R=153 G=0 B=0
#000000 R=0 G=0 B=0

#990000 R=153 G=0 B=0
#FFCC00 R=255 G=204 B=0
#000000 R=0 G=0 B=0

#794704 R=121 G=71 B=4
#000000 R=0 G=0 B=0
#660000 R=102 G=0 B=0

#663333 R=102 G=51 B=51
#FFFFFF R=255 G=255 B=255
#000000 R=0 G=0 B=0

96种经典网页配色方案

艳丽

深红、橙色等大胆、明亮的颜色冲击着浏览者的眼球。用色大胆时尚，亮丽的辅助色也随处可见。

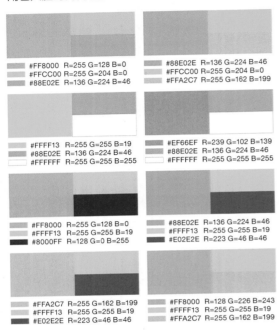

#FF8000 R=255 G=128 B=0
#FFCC00 R=255 G=204 B=0
#88E02E R=136 G=224 B=46

#88E02E R=136 G=224 B=46
#FFCC00 R=255 G=204 B=0
#FFA2C7 R=255 G=162 B=199

#FFFF13 R=255 G=255 B=19
#88E02E R=136 G=224 B=46
#FFFFFF R=255 G=255 B=255

#EF66EF R=239 G=102 B=139
#88E02E R=136 G=224 B=46
#FFFFFF R=255 G=255 B=255

#FF8000 R=255 G=128 B=0
#FFFF13 R=255 G=255 B=19
#8000FF R=128 G=0 B=255

#88E02E R=136 G=224 B=46
#FFFF13 R=255 G=255 B=19
#E02E2E R=223 G=46 B=46

#FFA2C7 R=255 G=162 B=199
#FFFF13 R=255 G=255 B=19
#E02E2E R=223 G=46 B=46

#FF8000 R=128 G=226 B=243
#FFFF13 R=255 G=255 B=19
#FFA2C7 R=255 G=162 B=199

刺激

大面积的跳跃色彩会刺激人的视觉。红色与黑色是最有力的色彩组合，充满刺激的快感和支配的欲念。

#CC0000 R=204 G=0 B=0
#FFCC00 R=255 G=204 B=0
#FFFFFF R=255 G=255 B=255

#FFFF00 R=255 G=255 B=0
#000000 R=0 G=0 B=0
#FFFFFF R=255 G=255 B=255

#0000FF R=0 G=0 B=255
#FFCC00 R=255 G=204 B=0
#FFFFFF R=255 G=255 B=255

#FF00FF R=255 G=0 B=255
#000000 R=0 G=0 B=0
#FFFFFF R=255 G=255 B=255

#CC0000 R=204 G=0 B=0
#FFCC00 R=255 G=204 B=0
#000000 R=0 G=0 B=0

#0000FF R=0 G=0 B=255
#FFFF00 R=255 G=255 B=0
#000000 R=0 G=0 B=0

#FF00FF R=255 G=0 B=255
#FFFF00 R=255 G=255 B=0
#FFFFFF R=255 G=255 B=255

#FF00FF R=255 G=0 B=255
#000000 R=0 G=0 B=0
#FFFF00 R=255 G=255 B=0

女性

紫色、粉红色、淡绿色都是具有女性感觉的色彩，能给人带来柔和、亲切、浪漫的体验。

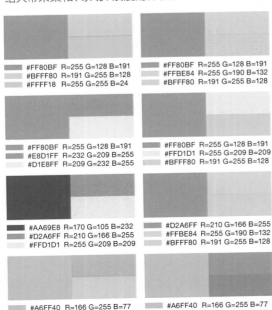

#FF80BF R=255 G=128 B=191
#BFFF80 R=191 G=255 B=128
#FFFF18 R=255 G=255 B=24

#FF80BF R=255 G=128 B=191
#FFBE84 R=255 G=190 B=132
#BFFF80 R=191 G=255 B=128

#FF80BF R=255 G=128 B=191
#E8D1FF R=232 G=209 B=255
#D1E8FF R=209 G=232 B=255

#FF80BF R=255 G=128 B=191
#FFD1D1 R=255 G=209 B=209
#BFFF80 R=191 G=255 B=128

#AA69E8 R=170 G=105 B=232
#D2A6FF R=210 G=166 B=255
#FFD1D1 R=255 G=209 B=209

#D2A6FF R=210 G=166 B=255
#FFBE84 R=255 G=190 B=132
#BFFF80 R=191 G=255 B=128

#A6FF40 R=166 G=255 B=77
#FF9900 R=255 G=153 B=0
#BFFF80 R=191 G=255 B=128

#A6FF40 R=166 G=255 B=77
#FF80BF R=255 G=128 B=191
#ACACFF R=172 G=172 B=255

儿童

孩子喜欢热烈、饱满、鲜艳的色彩。鲜艳的色彩除了能吸引儿童的目光，还能刺激儿童视觉发育。

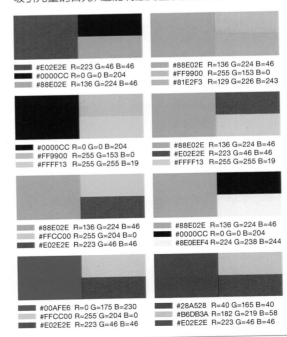

#E02E2E R=223 G=46 B=46
#0000CC R=0 G=0 B=204
#88E02E R=136 G=224 B=46

#88E02E R=136 G=224 B=46
#FF9900 R=255 G=153 B=0
#81E2F3 R=129 G=226 B=243

#0000CC R=0 G=0 B=204
#FF9900 R=255 G=153 B=0
#FFFF13 R=255 G=255 B=19

#88E02E R=136 G=224 B=46
#E02E2E R=223 G=46 B=46
#FFFF13 R=255 G=255 B=19

#88E02E R=136 G=224 B=46
#FFCC00 R=255 G=204 B=0
#E02E2E R=223 G=46 B=46

#88E02E R=136 G=224 B=46
#0000CC R=0 G=0 B=204
#8E0EEF4 R=224 G=238 B=244

#00AFE6 R=0 G=175 B=230
#FFCC00 R=255 G=204 B=0
#E02E2E R=223 G=46 B=46

#28A528 R=40 G=165 B=40
#B6DB3A R=182 G=219 B=58
#E02E2E R=223 G=46 B=46

干净

以淡色为主色调的配色方案显得纯洁无瑕、一尘不染，可以呈现出朴素、淡雅、干净的感觉。

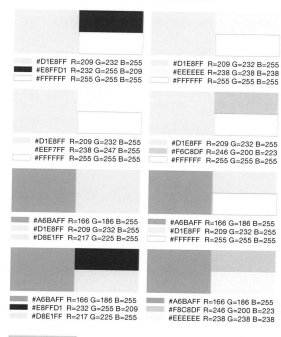

#D1E8FF R=209 G=232 B=255
#E8FFD1 R=232 G=255 B=209
#FFFFFF R=255 G=255 B=255

#D1E8FF R=209 G=232 B=255
#EEEEEE R=238 G=238 B=238
#FFFFFF R=255 G=255 B=255

#D1E8FF R=209 G=232 B=255
#EEF7FF R=238 G=247 B=255
#FFFFFF R=255 G=255 B=255

#D1E8FF R=209 G=232 B=255
#F6C8DF R=246 G=200 B=223
#FFFFFF R=255 G=255 B=255

#A6BAFF R=166 G=186 B=255
#D1E8FF R=209 G=232 B=255
#D8E1FF R=217 G=225 B=255

#A6BAFF R=166 G=186 B=255
#D1E8FF R=209 G=232 B=255
#FFFFFF R=255 G=255 B=255

#A6BAFF R=166 G=186 B=255
#E8FFD1 R=232 G=255 B=209
#D8E1FF R=217 G=225 B=255

#A6BAFF R=166 G=186 B=255
#F8C8DF R=246 G=200 B=223
#EEEEEE R=238 G=238 B=238

清爽

淡绿、淡紫等浅色调给人带来清爽的感觉。朦胧的雪纺颜色是营造飘逸清爽感觉的首选。

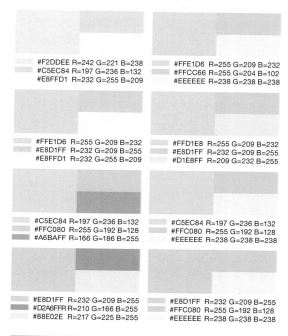

#F2DDEE R=242 G=221 B=238
#C5EC84 R=197 G=236 B=132
#E8FFD1 R=232 G=255 B=209

#FFE1D6 R=255 G=209 B=232
#FFCC66 R=255 G=204 B=102
#EEEEEE R=238 G=238 B=238

#FFE1D6 R=255 G=209 B=232
#E8D1FF R=232 G=209 B=255
#E8FFD1 R=232 G=255 B=209

#FFD1E8 R=255 G=209 B=232
#E8D1FF R=232 G=209 B=255
#D1E8FF R=209 G=232 B=255

#C5EC84 R=197 G=236 B=132
#FFC080 R=255 G=192 B=128
#A6BAFF R=166 G=186 B=255

#C5EC84 R=197 G=236 B=132
#FFC080 R=255 G=192 B=128
#EEEEEE R=238 G=238 B=238

#E8D1FF R=232 G=209 B=255
#D2A6FF R=210 G=166 B=255
#88E02E R=217 G=225 B=255

#E8D1FF R=232 G=209 B=255
#FFC080 R=255 G=192 B=128
#EEEEEE R=238 G=238 B=238

轻快

有如初夏第一抹最轻快的色彩，每一个明快的色调和每一次心情的飞扬都是青春的绽放。

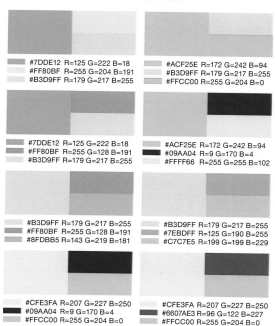

#7DDE12 R=125 G=222 B=18
#FF80BF R=255 G=204 B=191
#B3D9FF R=179 G=217 B=255

#ACF25E R=172 G=242 B=94
#B3D9FF R=179 G=217 B=255
#FFCC00 R=255 G=204 B=0

#7DDE12 R=125 G=222 B=18
#FF80BF R=255 G=128 B=191
#B3D9FF R=179 G=217 B=255

#ACF25E R=172 G=242 B=94
#09AA04 R=9 G=170 B=4
#FFFF66 R=255 G=255 B=102

#B3D9FF R=179 G=217 B=255
#FF80BF R=255 G=128 B=191
#8FDBB5 R=143 G=219 B=181

#B3D9FF R=179 G=217 B=255
#7EBDFF R=125 G=190 B=255
#C7C7E5 R=199 G=199 B=229

#CFE3FA R=207 G=227 B=250
#09AA04 R=9 G=170 B=4
#FFCC00 R=255 G=204 B=0

#CFE3FA R=207 G=227 B=250
#6607AE3 R=96 G=122 B=227
#FFCC00 R=255 G=204 B=0

自然

青山绿水、蓝天白云、金黄的麦浪、碧绿的草原、冉冉升起的红日、皑皑的白雪　绘成一个自然的世界。

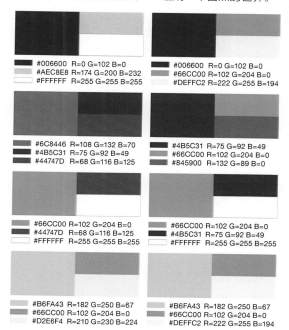

#006600 R=0 G=102 B=0
#AEC8E8 R=174 G=200 B=232
#FFFFFF R=255 G=255 B=255

#006600 R=0 G=102 B=0
#66CC00 R=102 G=204 B=0
#DEFFC2 R=222 G=255 B=194

#6C8446 R=108 G=132 B=70
#4B5C31 R=75 G=92 B=49
#44747D R=68 G=116 B=125

#4B5C31 R=75 G=92 B=49
#66CC00 R=102 G=204 B=0
#845900 R=132 G=89 B=0

#66CC00 R=102 G=204 B=0
#44747D R=68 G=116 B=125
#FFFFFF R=255 G=255 B=255

#66CC00 R=102 G=204 B=0
#4B5C31 R=75 G=92 B=49
#FFFFFF R=255 G=255 B=255

#B6FA43 R=182 G=250 B=67
#66CC00 R=102 G=204 B=0
#D2E6F4 R=210 G=230 B=224

#B6FA43 R=182 G=250 B=67
#66CC00 R=102 G=204 B=0
#DEFFC2 R=222 G=255 B=194

000000	003300	006600	009900	00CC00	00FF00	330000	333300	336600	339900	33CC00	33FF00
000033	003333	006633	009933	00CC33	00FF33	330033	333333	336633	339933	33CC33	33FF33
000066	003366	006666	009966	00CC66	00FF66	330066	333366	336666	339966	33CC66	33FF66
000099	003399	006699	009999	00CC99	00FF99	330099	333399	336699	339999	33CC99	33FF99
0000CC	0033CC	0066CC	0099CC	00CCCC	00FFCC	3300CC	3333CC	3366CC	3399CC	33CCCC	33FFCC
0000FF	0033FF	0066FF	0099FF	00CCFF	00FFFF	3300FF	3333FF	3366FF	3399FF	33CCFF	33FFFF
660000	663300	666600	669900	66CC00	66FF00	990000	993300	996600	999900	99CC00	99FF00
660033	663333	666633	669933	66CC33	66FF33	990033	993333	996633	999933	99CC33	99FF33
660066	663366	666666	669966	66CC66	66FF66	990066	993366	996666	999966	99CC66	99FF66
660099	663399	666699	669999	66CC99	66FF99	990099	993399	996699	999999	99CC99	99FF99
6600CC	6633CC	6666CC	6699CC	66CCCC	66FFCC	9900CC	9933CC	9966CC	9999CC	99CCCC	99FFCC
6600FF	6633FF	6666FF	6699FF	66CCFF	66FFFF	9900FF	9933FF	9966FF	9999FF	99CCFF	99FFFF
CC0000	CC3300	CC6600	CC9900	CCCC00	CCFF00	FF0000	FF3300	FF6600	FF9900	FFCC00	FFFF00
CC0033	CC3333	CC6633	CC0033	CCCC33	CCFF33	FF0033	FF3333	FF6633	FF9933	FFCC33	FFFF33
CC0066	CC3366	CC6666	CC9966	CCCC66	CCFF66	FF0066	FF3366	FF6666	FF9966	FFCC66	FFFF66
CC0099	CC0099	CC6699	CC9999	CCCC99	CCFF99	FF0099	FF3399	FF6699	FF9999	FFCC99	FFFF99
CC00CC	CC33CC	CC66CC	CC99CC	CCCCCC	CCFFCC	FF00CC	FF33CC	FF66CC	FF99CC	FFCCCC	FFFFCC
CC00FF	CC33FF	CC66FF	CC99FF	CCCCFF	CCFFFF	FF00FF	FF33FF	FF66FF	FF99FF	FFCCFF	FFFFFF

制作"湖心鱼"网站

▶ 配色方案

■ 316E38	479949	FFFFFF
EEEAEB	E8632E	2C728A
FFFFFF	4BBEF0	A6E307
F9E99E	FFFFFF	F59F9E
■ 174B95	FFFFFF	A6B6C6

▶ 首页设计效果

▶ 内页设计效果

   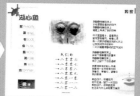

制作"周生生珠宝"网站

▶ 配色方案

54C1C3	CBDEED	6C7081
2E9EFB	CBDEED	6C7081
CBDEED	EECC88	EEBB66
54C1C3	CBDEED	6C7081

▶ 首页设计效果

▶ 内页设计效果

 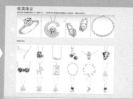 

▼ 设置"百盛网"页面的meta信息

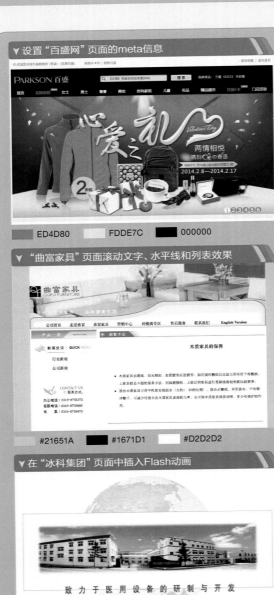

ED4D80   FDDE7C   000000

▼ "曲富家具"页面滚动文字、水平线和列表效果

#21651A   #1671D1   #D2D2D2

▼ 在"冰科集团"页面中插入Flash动画

#B6A769   #A7D442   #AFC0CD

▼ 在"哈量集团"页面中制作嵌套表格

#0094A5   #ABD9D8   #F3F3F3

▼ 为"仙踪林"页面设置排版的图像参照

ECE8DF   8EA938   908134

▼ 在"友兰集团"页面插入图像并制作鼠标交换效果

#005EB9   #7FBCF1   #ff0000

▼ 在"娃哈哈"页面制作ie和safari平台下的视频效果

#B00000   #577EA2   #FFFFD7

▼ 在"卡默森"页面中使用表格排版

#FF8C34   #EA4321   #E6E6E6

▼ 创建"21Cake"页面文本图像链接和锚点链接

forget Tiramisu 新玛斯卡彭-咖啡味芝士蛋糕

Strawberry Fool 卡百利

Bailey's Love Triangle 百利甜情人

FFFDDE   E2E2E2   E98D2E

▼ 创建"华美倚兰"页面多种形式的链接

4BBEF6   FEECB1   FFFFFF

▼ 在"丹超实业"页面中制作表单

E4E4E4   88CA27   2A9AFB

▼ 使用CSS美化"重庆建设"页面

DD412B   621D12   DDDDDD

▼ 使用Div+CSS结构布局"TCL多媒体"页面

868A91   51BCB9   18234C

▼ 创建"合肥博旷"页面中的内联框架结构

E7E0D1   F4B140   FFFFFF

▼ 将"重庆建工"页面制作成模板并应用

E3F3FE   45AEF2   FFFFFF

▼ 创建"雪恩体育"页面库项目

226DBB   F49D31   A5B4C6

▼ 在"湖心鱼"页面中制作飘落的雪花效果

174B95　　FFFFFF　　E0422C

▼ 在页面中制作弹出窗口和关闭窗口效果

1373E5　　9DB41D　　F8DB90

▼ 在页面中制作弹出窗口和关闭窗口效果

FBCC33　　0367CB　　DBD2CF

▼ 制作"IKEA"页面的显示文本效果

CCCDD2　　DB402C　　FFFFFF

▼ 制作"爱在家庭"页面的插件检测与动态菜单效果

1C5AA4　　EA452E　　FFFFFF

▼ 制作"丹中工业门"页面的表单确认效果

9DC4F3　　7A7A7A　　FFFFFF

▼ "找寻属于自己不一样的香港"移动设备网页

FBE476　　CAE0AA　　242424

▼ 在"东易日盛装饰"页面中制作动态模块

000000　　A5D2BE　　D99A2A

▼ 网站Logo

▼ 经典蓝色图标

▼ 魔幻风格网站首页

▼ 手机界面

▼ 可爱风格购物网站

▼ 视觉艺术网站首页

▼ 汽车网站首页

▼ 时尚网站首页

▼ 护肤品网站首页

▼ 手机网站设计

▼ 游戏网站首页

▼ 卡通网站首页

▼ 心情日历面板
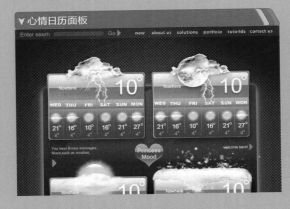

▼ 时尚播放器
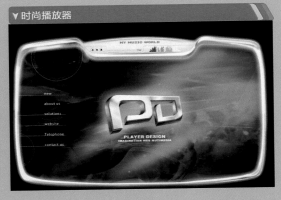

▼ 旅游公司网页设计

▼ 汽车网页设计

▼ 休闲娱乐网页设计

▼ 服饰网站界面

▼ 怀旧复古风

▼ 金属播放器

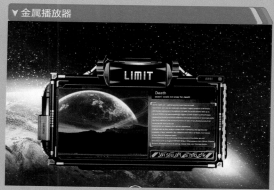

▼ 可爱网页界面

▼ 个人主页网站设计

▼ 化妆品网站设计

▼ 牛仔服饰网站设计

▼ 食品网站设计

▼ 首饰网站设计

▼ 游戏网站设计

▼ 个性网页

▼ 时尚购物网页

▼ 设计企业展示网站

▼ 切割输出网站主页

▼ 制作弹出广告

中国青年出版社精品计算机图书系列

Dreamweaver CC

中文版从入门到精通

胡崧　张晶　徐晔／编著

中国青年出版社
CHINA YOUTH PRESS　中青雄狮

侵权举报电话

全国"扫黄打非"工作小组办公室　　　　　中国青年出版社
010-65233456 65212870　　　　　　　　010-59521012
http://www.shdf.gov.cn　　　　　　　　　E-mail: cyplaw@cypmedia.com
　　　　　　　　　　　　　　　　　　　　MSN: cyp_law@hotmail.com

图书在版编目（CIP）数据

Dreamweaver CC 中文版从入门到精通 / 胡崧，张晶，徐晔编著．— 北京: 中国青年出版社，2014.6

ISBN 978-7-5153-2488-3

I.①D… II.①胡… ②张… ③徐… III.①网页制作工具 IV.①TP393.092

中国版本图书馆 CIP 数据核字（2014）第 116418 号

Dreamweaver CC中文版从入门到精通

胡崧　张晶　徐晔　编著

出版发行：中国青年出版社

地　　址：北京市东四十二条 21 号

邮政编码：100708

电　　话：（010）59521188 / 59521189

传　　真：（010）59521111

企　　划：北京中青雄狮数码传媒科技有限公司

责任编辑：张海玲

封面制作：六面体书籍设计　孙素锦

印　　刷：北京虎彩文化传播有限公司

开　　本：787×1092　1/16

印　　张：36.5

版　　次：2014 年 6 月北京第 1 版

印　　次：2019 年 8 月第 3 次印刷

书　　号：ISBN 978-7-5153-2488-3

定　　价：69.90 元（附赠 DVD，含语音视频教学＋海量素材）

本书如有印装质量等问题，请与本社联系　电话：（010）59521188 / 59521189

读者来信：reader@cypmedia.com

如有其他问题请访问我们的网站: www.cypmedia.com

"北大方正公司电子有限公司" 授权本书使用如下方正字体。

封面用字包括: 方正兰亭黑系列。

购买本书的三大理由

如何将枯燥的概念讲解得更加精彩？如何将最完美的创意表达得淋漓尽致？这是笔者在写作本书前一直思考的问题。根据自身多年从事网站设计及教学工作的经验，最终选择用小范例来诠释理论部分，提高读者的学习兴趣。每一章都从最简单的内容入手，慢慢深入，直到制作出高级页面效果，避免只讲定义的乏味与枯燥。本书将向您传达如下信息。

● 传授设计公司绝不会透露的设计秘诀。由具有多年网站开发和网页设计教学经验的专业网页设计师传授不可背离的网页设计原则，以及设计公司绝不会透漏的设计秘诀。

● 用代码说话，阐释枯燥的技术理论。114个代码解密让您真正理解实现该功能的后台支持理论，30个知识拓展开阔您的学习思路。

● 真实再现商业网站创建全过程。通过31个商业案例，对不同知识点进行实战操作，真实展现设计方法与技巧，满足实际工作的需要。

学完本书，您将学会如下内容

本书共20章，分为4篇，详细讲解了从创建站点到制作完整的商业网站的全过程。相信通过本书的学习，您一定能轻松设计出属于自己的个性网站。

基础入门篇（第1章~8章）：介绍了从网站策划到网页上传的完整流程，并对文本页面、图像页面、多媒体页面的简单制作方法，以及表格布局和页面链接的基本功能进行详细讲解。

高级页面制作篇（第9章~15章）：对表单、jQuery UI、CSS样式表、Div元素、框架、模板、库、JavaScript行为、创建移动设备网页和应用程序、jQuery Mobile等高级功能应用进行了全面解析。

动态网页与网站维护篇（第16章~18章）：介绍ASP、PHP、JSP源代码和SQL语言基础知识以及数据库的创建方法，讲解动态编程模块制作，以及网站维护与上传的相关知识。

综合案例篇（第19章~20章）：通过两个综合案例讲解个人网站页面和企业网站页面建设的全过程，帮助读者了解利用软件各项功能制作完整商业作品。

赠送超值DVD光盘和电子书

本书光盘中提供了8小时视频教学和海量实用精美素材。这些素材包括1800个国内外经典网页欣赏、300多套经典国外网页模板、1700幅广告Banner欣赏、2500种广告Logo欣赏、3988幅最新网页素材图片、1800余个精美按钮图标等。另外，还赠送了HTML、CSS、JavaScript、jQuery、ASP语法以及网页配色知识电子书。相信无论是Dreamweaver初学者，还是网页设计从业人员，都可以通过学习本书有所收获，创作出更加精彩的个性网站。

本书在写作过程中力求严谨，由于时间有限疏漏之处在所难免，恳请广大读者予以批评指正。

作 者

阅读说明

　　本书采用双色印刷，在学习本书之前，请您先阅读下面的内容，了解本书的结构，从而更好地学习本书内容。

Unit序号
可在目录中快速找到您想要学习的内容。

代码解密
解密本节知识点用到的后台代码。

知识拓展
拓展学习本节知识点。

UNIT 04 初识Dreamweaver CC

　　Dreamweaver CC是一款集网页制作与网站管理于一身的所见即所得的网页编辑器，利用它可以轻松制作出跨越平台和浏览器限制的充满动感的网页。最新版本Dreamweaver CC提供直觉式的视觉效果界面，可用于建立及编辑网站，并提供与最新的网络标准相容性，同时对HTML5/CSS3和jQuery提供顶级的支持。

Dreamweaver CC的工作界面

　　启动Dreamweaver CC后，可以看到该软件的主界面。Dreamweaver CC的主界面由欢迎界面、菜单栏、文档窗口、属性面板、浮动面板以及站点管理窗口等组成。

① Dreamweaver CC主界面

❶ 菜单栏：通过执行菜单栏中的命令几乎可以完成所有操作，如果为了获得更大的工作空间而关闭浮动面板，菜单栏的作用就更加重要了。

代码解密 HTML实现的图像映射代码

　　创建图像映射的方式是使用<img>标签的usemap属性创建的，它要和对应的<map>和<area>标签同时使用。

　　为了让客户端图像映射能够正常工作，我们必须在文档的其他处包含一组坐标和URL，用它们来定义客户端图像映射的鼠标敏感区域和每个区域相对应的超链接，以便用户单击选择。可以将这些坐标和链接作为常规<a>标签或特殊的<area>标签的属性值；<area>说明集合或<a>标签都要包含在<map>及其结束标签</map>之间。<map>段可以出现在文档主体的任何位置。

　　下面的这段代码定义了图像映射、矩形热点区域及链接地址。

```
01 <img src="pic.jpg" usemap="#Map" border="0" height="300" width="685">
02 <map name="Map">
03 <area shape="rect" coords="116,6,170,25" href="index.htm">
...
04 </map>
```

<area>标签

　　这个标签为图像映射的某个区域定义坐标和链接，必需的coords属性定义了客户端图像映射中对鼠标敏感的区域的坐标。常用属性如下表所示。

属性	说明
coords	图像映射中对鼠标敏感的区域的坐标
shape	图像映射中区域的形状
href	指定链接地址

知识拓展 网站友情链接的应用

　　在实际应用中，很多网站建设者都喜欢直接引用友情网站上的图片URL，这样的图片要先经过加载才能显示，各个友情网站的访问速度不一样，整个表格都要等图片都下载完后才能显示出来，这样大大降低了网页的速度。因此，做友情链接时应尽量做到以下几点。

* 将所有链接放到同一个独立的分页中，然后在首页链接该页。
* 如果友情链接一定要出现在首页，请将链接所在的整个表格放到页面的最下方，因为页面是由上到下逐行显示的，将其放到页面的最下方，不会延迟其他内容的显示。

光盘路径
指示本案例的素材、最终文件和教学视频的保存位置。

实战案例
本书提供了多个中型实战案例，通过案例演练可以加深对理论知识的理解。

练习操作题
使用本章所学知识，进行操作练习。

参考网站
精选国内外优秀网站页面，供您欣赏和参考之用。

Let's go! 创建"华美倚兰"页面多种形式的链接

原始文件	Sample\Ch08\etolink\etolink.htm
完成文件	Sample\Ch08\etolink\etolink-end.htm
视频教学	Video\Ch08\Unit21

浏览器	IE	Chrome	Firefox	Opera	Apple Safari
是否支持	●	●	●	●	●

●完全支持 □部分支持 ※不支持

■ 背景介绍：前面已经学习了创建基本链接和锚点链接的方法。本例将介绍除了这些链接以外最常使用的电子邮件链接、音乐链接和下载链接的创建方法。

① 原始页面

kscq.rar　　ylzg.wma
② 提供的下载文件和音乐文件

1.创建电子邮件链接

　　打开原始文件，选择页面左侧的"联系我们"图像，添加电子邮件链接。在属性面板的"链接"文本框中输入"mailto:info@elanro.com"。

2.创建下载链接

　　为了创建可下载压缩文件的链接，单击文档中的"资料下载"图像后，在属性面板的"链接"文本框中输入"kscq.rar"。

DO IT Yourself 练习操作题

1.加入表单元素　　　　　　　　　⏱ 限定时间：30分钟

　　请使用创建表单知识为页面中加入复选框、单选按钮和菜单等表单元素。

Step BY Step（步骤提示）
1. 通过插入面板中插入表单。
2. 通过插入面板中插入表单对象。
3. 在属性面板中设置表单对象属性。

光盘路径
Exercise\Ch09\1\ex1.htm

① 初始页面　　　② 加入表单元素的页面

参考网站

* **colazionedamichy**：意大利的网页设计网站，页面中的图文搭配的比例恰到好处，技术上通过Dreamweaver CC的"CSS样式表"实现。

* **IBM**：IBM公司官网，页面中多种CSS样式的搭配，使得整体效果再上一个层次。技术上通过Dreamweaver CC的"CSS样式表"实现。

① http://www.colazionedamichy.it/work/

② http://www.ibm.com/us/en/

Contents

目 录

代码解密
实战案例
知识拓展

Chapter 04 页面的整体设置

Chapter 05 创建简单的图文页面

Chapter 06 创建多媒体网页

Chapter 07 使用表格布局页面

Chapter 08 页面中的链接功能

Part 02 高级页面制作篇

Chapter 09 创建表单页面

Chapter 10 利用CSS样式表修饰网页

Chapter 11 使用Div元素制作高级页面

Chapter 12 利用框架创建整洁的网页

Chapter 13 利用模板和库创建网页

Chapter 14 利用JavaScript行为创建特效网页

Chapter 15 创建移动设备网页和应用程序

Part 03 动态页面与网站维护篇

Chapter 16 动态网页编程基础

Chapter 17 动态编程模块制作

Chapter 18 网站维护与上传

Part 04 综合案例篇

Chapter 19 制作个人网站页面

Part

01

基础入门篇

Chapter

01

了解网页制作与
Dreamweaver CC

本章主要介绍了网页设计的基础知识，包括优秀网页的构成要素、网页编辑器、网页的制作流程等。Dreamweaver作为技术实现的软件，具有易学和易用的特点，即使是初学者，只要掌握了基础知识，也可以制作出精美的网页。

本章技术要点

Q：怎样根据屏幕分辨率设置页面尺寸？

A：最为普遍的方法是以1280像素×1024像素的屏幕分辨率为基准制作网页，但实际要传达信息部分以1024像素×768像素的屏幕分辨率为基准。

Q：Dreamweaver CC具备哪些新增功能？

A：DreamweaverCC新增了更加友善直观的视觉化CSS编辑工具，让Web开发者更快速地生成简洁的CSS代码；创新的jQuery UI Widget、Edge Web Fonts让文字更加鲜明；CSS3转换、jQuery和jQuery Mobile 支持以及对HTML5更完善的支持等。

网页与网页编辑器

网页实际上是一个 HTML 格式的文件，并通过网址（URL）来识别与存取，大家通过浏览器所看到的画面就是网页。网页是构成网站的基本元素，是承载各种网站应用的平台。另外，显示器分辨率决定着网页制作的尺寸，而了解和选择网页编辑器的重要性可以用"工欲善其事，必先利其器"来诠释。

优秀网页的要素

一个优秀的网页所要具备的要素是全方位和多方面的，从不断更新的网页内容到网页的色彩、版式、构图以及实现技术等都要考虑，本小节将仅从页面设计的角度总结优秀网页所要具备的要素或规避的问题。

1. 避免出现多个弹出窗口

弹出窗口大多出现在网页的主页面上，其目的是传达公告事件，但是弹出的窗口并不是越多越好。比如商业性的网站有时会同时出现多个弹出窗口，如果弹出窗口数量过多或反复出现，不仅给访问者带来诸多不便，甚至有可能会使访问者对该网站产生抵触情绪。

如果要通过弹出窗口传达某些内容，可以选择避免同时出现多个弹出窗口。将弹出窗口放置在不妨碍访问者视线的位置上，设置成弹出一次后不再反复出现在相关画面中的形式。

△ 网页中的弹出窗口

2. 在网页的任何位置都能轻易查找导航栏

网页的访问者都希望用最简捷方便的方式来查找信息，因此，不论访问者在当前网页的哪个位置，都要使他们能快速查找所需的内容。那些只有返回到主页面才可以跳转到其他页面的网页结构是存在欠缺的。在网站规模较大的时候，最好制作出清晰的网站结构图。

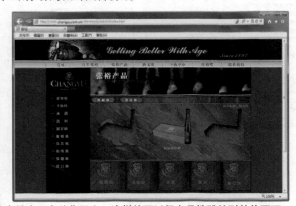

△ 不管网页跳转到网站的几级页面，设计者都要将导航栏始终安排在固定的位置上，这样就可以很容易地跳转到其他页面

3. 容易识别链接文本

在文本中应用链接时，为了使访问者容易识别，可设置成当光标进入链接文本区域时，在文本下方出现下划线或字体颜色发生变化的样式，从而使有链接的文本比其他文本更加突出。也可以设置成在光标未进入链接文本区域时就与普通文本的显示有明显区别的效果，使用户可以轻松地判断普通文本和链接文本。

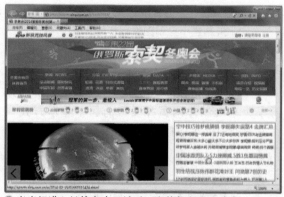

⬆ 当光标进入链接文本区域时，字体颜色发生改变

5. 考虑不同的用户环境

访问不同的网站时，会出现"建议使用Internet Explorer x.0以上的浏览器来浏览本网页"或"请您使用1280像素×1024像素的网页分辨率进行浏览"的提示。这就是说，只有访问者按照网页要求来设置电脑属性，才可以正常地查看该网页中的内容。

⬆ 搜索引擎网站是一种具有代表性的考虑了不同用户环境的网页

4. 尽量缩小文件大小

网页中除了图像还包括Flash动画、视频和音频等丰富的多媒体文件，访问者打开网页时，程序会将这些文件下载到电脑中，所以文件量越小的网页打开速度也越快。因此要尽量控制网页中的图像和多媒体文件的大小，保证文件质量最优化的设置。Dreamweaver可以显示预估的下载时间以帮助用户判断页面是否过于臃肿。

⬆ 在Dreamweaver中可以预先显示下载当前网页所需的时间

6. 重视访问者的意见

网络是可以进行交互式通信的空间，即并不是一个人独自呐喊，而是同其他人进行沟通的环境。如果网站中没有能反映访问者意见的空间，可能会导致访问者不再访问该网站。因此，最好制作一个能反映访问者意见或想法的公告论坛。

⬆ 以灵活的咨询方式广为告知的公告论坛

屏幕分辨率

　　制作网页时，如何设置网页的尺寸是人们最为困扰的问题之一。这是因为不同的访问者会使用不同的设备或不同大小的显示屏。一般功能手机屏常用的屏幕分辨率为320像素×480像素；智能手机屏常用的屏幕分辨率最低为480像素×800像素，最高可以达到1920像素×1080像素；平板电脑显示屏常用的屏幕分辨率为768像素×1024像素；17寸电脑显示器常用的屏幕分辨率为1024像素×768像素；19寸电脑显示器常用的屏幕分辨率为1280像素×1024像素。这里的数字表示的是显示器横向和纵向的像素（Pixel）数，如屏幕分辨率1024像素×768像素表示的是将显示器横向分成1024格、纵向分成768格以后，在各个格内分别赋予颜色从而形成图像。

> **TIP** 单纯就屏幕显示效果来说，分辨率和屏幕大小并不是一点关系没有。假设屏幕大小一定，那么分辨率越高屏幕显示就越清晰；相同的道理，假如分辨率一定，屏幕越小显示图像也就越清晰。

1. 为什么分辨率很重要？

　　在以1280像素×1024像素的屏幕分辨率为基准制作网页的时候，如果访问者的屏幕分辨率为1024像素×768像素，则在访问者的显示器上不能完整显示整个网页画面，而需要访问者自己在横向滚动操作，非常不便。因此，页面制作时应该以适当的屏幕分辨率为基准，从而使访问者可以更加便利地浏览网页。

2. 如何设置页面尺寸？

　　一种方法是以1024像素×768像素的屏幕分辨率为基准制作网页并设置为居中显示方式，在左右空白处可以插入背景色或标语广告等。

> **TIP** 不建议专门为宽屏显示器设置特别的页面尺寸，例如1440×960这样的比例，因为目前还有相当多非宽屏显示器的用户。

　🔺 游戏爱好者大部分都使用高配置系统，因此游戏网站的网页尺寸大都在1024像素×768像素以上

　🔺 网页内容排列到中间位置，屏幕分辨率影响较小

　　最为普遍的使用方法是以1280像素×1024像素的屏幕分辨率为基准制作网页，但实际要传达信息部分以1024像素×768像素的屏幕分辨率为基准。这种情况下，网页的两侧会出现空白，可以在空白处添加一些背景图像、背景色以及标语广告等内容。

> **TIP** 大多数网页在屏幕分辨率为1024像素×768像素时虽然看不到网页的左右两侧部分，但实际要传达的内容都体现在画面可视区域了，因此减少了访问者的滚动操作。

⚫ 屏幕分辨率为1024像素×768像素时虽然看不到网页的背景颜色，但已显示出所需的全部内容

⚫ 屏幕分辨率为1280像素×1024像素时可以看到网页的背景颜色

网页编辑器

网页编辑器是指设计网页并输入内容的相关操作工具，分为可以直接输入HTML代码的文本编辑器以及不熟悉HTML也可以轻松制作网页的WYSIWYG（所见即所得）编辑器。

1. 文本编辑器

Windows中的记事本作为最具有代表性的文本编辑器，可以通过输入HTML标签来制作网页。用记事本来制作网页时，要完全掌握HTML标签，通常适合具有丰富的网页制作经验的人士，它的缺点是输入时若有丝毫差错都可能导致错误。

所有的网页都是通过HTML来描述的，所以只要会使用HTML，就可以直接通过文本编辑器来制作网页。但是HTML标签种类繁多，记忆和书写起来都很费劲。所以直接编辑HTML代码只是网页制作的一种辅助方式。

2. WYSIWYG（所见即所得）编辑器

随着计算机技术的不断发展，出现了即使不熟悉HTML标签也可以制作网页的WYSIWYG [What You See Is What You Get（所见即所得）] 编辑器。WYSIWYG编辑器就像用Word来制作文件一样，只要输入内容就会自动生成HTML标签，任何人都可以轻松制作出网页，其缺点是在自动生成标签的过程中会添加一些不必要的标签，使文件量变大。

目前，最常用的WYSIWYG编辑器就是本书要介绍的Dreamweaver CC。

⚫ 在记事本中输入HTML标签来制作网页

TIP 在HTML专用编辑器中即使输入错误HTML标签，也会出现提示修改的相关标记，因此可以更加容易地制作网页。但是，HTML专用编辑器同样需要在掌握HTML标签后才可以使用。

网页制作流程

制作网站时，首先要考虑本网站的主题，然后根据主题来制作演示图板，并准备各个网页上要插入的文字、图像、多媒体文件等所需元素，这些都准备好以后就可以开始制作网页了。本小节将详细介绍网页的制作流程。

网站策划

网站界面是人机之间的信息交互界面。交互是一个结合计算机科学、美学、心理学和人机工程学等学科领域的行为，其目标是促进设计，执行和优化信息与通信系统以满足用户的需要。如果想制作出合格的网页，最先要考虑的是网页的理念，也就是要决定网页的主题以及构成方式等内容。如果在不经过策划直接进入制作阶段，可能会导致网页结构混乱、操作加倍等各种各样的问题，合理地策划会大幅度缩短制作网页的时间。

1. 确定网站主题

策划网站时，首先需要确定的是网站的主题。一般的商业性网站都会体现企业本身的理念，制作网页时可根据这种理念来进行设计；对于个人网站，则需要考虑下面几个问题。

- 网站的目的：制作网站之前首先要想清楚为什么要制作网站。根据制作网站的理由及目的决定网站的性质。例如，想把自己所掌握的信息传达给其他人的时候，可以制作讲座性的网站；想和其他人一起分享个人兴趣的时候，可以制作社团性的网站。
- 网站的有益性：即使是个人网站，也需要为访问者提供有利的信息或能够作为互相交流意见的空间，在自己掌握的信息不充分的时候，可以从访问者收集到一些有用的信息。
- 更新与否：可以说网站的生命力体现在更新的频率上，如果不能经常更新，可以采用在公告栏中公布最近信息的方法，多与访问者进行意见交流。

2. 预测访问者

确定了网站的主题以后，还需要再预测一下访问者的群体。例如，教育性网站的对象可以是儿童，也可以是成人。如果以儿童为对象，最好使用活泼可爱的风格来设计页面，同时要采用比较单纯的结构，若为了查看一个文件而设置多个插件，往往会使访问者转入到其他网站。因此，明确网站的访问对象以后，才可以确定设计形式。

▲ 针对儿童的教育性网站

▲ 针对成人的教育性网站

3. 绘制演示图板以及流程图

确定了网站主题和所针对的访问者以后，就要划分栏目了，主要考虑的是分为几个栏目，各栏目是否再设计子栏目，若设计子栏目的话，共要设计几个问题。确定导航栏的时候，最好将相似内容的栏目合并起来，以"主栏目>子栏目>子栏目>子栏目"的形式细分，但要注意避免单击五六次才可以找到所需信息的情况，那样会给访问者带来诸多不便。

确定好栏目以后，再考虑网站的整体设计。简单地画出各页面中的导航栏位置、文本和图像的位置等，这种预先画出的页面结构称为演示图板。

完成演示图板后，需要再画出流程图。所谓流程图是指预先考虑网站访问者的移动流程所绘制的图。如果制作的是栏目不多的个人网站，则不需要过多考虑这些流程，如果制作的是主栏目和子栏目复杂地连接在一起的大型网站，需要在绘制流程图的同时考虑演示图板的栏目是否合适。

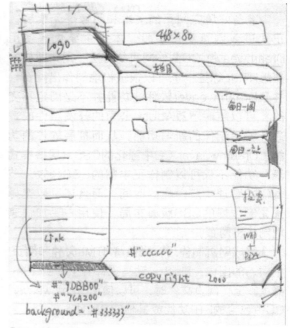

🔵 网页的演示图板

01 02 03 04 05 06 07 08

准备工作

确定了网站的性质和主题后，就可以开始准备进行网站设计所需要的内容了。

1. 准备填充网页的内容（文本）和其他元素（多媒体）

准备填充网页的文本和图像，根据需要有时候还要准备动画或Flash、音频、视频等。

2. 准备上传网站的空间

制作好网站中所需的全部文件后，下一步要准备上传这些文件的空间。为了使网页能够被访问者看到，应该将这些文件上传到服务器（Server）中。所谓服务器是指网络中能够为其他计算机提供某些服务的计算机系统，用户可以随时查看服务器上的文件。

例如，将自己制作的文件保存为index.html文件，需要将index.html文件和该文件中插入的图像、动画文件一起上传到服务器上才可以让其他人看到该文件。如果在www.huxinyu.com的服务器中上传index.html文件，就会生成www.huxinyu.com/index.html网址。访问者只要输入www.huxinyu.com/index.html就可以查看到index.html文件和它包含的图像、动画等文件。

> **TIP**　提供上传网页文件的服务器空间的服务称为"虚拟主机（Web Hosting）服务"。所谓虚拟主机也叫"网站空间"，就是把一台运行在互联网上的服务器划分成多个"虚拟"的服务器，每一个虚拟主机都具有独立的域名和完整的Internet服务器（支持WWW、FTP、E-mail等）功能。一台服务器上的不同虚拟主机是各自独立的，并由用户自行管理。但一台服务器主机只能够支持一定数量的虚拟主机，当超过这个数量时，用户将会感到性能下降。

制作及上传网页

　　准备好填充网页的文本和图像等元素后，正式进入网页制作阶段。本书主要讲解使用Dreamweaver CC制作网页的方法，用户即使不熟悉HTML标签，也可以很轻松地制作出网页，并且Dreamweaver软件的功能并不是固定不变的，可以随时下载Adobe公司的开发组件或普通开发者制作的新增功能，从而扩展软件的功能。Dreamweaver CC中强化的CSS（层叠样式表）功能不仅可以制作更丰富的CSS特效、节省CSS管理中所消耗的时间，而且还可以选择预先制作好的CSS版面布局，使用户更加快速地制作出网页。

　　完成网页制作后，需要将HTML文件和网页中插入的图像、Flash、动画文件等上传到服务器上。上传网页文件时，可以使用Dreamweaver CC中包含的FTP功能或其他FTP软件。

△ 用Dreamweaver CC制作网页

> **TIP** 只使用Dreamweaver CC的FTP功能时，最好使用FTP专用的软件，如WS_FTP或CUTEFTP等。如果制作的是个人网站，可以将HTML文件和插入的图像、动画等文件上传到可免费提供网站空间的服务器上；如果制作的是企业网站，则需要上传到提供企业公司服务的企业级服务器上。

△ 利用Dreamweaver CC的网站窗口向服务器上传文件

◉ 知识拓展　关于网页的版式和色彩设计

1. 网页的版式设计

　　网页的版式设计同报刊杂志等平面媒体的版式设计有很多共同之处，它在网页的艺术设计中占据着非常重要的地位。网页的版式设计要求在有限的屏幕空间上将视听多媒体元素进行有机的排列组合，将理性思维个性化地表现出来，是一种具有个人风格和艺术特色的视听传达方式，它在传达信息的同时也产生感官上的美感和精神上的享受。并且网页的版式比报刊杂志等平面媒体的版式在设计上应该更具功能性。

2. 网页的色彩设计

　　不同的内容搭配不同的网站色彩，只有使用了符合内容的色彩才能设计出成功的网页，杂乱无章的色彩堆砌不一定能提高艺术效果，简化色彩语言而加大色彩的表现力是色彩传达高层次的追求。色彩是网站设计工作中很难把握的重要因素，是确立网站风格的前提。通常开始网站设计工作时，首先要确定整个网站的色彩风格，这决定着网站给访问者的第一印象。

Dreamweaver CC的革命性变化

Dreamweaver CC是Adobe CC系列的最新产品之一。借助Dreamweaver CC软件可以快速、轻松地完成设计、开发、网站维护和Web应用程序的全过程。Dreamweaver CC是为设计人员和开发人员而构建的，相比较之前的Dreamweaver版本而言有了较大幅度的改进，下面详细讲解一下Adobe CC的革命性变化和Dreamweaver CC的新功能。

关于Adobe CC（Creative Cloud）

2013年6月，Adobe公司正式发布了Adobe CC（Creative Cloud）系列产品。Adobe已宣布放弃CS（Creative Suite）系列产品后，并由CC（Creative Cloud）系列产品代替。所有的Creative套件名称后都将加上"CC"（Creative Cloud），如Photoshop CC、InDesign CC、Illustrator CC、Dreamweaver CC以及Premiere Pro CC等。2003年，Adobe首次发布了制图与设计软件套装Creative Suite，而在10年以后的今天，已经发布了6版Creative Suite的Adobe决定彻底放弃这种套件，转而集中致力于开发Creative Cloud云服务。

相比CS系列产品，CC系列产品最大的特点便是改进了云服务功能，用户可在Mac OS、Windows、iOS和Android系统上通过Creative Cloud来储存、同步和分享创意文件。此外，Adobe CC系列产品还集成了全球领先的创意设计平台Behance，用户可以在这里展示作品、获得建议和反馈。

与CS系列不同的是，CC系列产品不会再有CS5、CS6这样的版本区别，而是统一的CC，用户将通过Creative Cloud来获取版本的更新，而不是购买新的安装包。除了提供新的更新模式，Creative Cloud还将为用户提供更多的云端服务，包括存储和在线助手等。对用户来说，想要获得新特性就必须进行这些更新。

Adobe已经决定，Fireworks不会包含在CC家族中，开发团队将专注于开发全新的工具来满足消费者的需求。这样做的主要原因是Fireworks、Photoshop、Illustrator、Edge Reflow之间在功能上有较多重叠。

◎ Adobe CC发布会现场

◎ Dreamweaver CC的启动界面

TIP 不过Fireworks CS6今后仍然可以使用，也可以购买，只是Adobe不再为其开发新的功能，今后只是提供必要的安全更新和Bug修复了。

Dreamweaver CC的新功能

　　Dreamweaver CC新增了更加友善直观的视觉化CSS编辑工具，让Web开发者更快速地生成简洁的CSS代码、创新的jQuery UI Widget、Edge Web Fonts让文字更加鲜明、CSS3转换、jQuery和jQuery Mobile支持以及对HTML5更完善的支持等。

> **TIP** HTML5是用于取代1999年所制定的HTML4.01和XHTML 1.0标准的HTML标准版本，现在仍处于发展阶段，但大部分浏览器已经支持某些HTML5技术。

1. HTML5元素支持

　　可以使用Dreamweaver CC在网页插入HTML5视频和HTML5音频。

　　针对可以在HTML5页面版面中插入的结构元素列表，Dreamweaver CC包括7个新结构标签：文章、侧边、章节、页眉、页脚、段落和标题。

◎ HTML5视频和音频支持

◎ HTML5结构支持

　　作为HTML5支持的一部分，Dreamweaver CC针对表单元素在属性面板上加入了新属性。此外，十余个新的表单元素也已引入到插入面板中的表单类别中。

　　HTML5中的画布元素是动态产生图形的容器。这些图形是在运行时间使用编写语言（例如 JavaScript）而建立的。Dreamewaver CC在插入面板中引入了画布元素。

◎ HTML5表单支持

◎ HTML5画布支持

2. Adobe Edge Animate整合

作为一套完整的Web动画开发工具,Adobe Edge Animate拥有直观的用户界面,强大的时间轴能够轻松制作关键帧动画,网页设计人员制作网页动画甚至简单游戏将变得极其方便。Adobe Edge Animate主要是通过HTML5、JavaScript、jQuery和CSS3制作跨平台、跨浏览器的网页动画,其生成的基于HTML5的互动媒体能更方便的通过互联网传输,特别是更兼容移动互联网。

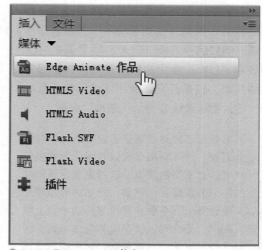

△ Adobe Edge Animate整合

Dreamweaver CC可以将Adobe Edge Animate文件(OAM)导入到网页中,会预设将OAM文件的内容放置在名称为"edgeanimate_assets"的文件夹。用户可以在"网站设定"对话框更改默认位置。

> **TIP** 网页动画格式一直是Flash的天下,但Flash动画是封闭格式而且有明显的问题,最主要是占用大量CPU,浪费电脑资源。随着HTML5标准的出现与普及,Flash的优点不再,而缺点却日益凸显,就连Adobe公司也宣布停止开发个人电脑平台以外的Flash,而专注于开发HTML5。Adobe认为HTML5对公司来说是一个机会,而Flash并非没有机会,两者是互补关系,比如在3D游戏方面Flash仍是不可或缺的工具(如Flash CS6)。在这种情势下,Adobe公司决定开发一个全新的网页多媒体创作工具:Adobe Edge Animate,目的是在浏览器互动媒体领域取代Flash平台。

3. Adobe Edge Web Fonts整合

网页一般给浏览器预设可以读取的字型种类不多,如果需要有更多变化,通常就是直接将部分文字直接以图形的方式来呈现,让文字能够多一点变化,不过后来渐渐的开始使用加载字体的方式,也就是额外加载,它更加丰富了网页呈现的文字样式,除了Google Web Fonts之外,Adobe现在也推出免费网页字型Edge Web Fonts可加载,速度不错而且很稳定,如果你的网页需要不一样的英文字型,可以直接套用网页字型,减少使用图片,也让网页有更多文字变化。

△ Adobe Edge Web Fonts整合

Dreamweaver CC可以同时将Adobe Edge 字体与网页字体新增到Dreamweaver的字体列表中。在字体列表里,Dreamweaver所支持的字体堆栈会先列在网页字体与Edge字体的前面。

> **TIP** Edge Web Font服务是Adobe在2012年收购的TypeKit的字体库和开放Google Web Fonts库做了统一整合后,嵌入在Edge Code中的一项扩展。

4. 流体网格布局增强功能

所有和流体网格布局有关的列表元素已移入插入面板的"结构"类别项目下，并引进了全新的选项，例如编号列表（OL）、项目列表（UL）与列表项（LI）。当用户建立使用流体网格布局技术的页面，或是开启了使用流体网格模板的页面时，插入面板默认会显示"结构"类别。

△ 流变格线版面增强

> **TIP** 网站版面必须对应其显示设备的尺寸并适当调整。流体网格布局以可视化方式供使用者建立不同的版面，以对应显示该网站的不同装置需要。例如，网站内容即将于桌面计算机、平板计算机与移动电话上供人阅览。用户可以使用流体网格布局，针对这些装置的个别需要指定对应版面。可以依照该网站内容显示在不同的平台，使用对应的版面。

5. FTP增强功能

保存时自动将文件上传到服务器的功能：这个选项可让档案上传到服务器，即使储存时仍有平行上传或下载程序正在进行。先前版本中的这个功能存在一些问题，经过修正之后，可以顺畅地执行。

在下载Business Catalyst网站时继续使用Dreamweaver选取"储存时自动上传档案到服务器"不会干扰用户在下载Business Catalyst网站时使用Dreamweaver。

Adobe ID密码对话框的增强功能：用户安装期间选取的Adobe ID会出现在这个对话框中。提供的选项可以储存用户的密码及撷取遗忘的密码。

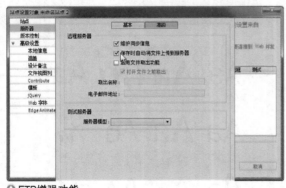

△ FTP增强功能

△ Adobe Business Catalyst官方网站

> **TIP** Adobe Business Catalyst是一个承载应用程序，它将传统的桌面工具替换为一个中央平台，供Web设计人员使用。Business Catalyst是一家于1997年成立的为互联网企业提供一站式服务，以满足其开发者对于独立工作平台需求的公司。2009年Adobe公司收购了Business Catalyst网络服务平台。该应用程序与Dreamweaver配合使用，允许用户构建任何内容，包括数据驱动的基本Web站点以及功能强大的在线商店。利用Dreamweaver与Adobe Business Catalyst服务之间的集成，无需编程即可实现卓越的在线业务。使用Dreamweaver中集成的Business Catalyst面板连接并编辑用户利用Adobe Business Catalyst建立的网站。

6. CSS设计工具增强

　　高度直觉化的视觉编辑工具，有助于产生简单明了的Web标准程序代码。用户可利用此工具快速地检视及编辑与特定内容（或页面元素）相关的样式。例如，只需按几下鼠标，即可套用渐层和方块阴影之类的属性。

　　在Dreamweaver CC之前的版本编辑CSS选取器的属性时，无法识别在页面上会受到变更影响的元素。现在使用实时反白标示，用户可以轻松识别页面上与CSS选取器相关联的元素。然后可以选择继续编辑属性，或者只要变更特定元素的属性，为该元素建立新的CSS选取器，然后编辑其属性即可。

　　另外，现在Dreamweaver中已包含CSS的快显储存与还原，以保留所有"编辑>新增/删除"工作流程中CSS设计工具面板的原始内容。

△ CSS设计工具增强

 TIP Dreamweaver将CSS属性变化制成动画过渡效果，使网页设计栩栩如生。在用户处理网页元素和创建优美效果时保持对网页设计的精准控制。

7. jQuery Widget增强

　　JQuery是继prototype之后又一个优秀的Javascript框架。它是轻量级的js库，它兼容CSS3，还兼容各种浏览器（IE 6.0+，FF 1.5+，Safari 2.0+，Opera 9.0+），jQuery2.0及后续版本将不再支持IE6/7/8浏览器。jQuery使用户能更方便地处理HTML documents、events、实现动画效果，并且方便地为网站提供AJAX交互。jQuery还有一个比较大的优势：它的文档说明很全，而且各种应用也说得很详细，同时还有许多成熟的插件可供选择。jQuery能够使用户的html页面保持代码和html内容分离，也就是说，不用再在html里面插入一堆js来调用命令了，只需定义id即可。

　　Dreamweaver CC添加了例如在文件中拖放折叠式、按钮、索引卷标和许多其他的jQuery Widget。利用jQuery效果可以让用户的网站更有趣也更吸引人。

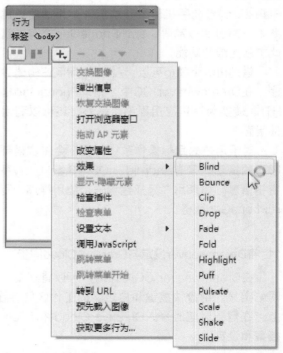

△ jQuery Widget增强

8. 拾色器增强

现在用户可以在使用Dreamweaver CC的CSS设计工具、资源面板和偏好设定等功能时，使用拾色器选取范围宽广的颜色。

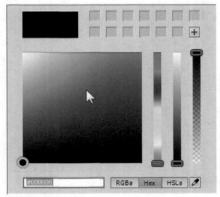

◢ 增强的拾色器

9. 程序代码检视的改进

插入点所在的行号现在会在程序代码检视、实时程序代码、设计视图、实时视图和程序代码窗口中反白标示。发生语法错误时，行号也会反白标示。

◢ 程序代码检视的改进

10. PhoneGap 工作流程的更新

PhoneGap是一个用基于HTML，CSS和JavaScript创建移动跨平台移动应用程序的快速开发平台。它使开发者能够利用iPhone，Android，Palm，Symbian，Windows Phone，和Blackberry智能手机的核心功能——包括地理定位，加速器，联系人，声音和振动等，此外PhoneGap拥有丰富的插件，可以以此扩展无限的功能。

借助PhoneGap可以为Android和iOS构建并封装本机应用程序。在Dreamweaver CC中，借助PhoneGap框架，可将现有的HTML转换为手机应用程序。另外，还可以利用提供的模拟器测试版面。

对于用户的目标操作系统，现在会依次需要收到输入密钥和密码的提示。只有Android、iOS与Blackberry系统需要用到签署密钥信息。如果用户只能建构一个应用程序，可能是因为尚未订阅PhoneGap服务。

◢ PhoneGap工作流程的更新

11. 将Dreamweaver设定与Creative Cloud同步

在Dreamweaver CC中，用户可以将档案、应用程序设定、网站定义、键盘快捷键和自定义的工作区储存在Creative Cloud上。在需要时随时登入Creative Cloud并从任何机器上存取这些档案和设定。

TIP　更多功能的详细讲解请查阅后面的章节。

◢ 将Dreamweaver设定与Creative Cloud同步

DO IT Yourself　练习操作题

1. 保存网页

⊙ 限定时间：5分钟

请使用浏览器保存http://www.huxinyu.cn/album_xianggang/index.html网页页面，并使用Dreamweaver打开这个网页。

◎ 使用浏览器保存网页

◎ 使用Dreamweaver CC打开网页

Step BY Step（步骤提示）

1. 使用浏览器保存页面。
2. 在Dreamweaver中打开文件。

光盘路径

Exercise\Ch01\1\ex1.htm

2. 分析网页的优缺点

⊙ 限定时间：10分钟

分别使用浏览器和Dreamweaver打开网页，并分析优缺点。

◎ 使用浏览器打开网页

◎ 使用Dreamweaver CC打开网页

Step BY Step（步骤提示）

1. 分析网页的功能特点。
2. 分析网页的设计特点。

光盘路径

Exercise\Ch01\2\ex2.htm

参考网站

• **中国美术馆**：中国美术馆是以收藏、研究、展示中国近现代艺术家作品为重点的国家造型艺术博物馆。中国美术馆收藏有近现代美术作品和民间美术作品6万余件。

◎ http://www.namoc.org/

• **798艺术网**：798艺术区原为国营798厂等电子工业的老厂区所在地。因当代艺术和798生活方式闻名于世。逐渐发展成为画廊、艺术中心、艺术家工作室、设计公司、餐饮酒吧等各种空间的聚合。

◎ http://www.bj798arts.com/index.html

Special page 页面设计中的常用软件

如果想要设计出精美的网页，可以为网页添加图像、按钮和动画等元素，但只用Dreamweaver软件很难将这一切准备得当。如果想认真学习页面设计，就应该学会下面介绍的几种软件。在掌握这些软件的基础上如果能再学习三维软件和网页程序设计语言，就可谓是"锦上添花"了。

- Dreamweaver CC：Dreamweaver是标准的所见即所得的网页制作软件，可以将在其他软件中制作的图像或动画、文本等合并到一起构成一个网页文件，是目前最受网页制作人员欢迎的软件。

- Photoshop CC：Photoshop是由Adobe开发和发行的图像处理软件。Photoshop主要处理以像素所构成的数字图像。使用其众多的编修与绘图工具，可以有效地进行图片编辑工作。平面设计是Photoshop应用最为广泛的领域，无论是图书封面、招帖、海报，这些平面印刷品都需要Photoshop软件对图像进行处理。另外，网络的普及促使更多人需要掌握Photoshop，因为在制作网页时Photoshop是必不可少的图像处理软件。

- Illustrator CC：Illustrator是一种应用于出版、多媒体和在线图像的工业标准矢量插画的软件，作为一款非常好的图片处理工具，Illustrator广泛应用于印刷出版、专业插画、多媒体图像处理和互联网页面的制作等，也可以为线稿提供较高的精度和控制，适合生产任何小型设计到大型的复杂项目。

- Flash CC：Flash是制作网页动画时必不可少的一款软件。有些网页会全部用Flash来制作，有些网页只有在菜单部分或值得强调的部分才使用Flash制作。Flash为创建数字动画、交互式Web站点、桌面应用程序以及手机应用程序开发提供了功能全面的创作和编辑环境。Flash广泛用于创建吸引人的应用程序，它们包含丰富的视频、声音、图形和动画。

△ Dreamweaver CC的工作界面

△ Photoshop CC的工作界面

△ Illustrator CC的工作界面

△ Flash CC的工作界面

Chapter
02

Dreamweaver
CC快速入门

本章重点介绍了Dreamweaver CC的基础知识，使用户对文档窗口、浮动面板和属性面板等有一个基本的认识。希望用户可以通过本章的学习熟练地掌握Dreamweaver CC的基本操作，以及如何显示面板、使用面板。

制作网页的根本目的就是为了制作一个完整的网站。因此，用户在使用Dreamweaver CC制作网页之前，应该先在本地计算机的硬盘上建立一个本地站点，以便控制站点结构，并系统管理站点中的每个文件。

本章技术要点

Q: **Dreamweaver中预览页面有哪几种方式？**

A: 包括使用浏览器预览、在Dreamweaver中实时预览和多屏预览3种方式。

Q: **怎样设置Dreamweaver CC的操作环境？**

A: 执行"编辑>首选项"命令，在打开的"首选项"对话框中即可设置Dreamweaver CC的操作环境。

初识Dreamweaver CC

　　Dreamweaver CC是一款集网页制作与网站管理于一身的所见即所得的网页编辑器，利用它可以轻松制作出跨越平台和浏览器限制的充满动感的网页。最新版本Dreamweaver CC提供直觉式的视觉效果界面，可用于建立及编辑网站，并提供与最新的网络标准相容性，同时对HTML5/CSS3和jQuery提供顶级的支持。

Dreamweaver CC的工作界面

　　启动Dreamweaver CC后，可以看到该软件的主界面。Dreamweaver CC的主界面由欢迎界面、菜单栏、文档窗口、属性面板、浮动面板以及站点管理窗口等组成。

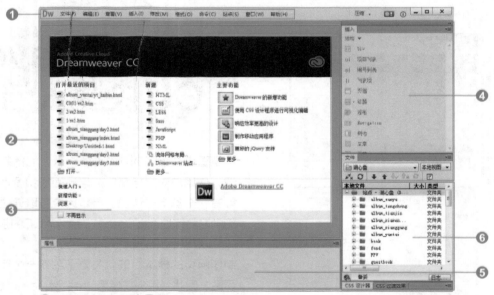

◎ Dreamweaver CC主界面

❶ **菜单栏**：通过执行菜单栏中的命令几乎可以完成所有操作，如果为了获得更大的工作空间而关闭浮动面板，菜单栏的作用就更加重要了。

❷ **文档窗口**：显示当前所创建和编辑的HTML文档内容。

❸ **欢迎界面**：集合了Dreamweaver CC启动时的常用功能及快捷操作。

❹ **浮动面板**：Dreamweaver CC以功能全面的工具集著称，如文件、行为和层等。为确保这些工具能发挥作用，每个工具都需要有自己的窗口和选项面板。但是，使用的工具越多，工作区就会变得越杂乱。为了减少单个窗口占用工作空间而又能不影响它们的功能，Dreamweaver采用了可停放的浮动面板。浮动面板是自定义化的，可以使用户实现对工作流程最大限度的控制。

❺ **属性面板**：显示文档窗口中所选元素的属性，并允许用户在该面板中对元素属性直接修改。选中的元素不同，属性面板中的参数也不同。如果选择图片，那么属性面板上将会显示所选图片的相应属性；如果选择表格，将会显示表格的相应属性。在默认情况下，属性面板中显示的是文字属性。

❻ **站点管理窗口**：管理站点中的所有文件和资源，包括站点上传、远程维护等功能。

文档的基本操作

1. 新建文档

新建HTML文档。在欢迎界面的"新建"区域单击HTML按钮。

输入文档信息。在文档窗口中输入文档内容，在文档窗口的标签栏上将会出现"Untitled-n"标签。

如果希望新建更多类型的页面，可以从主菜单中执行"文件>新建"命令，将打开"新建文档"对话框，在对话框中可以选择更多的文件类型。

△ 在文档窗口中输入内容

△ "新建文档"对话框

> **TIP** 在Dreamweaver CC中使用流体网格布局来创建能应对不同屏幕尺寸的最合适CSS布局。在使用流体网格生成网页时，布局及其内容会自动适应用户的查看装置（无论台式机、绘图板或智能手机）。这部分内容的详细讲解请参考后面的章节。

2. 保存文档

文档内容输入完毕后，执行"文件>保存"命令。在弹出的"另存为"对话框中设置保存位置和文件名称，单击"保存"按钮。

> **TIP** 在"另存为"对话框中保存文件时，输入文件名称后可以直接按下Enter键确认。如果没有另外指定文件类型，文件会自动保存为扩展名为html的网页文件，如果想以HTM的扩展名来保存网页文件，就必须在文件名称后面输入".htm"。

△ 输入文件名称后进行保存

> **TIP** 关闭文档时可以单击文档窗口标签栏右侧的"关闭"按钮，也可以在文档窗口上面的文档标签上单击鼠标右键，在弹出的快捷菜单中执行"关闭"命令。

3. 打开文档

从主菜单中执行"文件>打开"命令，然后从打开的对话框中选择要打开的网页文件即可。

预览页面

1. 预览

网页制作完成后，按下键盘上的F12键可以在浏览器中预览页面。

2. 实时预览

为了更快捷地制作页面，Dreamweaver CC提供了实时预览功能。"实时视图"与传统Dreamweaver"设计"视图的不同之处在于，它提供页面在某一浏览器中的非可编辑且更逼真的效果。在"设计"视图中随时可以切换到"实时视图"。

进入"实时视图"后"设计"视图变为不可编辑状态，"代码"视图保持可编辑状态，用户可以继续更改代码，然后刷新"实时视图"以查看所进行的更改是否生效。在处于"实时视图"时，可以使用"实时代码"选项。

3. 多平台预览

Dreamweaver中的多平台预览功能提供了当前编辑的页面在支持不同屏幕分辨率的设备上的显示效果预览。多平台预览支持以下屏幕类型：

- 功能手机（默认屏幕尺寸：240×300像素）
- 智能手机（默认屏幕尺寸：320×480像素、480×800像素）
- 平板电脑（默认屏幕尺寸：768×1024像素）
- 台式机（默认屏幕尺寸：1000×620像素、1260×875像素、1420×750像素、1580×1050像素）

◎ 使用"实时视图"功能

> **TIP** 如果用户知道作为目标的任何其它设备的尺寸，则可以为不同的设备指定不同的样式。例如，可以为索尼PSP创建480×272像素的屏幕尺寸。

◎ 多平台预览

📖知识拓展 用浏览器预览页面时的注意事项

在Dreamweaver CC中，按下F12键预览网页文件时会生成临时文件，自动在浏览器中显示临时网页文档内容。实际上，用户可以自己决定是否使用临时文件。所谓临时文件指的是在浏览器上为了显示文件内容而在Dreamweaver CC中临时进行保存的文件，在Windows资源管理器下文件名称开始为TMP。关闭Dreamweaver CC时，这些文件也会被自动删除。如果不使用这些临时文件，每次按下F12键，只有保存文档才可以用浏览器来查看。如果想在按下F12键时不保存文档直接在浏览器中查看，可以通过设置首选项实现。

- 执行"编辑>首选项"命令。
- 打开"首选项"对话框，在左侧的"分类"列表框中选择"在浏览器中预览"选项，在右侧的选项面板中勾选"使用临时文件预览"复选框，单击"确定"按钮。
- 完成设置后，在Dreamweaver CC中即使为了用浏览器来查看操作中的文档而按下F12键，也不会再弹出是否保存修改内容的相关提示框。

UNIT 05 创建本地站点

使用Dreamweaver制作网页首先要创建本地站点，只有创建本地站点才更容易制作网页并将网页文件上传到网页服务器上。定义本地站点后，在网页文件中插入图像、媒体文件或者保存、导入文件时，都会出现本地站点文件夹。

定义本地站点

通常情况下，用户将制作完成的网页文件上传到网页服务器后，访问者即可通过相关网址访问该网页。在上传文件的过程中如果弄错文件夹或文件的位置，网页就不能正常显示。为了避免这种情况，在制作网页之前先设置计算机的操作文件夹结构，使其与上传到网页服务器的网页结构一致，然后再进行操作。用户可以在自己的计算机上创建一个与上传到网页服务器上的网页结构完全相同的文件夹，即定义本地站点，这样不仅可以方便地创建或修改文件，而且也有助于管理文件中插入的图像或其他元素。

利用Dreamweaver可以在本地计算机上构建出整个站点的框架，对放置文档的文件夹进行合理分类和清楚地命名。如果已经构建了自己的站点，也可以利用Dreamweaver来编辑和更新现有的站点。

> **TIP** 创建本地站点的目的是在本地文件与Dreamweaver CC之间创建联系，这样可以通过Dreamweaver CC管理站点文件。本地站点文件夹中将会保存构成网页的文件以及图像和动画等组件的相关文件，如果将本地站点文件夹中的文件和文件夹以原结构上传到网页服务器上，就可以在网络上看到与自己计算机中操作效果完全相同的网页。

创建本地站点的方法十分简单。输入本地站点的名称后，只要指定保存网页文件的文件夹即可。创建本地站点的时候，需要用到"站点设置"对话框。执行"站点>管理站点"命令，打开"管理站点"对话框，单击"新建站点"按钮即可打开"站点设置"对话框。

在"站点设置"对话框中指定本地站点的名称、本地站点的文件夹和基本图像文件夹等，即可创建新的本地站点。

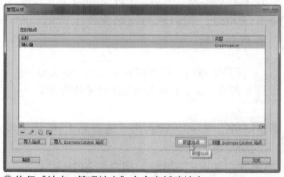

⬥ 执行"站点>管理站点"命令来新建站点

> **TIP** 打开Dreamweaver软件后，浮动面板可能会随意排列在工作区，有时会显得很杂乱，此时可以执行"窗口>工作区布局"子菜单命令，浮动面板即可根据需要整齐地排列。如果需要更大的工作空间，可以按下F4键，将浮动面板全部隐藏，再次按下F4键或执行"窗口>显示面板"命令，之前隐藏的面板又会在原来的位置上出现。

站点属性设置

在"站点设置"对话框中，可以对站点名称、服务器、图像和链接等属性进行设置。

1. 站点

❶ **站点名称**：设置站点的名称。

❷ **本地站点文件夹**：输入完整的路径名称，或者单击文件夹图标打开"选择根文件夹"对话框，选择文件路径后，单击"选择"按钮。

> **TIP** 如果不更改本地站点的文件夹路径，以后操作的所有网站文件都会保存到本地站点文件夹中。在Dreamweaver中都是以本地站点为基准制作所有操作环境，并自动进行修改。因此在操作前首先要创建本地站点。

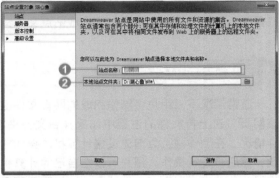

△ 站点设置

2. 服务器

在"服务器"选项面板中单击"添加新服务器"按钮，可以进行远程服务器的相关设置。在"基本"选项卡中各项参数含义如下。

❶ **服务器名称**：指定新服务器的名称。该名称可以是所选择的任何名称。

❷ **连接方法**：在设置远程文件夹时，必须为Dreamweaver选择连接方法，以将文件上传和下载到Web服务器中。一般采用FTP方式较多。

❸ **FTP地址**：输入能将网站文件上传到的FTP服务器地址。

> **TIP** FTP连接的主机名称通常以ftp.domain.com形式出现。设置此选项不用完整的URL。

❹ **用户名、密码**：输入用于连接到 FTP 服务器的用户名和密码。

❺ **测试**：测试FTP地址、用户名和密码。

❻ **根目录**：输入远程服务器上用于存储公开显示的文档的目录（文件夹）。

❼ **Web URL**：输入Web站点的URL。Dreamweaver使用Web URL创建站点根目录相对链接，并在使用链接检查器时验证这些链接。

❽ **更多选项**：可以设置更多项目，如是否使用被动式FTP、是否使用IPv6传输模式、是否使用代理等。

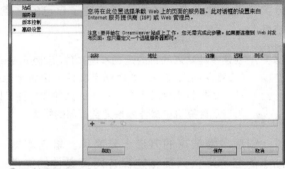

△ 服务器设置

△ 添加新服务器基本设置

"高级"选项卡中各项参数含义如下。

❶ **维护同步信息**：如果希望自动同步本地和远
程文件，则勾选该复选框。

❷ **保存时自动将文件上传到服务器**：如果希望
在保存文件时，Dreamweaver将文件上传到
远程站点，则勾选该复选框。

❸ **启用文件取出功能**：如果希望激活"存回/取
出"系统，则勾选该复选框。并可以设置取
出名称和电子邮件地址。

❹ **服务器模型**：如果使用的是测试服务器，则
从下拉列表中选择一种服务器模型。

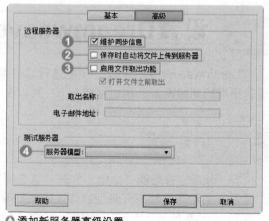
△ 添加新服务器高级设置

3. 高级设置

在"高级设置"下的"本地信息"选项面
板中，各项参数含义如下。

❶ **默认图像文件夹**：设置默认的存放网站图片
的文件夹。但是对于复杂的网站，图片往往
不只存放在一个文件夹中。

❷ **链接相对于**：设置链接相对于文档或者站点
根目录。

❸ **Web URL**：输入网站在因特网上的网址，能
够在验证使用绝对地址的链接时发挥作用。
在输入网址的时候需要注意，网址前面必须
包含"http://"。

❹ **区分大小写的链接检查**：设置是否检查链接
文件名的大小写。

❺ **启用缓存**：勾选该复选框后可以加快链接和
站点管理任务的速度。

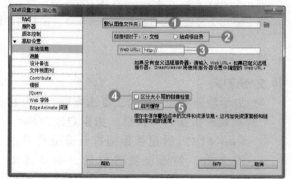
△ 高级设置本地信息

完成设置后站点管理器的标题栏会显示当
前站点的名称、本地站点的文件和文件夹，接
下来就可以用Dreamweaver CC对站点进行管理
了。除了站点和服务器设置外，还可以在"版
本控制"选项面板中使用Subversion获取和存回
文件，读者可参考Adobe网站相关文档。

> **TIP** 除了"本地信息"的高级设置外，还可
> 以在"高级设置"中设置如遮盖、设计
> 备注、文件视图列、Contribute、模板、
> jQuery、Web字体、Edge Animate资源等
> 多项内容，这些内容将在后面相应知识点
> 所在的章节中进行讲解。

△ 版本设置

设置Dreamweaver CC的操作环境

Dreamweaver虽然可以方便地进行文件制作和修改，但根据不同的用户，有时可能需要进行不同的初始设置。在这种情况下，可以在"首选项"对话框中进行设置。

设置首选项

执行"编辑>首选项"命令，打开"首选项"对话框。在该对话框中可以设置是否显示欢迎界面、是否在启动时自动打开最近操作过的文档等Dreamweaver CC的各种基本环境。本小节主要介绍"常规"、"不可见元素"、"字体"、"文件类型/编辑器"、"同步设置"、"在浏览器中预览"这几个常用选项面板中的相关功能。

> **TIP** 使用快捷键Ctrl+U也可打开"首选项"对话框，在"首选项"对话框左侧的"分类"列表框中列出了19个选项，选择任意一个选项后，在右侧的选项面板中可以进行相应的设置。

1. 常规设置

❶ 文档选项

- **显示欢迎屏幕**：勾选该复选框后，软件在启动时将会自动弹出欢迎界面。
- **启动时重新打开文档**：指定启动Dream-weaver CC时是否重新打开最近打开过的文档。勾选该复选框后，每次启动Dreamweaver CC都会自动打开最近操作过的文档。
- **打开只读文件时警告用户**：勾选该复选框后，打开只读文件时会出现警告。
- **启用相关文件**：设置是否启用打开文件后同时显示相关文件的功能。
- **搜索动态相关文件**：针对动态文件，设置显示相关文件的方式。
- **移动文件时更新链接**：移动、删除文件或更改文件名称时，决定文档内的链接处理方式。该方式可以选择"总是"、"从不"、"提示"3个选项。

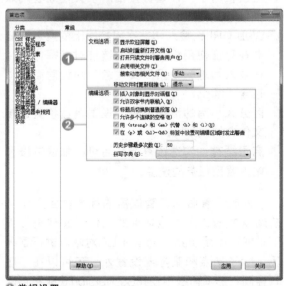

△ 常规设置

❷ 编辑选项

- **插入对象时显示对话框**：设置插入面板或菜单上的对象时是否显示对话框。例如，在"插入"面板中单击"表格"按钮插入表格时，将会弹出显示出指定行列数和表格宽度的"表格"对话框。
- **允许双字节内联输入**：勾选该复选框即可在文档窗口中更加方便地输入中文，否则在Dreamweaver CC中不能输入中文，会出现通过Windows的中文输入系统来输入中文的不便性问题。
- **标题后切换到普通段落**：勾选该复选框后，在应用了<h1>或<h6>等头标签的段落最后按下Enter键，将会自动生成应用<P>标签的新段落；取消勾选该复选框，在应用<h1>等头标签的段落最后按下Enter键，将会再生成应用<H1>等头标签的段落。

- 允许多个连续的空格：设置是否允许通过空格键来输入多个连续的空格。在HTML源文件中即使插入很多空格，在画面中也只能输入一个空格，勾选该复选框后，可以输入多个连续的空格。
- 用<strong>和<em>代替<b>和<i>：设置是否使用<strong>标签来代替<b>标签、使用<em>标签来代替<I>标签。指定网页标准的W3C中提倡的是不使用<b>标签和<I>标签。
- 在<p>或<h1>-<h6>标签中放置可编辑区域时发出警告：设置是否在<p>或<h1>-<h6>标签中放置模板文件中包含的可编辑区域时，给出警告提示。
- 历史步骤最多次数：设置在"历史"面板中保存历史步骤的最多次数。
- 拼写字典：选择拼写字典语言。Dreamweaver CC英文版和中文版都不支持中文拼写和语法字典。

2. 不可见元素设置

当通过浏览器查看网页时，所有HTML标签在一定程度上是不可见的。例如，<comment>标签不会出现在浏览器中。但是此标签在创建能够选择、编辑、移动和删除这类不可见元素的页面时很有用。在设计页面的时候，用户可能会希望看到某些元素。例如，调整行距时打开换行符
的可见性可以帮助用户了解页面的布局。Dreamweaver CC允许用户控制13种不同代码（或者是它们的符号）的可见性。例如，可以指定命名锚记可见，而换行符不可见。

显示不可见元素可能会稍微更改页面的布局，将其他元素移动几个像素，因此为了精确布局，请隐藏不可见元素。

△ 不可见元素设置

3. 字体设置

将计算机的西文属性转化为中文一直是一个让人头疼的问题，在网页制作中同样如此。不同的语言文字，应该使用不同的文字编码方式，特别是对于那些采用双字节文本的国家，不同的文字内码，决定了最终的显示结果。例如，我国大陆地区使用的简体汉字采用的是GB2312内码（国标码），而港、澳、台地区使用的则是繁体汉字，他们采用BIG5内码（大五码）。网页的编码方式直接决定了浏览器中的文字显示。

- 字体设置：用以指定在Dreamweaver中针对使用给定编码类型的文档所用的字体集。
- 均衡字体：是Dreamweaver用以显示普通文本（如段落、标题和表格中的文本）的字体。其默认值取决于系统上安装的字体。
- 固定字体：Dreamweaver用以显示<pre>、<code>和<tt>标签内文本的字体。

△ 字体设置

- 代码视图：用以显示"代码"视图和代码检查器中所有文本的字体。

4. 文件类型/编辑器设置

在"文件类型/编辑器"选项面板中可以针对不同的文件类型，分别指定使用不同的外部文件编辑器。

以图像为例，Dreamweaver CC提供了简单的图像编辑功能。如果需要进行复杂的图像编辑，则可以在Dreamweaver CC中选中图像后，调出外部图像编辑器进行进一步的修改。在外部图像编辑器中修改完毕后，回到Dreamweaver CC中，图像会自动更新。用户在这个对话框中可以对外部的图像编辑器进行设定。

△ 文件类型/编辑器设置

6. 在浏览器中预览

可以设置预览站点时使用的浏览器首选参数，并可以定义默认的主浏览器和次浏览器。

- 主浏览器、次浏览器：可指定所选浏览器是主浏览器还是次浏览器。
- 使用临时文件预览：可创建供预览和服务器调试使用的临时副本。

> **TIP** 本小节没有按照"分类"列表框中的次序对不同功能逐一进行介绍，只对"常规"、"不可见元素"、"字体"、"文件类型/编辑器"、"同步设置"、"在浏览器中预览"等几个重点功能参数设置进行了讲解，需要了解其他分类的读者可参考Adobe网站的相关文档。

5. 同步设置

在同步设置中，可选择要同步的设置、指定冲突解决设置、启用自动同步或触发按需同步。

- 立即同步设置：立即将设置与云进行同步。
- 管理账户：管理Adobe同步的账户信息。
- 启用自动同步：Dreamweaver每30分钟检查一次云中是否有更改。
- 要同步的设置：选择要同步的设置。
- 冲突解决方法：选择在同步期间解决冲突的方法。当计算机与云中的设置之间有区别时，将根据冲突解决方法设置解决冲突。

△ 同步设置

△ 同在浏览器中预览设置

使用标尺、网格和辅助线

标尺、网格和辅助线是Dreamweaver排版网页的三大辅助工具。

1. 标尺

使用标尺，可以更精确地估计所编辑网页的宽度和高度，使网页能更符合浏览器的显示要求。

在Dreamweaver窗口中，执行"查看>标尺>显示"命令，标尺即会显示在Dreamweaver窗口的设计视图上。

2. 网格

网格是在Dreamweaver窗口设计视图中对层进行绘制、定位或调整大小的可视化向导。通过对网格的操作，可以使页面元素在被移动后自动靠齐到网格，并通过指定网格设置来更改网格或控制靠齐行为。

在Dreamweaver窗口中，执行"查看>网格>显示网格"命令，标尺即显示在Dreamweaver窗口的设计视图上。

△ 标尺、网格和辅助线

3. 辅助线

辅助线用于精确定位，从左侧或上侧的标尺上拖曳鼠标，均可以拖曳出辅助线。辅助线的旁边会即时显示所在的位置距左侧或上侧的尺寸。

📋 知识拓展 使用Dreamweaver社区

Dreamweaver在支持大多数主流网页开发技术的环境中进行设计和开发工作，这些技术包括HTML、XHTML、CSS、XML、JavaScript、Ajax、PHP、Adobe ColdFusion软件和ASP等。而这些技术可以在一个广阔的Dreamweaver社区内共同学习和分享。用户可以访问互联网联机Adobe设计中心和Adobe Developer Connection、培训和研讨会、开发人员认证课程以及用户论坛等。

△ Dreamweaver社区

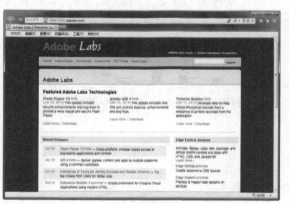

△ Adobe Labs

DO IT Yourself　练习操作题

1. 创建 "DW从入门到精通习题" 网站　　限定时间: 15分钟

请利用创建本地站点的相关知识建立 "DW从入门到精通习题" 网站。

△ 新建站点

△ 创建好的本地站点

Step BY Step （步骤提示）

1. 执行 "站点＞新建站点" 命令, 新建站点。
2. 设置站点属性。

2. 设置操作环境　　限定时间: 15分钟

请利用已经学习过的设置操作环境的知识, 为刚刚建立的 "DW从入门到精通习题" 网站设置属性。

△ 设置常规

△ 设置不可见元素

△ 设置同步

Step BY Step （步骤提示）

1. 执行 "编辑＞首选项" 命令。
2. 设置常规参数。
3. 设置不可见元素参数。
4. 设置同步设置参数。

参考网站

● **DesignSnack**: 是一个关于XHTML和Flash设计的优秀网站, 在这个网站里, 你可以以自定义的方式来显示各种设计, 或者以颜色为标签来浏览设计。

● **SFart&designportal**: 是一个关于门户网站设计的网站, 独特、创新和艺术气质的设计方式是这个网站的特点。

△ http://www.designsnack.com/

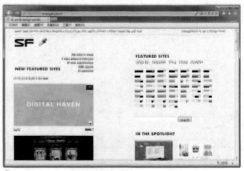

△ http://www.strangefruits.nl/

Dreamweaver CC中的源代码

每一种可视化的网页制作软件都提供源代码控制功能，即在软件中可以随时调出源代码进行修改和编辑，Dreamweaver CC也不例外，与早期版本相比，Dreamweaver CC提供的源代码控制功能更为强大、灵活。

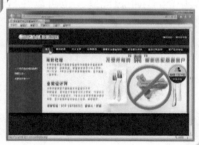

本章技术要点

Q：作为静态页面，主要使用的源代码包括哪几方面的内容？

A：包括HTML、CSS、JavaScript语言等，它们是任何高级网页制作技术的核心与基础。

Q：在Dreamweaver CC中，怎样编辑源代码？

A：用户可以通过代码视图和快速标签编辑器编辑代码，使用"代码片断"面板收集代码，并可对代码进行优化处理。

源代码技术介绍

有人说现在的网络是一个充满变化、日新月异的地方，新技术、新应用层出不穷，在这些技术的背后，有三项技术是所有高级网页制作技术的核心与基础，这就是HTML语言、CSS层叠样式表和JavaScript脚本语言。

HTML语言

HTML（Hypertext Markup Language）即超文本标记语言或超文本链接标示语言，是一种文本类、解释执行的标记语言，它是互联网上用于编写网页的主要语言。用HTML编写的超文本文件称为HTML文件。

HTML语言是一套指令，这些指令将为用户所使用的浏览器如何显示附加的文本和图像提出建议。浏览器可以识别页面的类别，是基于页面中的起始标签<html>和结束标签</html>来实现的。绝大多数的HTML标签都是成对出现的，在这些标签对中，结束标签一般是用右斜杠加关键字来表示。

HTML页有两个主要的部分：头部和主体。所有有关整个文档的信息都包含在头部中，即<head>与</head>标签对中，如标题、描述、关键字；可以调用的任何语言的子程序都包含在主体中，网页中的内容也放置在主体中。所有的文本、图形、嵌入的动画、Java小程序和其他页面元素都位于主体中，即起始标签<body>和结束标签</body>之间。

HTML是纯文本类型的语言，使用HTML编写的网页文件也是标准的纯文本文件。可以用任何文本编辑器如Windows的"记事本"程序打开它，查看其中的HTML源代码，也可以在打开的浏览器页面中，执行"查看>源文件"命令查看网页中的HTML代码。

◎ 执行"查看>源文件"命令

◎ 查看源代码

HTML文件可以直接由浏览器解释执行而无需编译。当用浏览器打开网页时，浏览器读取网页中的HTML代码，分析其语法结构，然后根据解释的结果显示网页内容。正因为如此，网页显示的速度同网页代码的质量有很大关系，保持精简和高效的HTML源代码十分重要。

TIP 使用HTML语言编写网页需要注意的是：可以自如地运用Enter键、空格键和Tab键来编排代码文档，使它更易阅读，对HTML进行解释的浏览器将忽略除创建文件的标签和文本以外的其他所有内容。

❓代码解密 HTML语言的基本结构

　　HTML文档的组成包括定义文档内容的文本和定义文档结构及外观的标签。HTML文档的结构很简单，最外层由<html>标签组成，里面是文档的头部和主体部分。

　　从右侧代码中，可以看到一个标准HTML文档的基本语法结构。编写HTML文档的时候，必须遵循HTML的语法规则。一个完整的HTML文档由标题、段落、列表、表格、单词及嵌入的各种对象组成。我们通常将这些逻辑上统一的对象称为元素，HTML使用标签来分割并描述这些元素。实际上整个HTML文档就是由元素与标签组成的。

```
<html>              ► HTML页面开始
<head>              ► 头部开始
...
</head>             ► 头部结束
<body>              ► 主体开始
...
</body>             ► 主体结束
</html>             ► HTML页面结束
```

<html>标签

　　<html>标签表示该文档为HTML文档。它能帮助人们更好地阅读HTML代码。也就是说，这个标签可以方便其他工具，尤其是文字处理工具，能够识别出文档是HTML文档。至少，<html>开始和结束标签可以保证用户不会无意中删掉文档的开始或者结束部分。

<head>标签

　　<head>标签对中包含文档的标题、文档使用的脚本、样式定义和文档名信息。并不是所有浏览器都要求有这个标签，但大多数浏览器都希望在<head>标签对中找到关于文档的补充信息。此外，<head>标签对中还可以包含搜索工具和索引程序所要的其他信息的标签。

<title>标签

　　<title>标签是HTML规范所要求的，它包含文档的标题。标题并不出现在浏览器窗口中，而是显示在浏览器标题栏中。在起始和结束标签之间可以放上简述文档内容的标题。

<body>标签

　　<body>标签对中可以在访问者浏览器中显示信息的所有标签和属性，绝大多数内容都可以体现在<body>标签对中。

　　大多数标签都有一个开始标签和一个结束标签，标签影响的范围就是它们之间的内容。这中间包括的部分可能很大，也可能很小，从一个单独的文本字符、一个音节或者一个词，或者像<html>这样包括整个文档的标签。与起始标签对应的结束标签只是在标签名称前面加一条右斜线，并没有属性。

　　所有标签都有一个标签名称，有些标签后面还有一个可选的属性列表，所有这些都放在开始和结束括号之间（<和>）。最简单的标签是用括号括起来的一个名称，比如<head>和<body>，更复杂的标签则具有一个或者多个属性，用来指定或者修改标签的行为。

　　根据HTML标准，标签和属性名不区分大小写，也就是说<head>、<Head>、<HEAD>甚至<HeaD>没有任何区别，它们的作用都是一样的。如果赋给特定属性的值可能需要区分大小写，这取决于所使用的浏览器和服务器，尤其是对文件位置和名称的引用以及统一资源定位符（URL），这些都要区分大小写。

　　如果标签有属性，那么这些属性将跟随在标签名称的后面，每个属性都由一个或者多个制表符、空格或者回车符分开，它们出现的顺序无关紧要。

　　在HTML中，如果属性的值是一个单独的词或数字（没有空格），那么直接将该值放在等号的后面即可。其他所有的值都必须加上单引号或双引号，尤其是那些含有用空格分开的多个词的值。

知识拓展 HTML5的基本介绍

HTML5草案的前身名为Web Applications 1.0，于2004年被WHATWG提出，2007年被W3C接纳，并成立了新的HTML工作团队。在2008年公布了第一份正式HTML5草案，2010年9月22日正式向公众推荐。

1. 新标记

HTML5提供了一些新的元素和属性，例如<nav>（网站导航块）和<footer>。这种标签将有利于搜索引擎的索引整理，同时更好的帮助小屏幕装置和视障人士使用，除此之外，还为其他浏览要素提供了新的功能，如<audio>和<video>标签。

HTML5吸取了XHTML2的一些建议，提供一些用来改善文档结构的功能，比如，新的HTML标签<header>，<footer>，<dialog>，<aside>，<fugure>等的使用，将使内容创作者更加语义地创建文档，之前的开发者在这些场合是一律使用div的。

HTML5还包含了一些将内容和展示分离的努力，开发者们也许会惊讶，<b>和<i>标签依然存在，但它们的意义已经和之前有所不同，这些标签的意义只是为了将一段文字标识出来，而不是为了设置粗体或斜体式样。<u>，<font>，<center>，<strike>这些标签则被完全去掉了。

新标准适用了一些全新的表单输入对象，包括日期，URL和E-mail地址，其它的对象则增加了对非拉丁字符的支持。HTML5还引入了微数据，一种使用机器可以识别的标签标注内容的方法，使语义Web的处理更为简单。总的来说，这些与结构有关的改进使内容创建者可以创建更干净，更容易管理的网页，这样的网页对搜索引擎和读屏软件等更为友好。

在HTML5中，一些过时的HTML4标签将被取消。其中包括纯粹显示效果的标记，如<font>和<center>，它们已经被CSS取代。

2. 新特点

HTML5有两大特点：首先，它强化了Web网页的表现性能。除了可描绘二维图形外，还准备了用于播放视频和音频的标签；其次，它追加了本地数据库等Web应用的功能。

HTML5是近十年来Web标准最巨大的飞跃。和以前的版本不同，HTML5并非仅仅用来表示Web内容，它的使命是将Web带入一个成熟的应用平台。在这个平台上，视频，音频，图像，动画以及同电脑的交互都被标准化。尽管HTML5的实现还有很长的路要走，但HTML5正在改变Web。

HTML5将带来什么？以下是HTML5草案中最激动人心的部分：

- 全新的且更合理的标签：多媒体对象将不再全部绑定在<object>或<embed>标签中，而是有专门的视频标签和音频标签。
- 本地数据库：这个功能将内嵌一个本地的SQL数据库，以加速交互式搜索，缓存以及索引功能。同时，那些离线Web程序也将因此获益匪浅。不需要插件的富动画。
- Canvas对象：将给浏览器带来直接在上面绘制矢量图的能力，这意味着我们可以脱离Flash和Silverlight，直接在浏览器中显示图形或动画。一些最新的浏览器，除了IE，已经开始支持Canvas。
- 浏览器中的真正程序：将提供API实现浏览器内编辑、拖放和各种图形用户界面的功能。
- 内容修饰Tag将被剔除，而使用CSS。

理论上讲，HTML5是培育新Web标准的土壤，让各种设想在他的组织者之间分享。

CSS层叠样式表

HTML重视内容而不是形式，它鼓励用户注重提供高质量的信息，而把表达方式方面的问题留给浏览器去处理。最初的HTML用户都可以理解样式和可读性之间的相互作用。样式表则用多种额外的效果扩展了表现形式，其中包括颜色、字体方面更广泛的选择，甚至加入了声音，这样用户就可以更好地区分文档中的元素。但最重要的是，CSS层叠样式表允许用户独自控制文档中所有标签的表现属性——不论是单个网页还是整个网站。

CSS是Cascading Style Sheets的缩写，一般译为层叠样式表。CSS最早于1997年推出，它的出现弥补了HTML语言的很多不足，使网页格式更容易得到控制。到目前为止，基本上每个网页的设计都使用了CSS。

简单地说，样式是一个规则，告诉浏览器如何表现特定的HTML标签中的内容。每个标签都有一系列相关的样式属性，它们的值决定了浏览器将如何显示这个标签。一条规则定义了标签中一个或几个属性的特定值。表达一个样式表的基本写法有三种：内联样式表、文档级样式表或者通过使用外部样式表。在文档中可以使用一种或者多种样式表，浏览器会将每个样式表的样式定义合并在一起或者重新定义标签内容的样式特性。

实际上，网页的文本属性和格式最好使用CSS来控制，这样才能达到比较美观的效果。网页设计最初是用HTML标签来定义页面文档及格式，例如标题为<h1>、段落为<p>、表格为<table>、链接为<a>等，但这些标签不能满足更多的文档样式需求，为了解决这个问题，W3C（World Wide Web Consortium）在颁布HTML标准的同时也公布了有关样式表的标准。

用户可以利用CSS精确地控制页面里每一个元素的字体样式、背景、排列方式、区域尺寸以及四周加入边框等。比如说，可以用CSS设置链接文本未被单击时呈黑色显示，当光标移动到文本上时文本变成红色且有下划线。使用CSS还能够简化网页的格式代码，加快网页载入的速度，外部链接式CSS还可以同时定义多个页面，大大减少了重复劳动的工作量。

> **TIP** Dreamweaver一向以"所见即所得"著称，用户无需深入了解代码就可以制作出非常专业的网页，仅通过Dreamweaver的文档窗口就可以创建多种类型的网页。但是，当页面变得更为复杂的时候，可能需要通过代码对页面进行更精细的调整。用户一旦将Dreamweaver和代码完美地结合起来，一定会在网页设计制作方面有出色的表现。

△ CSS设置的默认链接文字效果

△ CSS设置的鼠标上滚链接文字效果

❓ 代码解密 引用CSS代码的标签

　　W3C将DHTML（Dynamic HTML）分为三个部分来实现：脚本语言、支持动态效果的浏览器和CSS样式表。W3C自CSS1、CSS2版本之后，又发布了CSS3版本，样式表得到了更多的充实。在网页中引用CSS样式表有三种方法，分别为通过内联样式表、文档样式表和外部样式表实现。

1. 内联样式表

　　内联样式是连接样式和标签的最简单的方式，只需在标签中包含一个style属性，后面再跟一列属性及属性值即可。浏览器会根据样式属性及属性值来表现标签中的内容。

> **TIP** 这样的写法虽然直观，但是无法体现出层叠样式表的优势，因此并不推荐使用。

```
01 <h3 style="font-size:10pt">
   ▶ 使用style属性声明h3标签的样式
02 文字
03 </h3>
04 <span style="font-size:12px">
   ▶ 使用style属性声明span标签的样式
05 文字
06 </span>
```

2. 文档样式表

　　将文档样式表放在<head>内的<style>标签和</style>标签之间，就会影响文档中所有相同标签的内容。在<style>和</style>标签之间的所有内容都将被看作是样式规则的一部分，会被浏览器应用于显示的文档中。

　　右面的代码中，<style>和</style>之间是样式的内容。type一项的意思是使用的是Text中的CSS书写的代码。{}前面是样式的类型和名称，{}中间是样式的属性。

```
01 <style type="text/css">
   ▶ 使用style标签声明CSS开始
02 h1 { font-size: x-large; color:
   red }
03 h2 { font-size: large; color:
   blue }
04 h3 { font-size: large; color:
   black }
05 </style>
   ▶ 分别声明h1、h2、h3标签的样式
```

<style>标签

　　浏览器需要一种方法来区分文档中到底使用了哪种样式表，因此，要在<style>标签中设置type属性。级联样式表全部都是text/css类型；JavaScript样式表使用的类型则是text/javascript。具体属性如下表所示。

属　性	说　明
media	文档要使用的媒体类型
type	样式类型

　　为了帮助浏览器计算出表现文档的最佳方式，HTML4及以上标准支持<style>标签使用media属性，其属性值代表文档要使用的媒介类型，默认值为screen，其他值如下表所示。

media属性值	说　明	media属性值	说　明
screen	计算机显示器	print	打印
TV	电视	braille	触感设备
projection	剧场	embossed	盲文设备
handheld	PDA和手提电话	aural	音频

3. 外部样式表

我们还可以在分离的文档中放置样式定义（将其MIME类型定义为text/css的文本文件），这样就将"外部"样式表引入了文档中。同一种样式表可以用于多个文档中。由于外部样式表是一个独立的文件，并由浏览器通过网络进行加载，所以可以随处存储，随时使用，甚至可以使用其他样式表。

```
<link rel="stylesheet" href="Style.css" type="text/css">
```

<link>标签

<link>标签将为当前文档和网页上的某个其他文档建立一种联系。用于指定样式表的<link>标签及其必需的href和type属性，必须都出现在文档的<head>和</head>标签中。样式表的URL可以是文档基本URL的绝对或基于其的相对URL，具体属性如下表所示。

属　性	说　明
type	链接类型
href	要链接的文件的路径
rel	指定从源文档到目标文档的关系
rev	指定从目标文档到源文档的关系

JavaScript脚本语言

Javascript是一种脚本编程语言，支持网页应用程序的客户机和服务器方构件的开发。在客户机中，它可用于编写网页浏览器在网页页面中执行的程序；在服务器中，它可用于编写网页服务器程序，网页服务程序用于处理网页浏览器提交的信息并相应地更新浏览器的显示。

综合来看，JavaScript是一种基于对象和事件驱动并具有安全性能的脚本语言，使用它的目的是与HTML超文本标记语言一起实现在一个网页页面中与网页客户交互的作用，它是通过嵌入或调入在标准的HTML语言中实现的，弥补了HTML语言的缺陷。JavaScript是一种比较简单的编程语言，使用方法是向网页页面的HTML文件添加一个脚本，无需单独编译解释，当一个支持JavaScript的浏览器打开这个页面时，它会读出这个脚本并执行其指令。因此JavaScript使用容易方便，运行快，适用于简单应用。

Dreamweaver中的行为是指能够简单运用制作动态网页的JavaScript功能，它提高了网站的可交互性。例如，当光标指向一张图片，图片呈现轮替的效果。

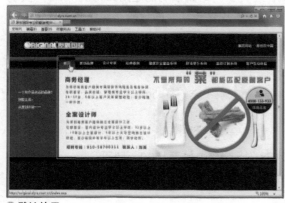

⌂ 默认效果

⌂ 使用鼠标指向一张图片，图片发生轮替

❓ 代码解密 引用JavaScript代码的标签

在\<script\>和\</script\>标签之间的任何内容都被浏览器当作可执行的JavaScript语句和数据处理。不能将HTML代码放在这个标签内部，否则将会被浏览器当作错误标签。

```
01 <script language="javascript">
</script>
02
```

对特别长的JavaScript程序或者经常重复使用的程序来说，可能希望将这些代码存放在一个单独的文件中。在这种情况下，让浏览器通过src属性来载入那个单独的文件是一种很好的选择。src的值是包含这个JavaScript程序文件的URL，文件名的后缀为.js。

```
01 <script  language="javascript"
   src="script.js">
02 </script>
```

可以在一个文档中包含不止一个\<script\>标签，位于\<head\>与\</head\>或者\<body\>与\</body\>标签之内均可。支持JavaScript的浏览器会按顺序执行这些语句。\<script\>标签的属性如下表所示。

属　性	说　明
charset	编码脚本程序的字符集
language	指定脚本语言
src	包含脚本程序的URL
type	指定脚本类型

另外，如下图代码所示，可以用一条或者多条JavaScript语句来取代在一个文档中的任何URL引用。这样，当浏览器引用这个URL时，浏览器就会执行JavaScript代码。

```
01 <a href="javascript:window.close()">关闭窗口</a>
```

🗋 知识拓展 如何引用其他网站的代码

我们可以很容易地将网页上看到的各种JavaScript或CSS效果应用在自己的网页上。首先将包含效果的页面保存起来，再用Dreamweaver将该网页打开，寻找相关的代码复制到自己的网页中即可。

例如，一个弹出式的小窗口在几秒内能自动关闭。首先要判断出该功能是用JavaScript程序实现的，因此要在HTML代码的\<head\>与\</head\>标签中寻找实现这一功能的代码。实现上述功能的代码如下所示。

```
01 <script language="JavaScript" type="text/JavaScript">   ▶声明JavaScript脚本开始
02 function closeit() {                    ▶声明closeit函数
03 setTimeout("self.close()",1000)         ▶使用setTimeout设置1000毫秒后自动关闭
04 }
05 </script>                               ▶JavaScript脚本结束
```

如果我们要修改窗口自动关闭的时间，只要修改SetTimeout中的"1000"即可。另一部分的代码在\<body\>标签中。

```
<body onload="closeit()">
```

此句表示当加载页面的时候，开始执行\<head\>与\</head\>标签中的程序。
将上面的两段代码拷贝至自己网页的相应位置，就可以使网页具有自动关闭的功能了。

UNIT 08 使用Dreamweaver CC编辑源代码

使用Dreamweaver CC来创建网页是使用可视化设计工具和HTML编码的完美结合。用户可以通过代码视图和快速标签编辑器编辑代码，使用"代码片断"面板收集代码，并对代码进行优化处理。

使用代码视图

代码视图用于查看、输入和修改网页的代码。尽管Dreamweaver CC提供了许多选项让用户使用文档窗口的可视化界面，但当代码很多时，Dreamweaver CC为使专业编辑人员的大量代码易于存取而预留了很大空间，内置的代码视图适于编辑代码，而且执行速度很快。

代码视图会以不同的颜色显示HTML代码，帮助用户区分各种标签，同时用户也可以自己指定标签或代码的显示颜色。总体看来，代码视图更像一个常规文本编辑器，只要单击代码的任意位置，就可以开始添加或修改代码了。双击一个词可以选中该词；将光标移至一行的最左端，当光标变为向右偏的箭头后单击，就可以选定这一行；用同样的方法选取一行后按住鼠标左键拖动就可以选取更多行。选中一段代码后，用户可以将它拖动到一个新位置。

○ 代码视图

Dreamweaver的代码工具栏沿编码版一侧，包含常用编码操作。工具栏中的按钮由上至下依次为：

❶ **打开文档**：列出已打开的文档。选择了一个文档后，它将显示在文档窗口中。

❷ **显示代码浏览器**：代码浏览器可显示与页面上特定选定内容相关的代码源列表。

❸ **折叠整个标签**：折叠位于一组开始和结束标签之间的内容（如位于<table>和</table>之间的内容）。必须将插入点放置在开始或结束标签中，然后才能单击这个按钮折叠该标签。

❹ **折叠所选**：折叠所选代码。

❺ **扩展全部**：还原所有折叠的代码。

❻ **选择父标签**：可以选择放置了插入点的那一行的内容及其两侧的开始和结束标签。如果反复单击此按钮且标签是对称的，则Dreamweaver CC最终将选择最外面的<html>和</html>标签。

❼ **选取当前代码段**：选择放置了插入点的那一行的内容及其两侧的圆括号、大括号或方括号。如果反复单击此按钮且两侧的符号是对称的，则Dreamweaver CC最终将选择该文档最外面的大括号、圆括号或方括号。

❽ **行号**：可以在每个代码行的行首隐藏或显示编号。

❾ **高亮显示无效代码**：以黄色高亮显示无效的代码。

❿ **自动换行**：设置代码达到行尾时自动换行。

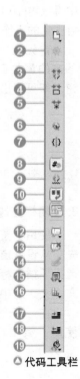
○ 代码工具栏

⑪ **信息栏中的语法错误警告**：启用或禁用页面顶部提示出现语法错误的信息栏。

⑫ **应用注释**：在所选代码两侧添加注释标签或打开新的注释标签。

⑬ **删除注释**：删除所选代码的注释标签。如果所选内容包含嵌套注释，则只会删除外部注释标签。

⑭ **环绕标签**：在所选代码两侧添加选自快速标签编辑器的标签。

⑮ **最近的代码片断**：可以从〝代码片断〞面板中插入最近使用过的代码片断。

⑯ **移动或转换CSS**：可以转换CSS行内样式或移动CSS规则。

⑰ **缩进代码**：将选定内容向右移动。

⑱ **凸出代码**：将选定内容向左移动。

⑲ **格式化源代码**：将先前指定的代码格式应用于所选代码，如果未选择代码块，则应用于整个页面。也可以通过从该按钮选择〝代码格式设置〞选项来快速设置代码格式首选参数，或通过选择〝编辑标签库〞选项来编辑标签库。

　　Dreamweaver CC在代码视图、实时代码、设计视图、实时视图和代码检查器中突出显示其中存在插入点的行号。在出现语法错误时，也突出显示行号。

◎ 突出行号

快速编写标签

1. 使用快速标签编辑器

　　如果只是对一个对象的标签进行一些简单的修改，启动HTML源代码编辑窗口就显得没必要了。这时就可以使用快速标签编辑器。

　　快速标签编辑器的作用是让用户在文档窗口中直接对HTML标签进行编写，使网页制作人员从可视化的工作环境进一步地向HTML代码靠近。

　　首先选中要编辑的对象，然后在工作界面下方的属性面板中单击〝快速标签编辑器〞按钮，即可弹出快速标签编辑器。

◎ 快速标签编辑器

> **TIP**　如果没有设置〝在编辑时立即应用改变〞特性，则在编辑标签模式下，只有按下Enter键才会使编辑生效。如要放弃编辑操作，可以按下Esc键。

2. 使用标签选择器

　　使用标签选择器，可以在网页代码中插入新的标签。如果要在HTML代码中插入新的标签，首先要从设计窗口切换到代码窗口。在代码窗口中定位插入点，然后单击鼠标右键，从弹出的菜单中选择〝插入标签〞命令，在弹出〝标签选择器〞对话框中左边的标签类别列表中双击展开标签类别文件夹，从中选择一个子类，然后在右边窗格中选择要插入的标签。

　　在〝标签选择器〞对话框中分别有ASP，PHP，ASP，NET，XML等各种标签可以选择使用。有了标签选择器，就可以对网页中使用的各种语言标签，包括HTML，CFML，ASP，

ASP，NET，JSP，PHP等进行全面浏览，轻
松选择，英文不是很好的用户既无需费心去
背那些标签名，也不用担心有输入错误。

◎ 标签选择器

> **TIP** 如果要修改代码中已有的标签，可以在代码
> 窗口中选定要编辑的标签并右击，从快捷菜
> 单中选择"编辑标签"命令，即可打开标签
> 编辑器，对已有的标签进行编辑。有了标
> 签编辑器，每种标签拥有的属性可以一览无
> 遗，编辑起来也极为方便。

3. 使用"代码片断"面板

打开"代码片断"面板，在该面板中可以存储HTML，JavaScript，CFML，ASP，JSP的代码片断，
当需要重复使用这些代码时，就可以很方便地调用，或者利用它们创建并存储新的代码片断。

在该面板中选择希望插入的代码片断，单击面板下方的"插入"按钮即可将代码片断插入页面。

在"代码片断"面板中，选择要编辑的代码片段，然后单击该面板下
部的"编辑代码片断"图标，则接着会弹出"代码片断"对话框，在此就
可以编辑原来的代码了。

如果用户自己编写了一段代码，并希望在其他页面中重复使用，那
么，在学习使用"代码片断"面板之前，可能需要多次复制和粘贴操作。
现在通过使用"代码片断"面板创建自己的代码片段，则可以轻松实现代
码的重复使用。操作方法如下。

◎ "代码片断"面板

- 在该面板中单击"新建代码片断文件夹"按钮，创建一个名为
  "user"的文件夹，然后单击面板下部的"新建代码片段"按钮。
- 在弹出的"代码片段"对话框中设置好各项参数，然后单击"确
  定"按钮，就可以把自己的代码片段添加到代码片断面板中。这
  样，就可以在设计任一网页时随时取用，方便快捷。

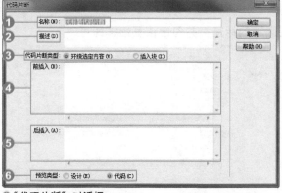
◎ "代码片断"对话框

❶ **名称**：输入名称。
❷ **描述**：对这段代码进行简单描述。
❸ **代码片断类型**：选择代码插入方式，有"环
　绕选定内容"和"插入块"两种选择。
❹ **前插入**："环绕选定内容"模式下，插入位
　置在选定对象之前的代码。
❺ **后插入**："环绕选定内容"模式下，插入位
　置在选定对象之后的代码。
❻ **预览类型**：可选择"设计"和"代码"。

> **TIP** 如果用户自己编写了一段代码并希望在其他页面中重复使用，通过使用"代码片断"面板创建自己的
> 代码片断，则可以轻松实现代码的重复使用。

知识拓展 在源代码中添加注释

在页面中可以加入相关的说明注释语句，便于源代码编写者对代码的检查与维护。在源代码适当的位置添加注释是很好的习惯，因为一旦代码过长，很可能连编写者最后都会产生混淆，适当的注释有助于对源代码的理解。注释是另外一种文本内容，它出现在HTML源文档中，但浏览器并不显示它们。它允许将注释都放在特殊的"<!--"和"-->"标签元素或<comment>元素中间，浏览器在遇到这类标签时会直接忽略这段注释文本内容，代码如下。

```
<!--版权文字-->Copyright &copy; 2000-2014
<comment>版权文字</comment>Copyright &copy; 2000-2014
```

这两代码设置分别注释为"版权文字"。

优化代码

用户经常需要从Word或其他文本编辑器中复制文本或者一些其他格式的文件，这些文件中会携带许多垃圾代码和一些Dreamweaver CC不可识别的错误代码。这不仅会增加文档的大小，延长网页下载时间，使浏览速度变得很慢，甚至还有可能会发生错误。优化HTML代码不仅可以从文档中删除这些垃圾代码，还可以修复错误代码。使用Dreamweaver CC可以最大限度地对这些代码进行优化，提高代码质量。

1. 清理HTML代码

执行"命令>清理HTML(XHTML)"命令，打开"清理HTML/XHTML"对话框，提示用户选择优化方式。

❶ **空标签区块**：<font color="FF0000"></font>就是一个空标签，选中第一个选项后，类似的标签会被删除。

❷ **多余的嵌套标签**：例如在"<i>HTML语言在<i>短短的几年</i>时间里，已经有了长足的发展。</i>"这段代码中的内层<i>与</i>标签将被删除。

❸ **不属于Dreamweaver的HTML注解**：类似<!--begin body text-->这种类型的注释将被删除，而类似<!-- #BeginEditable "main" -->这种注释则不会被删除，因为它是由Dreamweaver生成的。

❹ **Dreamweaver特殊标记**：与上面一项正好相反，该选项只清理Dreamweaver生成的注释，这样模板与库页面都将会变为普通页面。

❺ **指定的标签**：在该选项后面的文本框中输入需要删除的标签，并勾选该复选框即可。

❻ **尽可能合并嵌套的<font>标签**：勾选该复选框后，Dreamweaver将可以合并的<font>标签进行合并，一般可以合并的<font>标签都是控制一段相同文本的，如<fontsize="6"><fontcolor="#0000FF">HTML语言</font></font>代码中的<font>标签就可以合并。

❼ **完成时显示动作记录**：勾选该复选框后，处理结束时会弹出一个警告提示框，列出详细的修改内容。

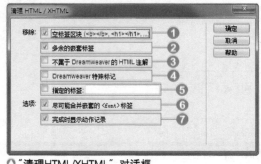
△"清理HTML/XHTML"对话框

当单击"确定"按钮后，Dreamweaver会花一段时间进行处理，如果勾选"完成时显示动作记录"复选框，将会弹出提示框。

2. 清理Word生成的HTML代码

Word是最常用的文本编辑软件，用户经常会将一些Word文档中的文字复制到Dreamweaver中，并运用到网页里，因此不可避免地会生成一些错误代码、无用的样式代码或其他垃圾代码。执行 "命令>清理Word生成的HTML" 命令，打开 "清理Word生成的HTML" 对话框。

"清理Word生成的HTML" 对话框中包含 "基本" 和 "详细" 两个选项卡。"基本" 选项卡用来进行基本设置，"详细" 选项卡用来对清理Word特定标记和CSS进行具体的设置。

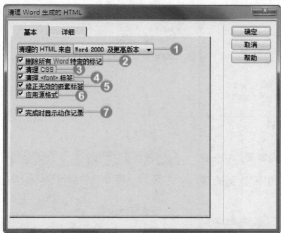

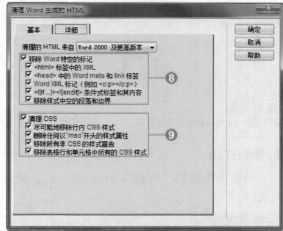

△ 清理Word生成的HTML "基本" 选项卡　　　　△ 清理Word生成的HTML "详细" 选项卡

下面介绍两个选项卡中的各个选项。

① **清理的HTML来自**：如果这个HTML文档是用Microsoft Word 97或Microsoft Word 98生成的，则在下拉列表框中选择 "Word 97/98" 选项；如果这个HTML文档是用Microsoft Word 2000或更高版本生成的，则在下拉列表框中选择 "Word 2000及更高版本" 选项。

② **删除所有Word特定的标记**：勾选该复选框后将清除Word生成的所有特定标记。如果需要有保留地清除，可以在 "详细" 选项卡中进行设置，具体请参见稍后的介绍。

③ **清理CSS**：勾选该复选框后尽可能地清除Word生成的CSS样式。如果需要有保留地清除，可以在 "详细" 选项卡中进行设置，具体请参见稍后的介绍。

④ **清理<font>标签**：勾选该复选框后清除HTML文档中的<font>语句。

⑤ **修正无效的嵌套标签**：勾选该复选框后修正Word生成的一些无效HTML嵌套标签。

⑥ **应用源格式**：勾选该复选框后将按照Dreamweaver默认的格式整理这个HTML文档的源代码，使文档的源代码结构更清晰，可读性更高。

⑦ **完成时显示动作记录**：勾选该复选框后将在清理代码结束后显示完成了哪些清理动作。

⑧ **移除Word特定的标记**：该选项组中包含5个选项，用来对清理Word特定标签进行具体的设置。这5个选项分别为 "<html>标签中的XML"、"<head>中的Word meta和link标签"、"Word XML标记（例如<o:p></o:p>）"、"<![if …]><![endif]>条件式标签及其内容" 以及 "移除样式中空的段落和边界"。

⑨ **清理CSS**：该选项组中包含4个选项，用来对清理CSS进行具体的设置。这4个选项分别为 "尽可能地移除行内CSS样式"、"删除任何以mso开头的样式属性"、"移除所有非CSS的样式宣告"、"移除表格行和单元格中所有的CSS样式"。

设置完毕后，单击 "确定" 按钮，开始清理代码。清理完毕后，如果此前勾选了 "完成时显示动作记录" 复选框，将弹出清理Word HTML结果提示框，显示完成了哪些清理动作。

DO IT Yourself　练习操作题

1. 查看源文件

限定时间：10分钟

请分别使用记事本和Dreamweaver查看所提供页面的源代码。

△ 使用Dreamweaver查看源代码

△ 使用记事本查看源代码

Step BY Step （步骤提示）

1. 使用记事本打开页面。
2. 使用Dreamweaver CC代码视图查看页面。

光盘路径

Exercise\Ch03\1\ex1.htm

2. 清理HTML

限定时间：10分钟

请使用学过的"清理HTML代码"的功能清理如下页面的源代码。

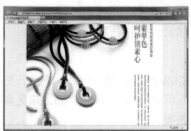

△ 使用浏览器打开网页

△ 使用Dreamweaver清理HTML代码

Step BY Step （步骤提示）

1. 执行"命令 > 清理HTML"命令。
2. 设置清理内容。

光盘路径

Exercise\Ch03\2\ex2.htm

参考网站

• **The Best Designs**：是一个查看高质量XHTML和Flash设计的优秀网站，让读者更容易得到自己想搜索的东西。

• **CSSRemix**：是一个Web2.0网站最佳设计的弄潮儿，该网站也包括一些非Web2.0的主题设计。设计师可以查阅其他设计师的设计作品，进行深度交流。

△ http://www.thebestdesigns.com/

△ http://www.cssremix.com/

Chapter

04

页面的整体设置

头部信息的设置属于页面总体设置的范畴，虽
然大多数设置不能够在网页上直接看到效果，
但从功能上讲是必不可少的。头部信息为网页
添加必要的信息，帮助网页实现功能。本章将
围绕这些属性的设置展开，包括网页的标题、
网页颜色以及背景图片等设置。

┃本章技术要点┃

Q：打开"页面属性"对话框的方法有哪些？

A：打开方法有4种，分别为：执行"修改>页面
属性"命令；按下快捷键Ctrl+J；在文档窗口
的页面空白处单击鼠标右键，在快捷菜单中执
行"页面属性"命令；打开页面之后，在属性
面板中单击"页面属性"按钮。

Q：可以设置哪些头部信息？

A：可以设置的头部信息包括META、关键字、说
明、刷新、基础和链接等。

设置页面的头部信息

一个HTML文件，通常由包含在<head>和</head>标签间的头部和包含在<body>和</body>标签间的主体两个部分组成。文档的标题信息就存储在HTML的头部信息中，在浏览页面时，它会显示在浏览器的标题栏上；当将页面放入浏览器的收藏夹时，文档的标题又会作为收藏夹中项目的名称。除了标题之外，头部还可以包含很多非常重要的信息，例如作者信息以及针对搜索引擎的关键字和内容指示符等。

设置META

如果软件中没有显示头部内容，就在文档窗口中执行"查看>文件头内容"命令显示文档的头部内容，在"插入"面板"常用"分类的"文件头"下拉列表中，可以显示同HTML头部信息相关的对象。

要插入某种元素，可以选择相应的选项，在打开的参数设置对话框中输入需要的信息后单击"确定"按钮，即可向文档的头部添加数据。如果希望编辑头部信息，可以在文档窗口的头部信息中单击选中相应的标签，然后在属性面板中修改。

用户可以通过META语句直接定制不同的功能，比如作者信息和网页到期时间等。

在"插入"面板"常用"分类的"文件头"下拉列表中选择META选项，打开META对话框。

❶ **属性**：在该下拉列表中可以选择两种属性，分别为名称和HTTP-equivalent。

❷ **值**：在该文本框中，可以输入属性值。

❸ **内容**：在该文本框中，可以输入属性内容。

TIP 如果要编辑插入的META数据，可以首先显示文档的头部信息，单击META数据标签，即可在属性面板中进行编辑。

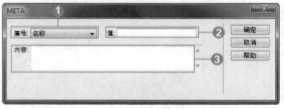
△ META对话框

❓ 代码解密 关于<meta>标签

<meta>标签

如果用户希望能够提供有关文档的更多信息，例如浏览器、源文档的读者或文档索引工具软件等，可以使用<meta>标签，代码如下。

```
<meta name="name _ value" content="value" Http-equiv="value">
```

- name属性提供了由<meta>标签定义的名称/值对的名称。HTML标准没有指定任何预先定义的<meta>名称，通常情况下，可以自由使用对自己和源文档的读者来说富有意义的名称。
- content属性提供了名称/值对的值。该值可以是任何有效的字符串（如果值中包含空格，就要用引号括起来）。content属性始终要和name或http-equiv属性一起使用。
- http-equiv属性为名称/值对提供了名称，指示服务器在发送实际的文档之前，在要传送给浏览器的MIME文档头部包含名称/值对。当服务器向浏览器发送文档时，会先发送许多名称/值对。

其他一些比较典型的META应用有以下几种。

- 设置网页自动刷新。让网页在被访问时，相隔一段指定的时间就跳转到某个页面或是刷新自身。自动刷新特性目前已经被越来越多的网页使用。例如，我们可以首先在一个页面上显示欢迎信息，经过一段时间后，自动跳转到指定的网页上。这个功能还可以应用在网站的网址迁移中，可以在原网址的主页上显示新的网址信息，然后自动跳转到新网址上。使用META语句http-equiv属性中的refresh值能够设定页面的自动刷新或跳转，就是每隔几秒刷新或跳转页面。如果希望定时让网页自动转到其他网页，可以在"属性"下拉列表中选择"http-equiv"，在"值"文本框中输入"refresh"，在"内容"文本框中输入时间和地址。

```
<meta http-equiv="refresh" content="8;URL=http://www.huxinyu.cn">
```

- 设置网页的到期时间。例如在"值"文本框中输入"expires"，在"内容"文本框中输入"Fri, 31 Dec 2014 24:00:00 GMT"，则网页将在格林威治时间2014年12月31日24点00分过期，此时将无法脱机浏览这个网页，必须联到网上重新浏览这个网页。代码如下。

```
<meta name="expires" content="Fri, 31 Dec 2014 24:00:00 GMT">
```

- 禁止浏览器从本地机的缓存中调阅页面内容。例如在"值"文本框中输入"Pragma"，在"内容"文本框中输入"no-cache"，则禁止此页面保存在访问者缓存中。浏览器访问某个页面时会将它存在缓存中，下次再次访问时即可从缓存中读取以提高速度。如果用户希望访问者每次访问都刷新网页广告的图标或网页计数器，就要禁用缓存。代码如下。

```
<meta name="Pragma" content="no-cache">
```

- 设置cookie过期。例如在"值"文本框中输入"set-cookie"，在"内容"文本框中输入"Wed 31 Dec 2014 24:00:00 GMT"，则cookie在格林威治时间2014年12月31日24点00分过期，并被自动删除。代码如下。

```
<meta name="set-cookie" content="Wed, 31 Dec 2014 24:00:00 GMT">
```

- 强制页面在当前窗口以独立页面显示。在"值"文本框中输入"Window-target"，在"内容"文本框中输入"_top"，则可以防止这个网页被显示在其他网页的框架结构里。代码如下。

```
<meta name="Window-target" content=" _top">
```

- 设置网页作者说明。例如在"值"文本框中输入"Author"，然后在"内容"文本框中输入"胡崧"，则说明这个网页作者是胡崧。代码如下。

```
<meta name="Author" content="胡崧">
```

- 设置网页打开或者退出时的效果。例如在"值"文本框中输入"Page-Enter"或"Page-Exit"，在"内容"文本框中输入"revealTrans(duration=10, transition=21)"。其中duration设置的是延迟时间，以秒为单位；transition设置的是效果，其值为1~23，代表23种不同的效果。代码如下。

```
01 <Meta http-equiv="page-exit" content="revealtrans(duration=10,transition=21)">
02 <meta http-equiv="page-enter" content="revealtrans(duration=8,transition=12)">
```

关键字

关键字信息仍然属于元数据的范畴，但是由于它经常被使用，所以Dreamweaver就额外定义了相应的插入命令，允许直接插入关键字属性。

在"插入"面板"常用"分类的"文件头"下拉列表中选择"关键字"选项，打开"关键字"对话框，在文本框中可输入相应的关键字信息，多个关键字之间可以使用英文逗号隔开。

TIP 要编辑关键字信息，可以从文档的头部窗格中选择关键字标签，然后在属性面板中进行更改。

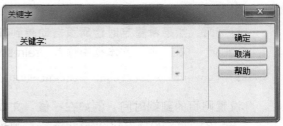
△ "关键字"对话框

❓代码解密 HTML实现的关键字代码

通过META语句可以设置网页的搜索引擎关键词。打开META对话框，在name属性的"值"文本框中输入"keywords"，在"内容"文本框中输入网页的关键词，各关键词用逗号隔开。许多搜索引擎都通过机器人搜索来登录网站，需要用到META元素的一些特性来决定怎样登录，如果网页上没有这些META元素，则不会被搜索到。代码如下。

```
<meta name="keywords" content="公司">
```

这句代码中的keywords为定义关键字，定义关键字的内容为"公司"，用来标记搜索引擎在搜索页面时所取出的关键词为"公司"。

说明

说明信息属于META数据范畴，Dreamweaver单独提供了插入说明信息的方法。

在"插入"面板"常用"分类的"文件头"下拉列表中选择"说明"选项，这时会弹出"说明"对话框，在文本框中输入说明信息即可。

TIP 要编辑说明信息，可以在文档的头部信息中选择说明标签，然后在属性面板中更改。

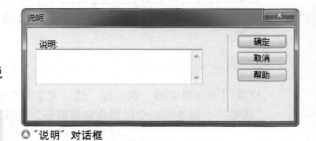
△ "说明"对话框

❓代码解密 HTML实现的说明代码

通过META语句设置网页的搜索引擎说明。打开META对话框，在name属性的"值"文本框中输入"description"，在"内容"文本框中输入网页的说明。这是告诉搜索引擎的机器人，将输入的内容作为网页的说明添加到搜索引擎。代码如下。

```
<meta name="description" content="这是本公司的宣传网站">
```

其中，description为说明定义，在content中定义说明的内容。

视口

为了让手机也能获得良好的网页浏览体验，在移动版（iOS）的Safari浏览器中定义了viewport meta标签，它的作用就是创建一个虚拟的视口（viewport），而且这个虚拟视口的分辨率接近于桌面显示器。

在"插入"面板的"常用"分类的head下拉菜单中选择"视口"选项，将直接添加一段网页代码，这段代码用于指定用户是否可以缩放Web页面，如果可以，那么缩放到的最大和最小缩放比例是什么。使用这段代码还表示文档针对移动设备进行了优化。

```
<meta name="viewport" content="width=device-width, initial-scale=1">
```

其中，content值是由指令及其值组成的以逗号分隔的列表。代码的含义就是显示宽度为设备宽度，初始缩放比例为1倍，禁止用户缩放。

❓ 代码解密 HTML实现的视口代码

用户可以修改视口代码中的参数值，如下代码。

```
<meta name="viewport"  content="width=240, height=320, user-scalable=yes, initial-scale=2.5, maximum-scale=5.0, minimun-scale=1.0">
```

width和height指令分别指定视区的逻辑宽度和高度。他们的值要么是以像素为单位的数字，要么是一个特殊的标记符号。width指令使用device-width标记可以指示视区宽度应为设备的屏幕宽度。类似地height指令使用device-height标记指示视区高度为设备的屏幕高度。

user-scalable指令指定用户是否可以缩放视区，即缩放Web页面的视图。值为yes时允许用户进行缩放，值为no时不允许缩放。

initial-scale指令用于设置Web页面的初始缩放比例。默认的初始缩放比例值因智能手机浏览器的不同而有所差异。通常情况下设备会在浏览器中呈现出整个Web页面，设为1.0则将显示未经缩放的Web文档。

maximum-scale和minimum-scale指令用于设置用户对Web页面缩放比例的限制。值的范围为0.25至10.0之间。与initial-scale相同，这些指令的值是应用于视区内容的缩放比例。

📋 知识拓展 头部信息的其他部分

1. 网页标题

网页标题可以是中文、英文或者符号，它显示在浏览器的标题栏中。当网页被添加到收藏夹时，网页标题又作为网页的名称出现在收藏夹中。

网页的标题可以直接在设计窗口上方的"标题"文本框中进行设置。

编辑完后单击视图的其他位置确认。打开代码视图，可发现更改页面标题实际上更改的是网页头部信息中的<title></title>标签中的内容。

△ 编辑网页标题

2. 网页样式

网页的样式表也是在网页的头部定义的，它们或者是作为代码位于头部信息的<style></style>标签中，或者是链接外部的样式表文件。

3. 链接关系

"链接"可以定义当前网页和本地站点中的另一网页之间的关系，让这个另外的文件提供给当前网页文件相关的资源和信息，经常用于外部CSS样式表文件的调用。

CSS样式表的规则规定，可以在分离的文档中放置样式定义（将其MIME类型定义为text/css的文本文件），这样就把"外部"样式表引入了文档中，同一种样式表可以用于多个文档中。由于外部样式表是一个独立的文件，并由浏览器通过网络进行加载，所以可以随处存储、随时使用，甚至可以更换其他样式表。<link>标签将为当前文档和Web上的某个其他文档建立一种联系。代码如下。

```
<link href="url" type="value" rel="value">
```

用于指定样式表的<link>及其必需的href和type属性必须都出现在文档的<head>标签中。样式表的URL可以是基于文档基本URL的绝对或相对URL，rel属性指定从源文档到目标文档的关系。

在href中设置要建立链接关系的文件的地址，在rel中指定当前文档与href文本框中所设置文档之间的关系，代码如下。这句代码链接至外部的css.css文件，类型为样式表。

```
<link href="css.css" rel="stylesheet" type="text/css">
```

另外，<link>标签还有一个id属性，它为语句创建一个标记，超链接可以用这个标记来明确地引用该段落，以便作为样式表选择器或使用其他应用程序来执行自动搜索。在<link>标签内，也可以使用class属性，它用一个名称来标记语句，该标记名称指向一个预定义的类，而该类是在文档级声明的或者是在外部定义的样式表。

4. 基础网址

网站内部文件之间的链接都是以相对地址的形式出现的，比如，一个网页上大量的超级链接都需要在新窗口中打开，每个超级链接都设置新窗口打开将很麻烦，这时可设置打开方式为在新窗口中打开，设置后该网页所有的超级链接都会在新的窗口中打开。

<base>标签为文档中的其他锚定义基本URL或目标窗口。如果框架中的超级链接没有其他默认目标，就应该考虑使用<base target=_top>，这就确保了在链接没有特别指向某个框架或窗口的情况下，会随后被加载到顶级浏览器窗口中。这样就不会出现在自己页面的框架中引用其他站点的页面后，不是显示它们自己的页面这种尴尬的局面和常见错误了。代码如下。

```
<base href="url" target="window_name">
```

其中，href属性必须有一个有效的URL作为它的值，浏览器随后会使用该值定义基于文档中出现的相对URL的绝对URL。target属性允许为显示它们的某个框架或窗口创建默认名称。

在base元素href中输入一个地址作为超级链接的基本地址，在target目标中可选择打开方式。代码如下。这句代码设置所有的外部链接都在新窗口中打开。

```
<base href="url" target="window_name">
```

5. JavaScript代码

网页中的JavaScript特效也有部分代码是位于网页头部的，因此头部内容也有辅助完成JavaScript特效的作用。

⚡ Let's go! 设置"百盛网"页面的meta信息

原始文件	Sample\Ch04\meta\meta.htm
完成文件	Sample\Ch04\meta\meta-end.htm
视频教学	Video\Ch04\Unit09\

图示	ⓔ	◉	◉	O	◉
浏览器	IE	Chrome	Firefox	Opera	Apple Safari
是否支持	◎	◎	◎	◎	◎

◎完全支持　□部分支持　※不支持

■ **背景介绍**: 本例将完成网页头部meta设置，为页面添加关键字、说明、作者和刷新等信息，使页面更加规范，在源代码中体现出这些内容。

⬆ 原始页面

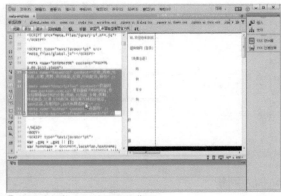

⬆ 设置头部信息后的页面源代码

1. 插入关键字

1 单击"拆分"按钮进入到拆分视图，然后进入到代码窗口，将插入点定位在</head>这段代码的上方。

2 在"插入"面板"常用"分类的"文件头"下拉列表中选择"关键字"选项。在弹出的"关键字"对话框中输入"女装,男装,化妆品,女鞋,男鞋,休闲食品,红酒,时尚配饰,箱包"，然后单击"确定"按钮。

⬆ 定位插入点

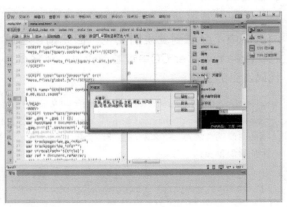

⬆ 插入关键字

2. 插入说明

在"插入"面板"常用"分类的"文件头"下拉列表中选择"说明"选项，在弹出的"说明"对话框中输入"百盛网（www.parkson.com.cn）是百盛官方购物网站，专注经营精品时尚的女装/男装、化妆品、女鞋/男鞋、休闲食品、红酒、时尚配饰、箱包等万种百货商品，100%正品，专柜同步，15天免费退换货!"，然后单击"确定"按钮。

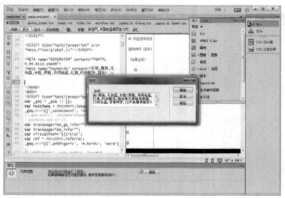

△ 插入说明

3. 插入作者信息

在"插入"面板"常用"分类的"文件头"下拉列表中选择META选项，弹出META对话框。在"属性"下拉列表中选择"名称"选项，在"值"文本框中输入author，在"内容"文本框中输入"百盛网"，即作者信息，单击"确定"按钮。

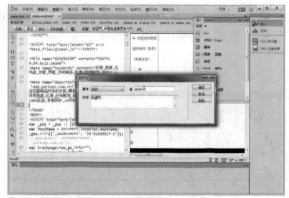

△ 插入作者信息

4. 插入刷新

在"插入"面板"常用"分类的"文件头"下拉列表中选择META选项，弹出META对话框。在"属性"下拉列表中选择"HTTP-equivalent"选项，在"值"文本框中输入refresh，在"内容"文本框中输入"8"，即停留8秒后刷新页面，然后单击"确定"按钮。

5. 查看源代码

至此，页面头信息就设置完成了。由于在浏览器中不会看到发生的变化，因此请读者通过在Dreamweaver CC中查看源代码，观察页面代码发生的变化。

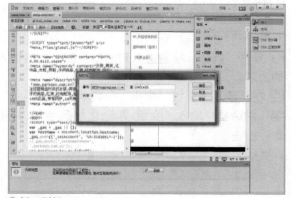

△ 插入刷新

```
<meta name="keywords" content="女装,男装,化妆品,女鞋,男鞋,休闲食品,红酒,时尚配饰,箱包" />
<meta name="description" content="百盛网(www.parkson.com.cn)是百盛官方购物网站,专注经营
精品时尚的女装/男装,化妆品,女鞋/男鞋,休闲食品,红酒,时尚配饰,箱包等万种百货商品, 100%正品,专柜同步,15
天免费退换货!" />
<meta name="author" content="百盛网" />
<meta http-equiv="refresh" content="8" />
```

设置页面的基本属性

制作文档时最基本的就是设置文档的标题、背景色和文本颜色等。这些内容都可以预先设置好以后再制作文档，也可以制作文档以后再对所需的部分进行修改。

设置外观（CSS）

如果想修改文档的基本环境，可以通过执行"修改>页面属性"命令，或在属性面板中单击"页面属性"按钮，打开"页面属性"对话框进行设置。

❶ **外观（CSS）**：通过CSS样式表设置页面中使用的字体、背景色、文档边距等文档外观。

❷ **外观（HTML）**：通过HTML语言设置外观内容。

❸ **链接（CSS）**：通过CSS样式表设置文档中链接的颜色或是否出现下划线等。

❹ **标题（CSS）**：通过CSS样式表设置大标题或中标题等标题文本的属性。

❺ **标题/编码**：设置文档的标题和编码。

❻ **跟踪图像**：设置文档的跟踪图像。

△ "页面属性"对话框

在"页面属性"对话框的"外观（CSS）"选项面板中可以设置网页文件中的字体、背景色、背景图像、文档边距等外观。

❶ **页面字体**：选择应用在页面中的字体。选择"默认字体"选项时，表示为浏览器的基本字体。

❷ **大小**：设置字体大小。页面中适当的字体大小为12像素或10磅。

❸ **文本颜色**：选择一种颜色作为默认状态下文本的颜色。

❹ **背景颜色**：选择一种颜色作为页面背景色。

❺ **背景图像**：设置文档的背景图像。背景图像小于文档大小，则会配合文档大小重复出现现。

❻ **重复**：设置背景图像的重复方式。

❼ **左边距、右边距、上边距、下边距**：在每一项后面选择一个数值或直接输入数值，设置页面元素同页面边缘的间距。

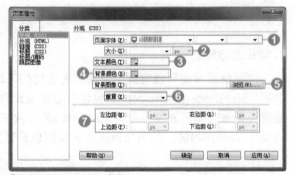

△ 设置外观（CSS）参数

> **TIP** 建议初学者使用"页面属性"对话框中的"外观（CSS）"选项面板进行页面基本信息的设置；对于学习了CSS详细语法的用户，建议使用CSS样式表设置页面基本信息。

❓ 代码解密 CSS实现的设置外观代码

1. 背景颜色

本书后面有专门的篇幅介绍CSS样式表，这里讲解使用样式表最简单的内联样式方法来实现背景颜色设置。内联样式是连接样式和标签的最简单的方式，只需在标签中包含一个属性，后面再跟一列属性及属性值即可。浏览器会根据样式属性及其值来表现标签中的内容。在CSS中使用background-color属性设定页面的背景颜色。如下代码是将页面的背景颜色设置为#990000。

```
01 Body {
02 background-color:#990000
03 }
```
▶ 声明<body>标签
▶ 设置背景色为#990000

2. 文本颜色

在CSS中，color属性设置的是标签内容的前景颜色。它的值可能是一种颜色名，也可能是一个十六进制的RGB组合或一个十进制的RGB组合。如下代码是将页面的文本颜色设置为#990000。

```
01 Body {
02 color:#990000
03 }
```
▶ 声明<body>标签
▶ 设置文字色为#990000

3. 背景图像

在CSS中，background-image属性可以在元素内容后面放置一个图像。它的值可以是一个URL，也可以是关键字none（默认值）。如下代码是将页面的背景图像设置为bg.gif图片。

```
01 Body {
02 background-image:url(bg.gif);
03 }
```
▶ 声明<body>标签
▶ 设置背景图像为bg.gif

4. 背景图像重复

浏览器通常会平铺背景图像来填充分配的区域，也就是在水平和垂直方向上重复显示该图像。使用CSS的background-repeat属性可以改变这种"repeat（重复）"（默认值）行为：只在水平方向重复而垂直方向不重复，可使用repeat-x值；只在垂直方向重复，可使用repeat-y值；要禁止重复，可使用no-repeat值。如下代码是将背景图像设置为bg.gif图片，并按水平方式平铺。

```
01 Body {
02 background-image:url(bg.gif);
03 background-repeat:repeat-x;
04 }
```
▶ 声明<body>标签
▶ 设置背景图像为bg.gif
▶ 背景图像在水平方向上平铺

5. 页面字体

通过font-family（字体系列）属性可以设置以逗号分开的字体名称列表。浏览器使用列表中命名的第一种字体在客户端机器上显示文字，当然，这种字体必须已经安装在该机器上并可以使用。如下代码设置的是页面文字使用黑体显示。

```
01 Body {
02 font-family: "黑体"
03 }
```
▶ 声明<body>标签
▶ 设置页面字体为黑体

6. 文本大小

CSS中的font-size属性允许使用相对或绝对长度值、百分比及关键字来定义字体大小。如下代码设置的是页面文字使用14像素大小显示。

```
01 Body {
02 font-size:14px              ▶ 声明<body>标签
03 }                           ▶ 字号为14像素
```

7. 左右边距、上下边距

通过CSS的"边界"可以设置边框外侧的空白区域。可以对应上、下、左、右各项设定具体的数值和单位。不同的margin属性允许控制元素四周的空白区，可以指定边界大小。margin属性可以用长度或百分比值表示。如下代码声明了页面的周围空白为30像素。

```
01 Body {
02 margin-left:30px;           ▶ 声明<body>标签
03 margin-right:30px;          ▶ 左边距为30像素
04 margin-top:30px;            ▶ 右边距为30像素
05 margin-bottom:30px          ▶ 上边距为30像素
06 }                           ▶ 下边距为30像素
```

设置外观（HTML）

"外观（HTML）"属性以传统HTML语言的形式设置页面的基本属性，可以设置的参数如下。

❶ **背景图像**：设置文档的背景图像。
❷ **背景**：选择一种颜色，作为页面背景色。
❸ **文本**：设置页面默认的文本颜色。
❹ **链接**：定义链接文本默认状态下的字体颜色。
❺ **已访问链接**：可定义访问过的链接文本的颜色。
❻ **活动链接**：定义活动链接文本的颜色。
❼ **左边距、上边距**：设置页面元素同页面边缘的间距。
❽ **边距宽度、边距高度**：针对Netscape浏览器设置页面元素同页面边缘的间距。

⌃ 设置外观（HTML）参数

❓代码解密 HTML实现的设置外观代码

1. 背景颜色

通过<body>标签的bgcolor属性可以设置页面的背景颜色。如下代码设置背景颜色为十六进制颜色代码，前面加#号表明为十六进制色彩。

```
<body  bgcolor="#color _ value">
```

2. 文本颜色

除了改变文档的背景颜色或添加背景图像，还可能需要调整文本颜色才能确保用户阅读文本。

<body>标签在HTML中的text属性用来设置整个文档中所有无链接文本的颜色。用于指定背景颜色时相同的格式来为text属性指定一个颜色值，也就是一个RGB组合或颜色名称，如下代码设置文本颜色为十六进制颜色代码，前面加#号表明为十六进制色彩。

```
<body  text="#color _ value">
```

3. 背景图像

通过设置<body>标签的background属性在文档背景中添加一个背景图像。background属性需要的值是一个图像的URL，如下代码设置背景图像为bg.gif文件，在默认情况下，该背景图像在浏览器中以平铺形式显示。

```
<body background="bg.gif">
```

4. 边距

leftmargin，topmargin，rightmargin，bottommargin属性扩展允许相对于浏览器窗口的边缘缩进至边界，属性值是边界缩进的像素的整数值，0为默认值，边界是用背景颜色或图像填充的。如下代码设置页面的左边距、上边距、右边距、下边距都为0。

```
<body leftmargin="0" topmargin="0" rightmargin="0" bottommargin="0">
```

针对Netscape浏览器，HTML语言提供了marginwidth和marginheight属性来设置边界宽度和边界高度。如下代码设置边界宽度和边界高度为0。

```
<body marginwidth="0" marginheight="0">
```

5. 链接、已访问链接、活动链接

<body>标签的link，vlink和alink属性控制着文档中超链接（<a>标签）的颜色，所有这三种属性与text和bgcolor属性一样，都接受将颜色指定为一个RGB组合或颜色名的值。其中，link属性决定还没有被用户单击过的所有超链接的颜色；vlink属性设置用户已经单击过的所有链接的颜色；alink属性则定义激活链接时文本的颜色。如下代码分别设置默认链接颜色为#006699，激活状态链接颜色为#33CCFF，访问过后链接颜色为#CCCCCC。

```
<body  link="#006699" alink="#33CCFF" vlink="#CCCCCC">
```

知识拓展 HTML关于颜色的定制方法

使用HTML代码设置颜色前，首先来看一下HTML语言中颜色的定义方法。在网页中一般采用十六进制值对颜色进行定义，对于三原色（红、绿、蓝）分别给予两个十六进位去定义，即每个原色有256种彩度，三原色可混合成1600多万个颜色，RGB值颜色由6位数字组成，每个数字取从0到F的十六进制数值，前两位数字代表红色，中间两位数字代表绿色，后两位数字代表蓝色，以符号"#"开头。

例如，红原色值为FF，绿原色值为00，蓝原色值为00，因此红色的十六进制RGB值为#FF0000，在颜色文本框中输入#FF0000就可设置颜色为红色。

HTML预设了一些颜色命名，在颜色文本框中直接输入这个颜色命名也能设置相应的颜色。例如，在颜色文本框中输入红色的命名"Red"即可设置颜色为红色。常用的预设颜色命名有16

种——Black，Olive，Teal，Red，Blue，Maroon，Navy，Gray，Lime，Fuchsia，White，Green，Purple，Silver，Yellow和Aqua。

设置链接（CSS）

　　在"页面属性"对话框的"链接（CSS）"
选项面板中可以设置与文本链接相关的各种参
数。例如设置网页中超级链接、访问过的链接以
及活动链接的颜色。为了统一设计风格，分别设
置的文本的颜色、超级链接的颜色、访问过的超
级链接的颜色和激活的超级链接的颜色在每个网
页中最好都保持一致。

　　用户还可以对链接下划线进行设置，包含4种
样式：始终有下划线、始终无下划线、仅在变换
图像时显示下划线（光标移动到链接上方时，显
示下划线）、变换图像时隐藏下划线（光标移动到链接上方时，下划线消失）。

△ 设置链接（CSS）参数

❶ **链接字体**：指定区别于其他文本的链接文本字体。在没有另外设置字体的情况下，链接文本字体将采用与页面文本相同的字体。

❷ **大小**：设置链接文本的字体大小。

❸ **链接颜色**：指定链接文本的字体颜色。可以更改蓝色的文本链接颜色。

❹ **变换图像链接**：指定光标移动到链接文本上方时改变的文本字体颜色。

❺ **已访问链接**：指定访问过一次的链接文本的字体颜色。

❻ **活动链接**：指定单击链接文本的同时发生变化的文本颜色。

❼ **下划线样式**：设置是否给链接文本显示下划线。没有设置下划线样式属性时，默认为在文本中显示下划线。

❓代码解密 CSS实现的链接代码

1. 链接颜色

　　在CSS中，color属性也可以设置链接文本的颜色，它的值可以是一种颜色名，也可以是一个十六进制的RGB组合，或是一个十进制的RGB组合，代码如下。

```
01 a{                          ▶ 设定正常状态下链接文本的外观
02 color: #000000;             ▶ 设置颜色为#000000
03 }

04 a:visited {                 ▶ 设定访问过的链接文本的外观
05 color: #0099FF;             ▶ 设置颜色为#0099FF
06 }

07 a:hover {                   ▶ 设定光标放置在链接文字之上时文字的外观
08 color: #0066CC;             ▶ 设置颜色为#0066CC
09 }

10 a:active {                  ▶ 设定用鼠标单击时链接的外观
11 color: #0000CC;             ▶ 设置颜色为#0000CC
12 }
```

2. 链接字体

通过font-family（字体系列）属性可以设置以逗号分开的字体名称列表。如下代码设置了链接文字使用黑体显示。

```
01 a {                                    ▶ 设定正常状态下链接文本的外观
02 font-family: "黑体"                    ▶ 设置字体为黑体
03 }
```

3. 链接字体大小

CSS中，font-size属性允许使用相对或绝对长度值、百分比及关键字来定义字体大小。如下代码设置了链接文字使用14像素大小来显示。

```
01 a {                                    ▶ 设定正常状态下链接文本的外观
02 font-size:14px                         ▶ 设置字号为14像素
03 }
```

4. 链接下划线样式

CSS中，text-decoration（文字修饰）属性可以产生文本修饰，其中有些还可以用于最早的物理样式标签，下划线表示为underline。如下代码表示默认链接文本不添加下划线，将鼠标上滚链接和激活状态链接添加下划线。

```
01 a {                                    ▶ 设定正常状态下链接文本的外观
02 text-decoration:none;                  ▶ 设置文本修饰为″无″
03 }
04 a:hover {                              ▶ 设定将光标放置在链接文本上时文本的外观
05 text-decoration:underline;             ▶ 设置文本修饰为下划线
06 }
07 a:active {                             ▶ 设定用鼠标单击时链接的外观
08 text-decoration:underline;             ▶ 设置文本修饰为下划线
09 }
```

设置标题（CSS）

在″页面属性″对话框的″标题（CSS）″选项面板中可以设置标题字体的属性。

❶ **标题字体**：定义标题的字体。

❷ **标题1~标题6**：分别定义一级标题到六级标题字的字号和颜色。

> **TIP** HTML的标题一共有6个级别，可以调整文档结构使其更易读，而且更容易管理。这6个标题标签分别是：<h1>、<h2>、<h3>、<h4>、<h5>和<h6>，它们表示的是标题在文档中从最高（<h1>）到最低（<h6>）的优先顺序。

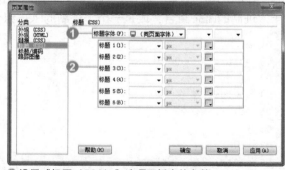

○ 设置″标题（CSS）″选项面板中的参数

❓ 代码解密 CSS实现的标题代码

通过为<h1>~<h6>标签指定文字字体、字号以及颜色等样式来实现不同级别标题效果，如下代码为标题1的文字设置了字体、字号和颜色。

```
01 H1 {
02 font-size:14px;
03 font-family: "黑体";
04 color: #0066CC;
05 }
```

▶ 声明<h1>标签样式
▶ 设置字号为14像素
▶ 设置字体为黑体
▶ 设置文本颜色为#0066CC

设置标题/编码

在"页面属性"对话框的"标题/编码"选项面板中可以设置文档的标题和编码。

❶ **标题**：输入文档的标题。还可在文档窗口的工具条的"标题"文本框中直接输入。

❷ **文档类型**：设置页面的DTD文档类型。

❸ **编码**：定义页面使用的字符集编码。

❹ **Unicode标准化表单**：设置表单标准化类型。

❺ **包括Unicode签名**：设置表单标准化类型中是否包括Unicode签名。

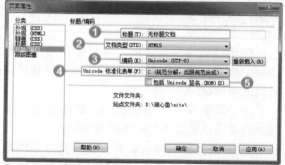

⬆ 设置标题/编码参数

❓ 代码解密 HTML实现的标题/编码代码

1. 标题

<title>标签

<title>标签是HTML规范所要求的，它包含文档的标题。前面的章节中已经介绍过实现方法，在此不再赘述。如下代码为标题的内容。

```
<title>第一个页面</title>
```

2. 文档类型

<!doctype>标签

<!doctype>标签用于向浏览器（和验证服务）说明文档遵循的HTML版本，HTML 3.2及以上版本规范都要求文档具备这个标签，因此应将其放在所有文档中。一般在文档开头输入，例如下面的代码。

```
<!DOCTYPE HTML PUBLIC "-//W3C//DTD HTML 4.01 Transitional//EN" "http://www.w3.org/TR/
html4/loose.dtd">
```

所有HTML文档都应当遵守HTML SGML DTD，即定义HTML标准的正式文档类型定义（Document Type Definition，DTD），DTD定义了用来创建HTML文档的标签和语法。通过在文档的第一行放置一个特殊的SGML（Standard Generalized Markup Language，标准通用标记语言）命令，便可以告诉浏览器文档遵循的是哪种DTD。<!doctype>标签的关键部分是DTD（文档类型定义）元素，向浏览器（和验证服务）说明文档遵循的HTML版本。DTD同时说明签发规范的组织和规范的具体版本号。上述代码表明，文档将遵从由万维网联盟（World Wide Web，W3C）定义的HTML 4.01的最终DTD。

> **TIP** DTD的其他版本定义了局限性更多的HTML标准的版本，因此并不是所有浏览器都支持HTML DTD的所有版本。实际上，如果指定了其他文档类型，那么浏览器可能会错误地显示文档。

3. 编码

使用<meta>标签即可设置页面的字符集编码，介绍头部信息时已经有所涉及，在此不再赘述。如下的代码设置了页面的字符集编码为简体中文。

```
<meta http-equiv="Content-Type" content="text/html; charset=gb2312">
```

设置跟踪图像

在正式制作网页之前，有时会用绘图工具绘制一幅设计草图，相当于为设计网页打草稿。Dreamweaver CC可以将这种设计草图设置成跟踪图像，铺在编辑的网页下方作为背景，用于引导网页的布局设计。

在"页面属性"对话框的"跟踪图像"选项面板中可以设置页面的跟踪图像属性。

❶ **跟踪图像**：可以为当前制作的网页添加跟踪图像，单击"浏览"按钮在打开的对话框中选择图像源文件。

❷ **透明度**：可以通过拖动滑块来实现，调节跟踪图像的透明度。

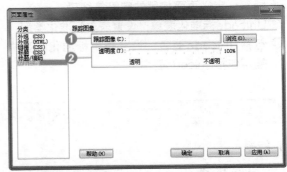
△ 设置跟踪图像参数

使用跟踪图像功能可以依照已经设计好的布局快速创建网页。它是网页设计的规划图，由专业美工设计，这样就避免了网页制作中不懂版面设计的问题，充分利用各种专业人才共同开发网站。跟踪图像一般是由图像处理软件Photoshop来制作的，在设计网页时把它调出来作为背景，这样就可以参照其设计布局安排网页元素了，还可以结合表和层的使用来定位元素。

用户还可以在网上收集一些优秀网站的布局，把它们的主页保存下来并转换为图像，作为跟踪图像调入页面进行学习。网页设计师只有在不断学习的基础上才能不断提高。

跟踪图像作为背景并不会出现在浏览器中，它只是起一个辅助设计的作用，最后生成的HTML文件是不包含它的。在设计的过程中为了不使它干扰网页的视图，还允许用户任意设置跟踪图像的透明度，使设计更加顺利地进行。

> **TIP** 跟踪图像的文件格式必须为JPEG,GIF或PNG。在Dreamweaver CC的文档窗口中跟踪图像是可见的，当在浏览器中浏览页面时，跟踪图像不显示。当Dreamweaver CC的文档窗口中跟踪图像可见时，页面的实际背景图像和颜色不可见，在浏览器中查看页面时，背景图像和颜色是可见的。

Let's go! 为"仙踪林"页面设置排版的图像参照

原始文件	Sample\Ch04\tracimg\tracimg.htm
完成文件	Sample\Ch04\tracimg\tracimg-end.htm
视频教学	Video\Ch04\Unit10\

图示					
浏览器	IE	Chrome	Firefox	Opera	Apple Safari
是否支持	◎	◎	◎	◎	◎

◎完全支持　□部分支持　※不支持

■ **背景介绍**：在设计网页时，通常会先用Photoshop等绘图软件设计出网页草图，并将其保存为GIF或JPG格式。然后在Dreamweaver中将这些图像文件作为跟踪图像使用。本例就将预先制作好的网页文件图像作为跟踪图像来制作出网页文件的布局。

◎ 设计好的跟踪图像

◎ 插入跟踪图像的文档

1. 设置跟踪图像

1 在属性面板中单击"页面属性"按钮。打开"页面属性"对话框，在"分类"列表框中选择"跟踪图像"选项，然后单击"跟踪图像"文本框右侧的"浏览"按钮。

2 打开"选择图像源文件"对话框，在"查找范围"下拉列表中选择tracimg_files文件夹下的demo.jpg文件，然后单击"确定"按钮。

◎ 选择"跟踪图像"选项

◎ 选择作为跟踪图像的文件

③ 跟踪图像是辅助排版的图像，因此应该体现为半透明的效果。将"透明度"选项的滑块向左拖动。在向左拖动滑块的过程中，透明度的数值逐渐变小，当透明度变成50%时停止拖动滑块。

△ 调节跟踪图像的不透明度

④ 如果不调节文档空白，那么在浏览器窗口的左侧和上方会出现一些空白。在"页面属性"对话框的"分类"列表框中选择"外观（CSS）"选项，在"左边距"和"上边距"文本框中输入0像素，单击"确定"按钮调节文档空白。

△ 调节文档的空白

2. 在浏览器中确认跟踪图像

① 选择的跟踪图像被插入到文档窗口后，呈现半透明的效果。如果图像被浮动面板遮盖而不能显示完全，可以单击面板折叠按钮，在工作界面中隐藏浮动面板。

△ 隐藏浮动面板使界面变得更宽阔

② 按下F12键在浏览器中预览页面，这时会发现浏览器页面中不显示任何图像。这是因为在Dreamweaver CC的工作界面中插入的跟踪图像不会显示在浏览器上。

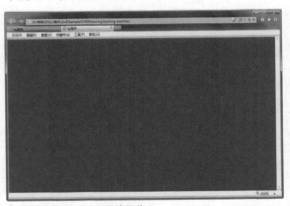

△ 在浏览器中不显示跟踪图像

> **TIP**
> 页面属性包括网页的标题、文字的解码方式、正文中各个元素的颜色等内容，正确设置页面属性是成功编写网页的必要前提。除了设置常规的背景色、背景图像等属性之外，Dreamweaver还包括如辅助线、缩放等常用且必备的功能。读者可自行尝试这些基本工具的使用，这将有助于我们更好地制作网页页面。通过本章的学习，读者应掌握页面基本属性的设置，做好网页制作的准备工作。

DO IT Yourself　练习操作题

1. 设置头部信息

⊘ 限定时间：20分钟

请使用设置头部信息的知识为页面中加入关键字、说明和作者等内容。

⊲ 初始页面　　　　　　　　⊲ 加入头部信息

Step BY Step　（步骤提示）

1. 插入关键字。
2. 插入说明。
3. 插入meta，设置作者信息。

光盘路径

Exercise\Ch04\1\ex1.htm

2. 设置页面属性

⊘ 限定时间：15分钟

请使用已经学过的设置页面属性知识为页面设置跟踪图像。

⊲ 初始页面　　　　　　　　⊲ 设置背景图像后的页面

Step BY Step　（步骤提示）

1. 执行"修改>页面属性"命令。
2. 设置背景图像。

光盘路径

Exercise\Ch04\2\ex2.htm

参考网站

• **汉光百货**：作为知名的百货网站，在头部信息上表现得非常充实。访问者可以通过查看源代码来观察页面关键字和描述的设置，技术上通过Dreamweaver CC的"插入meta"实现。

⊲ http://www.hanguangbaihuo.com/index.html

• **贝蕾尔**：页面中的背景图像很好地配合了整体效果，在保持了文件尺寸优势的同时，体现了整体页面的特点与明亮风格。技术上通过Dreamweaver CC的"设置页面属性"实现。

⊲ http://www.beler.cn

Special page Meta实现的网页过渡效果

网页过渡是指当进入或离开网站时页面具有不同切换效果。基本语法如下。

```
<meta http-equiv="event"  content="revealtrans(duration=value,transition=number)">
```

其中，event的属性值如下表所示。

event属性值	说　明
page-enter	表示进入网页时有网页过渡效果。
page-exit	表示退出网页时有网页过渡效果。

Duration属性为网页过渡效果的持续时间，单位为秒，Transition属性为过渡效果的方式编号，Transition属性值如下表所示。

效果编号	效　果
0	盒状收缩
1	盒状展开
2	圆形收缩
3	圆形展开
4	向上擦除
5	向下擦除
6	向左擦除
7	向右擦除
8	垂直百叶窗
9	水平百叶窗
10	横向棋盘式
11	纵向棋盘式
12	溶解
13	左右向中部收缩
14	中部向左右展开
15	上下向中部收缩
16	中部向上下展开
17	阶梯状向左下展开
18	阶梯状向左上展开
19	阶梯状向右下展开
20	阶梯状向右上展开
21	随机水平线
22	随机垂直线
23	随机

例如下面这段代码，首先设定了退出页面时产生切换转场效果，经过10秒钟的时间，使用编号为21的随机水平线效果，然后设置了跳转语句，用来测试页面过渡产生的效果，即等待10秒钟后，页面将以随机水平线效果的转场形式，跳转到http://www.huxinyu.com/wordpress/的"湖心鱼·博客"网站上去。

```
<META HTTP-EQUIV="Page-Exit" CONTENT="REVEALTRANS(Duration=10,Transition=21)">
<META HTTP-EQUIV="REFRESH"  CONTENT="5;URL=http://www.huxinyu.com/wordpress/">
```

Chapter

05

创建简单
的图文页面

文本是页面中不可缺少的部门，对文本进行格式化可以充分体现文档所要表达的重点，比如在页面中制作一些段落格式，在文档中构建丰富的字体，让文本达到赏心悦目的效果，这些对于专业网站来说是必不可少的。

在网页中插入图像实质上是把我们设计完成的完美效果展示给人们看。然而我们并不是把自己的作品打印出来，挂在展览馆里供人观看，而是通过网络，在用户的显示器上向他们展示作品。因此这势必需要一个专业的处理过程。

本章技术要点

Q：除了普通文本，还可以在页面中插入哪些和文本相关的元素？

A： 可以插入日期时间、列表、水平线和滚动文字等。

Q：Dreamweaver的图像编辑功能包括哪些？

A： 包括编辑、优化、裁剪、重新取样、亮度和对比度以及锐化等功能。

UNIT 11 在网页中使用文本

网页文件用图像和动画等多媒体文件装饰将使其显得更丰富，但有时候也可以只利用文本来体现简洁的效果。当在网页中插入的内容较多时，可以减少图像数量，只利用文本来加快载入速度。有些人可能会觉得只用文本的话过于单调，但是如果使用合适的大小、颜色和字体，同样也可以得到整洁而丰富的页面效果。

插入文字信息

1. 插入日期时间

由于网上信息量很大，随时更新内容就显得至关重要。Dreamweaver不仅能使用户在网页中插入当天的日期，而且对日期的格式没有任何限制。用户甚至可以设置自动更新日期的功能，一旦网页被保存，插入的日期就自动更新。

执行"插入>日期"命令，或单击"插入"面板"常用"分类中的"日期"按钮，打开"插入日期"对话框，在该对话框中可设置日期格式。

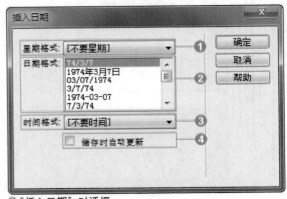

❶ **星期格式**：选择星期的格式，包括星期的简写方式、星期的完整显示方式或不显示星期。

❷ **日期格式**：选择日期的格式。

❸ **时间格式**：选择时间的格式，包括12小时或24小时制时间格式。

❹ **储存时自动更新**：每当存储文档时，都自动更新文档中插入的日期信息，该特性可以用来记录文档的最后生成日期。如果用户希望插入的日期是普通的文本且将来不再变化，则应该取消勾选复选框。

○ "插入日期"对话框

> **TIP** 在用户对网页的每一次改动和保存中，都会自动添加当前的日期。除此之外，用户还可以选择添加日期的名称和时间。

2. 插入水平线

在网页文件中插入各种内容的时候，有时会需要区分一下不同的内容。这种情况下最简单的方法就是插入水平线。水平线可以在不完全分割画面的情况下以线为基准区分上下区域，因此被广泛应用于一个文档中需要区分不同内容的场景中。

单击"插入"面板"常用"分类下的"水平线"按钮，可以在光标所在处插入一条水平线。插入水平线以后，可以调整属性面板的各种属性来制作出不同的形状。

○ 水平线属性面板

❶ **水平线**：为了在文档中与其他因素区别，可以指定水平线名称。在这里只能使用英文或数字。

❷ **宽**：指定水平线的宽度。没有另外指定的情况下，根据当前光标所在的单元格和画面宽度，以100%显示。

❸ **高**：指定水平线的高度。指定为1的时候，可以制作出很细的水平线。

❹ **对齐**：指定水平线的对齐方式。可以在"默认"、"左对齐"、"居中对齐"和"右对齐"中选择一种方式。

❺ **阴影**：赋予水平线立体感。

❻ **类**：选择应用在水平线上的样式。

❓ 代码解密 HTML实现的水平线代码

\<hr>标签

水平分隔线可以从视觉上将文档分隔成各个部分。这样可以给读者一个整洁、一致的视觉指示，告诉他们文档一个部分已经结束，而另一个部分即将开始。水平分割线有效地将文本分隔成小块，并界定了文档的页首（header）和页尾（footer），另外还提供了对文档内标题的强调。

\<hr>标签告诉浏览器要插入一个横跨整个显示窗口的水平分隔线。在HTML中，该标签没有相应的结束标签。/\<hr>标签中的属性如下表所示。

属　　性	说　明
align	水平线对齐方式
color	水平线颜色
noshade	水平线不出现阴影
size	水平线高度
width	水平线宽度

下面的这段代码为设置高度为4像素、没有阴影、宽度为650像素、排列为居左对齐，颜色为#CC0000 的无阴影效果水平线。

```
<hr align="left" width="650" size="4" noshade color="#CC0000">
```

3. 插入特殊字符

普通的文字直接输入即可，但有一些特殊的符号以及空格需要使用HTML语言单独进行定义。

> **TIP** 在网页上输入、编辑和格式化文本是设计者的重要工作之一。Dreamweaver提供必要的工具使用户能够干净利落地完成这些工作。

如果想要向网页中插入特殊字符，可以在"插入"面板"文本"分类中的"字符"下拉列表中选择要向网页中插入的特殊字符。

如果需要插入更多的特殊字符，在该下拉列表中选择"其他字符"选项，打开"插入其他字符"对话框。在该对话框中，单击相关字符，或者在"插入"文本框中输入特殊字符的编码，然后单击"确定"按钮，即可在网页中插入相应的特殊字符。

TIP

即使在文本中使用多种字体，有时候访问者也会看不到其中的一些字体，这是因为在访问者的计算机上没有安装网页中使用的某些字体，这些字体会显示成Windows自带的基本字体。因此，为了正确体现这些与网页气氛相融合的字体，有时会将这些字体制作成图像形式表现出来，这种情况比只用文本的网页需要更多的网页载入时间。

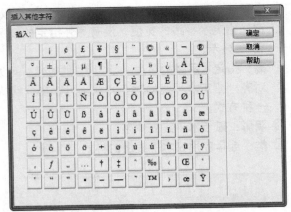

◐ "插入其他字符" 对话框

❓代码解密 HTML实现的特殊字符代码

　　HTML页面中空格符号是通过代码控制的。文档中大部分不属于某标签的字符都会被浏览器显示出来。然而，有些字符具有特殊的含义而不能够直接显示出来，还有一些字符不能通过普通键盘直接键入到源文档中。特殊字符需要用特殊的名称或者数字字符来编码，从而使其能够包含在源文档中。

　　如果想将特殊字符包含在文档中，必须将字符的标准实体名称或者符号 "#" 加上它在标准字符集里面的位置编号，并包含在一个符号 "&" 和分号之间，而且中间没有空格。常用的特殊字符如下表所示。

特殊符号	符号码	特殊符号	符号码
"	&quot;	§	&sect;
&	&amp;	¢	&cent;
<	&lt;	¥	&yen;
>	&gt;	•	&middot
©	&copy;	€	&euro;
®	&reg;	£	&pound;
±	&plusmn;	™	&trade;
×	&times;	{	&#123;
[	&#91;	}	&#125;
]	&#93;	/	&#47;

4. 插入滚动文字

　　在网络中会时常见到图像或公告栏的标题横向或是纵向滚动的场景，通常将这种文本称为滚动文本。滚动文本可以利用<marquee>标签来创建。

TIP

Dreamweaver没有提供制作滚动文字的可视化方法，因此需要直接输入源代码。在Dreamweaver中进入拆分视图或代码视图，然后输入<marquee>标签，在标签内部输入空格后，Dreamweaver会弹出提示协助用户完成源代码的编写。

❓代码解密 HTML实现的滚动文字代码

<marquee>标签

<marquee>标签定义了在用户浏览器中显示的滚动文字。在<marquee>标签和其必需的</marquee>结束标签之间的文字将滚动显示。不同的标签属性控制了显示区域的大小、外观、与周围文字的对齐方式以及滚动速度等。<marquee>标签中的属性如下表所示。

参　数	描　述
direction	滚动方向
behavior	滚动方式
scrollamount	滚动速度
scrolldelay	滚动延迟
loop	滚动循环
width、height	滚动范围
bgcolor	滚动背景
hspace、vspace	滚动空间

其中，可以设置文字滚动的方向，分别为向上、向下、向左和向右，使滚动的文字具有更多的变化。direction滚动方向的属性值请见下表。

Direction属性值	描　述
up	滚动文字向上
down	滚动文字向下
left	滚动文字向左
right	滚动文字向右

通过behavior属性能够设置不同方式的滚动文字效果，如滚动的循环往复、交替滚动、单次滚动等，其属性值如下表所示。

Behavior属性值	描　述
scroll	循环往复
slide	只走一次滚动
alternate	交替进行滚动

在下面的代码中，设置文字滚动方向为向上，滚动速度为3，滚动高度为120像素，背景颜色为#EEEEEE。

```
01    <marquee direction="up" scrollamount="3"  height="120" bgcolor="#EEEEEE">
02    </marquee>
```

📖知识拓展 是否一定要使用关闭的标签

在Dreamweaver中输入HTML源代码时，每当输入<marquee>标签时会发现</marquee>标签也会一起被输入进去。通常情况下输入html源文件时，一般都会以<body> </body>、<head></head>、<table> </table>的形式一起输入。但对于前面曾举例的<li>、
等标签即使不输入结束标签，也可在浏览器上进行识别。

创建无序列表和有序列表

在网页文件中可以用很多种方法来排列项目，可以将多种项目没有顺序地排列起来，也可以给每个项目赋予编号后再进行排列。此时，没有顺序的排列方式称为无序列表，赋予编号排列的方式称为有序列表。

1. 无序列表

如果想把各个项目美观地排列在一起，则建议使用无序列表。在无序列表中各项目前面的小圆点可以直接用制作的图像来替代，也可以在CSS样式表中进行定义更改圆点形状。

 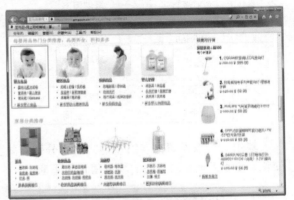

⬙ 利用默认的黑点形状创建无序列表　　⬙ 将直接制作的图像作为黑点使用的无序列表

2. 有序列表

在各个项目中赋予编号或字母表来创建的目录称为"有序列表"。在有序列表中各项目之间的顺序是非常重要的。在每项前可以赋予数字、罗马数字的大小写以及字母表的大小写等各种排列方式，并且起始编号可以从1开始，也可以从中间的编号开始。

 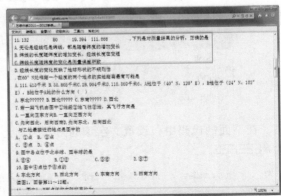

⬙ 利用数字的有序列表　　⬙ 利用字母的有序列表

> **TIP** 除了用专门的文本标签来修饰文本外，HTML还提供了大量工具帮助用户将内容组织成格式化列表。列表并没有什么神奇或神秘的地方。事实上，列表的优点就在于它的简单性。列表是以我们每天都会遇到的普通列表样式为基础的，例如无序的细目清单、有序的指令列表、类似字典的定义列表等，都以惯用的简单方式来组织内容。这些列表为快速理解、浏览和摘录Web文档中的相关信息提供了强大的手段。

代码解密 HTML与CSS实现的无序列表和有序列表代码

HTML实现方法

1. 无序列表

HTML语言中，通过<ul>和<li>标签实现无序列表，如右侧代码所示，<ul>标签向浏览器表示随后的内容，即以</ul>标签结束的内容是一个无序的条目列表。在此无序列表中的每个条目都由一个前导的<li>标签进行定义。HTML语言允许用type属性来指定出现在无序列表条目前的项目符号。此属性的值包括：disc，circle和square。

```
01 <ul type="value">
02 <li>项目一</li>
03 <li>项目二</li>
04 <li>项目三</li>
   ...
05 </ul>
```

2. 有序列表

与无序列表类似，HTML使用<ol>和<li>标签定义有序列表，如右侧代码，<ol>标签定义的有序列表中，编号从第一个条目开始向后递增，后继的以<1i>标签标记的有序列表元素都会得到一个编号。可以在<ol>标签中用type属性来改变编号样式本身。

```
01 <ol type="value">
02 <li>项目一</li>
03 <li>项目二</li>
04 <li>项目三</li>
   ...
05 </ol>
```

在上述代码的<ol>标签中，type属性值A代表使用大写字母进行编号，a代表使用小写字母进行编号，I代表使用大写罗马数字进行编号，i代表使用小写罗马数字进行编号，1代表使用最普通的阿拉伯数字进行编号。

CSS实现方法

无序列表样式

CSS中有关列表的设置丰富了列表的外观。除了上述HTML语言可以实现的符号外，CSS还可以通过list-style-image属性定义浏览器来标记一个列表项的图像。这个属性值是一个图像文件的url或者关键字，默认值是none。右侧代码声明列表项图像为point.gif 文件。

```
01 Ul {
02 list-style-image:url(point.gif);
03 }
```

设置文字基本属性

使用Dreamweaver的属性面板可以设置文本的大小、颜色和字体等文本属性，并且可以设置HTML的基本属性，也可以设置CSS文本的扩展属性。

除了前面介绍的字体颜色或字体大小以外，还有很多可以修改的文本相关属性。为了修改这些属性，可以在属性面板中完成。选择文本或在文本所在的位置置入插入点时，打开属性面板，就会显示如下所示的文本属性。

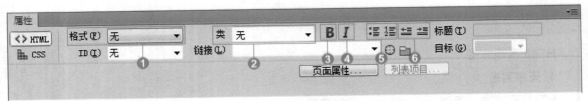

⬥ HTML格式的文本属性面板

① **格式**：在该下拉列表中包含预定义的字体样式。选择字体样式将应用于插入点所在的整个段落中，因此不需要另外选择文本。

- 无：不指定任何格式的状态。
- 段落：将多行的文本内容设置为一个段落。选择段落格式后，在选择内容的前后部分分别生成一个空行。
- 标题1~标题6：提供网页文件中的标题格式。数字越大，字号越小。
- 预格式化：在文档窗口中输入的键盘空格等将如实显示在画面中。

② **类**：选择文档中使用的样式。如果是与文本相关的样式，可以如实应用字体大小或字体颜色等。

③ **B**：将文本字体设置为粗体。

④ **I**：将文本字体设置为斜体。

⑤ **项目列表、编号列表**：建立无序列表或有序列表。

⑥ **删除内缩区块、内缩区块**：设置文本以减少右缩进或增加右缩进。

更多的文字样式在CSS格式的属性面板中设置，链接及单元格的其他属性请见后面章节。

⬥ CSS格式的文本属性面板

① **字体**：指定字体。除现有的字体外，还可以再添加使用新的字体。

② **大小**：指定字体的大小。使用HTML标签时，可以指定1~7的大小，而默认大小为3。根据需要可以使用+或-来更改字体大小。使用CSS的时候，可以用像素或磅的单位来指定字体大小。

③ **字体颜色**：指定字体颜色。可以利用颜色选择器或吸管，也可以直接输入颜色代码。

④ **对齐**：指定文字的对齐方式，可以选择左对齐、居中对齐、右对齐、两端对齐等不同方式。

🔲 知识拓展 添加新字体

指定网页文件的文本字体时，最好使用在所有系统上都安装的基本字体。中文基本字体即Windows自带的宋体、黑体、仿宋和隶书等。

例如，在网页上使用一种很特殊的字体后，只有当打开该网页的访问者的计算机中安装这种特殊字体时才可以正确显示该字体，而没有安装相关字体的计算机在浏览画面中则会以Windows自带的基本字体来显示。

打开Dreamweaver的字体目录，就会排列出类似Times New Roman，Times，serif等各种各样的字体，而通常称它为字体目录。应用字体目录就可以在文本中一次性指定两三种字体。例如，可以对文本应用宋体、黑体和隶书三种中文字体构成的字体目录。这样指定以后，在访问者的计算机中首先确认是否安装"宋体"字体，若没有相关字体就再查看是否有"黑体"字体，如果也没有该字体，最后就用"隶书"字体来显示相关文本，即预先指定可使用的两三种字体后，从第一种字体开始一个一个进行确认，第三种字体，最好是指定为Windows自带的基本字体。

　　Dreamweaver CC提供了最新的Adobe Edge Fonts字体，网页一般给浏览器预设可以读取的字型种类不多，如果需要有更多变化，通常就是直接将部分文字直接以图形的方式来呈现，让文字能够多一点变化，不过后来渐渐的开始使用加载字体的方式，也就是额外加载，让网页能呈现更丰富的文字样式，除了Google Web Fonts之外，Adobe现在也推出免费网页字型Edge Web Fonts可加载，速度不错而且很稳定，如果用户的网页需要不一样的英文字型，可以直接套用网页字型，可以减少使用图片，也让网页有更多文字变化。

1 在属性面板中单击"字体"下拉按钮，可以看到Dreamweaver列出了多种默认字体，若想添加或删除字体，选择"管理字体"选项。

△ 选择"管理字体"

2 打开"管理字体"对话框。默认的选项卡是在网页中使用Adobe Edge字体。在页面中使用Edge字体时，将添加额外的脚本标签以引用JavaScript文件。此文件将字体直接从Creative Cloud服务器下载到浏览器的缓存。

3 选择"本地Web字体"选项卡可将Web字体从计算机添加到Dreamweaver中的字体列表。Dreamweaver的所有字体菜单中均会反映所添加的字体。

△ Adobe Edge Web Fonts选项卡

△ 本地Web字体选项卡

4 选择"自定义字体堆栈"选项卡，在"可用字体"列表框中会显示系统中已安装的字体。选择要添加的字体，单击图按钮。

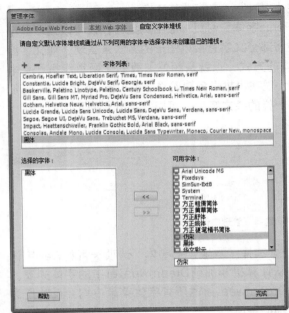

△ 自定义字体堆栈选项卡

TIP 删除添加的字体时，在"选择的字体"目录中选择相关字体后，再单击图按钮。

5 单击"确定"按钮后，在Dreamweaver的属性面板中单击"字体"下拉按钮，在下拉列表中就会出现添加的字体。

△ Adobe Edge Fonts的官方网页

TIP 在使用Adobe Edge Fonts时，目前Adobe提供的都只有英文，所以如果想要用中文字体就需要使用其他办法，不过平常需要变化的大多也是以英文与数字为主，中文的话如果加载，尺寸可能较大，容易拖慢网站速度。有兴趣的读者可以参考Adobe Edge Fonts的官方网页：http://html.adobe.com/edge/webfonts/

TIP 众所周知，网站可读性取决于它的设计和外观。网页设计中扮演最重要角色的是字体，使用什么样的字体对用户的网站很重要。随着互联网的应用，用户对界面设计和用户体验有了更高的要求。因此，网页设计人员希望在进行界面设计的时候，能够使用更多的字体类型，使浏览效果更加美观。然而在网页设计中，目前显示的字体类型都是操作系统所支持的字体。由于这个限制，加上浏览器所依赖的操作系统各不相同，只有少数几种通用的字体才能显示在浏览器中，例如英文字体中的times new roman，中文字体中的宋体、黑体等。这给网页设计人员带来了很大的限制。设计人员为了使用更多的字体类型，最常用的办法是把文字做成图片，这样做有几个明显缺陷：不能大范围使用该字体、图片内容相对文字不易修改、不利于网站被搜索。鉴于这些问题，近年来出现了多种Web Fonts技术，目的都是为网页设计人员提供更多的字体支持。

❓代码解密 HTML与CSS实现的设置文本属性代码

HTML实现方法

1. 粗体

在HTML语言中，标签明确地将包括在它和其结束标签之间的字符或者文本变成粗体。如下代码设置"技术支持"文字为粗体。

```
<strong>技术支持</strong>
```

2. 斜体

<em>标签修饰的内容都是用斜体字来显示，除强调以外，当引入新的术语或在引用特定类型的术语或概念作为固定样式时，也可考虑使用<em>标签。如下代码设置文字为斜体。

```
<em>技术支持</em>
```

3. 段落

<p>标签表示一个段落的开始。我们熟悉的大多数文字处理程序都只使用一种特殊字符（如回车符）来标记段落的结束，而在HTML中，每一个段落都必须由一个<p>开始，再由一个相对应的</p>结束。如下代码设置了"段落文字"为一个独立的段落。

```
<p>段落文字</p>
```

4. 换行

标签将打断HTML文档中正常段落的行间距而换行，在HTML中没有结束标签，只不过简单地指出在文本流中要从哪里开始新的一行。大多数浏览器会停止在本行中继续添加文字和图像，转移到下一行的开始处，然后再继续添加文字和图像。如下代码在文本中插入一个换行。

```
<br>
```

CSS实现方法

1. 字体

通过font-family属性可以设置以逗号分开的字体名称列表。右侧代码设置了页面字体为宋体。

```
01 Body {
02 font-family: "宋体"
03 }
```

2. 字号

CSS中的font-size属性允许使用相对或绝对长度值、百分比及关键字来定义字体大小。右侧代码设置了页面字号为14磅。

```
01 Body {
02 font-size: 14pt
03 }
```

3. 文字颜色

CSS中设置前景色使用color属性。右侧代码设置了页面文字为红色。

```
01 Body {
02 color: red;
03 }
```

4. 斜体

在CSS中，使用font-style属性可使文本倾斜。默认样式为normal，可以设置成italic或oblique。右侧代码设置了页面文字为斜体。

```
01 Body {
02 font-style:italic;
03 }
```

5. 粗体

在CSS中，font-weight属性控制着书写字母的粗细。这个属性的默认值是normal，也可以指定bold来得到字体的粗体版本，或者使用bolder和lighter值来得到比父元素字体更粗或更细的版本。右侧代码设置了页面文字为粗体。

```
01 Body {
02 font-weight:bold;
03 }
```

知识拓展 像素和点数的区别

在页面设计的过程中会时常遇到像素（Pixel）和点数（Point）的单位。通常情况下像素用于调节图像大小、点数用于调节字体大小。

像素作为画面中的最小单位，在显示器的分辨率为1024像素×768像素时，表示横向1024个像素、纵向768个像素的含义。因此，表示图像大小时通常会使用像素单位。

点数是出版中使用的单位，在页面设计中主要作为调节字体大小的单位，与像素的比例大概是3/4，例如9磅大约为12像素、10磅大约为13像素。

字号有很多单位可供选择，强烈推荐使用"点数"作为单位。"点数"作为单位的优点是设置的字号会随着显示器分辨率的变化而调整大小，可以防止不同分辨率显示器中字体大小不一致。如果使用"磅"作为单位，推荐正文文字大小为9磅。如果仔细观察，会发现设置为该字号的文字和软件界面上的文字字号是一样的。10.5磅、12磅也是常用的正文文字字号值。字号还有其他的单位，如像素、英寸、厘米以及毫米等，但都没有"点数"常用。

检查拼写

输入错误往往会留给用户深刻的教训。没有什么比在为一个客户展示一个新的Web站点时，让客户指出一个拼写错误更为窘迫的了。Dreamweaver包含了一个易于使用的检查拼写，执行"命令>检查拼写"命令，打开"检查拼写"对话框。

一旦用户打开了"检查拼写"对话框，Dreamweaver就开始搜寻用户文本中的错误。作为一个一般的规则，在用户开始拼写检查之前，应该将光标定位于Web页的顶部。当搜寻到页面的底部时，Dreamweaver会询问，用户是否希望从文档的顶部开始继续进行检查。当从顶部开始时，用户就会知道已经检查完全部的文档了。

▲"检查拼写"对话框

❶ **添加到私人**：单击该按钮，可以将高亮显示的字词添加到用户的个人字典中，并避免Dreamweaver在以后将其标记为错误。

❷ **忽略**：当用户希望Dreamweaver不要理会当前被高亮显示的字词，并继续搜索文本时，单击该按钮。

❸ **更改**：如果用户在建议列表中看到了正确的替代字词，高亮显示它，并单击"更改"按钮。如果没有提供建议，用户可以输入正确的字词到"更改为"文本框中，并单击该按钮。

❹ **忽略全部**：当用户希望Dreamweaver忽略当前文档中所有发生的事情时，单击该按钮。

❺ **全部更改**：单击该按钮可以使当前字词的所有实例都被"更改为"文本框中的字词所替换。

❻ **字典中找不到单词**：显示当前文档中查找到的可能存在拼写错误的单词。

❼ **更改为**：显示Dreamweaver建议将该单词修改为某个单词。

❽ **建议**：显示可能正确的几种单词拼写。

Let's go! 制作"曲富家具"页面的滚动文字、水平线和列表效果

原始文件	Sample\Ch05\text\text.htm
完成文件	Sample\Ch05\text\text-end.htm
视频教学	Video\Ch05\Unit11\

图示	❷	❸	❹	O	❺
浏览器	IE	Chrome	Firefox	Opera	Apple Safari
是否支持	◎	◎	◎	◎	◎

◎完全支持　□部分支持　※不支持

■ **背景介绍**：在文档中输入文字或粘贴内容以后，整个文档操作并没有完成。与文档的其他因素相互比较，并设置字体的基本属性，经过这些操作后才可以完成整个文档操作。下面讲解利用Dreamweaver制作滚动文字、水平线和列表的方法。

△ 原始文档

△ 最终文档

1. 制作滚动文字

1 在Dreamweaver中打开text.htm文件，单击"拆分"按钮切换到拆分视图。选中页面中"木质家具的保养"这段文字。

2 在这段文字前面输入如下代码：<marquee direction="left"behavior="alternate" scrollamount="2">。

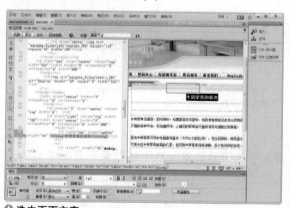
△ 选中页面文字

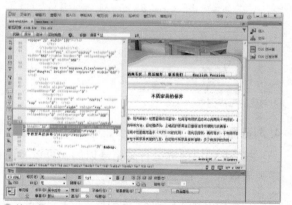
△ 输入代码

TIP scrollamount是指定滚动速度的参数。当其值输入为3的时候，每次会移动3像素。

3 在这段文字后面输入</marquee>，结束滚动文字标记。

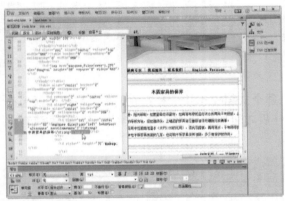
△ 输入结束标签

2 在创建的无序列表中，文本前面会出现作为无序列表默认黑点的黑色圆形。

> **TIP** 如需要更改圆形形状，可通过CSS样式表来实现。

△ 创建的无序列表

2. 制作滚动文字

1 下面把正文中的两段文字内容制作成无序列表。单击"设计"按钮切换到设计视图。选择两段正文文本后，在属性面板中单击"项目列表"按钮。

△ 选中文字并单击"项目列表"按钮

3. 制作水平线

将插入点放在正文文字下方空白的单元格中，单击"插入"面板"常用"分类中的"水平线"按钮。然后再拆分视图中将插入的水平线代码修改为：<hr color="#926200" size="1">。

△ 插入水平线并修改代码

4. 浏览器中确认文本效果

按下F12快捷键运行浏览器以后，可以发现标题文字的滚动效果、水平线效果和页面中间的无序列表效果。

> **TIP** 本案例并没有制作文字的样式效果，这是因为Dreamweaver提供了更适合于文字样式美化的CSS制作方式，详细内容可参考后续CSS的相关章节。

UNIT 12 在网页中插入图像

在页面中插入图像可以起到美化页面的作用，网页常用的图像格式有JPEG和GIF两种。在网页中适当加入图像可为网页增色不少，但图像文件过大会影响网页的下载速度，因此图像要用得少而精，必要的图像应使用图像软件在不失真的情况下尽量压缩。

可以在网页中使用的图像类型

网页中使用的图像文件要符合几种条件，最为重要的是为了使网页文件快速传送，应尽量缩小文件的大小。但缩小文件后，画质也会相对降低。保持较高画质的同时尽量缩小文件的大小，是图像文件应用在网页中的基本要求。在图像文件的格式中符合这种条件的有GIF、JPG/JPEG、PNG等文件格式。

1. GIF（Graphic Interchange Format）

比起JPG或PNG格式，GIF文件虽然相对比较小，但是最多只能显示256种颜色。因此，很少使用在照片或图像等需要很多颜色的图像中，多使用在菜单或图标等简单的图像中。GIF格式根据保存选项可以应用为各种方式，如下所示。

- 透明GIF：这是使背景颜色透明的图像格式。在使用背景颜色或背景图像的网页文件中插入透明GIF，就会如实显示文档背景。

△ 透明GIF图像的背景是透明的状态，而并不是白色

△ 插入到网页中的透明GIF图像显露出页面的背景颜色

- 动画GIF：连接多个GIF图像得到动画效果。用其他格式的图像文件是制作不出该效果的。

2. JPG/JPEG（Joint Photographic Experts Group）

JPG/JPEG格式比起GIF格式可以使用更多的颜色，因此适合体现照片图像。这种格式适合保存用数码相机拍摄的照片或扫描的照片或是使用多种颜色的图片等图像。

3. PNG（Portable Network Graphics）

JPG格式在保存时由于压缩而损失了一些图像信息，但PNG格式保存的文件与原图像几乎相同。

TIP 图像的使用会受到网络传输速度的限制，为了减少下载时间，一个页面中的图像文件大小最好不要超过100KB。但随着宽带技术的发展，网络传输速度不断提高，这种限制会越来越小。

插入图像

在"插入"面板的"常用"分类中的"图像"下拉列表中选择"图像"选项，弹出"选择图像源文件"对话框。在该对话框中选中合适的图像文件，单击"确定"按钮即可向网页中插入图像。

> **TIP** 插入图像的大部分文档都是先读取图像后再显示文档。但使用"交错"的GIF图像在读取的过程中先用模糊的效果来显示，等读取完后图像才会变得更加清晰。这种格式在读取图像较多的文档时，可以在一定程度上缩短网页的读取时间。

"选择图像源文件"对话框

⑦ 代码解密 HTML实现的图像代码

插入图片的HTML标记只有一个，那就是<img>标签。

<img>标签

<img>标签的src属性是必需的，它的值是图像文件的URL，也就是引用该图像的文档的绝对地址或相对地址。

```
<img src="file_name">
```

📄 知识拓展 使用Photoshop智能对象

Dreamweaver CC中插入任何Photoshop图像文件（PSD格式）即可创建一个图像智能对象。智能对象与源文件紧密链接。无需打开Photoshop即可在Dreamweaver CC中对源图像进行任何更改并更新图像，用户可以在Dreamweaver CC中将Photoshop图像文件插入到网页中，然后让Dreamweaver CC将这些图像文件优化为可用于网页的图像（GIF、JPEG和PNG格式）。执行此操作时，Dreamweaver CC将图像作为智能对象插入，并维护与原始PSD文件的实时连接。

使用Photoshop智能对象

> **TIP** 这里所说的智能对象与Photoshop软件内的智能对象不同，在Photoshop中，如果导入的是矢量图形，作为智能对象导入后，该图形还保持矢量的特征，放大缩小不失真（不栅格化）。如果导入的是视频，不会作为栅格化的图片，而还是视频文件。

设置图像属性

　　使用Dreamweaver在文档中插入图像后，可以在图像属性面板中设置图像大小、源文件等参数。如果掌握图像属性面板的各项内容，就可以制作出更加丰富的文档。插入或选择图像时，在文档窗口下方将会出现相应的图像属性面板。

△ 图像属性面板

❶ **ID**：只插入图像的时候可以不输入图像名称。但在图像中应用动态HTML效果或利用脚本的时候，应该用英文来输入图像名称，不可以使用特殊字符，而且在输入的内容中不能有空格。

❷ **宽、高**：调节图像的宽度和高度。

❸ **Src**：显示图像文件的路径。若想选择其他图像，则可以单击<浏览>按钮后再选择新图像。

❹ **链接**：单击图像就会出现链接的文件路径。

❺ **Class**：选择用户定义的类形应用到图像中。

❻ **编辑**：在Dreamweaver CC文档窗口中可以进行图像的大小或亮度/对比度调整等简单的编辑操作。除此以外，可以对图像进行优化，也可以连接外部图像编辑软件来直接编辑图像。

❼ **替换**：在浏览器上不显示图像时，在图像位置输入简单的说明性文本，可作为图像的提示文本。

❽ **地图**：用于制作映射图。

❾ **目标**：在图像中应用链接时，指定链接文档显示的位置。

❿ **原始**：图像过大会需要很长的读取时间。这种情况下，在全部读取原图像之前，临时指定出现在浏览器中的低分辨率图像文件。

❓ 代码解密 HTML实现的图像属性代码

　　图像可以设置的属性很多，包括图像边框、大小和排列方式等。

1. 宽度、高度

　　height和width属性用于指定图像的尺寸。这两个属性都要求是整数值，并以像素为单位来表示图像尺寸。下面代码为插入pic.jpg图片，设置宽度为180像素，高度为180像素。

```
<img src="pic.jpg" width="180" height="180">
```

2. 替换文字

　　alt属性指定了替代文本，用于在图像无法显示或者用户禁用图像显示时，代替图像显示在浏览器中的内容。另外，当用户将光标移到图像上方时，最新的浏览器会在一个文本框中显示描述性文本。下面代码为插入pic.jpg图片，使用"文字"作为提示信息。

```
<img src="pic.jpg" alt="文字">
```

3. 边框

使用border属性和一个用像素标识的宽度值就可以去掉或者加宽图像的边框。下面代码为插入pic.jpg图片，设置边框为1像素。

```
<img src="pic.jpg" border="1">
```

4. 对齐

可以通过<img>标签的align属性来控制带有文字包围的图像的对齐方式。下面代码为插入pic.jpg图片，然后对插入的这张图片设置对齐方式为居左。具体属性如下表所示。

```
<img src="pic.jpg" align="left">
```

Align属性值	说　明
top	文字的中间线在图片上方
middle	文字的中间线在图片中间
bottom	文字的中间线在图片底部
left	图片在文字的左侧
right	图片在文字的右侧
absbottom	文字的底线在图片底部
absmiddle	文字的底线在图片中间
baseline	英文文字基准线对齐
texttop	英文文字上边线对齐
top	文字的中间线在图片上方

5. 垂直边距、水平边距

通过设置hspace属性可以像素为单位指定图像左边和右边的文字与图像之间的间距；而vspace属性值则是上面和下面的文字与图像之间距离的像素数。下面代码为插入pic.jpg图片，然后对插入的这张图片设置水平间距和垂直间距为10像素，设置对齐方式为居左。

```
<img src="pic.jpg" hspace="10" vspace="10" align="left">
```

知识拓展　浏览器上快速打开图像的方法

在Dreamweaver CC文档窗口中插入图像，就会自动计算图像大小，并像右侧的源文件一样和src属性一起输入width，height属性。

```
<img src="img/t-01.gif" width="101" height="141">
```

直接输入HTML标签插入图像时，只输入最重要的src属性，其他的属性都忽略。

```
<img src="img/t-01.gif">
```

以这种简单的形式输入源文件的时候，在浏览器中载入图像时需要较长时间。如果在插入图像时输入width属性和height属性，就可以在浏览器中快速地打开图像了。

编辑图像

Dreamweaver CC并不是编辑图像的图像处理软件，在网页文件中编辑插入图像时，需要利用Fireworks或Photoshop等图像处理软件。但在Dreamweaver CC中也具有一些经常使用的图像编辑功能，可以在操作过程中编辑一些简单的图像。下面就说明一下Dreamweaver CC图像编辑功能的相关内容。

在文档窗口中单击图像，就会在属性面板中出现可以编辑图像的按钮。利用各个按钮可以在Dreamweaver CC的文档窗口中简单编辑图像，修改后的图像会自动进行保存。

❶ **编辑**：在"首选参数"对话框中设置的外部图像编辑工具来编辑图像。

❷ **编辑图像设置**：在"图像优化"窗口中选择优化图像的格式。

❸ **从源文件更新**：如果Photoshop源文件发生改动，可以自动更新图像，仅适合于页面中的Photoshop智能对象。

❹ **裁剪**：选择图像中的所需区域，并删除图片中不需要的部分。

❺ **重新取样**：图像修改后，重新采样图像信息。

❻ **亮度和对比度**：调节图像的亮度和对比度。

❼ **锐化**：使图像更加鲜明。

△ Dreamweaver CC的图像编辑按钮

△ "图像优化"对话框

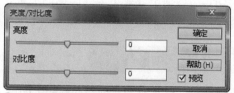

△ "亮度/对比度"对话框

△ "锐化"对话框

知识拓展 图像的相对路径和绝对路径

在网页文件中插入图像后，在浏览器上预览时经常会出现看不到这些插入图像的现象。这都是由于图像文件的路径输入错误而导致的。路径是指从当前HTML文件如何找到图像文件地址。如果要正确管理这些路径，就最好把HTML文件和图像文件进行分离后，另外创建保存图像文件的文件夹。下面是对于初学者来说最容易混淆的相对路径和绝对路径的相关说明。

1. 相对路径

请仔细观察右侧的文件夹结构。在samples文件夹下面有work1文件夹，在work1文件夹下面有images文件夹。如果将samples文件夹称为父文件夹，则work1文件夹为子文件夹。以images文件夹为基准的时候，work1文件夹为父文件夹，则images文件夹为子文件夹。背景图像back08.gif文件在work1文件夹中，而图像ch_cook1.gif、ch_cook2.gif文件在work1子文件夹的images文件夹中。

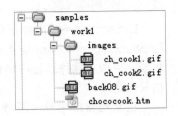

这种情况下，把图像路径表示为相对路径的时候，重要的是网页文件的位置。网页文件（chococook.htm）在work1文件夹中，而背景图像也在同样的文件夹里，因此背景图像只要输入文件名称back08.gif即可。

但是，其他两个图像在子文件夹的images文件夹中，应该应用"文件夹名称/文件名称"的规则，像images/ch_cook1.gif、images/ch_cook2.gif 一样要同时输入子文件夹的名称和文件名称。

多个文件呈现台阶结构时，参考其他层文件的规则如下。

- 同一层上的文件：文件名称。
- 前上一层的文件：../文件名称。
- 后下一层的文件：文件夹名称/文件名称。

2. 绝对路径

一般在导入自己主页以外的其他网页中的图像时使用绝对路径。如果在其他网页中找到需要的图像，则用鼠标右键单击图像后，在快捷菜单中执行"属性"命令。在打开的"属性"对话框中，在地址（URL）选项中会显示选择图像的地址。将图像所在的位置用主页的整体地址来表示的方式叫作绝对路径。显示公告栏图像时主要使用绝对路径。

设置鼠标经过图像

在浏览网页时经常看到光标移动到某个图像上方时变换为另一幅图像、而光标离开图像上方时又返回到原图像的效果。根据光标移动来切换图像的这种效果称为鼠标经过图像效果，而应用这种效果的图像称为鼠标经过图像。在很多网页中为了进一步强调菜单或图像，经常使用鼠标经过图像效果。

若要制作鼠标经过图像，首先需要两个相同大小的图像。第一张图像是网页文件中基本显示的图像，而另一张图像是当鼠标经过第一张图像时显示的替换图像。此时，如果两张图像的大小不同，就有可能不能正确显示这种图像轮换效果。

设置图像文件名称时，为了能够容易辨认出两张图像的匹配状态，在名称上可以输入其他数字或文字来区分。例如，可以将基本图像名称设置为menu1_off.gif、替换图像名称设置为menu1_over.gif 的形式，也可以将它们的名称分别设置为menu1_1.gif、menu1_2.gif等形式。

准备好两张大小相同的图像后，就可以插入鼠标经过图像了。插入鼠标经过图像需要使用"插入鼠标经过图像"对话框，其参数如右图所示。

TIP "图像名称"后面出现的数字会随着网页文件中插入的图像个数而改变，因此不需要特别关心这些数字。

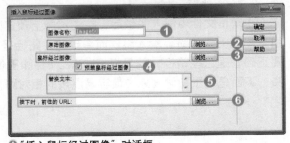

◎ "插入鼠标经过图像"对话框

❶ **图像名称**：指定图像名称。在不是利用JavaScript等控制图像的情况下，可使用Dreamweaver自动赋予的图像名称。

❷ **原始图像**：指定网页文件中基本显示的图像。

❸ **鼠标经过图像**：指定光标移动到图像上方时显示的替换图像。

❹ **预载鼠标经过图像**：无论是否通过用光标指向原始图像来显示鼠标经过图像，浏览器都会将鼠标经过图像下载到本地的缓存中，以便加快网页浏览速度。如果没有勾选该复选框，则只在浏览器中用光标指向原始图像显示鼠标经过图像后，鼠标经过图像才会被浏览器存放到缓存中。

❺ **替换文本**：指定光标移动到图像上方时显示的文本。

❻ **按下时，前往的URL**：指定单击轮换图像时移动到的网页地址或文件名称。菜单使用轮换图像时，在文本框中输入链接的地址。不输入该项时会系统会自动输入为#。

❓代码解密 JavaScript实现的鼠标经过图像代码

鼠标经过图像实质上是通过JavaScript脚本完成的，在<head>中添加的代码由Dreamweaver自动生成，分别定义了MM_swapImgRestore()、MM_swapImage()和MM_preloadImages()三个函数。

```
01 <script type="text/JavaScript">
   ▶声明JavaScript脚本开始
02 <!--
03 function MM _ swapImgRestore()
   ▶声明MM _ swapImgRestore函数，用于还原图像
04 { //v3.0
05 var
   i,x,a=document.MM _ sr; for(i=0;a&&i<a.length&&(x=a[i])&&x.oSrc;i++) x.src=x.oSrc;
   ▶分别声明i、x、a变量，并声明i变量的循环递增。
06 }
07 function MM _ preloadImages() { //v3.0
   ▶明MM _ preloadImages函数，用于预载入图像
08 var d=document; if(d.images){ if(!d.MM _ p) d.MM _ p=new Array();
   ▶声明d变量，并使用if语句，满足条件时新建数组。
09 var i,j=d.MM _ p.length,a=MM _ preloadImages.arguments; for(i=0; i<a.
   length; i++)
   ▶声明i,j变量，并声明i变量的循环递增。
10 if (a[i].indexOf("#")!=0){ d.MM _ p[j]=new Image; d.MM _ p[j++].src=a[i];}}
   ▶使用if语句，满足条件时新建图像对象，使其显示下一张图像文件。
11 }
12 function MM _ swapImage() { //v3.0
   ▶声明MM _ swapImage函数，版本3.0，用于交换图像
13 var i,j=0,x,a=MM _ swapImage.arguments; document.MM _ sr=new Array; for(i=0;i<(a.
   length-2);i+=3)
   ▶声明i,j变量为0，并声明x，a变量的值为MM _ swapImage函数传递参数的结果，并为MM _ sr对象新建
     数组，使变量i在满足相应条件时循环递增
14 if ((x=MM _ findObj(a[i]))!=null){document.MM _ sr[j++]=x; if(!x.oSrc) x.oSrc=x.src;
   x.src=a[i+2];}
   ▶使用if语句，满足条件时，使x变量显示为相应的图像文件。
```

```
15 }
16 //-->
17 </script>
```
▶ 结束JavaScript脚本

　　在<body>中修改的代码如下，其中，当页面载入时，调用MM_preloadImages()函数，载入2.jpg图像。<a>标签为后面章节介绍的链接标记，onMouseOut代表光标离开图像，onMouseOver代表鼠标经过图像，当鼠标发生这样两个不同的动作时，调用定义的MM_swapImgRestore()和MM_swapImage()函数。

```
01 <body leftmargin="0" topmargin="0" onLoad="MM _ preloadImages('2.JPG')">
   <a href="#" onMouseOut="MM _ swapImgRestore()"
02 onMouseOver="MM _ swapImage('Image21','','2.JPG',1)">      ← 传递的参数
03 <img src="1.JPG" alt="TOYOTA" name="Image21" width="243" height="106" border="0">
04 </a>       鼠标事件                       调用的函数名称
```

⚡ Let's go! 在"友兰集团"页面中插入图像并制作鼠标交换图像效果

原始文件	Sample\Ch05\img\img.htm
完成文件	Sample\Ch05\img\img-end.htm
视频教学	Video\Ch05\Unit12\

图示	⊘	●	●	O	◎
浏览器	IE	Chrome	Firefox	Opera	Apple Safari
是否支持	◎	◎	◎	◎	◎

◎完全支持　　□部分支持　　※不支持

■ **背景介绍**：丰富网页文件的最容易的方法即是插入图像。在Dreamweaver中可以利用多种方法为文档插入图像。另外，本例还将制作鼠标交换图像效果，首页的企业图片将被加上这种动态效果。

△ 插入图像和交换图像前的文档

△ 插入图像和交换图像后的文档

1. 插入图像

1 打开文档，单击上方的单元格，使插入点位于单元格内，然后在插入面板"常用"分类中的"图像"下拉列表中选择"图像"选项。

2 弹出〝选择图像源文件〞对话框，确认〝相对于〞是否指定为〝文档〞，然后在rollover_files文件夹中选择gsjj.gif文件，单击〝确定〞按钮。

△ 单击要插入图像的单元格

△ 选择插入的图像

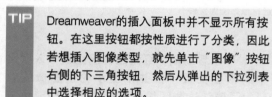

TIP Dreamweaver的插入面板中并不显示所有按钮。在这里按钮都按性质进行了分类，因此若想插入图像类型，就先单击〝图像〞按钮右侧的下三角按钮，然后从弹出的下拉列表中选择相应的选项。

TIP 在〝选择图像源文件〞对话框中的〝相对于〞选项只在第一次插入图像时进行确认即可。如果曾经将它指定为〝文档〞，就会继续使用该值。

3 这样就会插入所选的图像。该图像会插入在事先制作的位置上，因此不需要另外设置属性。

2. 插入轮换图像

1 单击页面中的空白单元格，然后在〝插入〞面板〝常用〞分类中单击〝图像〞按钮右侧的下三角按钮，在弹出的下拉列表中选择〝鼠标经过图像〞选项。

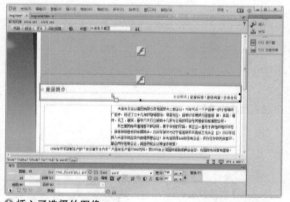

△ 插入了选择的图像

△ 选择〝鼠标经过图像〞选项

TIP 在浏览器中预览网页如果不显示图像，要确认下面的几个事项。
● 保存网页文件后再插入图像。如果保存网页文件前插入了图像，就应在插入图像后保存文档。
● 在Dreamweaver CC中无法辨认中文文件名称，应将文件名称设置为英文。请确认保存图像文件的文件夹或文件名称是否为英文。
● 确认〝选择图像源文件〞对话框中〝相对于〞为〝文档〞。

2 打开"插入鼠标经过图像"对话框，为了指定网页文件中基本显示的图像，单击"原始图像"文本框右侧的"浏览"按钮。

△ 单击"浏览"按钮

TIP 如果是在导航菜单中插入鼠标经过图像，那么就要在"按下时，前往的URL"文本框中输入链接页面的网址。

4 按照同样的方法，单击"鼠标经过图像"文本框右侧的"浏览"按钮，在弹出的对话框中选择rollover_files文件夹中的pictures2.jpg文件，单击"确定"按钮。

△ 指定轮换图像

3. 在浏览器中预览

预览时，页面上方显示插入的普通图像，页面中间左侧显示原始图像，将光标移动到图像的上方，显示轮换图像，而当光标离开图像上方时，恢复显示原始图像。这样就完成了鼠标交换图像效果。

3 打开"原始图像"对话框，选择rollover_files文件夹中的pictures1.jpg文件，再单击"确定"按钮。

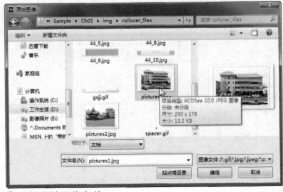

△ 选择原始图像文件

5 此时可以看到鼠标经过图像已经被插入到文档中的相应位置，但并不显示轮换图像的效果。为了确认这些图像的实际效果，需要按下F12键在浏览器中预览页面。

△ 插入的轮换图像

△ 鼠标交换图像效果

DO IT Yourself　练习操作题

1. 创建列表

⊘ 限定时间：20分钟

请使用文本相关知识为页面中的文字设置列表和滚动效果。

⬥ 初始页面

2. 制作鼠标经过图像

⊘ 限定时间：15分钟

请使用已经学过的鼠标经过图像知识制作图像轮替效果。

⬥ 默认页面效果

⬥ 鼠标经过图像效果

Step BY Step（步骤提示）

1. 在属性面板中设置列表。
2. 设置列表属性。
3. 设置滚动文字。

光盘路径

Exercise\Ch05\1\ex1.htm

Step BY Step（步骤提示）

1. 定位插入点。
2. 通过"插入"面板插入鼠标经过图像。
3. 指定原始图像和轮换图像。

光盘路径

Exercise\Ch05\2\ex2.htm

参考网站

• **giantfrog**：一个插画和视觉设计师的网页，页面中的图像简洁而富有艺术性。技术上通过Dreamweaver CC的"插入图像"实现。

⬥ http://www.jamesclyne.com/

• **荷兰登贝设计（Dumbar）**：登贝设计闻名于世，对全球设计具有广泛影响力，提供全面的创新及产品设计服务。技术上通过Dreamweaver CC的"插入图像"实现。

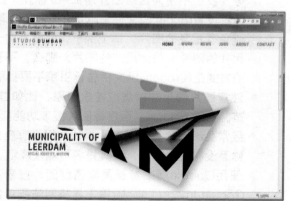

⬥ http://studiodumbar.com/

Special page SEO优化网页图像的技巧

　　图片的搜索引擎优化（SEO）是网站搜索引擎优化中的最重要的部分之一。对网站的图片进行SEO不仅会给网站带来更多额外的流量，还能带给访问者更好的用户体验。下面总结了在图片优化中需要注意的一些技巧。

- 在图片的<alt>标签（替换文字）中加入关键字，这是图片SEO中的最重要的一点。
- 标准的图片嵌入代码应当包含的5个关键性标签：<src>、<width>、<height>、<alt>和<title>。替换文字<alt>是为了给那些不能看到文档中图像的浏览者提供文字说明。<title>是对图片的说明和额外补充，如果需要在鼠标经过图片时出现文字提示应该用属性title。一般<alt>标签最为关键。
- 给图片取个描述性的、包含目标关键字的文件名。例如，如果有一张图片是关于可爱的鹦鹉的，那么就应当使用像parrot.jpg这样具有描述性质的文件名，而不是使用t123.jpg这类只是代号的名字，当然也可以让图片的文件名与ALT标签里面的内容相同或者一致。不要随随便便用这样的名字pic1234.jpg，而应该用描述更清楚的名字cute-parrot.jpg。
- 图片和所在网页内容必须相关：浏览图片不是访问者访问网页的第一件事情，但是会让访问者在页面停留的时间更久一些。（根据研究结果，浏览网页时文字优先于图片，但看印刷文章时，人们会先看图片。虽然人们在看网页时会先看页面上的文字，但是图片会让他们停留的时间更久并对页面有更深刻的印象）
- 在图片周围添加相关信息。如果用Google搜索图片，会不难发现，在每张图片下会有一段描述性文字，其中关键字用粗体显示。Google图片搜索通过分析页面上图片附近的文字、图片标题以及许多其它元素来确定图片的内容。所以在图片周围添加包含关键字的描述信息将可以优化网站图片在搜索引擎中的排名。
- 指向图片的链接要包含关键字。使用超链接打开图片，那么超链接的名字应当包含图片的关键字，比如要链接一张可爱的鹦鹉的图片，就不宜使用"点击获得完整尺寸"等链接文字，而应当试着使用诸如"可爱的鹦鹉"之类的命名形式。
- 确保图片可以被搜索引擎抓取。设置网站的robots.txt文件保证图片文件可以被搜索蜘蛛抓取。记住不要使用javascript链接图片文件。如果那样做的话，搜索引擎是无法检索到图片文档的。
- 没有必要优化网站上的所有的图片。比如模板中使用的图片、导航中的图片还有背景图片等等，我们不用为这些图片添加ALT标签，我们可以把这些图片放在一个单独的文件夹里。并通过设置robots.txt文件来阻止搜索引擎抓取这些图片。
- 避免有重复的图片。举个例子，网站上的一张图片有三种形式存在：较小尺寸的图片，中等尺寸的图片，较大尺寸的图片。那么，不要让这三张图片都被索引到。处理这种情况的最好的方式是用robots.txt文件告诉引擎不要抓取不想被索引的图片版本。
- 注意图片的尺寸以适应搜索引擎，比如链接的是一张壁纸，那么壁纸的大小就应当符合规范。因为Google、百度等图片搜索功能都提供根据图片尺寸来搜索。
- 经常更新图片。如果图片很长时间没有变化（图片尺寸、图片文件大小、图片位置和图片名称等没有发生变化），其排名可能被降低，因为搜索引擎会怀疑图片内容是过时的。
- 使用Google网站管理员增强型图片搜索功能。启用增强型图片搜索功能，Google将使用Google Image Labeler等工具将网站所包含的图片与标签相关联，以优化这些图片的索引并提高搜索质量。

Chapter

06

创建多媒体网页

除了在网页中使用文本和图像元素来表达信息以外，用户还可以向其中插入动画、音频、视频等内容，以丰富网页的效果。Dreamweaver CC使用户能够迅速、方便地为网页中添加声音、影片等多媒体内容，使网页更生动。

本章技术要点

Q： 可以使用Dreamweaver CC为页面添加哪些类型的多媒体文件？

A： Flash动画、Adobe Edge Animate动画、Flash视频以及各种类型的音频及视频文件。

Q： 什么是Adobe Eage Animate？

A： Edge Animate是Adobe最新出品的制作HTML5动画的可视化工具，可以简单理解为HTML5版本的Flash Pro。

UNIT 13 插入动画

　　在众多网页编辑器中，很多人都选择Dreamweaver CC的重要原因之一即是它与动画的完美交互性。Flash 和Edge Animate可以制作各种各样的动画，因此是很多网页设计师首选的两款软件。如果再加上能正确体现动画的Dreamweaver CC更是锦上添花。本小节将详细讲解动画在网页中的应用。

动画和网页

　　Flash和HTML5技术可制作出文件体积小、效果丰富的动画。Flash动画和HTML5动画是网上最流行的动画技术，被大量用于网页页面。下面说明动画在网页中的修饰作用。

1. 进一步突出网页的气氛

　　很多网页都使用动画。在网页中插入符合网页性质的动画效果或动态菜单，可以进一步突出该网页与众不同的效果。

△ 将动画使用为网页的主图像

2. 制作动态效果

　　想给访问者留下更加深刻的印象或者体现动态效果的时候，有时会只利用Flash动画来创建网页。

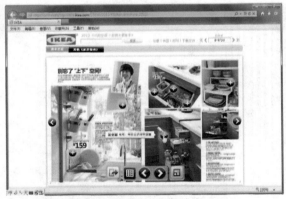
△ 利用动画来体现强烈动感的电子期刊

3. 制作引人注目的动画广告

　　动画广告比普通广告更富有动态感的同时又会给人留下深刻的印象，因此非常引人注目。动画广告通常会出现在网站的主页中，单击动画广告就会移动到相关网页上。

> **TIP** 只利用Flash来创建网页时，虽然可能体现出动态性效果，但需要更长的网页读取时间，访问者有可能会跳转到其他网页中。因此对于访问者较多的企业或专卖店网页，最好使用简单的HTML5动画效果。

△ 进入网页的同时出现广告动画

插入并设置Flash动画

插入Flash动画的方法如下。

1 单击"插入"面板"常用"分类中的"媒体"按钮，在弹出的下拉列表中选择Flash SWF选项。

2 在弹出的对话框中选择要插入的Flash文件，或在URL文本框中直接输入文件路径。

3 单击"确定"按钮，即可将选定的Flash动画插入到文档中。

> **TIP** 如果想要顺利观看Flash动画，则需要安装 Adobe Flash Player播放器，这可以从Adobe 的官方网站下载。

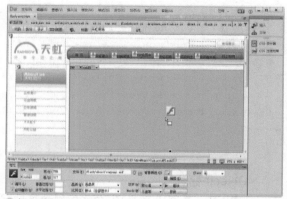

◯ 插入的Flash文件

在Dreamweaver CC文档窗口中插入Flash动画，就会在属性面板中出现Flash动画的相关属性。属性面板中的各项参数含义如下。

① **SWF**：输入Flash动画的名称。

② **宽、高**：指定Flash动画的宽度和高度。没有输入单位时，会自动选择像素（pixels）单位。若想使用inch、mm、cm等单位，就需要在数字后面输入单位。

③ **文件**：指定Flash动画文件的路径。可以单击"浏览"按钮来选择文件。

④ **源文件**：如果安装了Flash软件，就输入该软件的路径。输入软件路径后，单击"编辑"按钮，就会自动运行Flash软件。

⑤ **背景颜色**：指定Flash动画的背景颜色。当Flash动画较大时，从网页文件读取Flash动画的过程中，动画的位置显示为白色。因此，Flash动画的背景颜色最好与文本的背景颜色相同。

⑥ **编辑**：可以运行Flash软件来编辑Flash动画。如果没有安装Flash软件，就不能激活该按钮。

⑦ **循环**：反复运行Flash动画。

⑧ **自动播放**：在浏览器上读取网页文件的同时立即运行Flash动画。

⑨ **垂直边距、水平边距**：指定Flash动画的上、下、左、右空白。

⑩ **品质**：使用<object>标签或<embed>标签来插入动画时的品质参数。

⑪ **比例**：在宽、高属性中指定的动画区域上，选择Flash动画的显示方式。

⑫ **对齐**：选择Flash动画的放置位置。

⑬ **Wmode**：设置Flash的背景是否透明。

⑭ **播放/停止**：单击"播放"或"停止"按钮，就会在文档窗口中播放或停止Flash动画。

⑮ **参数**：可以添加Flash动画的属性和相关参数。

⑯ **Class**：可以选择已经定义好的样式来定义该动画。

? 代码解密 HTML和JavaScript实现的插入Flash动画代码

插入Flash的标记共使用两个，分别是<Object>、<Param>标签。代码如下。

```
01 <object id="FlashID" classid="clsid:D27CDB6E-AE6D-11cf-96B8-444553540000"
   width="1003" height="188">                    ▶ 使用object标签声明Flash对象
02 <param name="movie" value="head.swf">          ▶ 使用param标签声明动画参数
03 <param name="quality" value="high">
04 <param name="wmode" value="opaque" />
05 <param name="swfversion" value="8.0.35.0" />
06 <param name="expressinstall" value="Scripts/expressInstall.swf" />
   ...
07 </object>
```

<Object>标签

<object> 标签最初是Microsoft 用来支持它的ActiveX applet，不久以后，Microsoft 又添加了对Java、Flash 的支持。同样，Netscape 开始是为包含对象而支持<embed> 和<applet> 标签，后来对<object>标签也提供了有限的支持。常用属性如下表所示。

属 性	说 明
classid	指定包含对象的位置
codebase	提供一个可选的URL，浏览器从这个URL中获取对象
width	对象宽度
height	对象高度

<Param>标签

<param> 标签为一个包含它的<object> 或者<applet> 标签提供参数。<param> 标签没有内容，并且在HTML 中没有结束标签。它只出现在<object> 或者<applet> 标签及其结束标签之间，有时候和其他<param> 标签一起使用。用<param> 标签将参数传递给嵌入的对象，这些参数是对象正常工作所需要的。常用属性如下表所示。

属 性	说 明
name	参数名称
value	参数的值

Dreamweaver还使用了JavaScript脚本来保证在任何版本的浏览器平台下，Flash动画都能正常显示。头部代码如下。

```
<script src=" Scripts/swfobject _ modified.js" type="text/javascript"></script>
```

在页面正文，使用JavaScript实现了对脚本的调用。

```
01 <script type="text/javascript">              ▶ 声明脚本开始
02 swfobject.registerObject("FlashID");          ▶ 声明SWF对象
03 </script>                                     ▶ 声明脚本结束
```

插入并设置Adobe Edge Animate动画

Adobe Edge Animate 是一个非常好用的html5 动画制作软件，它能够通过 HTML5、JavaScript、jQuery 和 CSS3 来制作跨平台、跨浏览器的网页动画，Adobe Edge Animate 制作的网页动画基于 HTML5 的互动媒体，能更加方便地通过互联网传输。Adobe Edge Animate还能确保用户的设计可在行动装置、平板电脑和现行的浏览器中保持一致。

插入Adobe Edge Animate动画的方法如下。

1 单击"插入"面板"常用"分类中的"媒体"按钮，在弹出的下拉列表中选择"Edge Animate作品"选项。

2 在弹出的对话框中选择要插入的Edge Animate文件，或在URL文本框中直接输入文件路径。

3 单击"确定"按钮，即可将选定的Edge Animate 动画插入到文档中。

⬆ 插入的Edge Animate文件

在Dreamweaver CC文档窗口中插入Edge Animate动画，就会在属性面板中出现Edge Animate动画的相关属性。属性面板中的各项参数含义如下。

❶ ID：输入Edge Animate动画的名称。
❷ Class：可以选择已经定义好的样式来定义该动画。
❸ 宽、高：指定Edge Animate动画的宽度和高度。

❓ 代码解密 HTML、CSS和JavaScript实现的插入Edge Animate 动画代码

插入Edge Animate的标记是<Object>，代码如下。

```
01 <object id="EdgeID" type="text/html" width="604" height="270" data-dw-
   widget="Edge" data="edgeanimate _ assets/LoopAnimation/Assets/LoopAnimation.
   html">                                      ▶ 使用object标签声明Edge Animate对象
02 </object>
```

在嵌入的LoopAnimation.html页面中，分别使用了HTML语言、CSS层叠样式表和JavaScript脚本语言定义了Edge Animate动画。Dreamweaver还自动建立了edgeanimate_assets文件夹，放置Edge Animate动画必要的脚本文件、xml文件、网页文件和资源文件等。

TIP 读者可暂不理会这些页面代码的具体含义，后续的CSS和JavaScript章节会深入讲解有关代码的含义。

⚡ Let's go! 在 "冰科集团" 页面中插入Flash动画

原始文件	Sample\Ch06\flash\flash.htm
完成文件	Sample\Ch06\flash\flash-end.htm
视频教学	Video\Ch06\Unit13\

图　示	@	●	●	O	◎
浏览器	IE	Chrome	Firefox	Opera	Apple Safari
是否支持	◎	◎	◎	◎	◎

◎完全支持　　□部分支持　　※不支持

■ **背景介绍**：若要在网页文件中插入Flash动画，就要准备SWF文件，下面就在页面中插入漂亮的Flash动画，插入动画后，一般还要设置动画的相关属性。这个案例为了突出首页的形象图片，在图片上添加了透明的动画效果，因此需要设置Flash动画的透明属性。

◎ 插入Flash动画前的文档

◎ 插入Flash动画后的文档

1. 插入Flash动画

1 打开flash.htm文档，将插入点放在页面版权文字上方单元格内，单击"插入"面板"常用"分类中"媒体"分类中的Flash SWF 选项。

2 打开"选择SWF文件"对话框，在"查找范围"下拉列表中选择transparent_files文件夹下的zi.swf文件，再单击"确定"按钮。

◎ 选择SWF命令

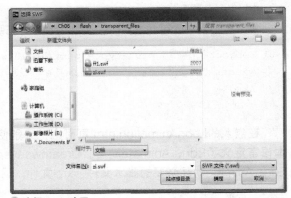
◎ 选择Flash动画

3 经过上面的操作在页面中相应位置插入了Flash动画，但这时只能看到插入Flash动画的标签。单击选中该Flash动画标签，在属性面板中单击"播放"按钮就会在文档窗口中运行Flash动画。单击"停止"按钮后，动画播放停止。

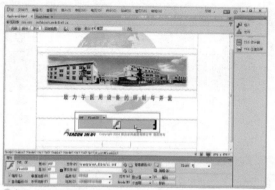

⌂ 插入Flash动画

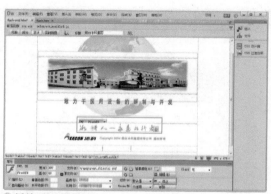

⌂ 播放Flash动画

4 保存网页文件，这时Dreamweaver会弹出"复制相关文件"对话框，提示用户将Dreamweaver自动产生的两个相关文件进行复制，单击"确定"按钮。

⌂ "复制相关文件"对话框

> **TIP** 在Dreamweaver插入Flash动画时，针对使用 Flash Player 6.0 和更低版本的用户，专门提供了下载新版本Flash播放器的代码：
> ```
> <a href="http://www.adobe.com/go/getflashplayer">
> <img src="http://www.adobe.com/images/shared/download_buttons/get_flash_
> player.gif" alt="获取 Adobe Flash Player" width="112" height="33" /></a>
> ```

2. 插入Flash动画并设置透明

1 将插入点放在页面中间背景图片所在的单元格内，单击"插入"面板"常用"分类中"媒体"分类中的Flash SWF 选项。然后打开"选择SWF文件"对话框，在"查找范围"下拉列表中选择transparent_files文件夹下的ff1.swf文件，再单击"确定"按钮。这样就在页面中相应位置插入了Flash动画。

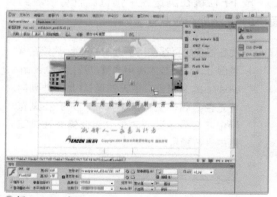

⌂ 插入Flash动画

> **TIP** 这时再次保存网页文件时，Dreamweaver就不会再弹出"复制相关文件"对话框，这是因为，不同的Flash使用的相关文件是相同的，只需重复使用刚才复制的文件就可以了。

2 按下F12键在浏览器中预览，发现插入的Flash动画遮挡住了后面的图片效果，因此需要为Flash设置透明效果。

△ 不透明的Flash动画

4 查看页面的源代码，这时可以看到，标准的Flash动画代码中被添加了一句透明设置。

```
<object id="FlashID2"
classid="clsid:D27CDB6E-AE6D-11cf-96B8-
444553540000" width="419" height="139">
  <param name="movie"
value="transparent _ files/ff1.swf">
  <param name="quality" value="high">
  <param name="wmode"
value="transparent">
  <param name="swfversion"
value="6.0.65.0">
......
</object>
```

3 选中插入的Flash动画，在属性面板的Wmode中选择"透明"，将Flash动画设成透明效果。

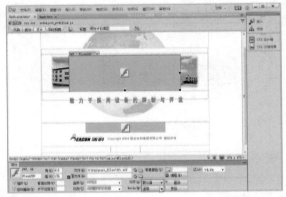
△ 设置透明

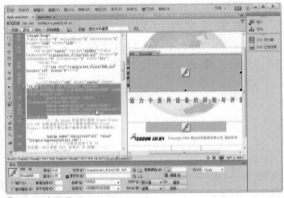
△ Flash动画代码

3. 在浏览器中确认Flash动画

按下F12键在浏览器中预览，就可以看到页面中的Flash动画效果了。

> **TIP**
> 现在很多网页都使用了透明的Flash放置在背景图上，这个技术应用非常广泛。在Dreamweaver的文档窗口中无法确认Flash动画的背景色是否已变成透明形式，只有在浏览器中才会显示透明效果，因此需要在浏览器中进行预览。

△ 预览效果

UNIT 14 插入音视频

在网络发展初期，很难在网页中看到图像，更别说音乐和视频了。但现在不仅网络传播速度非常快，而且也能实现流式服务，因此完全可以通过网络观看音乐录像或电影了。本小节将讲解网络中音视频的使用。

网页中的流技术和音视频格式

没有流式技术之前，若想在网络中收看电影预告片或音乐录像，就必须要把视频文件完全下载到用户计算机后再进行播放。现在在网络中可以实现下载和播放同时进行，这就是流式方式。

流式的原意为"水的流动"。大家都知道水流动的时候是不间断的。同样，在网络中的流式方式也并不是全部下载音乐文件或视频文件后才能播放的方式，而是在一点点下载的同时进行同步播放。但并不是所有的音乐文件和视频文件都支持流式方式，如RA,RM,RAM等RealPlayer 形式或WMA,WMV,ASF,ASX 等Windows Media Player 形式才能支持流式方式，因此上传视频的时候，最好将视频或音乐文件转换成这种形式的文件。

⬆ 流式方式使互联网在线直播成为可能

网页中常用的音频和视频文件格式如下。

1. 网页中常用的音频格式

* WAV：具有较好的声音品质，许多浏览器都支持此类格式文件，可以通过 CD、磁带和麦克风等录制自己的 WAV 文件。但是文件大小严格限制了可以在网页页面上使用的文件的长度。
* MP3：最大的特点是能以较小的比特率、较大的压缩比达到近乎完美的CD 音质。CD 是以1.4mb/s 的数据流量来表现其优异的音质，而MP3 格式文件仅仅需要112 或128Kbit/s 就可以达到逼真的CD 音质。
* MIDI：这种格式用于器乐。许多浏览器都支持 MIDI 文件并且不要求插件，但根据访问者的声卡的不同，声音效果也会有所不同。
* AIF（音频交换文件格式，或 AIFF）格式：与WAV 格式类似，但是其较大的文件大小严格限制了可以在网页页面上使用的文件的长度。
* RA、RAM、RM 或 Real Audio 格式：具有非常高的压缩率，文件小于MP3。全部歌曲文件可以在合理的时间范围内下载。访问者必须下载并安装 RealPlayer 辅助应用程序或插件才可以播放这些文件。
* QTM、MOV 和 QuickTime：这是由美国苹果电脑公司开发的音频和视频格式。

2. 网页中常用的视频格式

* MOV：原是苹果电脑中的视频文件格式，现在也能在PC 机上播放。
* MP4：是一种使用MPEG-4的多媒体电脑档案格式，以储存数码音讯及数码视讯为主，在苹

果电脑的ios和OS X平台下都可以正常播放。

- AVI（Audio Video Interleaved）：这是微软公司推出的视频格式文件，是目前视频文件的主流，比如一些游戏、教育软件的片头通常采用这种格式。
- MPG、MPEG：它是活动图像专家组（Moving Picture Experts Group）的缩写。MPEG 实质是电影文件的一种压缩格式。MPG 的压缩率比AVI 高，画面质量却更好。
- WMV：一种Windows 操作系统自带的媒体播放器所使用的多媒体文件格式。

插入Flash视频

Flash视频并不是Flash动画，它的出现是为了解决Flash以前对于连续视频只能使用JPEG图像进行帧内压缩，且压缩效率低，文件很大，不适合作视频存储的弊端。Flash视频采用帧间压缩方法，可以有效地缩小文件大小，并保证视频质量。

在"插入"面板的"常用"分类中选择"媒体"分类中的Flash Video选项，打开"插入FLV"对话框，单击"确定"按钮，Flash视频文件就被添加到了网页页面中。

❶ **视频类型**：选择视频的类型。如果选择"累进式下载视频"，可以设置内容如下。

❷ **URL**：输入.flv文件地址，单击"浏览"按钮可以浏览文件。

❸ **外观**：选择一种外观。

❹ **宽度、高度**：设置Flash视频的大小。

❺ **限制高宽比**：保持Flash视频宽度与高度的比例。

❻ **检测大小**：检测Flash视频的大小。

❼ **自动播放**：在浏览器上读取Flash视频文件的同时立即运行Flash视频。

❽ **自动重新播放**：在浏览器上运行Flash视频后自动重放。

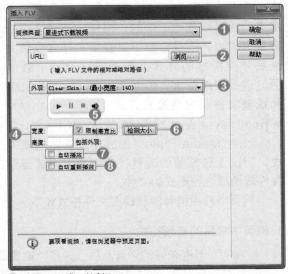

△ "插入FLV"对话框

如果在"视频类型"下拉列表中选择"流视频"选项，则进入流媒体设置界面。Flash视频是一种流媒体格式，它可以使用HTTP服务器或者专门的Flash Communication Server流服务器进行流式传送。相同选项的功能设置和上面差不多，多出的设置如下。

❶ **服务器URI**：输入流媒体文件的地址。

❷ **流名称**：定义流媒体文件的名称。

❸ **实时视频输入**：流媒体文件的实时输入。

❹ **缓冲时间**：设置流媒体文件的缓冲时间，以秒为单位。

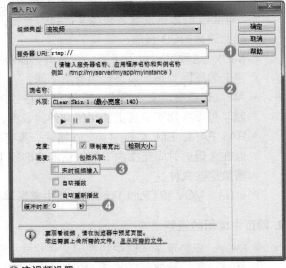

△ 流视频设置

TIP Flash视频的优点是可以整合进Flash文件中，也可以独立于Flash文件外，它支持跨平台、功耗低、具有流媒体的特性。FLV文件体积小巧，清晰的FLV视频1分钟文件大小为1MB左右，是普通视频文件大小的1/3，再加上CPU占有率低、视频质量良好等特点，使其在网络上盛行，目前网上的几家著名视频共享网站均采用FLV格式文件提供视频。

插入普通音视频

网络中最常遇到的音视频莫过于在线音乐和电影预告片。在网页中插入音视频文件或单击链接，就可以运行Windows Media Player或RealPlayer等播放软件来收听收看音视频。

△ 运行Windows Media Player来播放视频

△ 在网页上插入了视频

TIP 如果希望在页面上显示播放器的外观，包括播放、暂停、停止、音量及音视频文件的开始点和结束点等控制面板，可以使用这种方法。

Dreamweaver CC用一般的插件对象将音视频嵌入到网页中。该对象只需要音视频文件的源文件名以及对象的宽度和高度。

在"插入"面板的"常用"分类中选择"媒体"分类中的"插件"选项，打开"选择文件"对话框，单击"确定"按钮后，Dreamweaver CC会将"插件"显示为一个通用的占位符。

△ 插件属性面板

△ "选择文件"对话框

TIP 插件是浏览器应用程序接口部分的动态编程模块，浏览器通过插件允许第三方开发者将它们的产品完全并入网页页面。典型的插件包括RealPlayer和QuickTime，而一些内容文件本身包括MP3和QuickTime影片等。

在属性面中可以设置如下参数。

△ 插件属性面板

❶ **插件名称**：可以输入用于播放媒体对象的插件名称，使该名称可以被脚本所引用。

❷ **宽**：可以设置对象的宽度，默认单位是像素，也可以采用其他单位Pc，Pt，in，mm，cm或%。

❸ **高**：可以设置对象的高度，默认单位是像素，同对象的宽度值一样，也可以采用其他单位。

❹ **源文件**：可以设置插件内容的URL地址，既可以直接输入地址，也可以单击右侧的文件夹按钮，从磁盘中选择文件。

❺ **插件URL**：可以输入插件所在的路径。在浏览网页时，如果浏览器中没有安装该插件，则会从此路径上下载插件。

❻ **对齐**：可以选择插件内容在文档窗口中水平方向上的对齐方式，可用的选项同处理图像对象时一样。

❼ **垂直边距**：可以设置对象上端和下端同其他内容的间距，单位是像素。

❽ **水平边距**：可以设置对象左端和右端同其他内容的间距，单位是像素。

❾ **边框**：可以设置对象边框的宽度，单位是像素。

❿ **播放/停止**：单击"播放"按钮，就会在文档窗口中播放插件。播放插件的过程中"播放"按钮会切换成"停止"按钮，单击该"停止"按钮，可以停止插件的播放。

⓫ **参数**：单击该按钮，会提示用户输入其他在属性面板上没有出现的参数。

⓬ **Class**：可以选择已经定义好的样式定义该插件。

❓代码解密 HTML实现的插入音视频代码

使用<embed>标签来插入音频或视频文件，下面代码嵌入了movie.mov文件，宽度为320像素，高度为260像素。

```
<embed src=movie.mov height=260 width=320>
```

<embed>标签

使用<embed>可以在网页中放置如MP3音乐、电影、SWF动画等多种多媒体内容。常用属性如下表所示。

属　性	说　明
src	多媒体文件的源文件
width	宽度
height	高度
type	嵌入多媒体的类型
loop	循环次数
hidden	控制面板是否显示
starttime	开始播放的时间，格式为mm:ss
volume	音量大小，取0～100之间的整数

流式视频文件的形式主要使用ASF或WMV格式。而利用Dreamweaver CC参数面板就可以调节各种WMV视频画面。它可以在播放时移动视频的进度滑块，也可以在视频下面显示标题。这些都是通过调节参数来进行设置的。与视频播放相关的参数如下表所示。各个参数可使用的值为1和0。

参数	说　明	可以使用的值
Filename	播放的文件名称	文件路径(相对路径或绝对路径)
AutoSize	固定播放器大小	1：可以调整大小
AutoStart	自动播放	1：自动播放
AutoRewind	自动倒转	1：自动倒转
ClickToplay	单击播放按钮	1：单击播放按钮时，暂时停止
Enabled	功能按钮	1：可以使用功能按钮
ShowTracker	播放的Tracker状态	1：显示Tracker状态
EnableTracker	Tracker的调节滑标	1：在Tracker中可以使用调节滑标
EnableContextMenu	快捷菜单	1：可以使用单击鼠标右键时出现的快捷菜单
ShowStatusBar	状态表示行	1：显示控制面板下面的状态表示行
ShowControls	控制面板	1：显示具有播放、停止等按钮的控制面板
ShowAudioControls	音频调节器	1：显示音频调节器
ShowCaptioning	标题窗口	1：显示标题窗口
Mute	静音	1：静音状态
ShowDisplay	表示信息	1：表示著作权、制作人等信息

❓ 代码解密　HTML实现的背景音乐代码

<bgsound>标签

使用<bgsound>标签来制作背景音乐效果，常用属性如下表所示。

属　性	说　明
src	背景音乐的源文件
Loop	循环次数

下面代码嵌入了china.mid音乐文件，无限循环播放。

```
<bgsound src="china.mid" loop="-1">
```

插入HTML5音频

作为最重要的Web开发标准的下一代，HTML5引起了很多Web开发者的关注。HTML5最重要的新特性就是对音频和视频的支持，如构建音频可视化、在线编辑视频等。这一突破为互联网多媒体技术带来更多的可发展空间，为多媒体技术的可协调编辑提供了更好的平台。

Dreamweaver 允许用户在网页中插入和预览 HTML5 音频。HTML5 音频元素提供一种将音频内容嵌入网页中的标准方式。在"插入"面板的"常用"分类中选择"媒体"分类中的"HTML5 Audio"选项，Dreamweaver CC会插入下面的代码，并将HTML5 Audio显示为一个占位符。

```
<audio controls></audio>
```

插入的HTML5音频

在属性面中可以设置HTML5音频的如下参数。

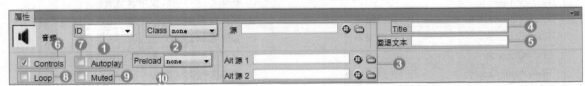

HTML5音频属性

❶ ID：输入HTML5音频的名称。

❷ Class：可以选择已经定义好的样式定义该元素。

❸ 源/Alt 源 1/Alt 源 2：在"源"中，输入音频文件的位置，或者单击文件夹图标以从计算机中选择音频文件。对音频格式的支持在不同浏览器上有所不同。如果源中的音频格式不被支持，则会使用"Alt 源 1"或"Alt 源 2"中指定的格式。浏览器选择第一个可识别格式来显示音频。

浏览器	MP3	Wav	Ogg
Internet Explorer	是	否	否
Firefox	否	是	是
Google Chrome	是	是	是
Apple Safari	是	是	否
Opera	否	是	是

❹ Title：为音频文件输入标题。

❺ 回退文本：输入要在不支持 HTML 5 的浏览器中显示的文本。

❻ Controls：选择是否要在 HTML 页面中显示音频控件，如播放、暂停和静音。

❼ Autoplay：选择是否希望音频一旦在网页上加载后便开始播放。

❽ Loop：如果希望音频连续播放，直到用户停止播放它，请选择此选项。

❾ Muted：如果希望在下载之后将音频静音，请选择此选项。

❿ Preload：选择auto会在页面下载时加载整个音频文件，选择metadata会在页面下载完成之后仅下载元数据。

❓ 代码解密 HTML5实现的插入音频代码

<audio>标签

<audio>标签定义声音，比如音乐或其他音频流。<audio>元素是一个HTML5元素，在 HTML

4 中是非法的，但在所有浏览器中都有效。常用属性如下表所示。

属　　性	说　　明
autoplay	音频在就绪后马上播放
controls	向用户显示控件，比如播放按钮
loop	每当音频结束时重新开始播放
preload	音频在页面加载时进行加载，并预备播放
Src	要播放的音频的 URL

下面的这段代码使用了一个mp3文件，这样它在 Internet Explorer、Chrome 以及 Safari 中是有效的。为了使这段音频在 Firefox 和 Opera 中同样有效，添加了一个ogg类型的文件。

```
<audio controls="controls">
<source src="song.mp3" type="audio/mp3" />
<source src="song.ogg" type="audio/ogg" />
你的浏览器不支持这种音频格式。
</audio>
```

插入HTML5视频

Dreamweaver 允许用户在网页中插入HTML5视频。HTML5视频元素提供一种将电影或视频嵌入网页中的标准方式。在"插入"面板的"常用"分类中选择"媒体"分类中的"HTML5 Video"选项，Dreamweaver CC会插入下面的代码，并将HTML5 Video显示为一个占位符。

```
<video controls></video>
```

△ 插入的HTML5视频

在属性面板中可以设置HTML5视频的如下参数。

△ HTML5视频属性

❶ ID：输入HTML5视频的名称。

❷ Class：可以选择已经定义好的样式定义该元素。

❸ W、H：指定Flash动画的宽度和高度。

④ **源/Alt源1/Alt源2**：在"源"中，输入视频文件的位置，或者单击文件夹图标以从本地文件系统中选择视频文件。对视频格式的支持在不同浏览器上有所不同。如果"源"中的视频格式在浏览器中不被支持，则会使用"Alt源1"或"Alt源2"中指定的视频格式。浏览器选择第一个可识别格式来显示视频。

浏览器	MP3	Wav	Ogg
Internet Explorer	是	否	否
Firefox	否	是	是
Google Chrome	是	是	是
Apple Safari	是	否	否
Opera	否	是	是

⑤ **Title**：为视频指定标题。

⑥ **Poster**：输入要在视频完成下载后或用户单击"播放"后显示的图像的位置。当用户插入图像时，宽度和高度值是自动填充的。

⑦ **回退文本**：提供浏览器不支持HTML5时显示的文本。

⑧ **Controls**：选择是否要在HTML页面中显示视频控件，如播放、暂停和静音。

⑨ **Autoplay**：选择是否希望视频一旦在网页上加载后便开始播放。

⑩ **Loop**：如果希望视频连续播放直到用户停止播放影片，可以选择此选项。

⑪ **Muted**：如果希望视频的音频部分静音，可以选择此选项。

⑫ **Preload**：指定关于在页面加载时视频应当如何加载的作者首选项。选择auto会在页面下载时加载整个视频。选择metadata会在页面下载完成之后仅下载元数据。

⑬ **Flash回退**：对于不支持HTML5视频的浏览器选择SWF文件。

❓代码解密 HTML5实现的插入视频代码

<video>标签

<video>标签定义视频，比如电影片段或其他视频流。<video>元素是一个HTML5元素，在HTML4中是非法的，但在所有浏览器中都有效。常用属性如下表所示。

属 性	说 明
autoplay	视频在就绪后马上播放
controls	向用户显示控件，比如播放按钮
Height	设置视频播放器的高度
Width	设置视频播放器的宽度
loop	每当视频结束时重新开始播放
preload	视频在页面加载时进行加载，并预备播放
Src	要播放的视频的 URL

下面的这段代码使用了一个ogg文件，这样它在Firefox、Chrome以及Opera中是有效的。

```
<video src="movie.ogg" controls="controls">
您的浏览器不支持video标签。
</video>
```

🏃 Let's go! 在"娃哈哈"页面中制作IE和Safari平台下的视频效果

原始文件	Sample\Ch06\video\video.htm、video-ios.htm
完成文件	Sample\Ch06\video\video-end.htm、video-ios-end.htm
视频教学	Video\Ch06\Unit14\

图示	🌐	🌐	🌐	O	🌐
浏览器	IE	Chrome	Firefox	Opera	Apple Safari
是否支持	◎	◎	◎	◎	◎
◎完全支持　　□部分支持　　※不支持					

■ **背景介绍**：浏览器提供原生支持视频的新能力，使得网页开发人员更易于在不依赖外置插件有效性的情况下，在他们的网站上添加视频组件。由于苹果公司现阶段在iPhone和iPad上的ios平台中使用Flash技术的局限性，传输HTML5视频的能力就显得尤为重要。这个案例将针对IE和Safari不同的平台添加视频效果。

△ 插入视频前的页面

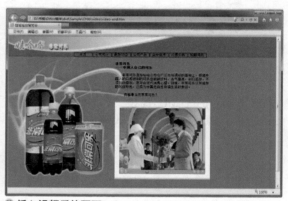
△ 插入视频后的页面

1. 插入Applet

1️⃣ 打开applet.htm文档，将插入点定位在中间单元格中，单击"插入"面板"常用"分类中的"媒体"下拉按钮，在弹出的下拉列表中选择Applet选项。

2️⃣ 打开"选择文件"对话框，在该对话框中选择一个Java Applet小程序，这里选择applet文件夹下的AnFade.class文件，单击"确定"按钮，即可向网页中插入这个JavaApplet小程序。

△ 单击"插件"选项

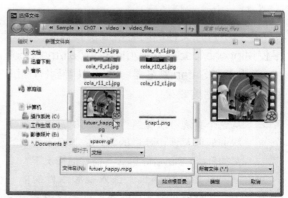
△ 选择视频文件

3 在文档窗口中出现插件图标后，为了让视频文件以适当的大小进行播放，放大该插件图标。单击插件图标后，在属性面板的"宽"文本框中输入100%，在"高"文本框中输入300。

2. 插入HTML5 Video

1 在video.htm文档中间的空白单元格中单击，然后在"插入"面板的"常用"分类中单击"媒体"分类中的"HTML5 Video"选项，插入如下代码。

```
<video controls></video>
```

△ 放大插件图标

△ 插入HTML5 Video

2 选中插入的HTML5视频，在属性面板的"源"中输入myVideo.mp4，然后选中Controls和Autoplay选项。源代码添加如下代码。

```
<video controls autoplay >
<source src="myVideo.mp4" type="video/mp4">
</video>
```

△ 设置HTML5 Video属性

3. 在浏览器上确认网页文件中插入的音视频

按下F12键，运行浏览器，可以发现在Window平台中打开文档的同时播放视频效果。而如果使用iphone/ipad或imac/macbook air/macbook pro等设备的Safari浏览器，也可以看到HTML5视频播放的完美效果。

> **TIP** 从这个案例可以看到，HTML5的一个最受欢迎的以及谈论最多的特性是其在不借助诸如Flash Player等第三方插件的情况下，直接在用户的网页上嵌入视频组件的能力。这样就可以实现在不同的平台中展现完美的视频效果。

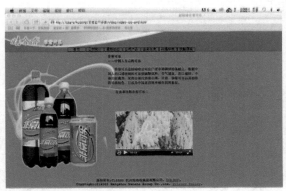
△ Safari浏览器视频效果

DO IT Yourself 练习操作题

1. 加入动画

⊙ 限定时间: 15分钟

请使用插入Flash动画知识为页面中加入Flash动画效果，动画文件为flash/about/company.swf。

▲ 初始页面

▲ 添加动画的页面

Step BY Step （步骤提示）

1. 定位插入点。
2. 通过插入面板中插入SWF。
3. 指定SWF动画文件路径。
4. 设置SWF动画属性。

光盘路径

Exercise\Ch06\1\ex1.htm

2. 加入视频

⊙ 限定时间: 15分钟

请使用插入视频知识在页面中添加视频效果，视频文件为77.avi。

▲ 初始页面

▲ 添加了视频的页面

Step BY Step （步骤提示）

1. 定位插入点。
2. 通过插入面板中插入视频。
3. 指定视频文件路径。
4. 设置视频文件属性。

光盘路径

Exercise\Ch06\2\ex2.htm

参考网站

• **frog青蛙设计**：美国青蛙设计公司网站页面中的音视频体现了公司的整体形象。技术上通过Dreamweaver的"插入HTML5音视频"实现。

▲ http://www.frogdesign.com/

• **OOOGO**：OOOGO是一家总部位于美国亚利桑那州的创新传播与品牌价值创建的管理公司，技术上通过Dreamweaver的"HTML5动画"实现。

▲ http://www.ooogo.com/

Special page Adobe、标准和HTML5

万维网基本上基于两种标准——HTML和HTTP。HTML是万维网联盟（W3C）的建议标准，HTTP由Internet工程任务组（IETF）提出。在这两种标准中，HTML更容易在各种消息中看到，因为它在Web内容的创建上占据主导地位。它是定义网络的基本标记语言的规则。使用HTML异构系统、供应商和产品之间可以进行互操作。HTML4（HTML5的上一版）在HTML3.2推出之后不久推出，保留了自2000年以来主要的HTML形式。正是在这个时间段（自2000年以来），网络发生了显著的商业增长。

但是与ICT行业的方方面面一样，变化发生了。用户开始期望更复杂的功能，各种工具被创建来响应用户的期望和需求。例如，在动画领域出现了各种替代方案，到2005年Macromedia Flash平台成为了用户所期望的和生产商所提供的交互性事实标准（广告、品牌网站、下拉菜单等）。

在市场的不断变化之中，多家浏览器开发商对复兴和改造HTML提供了一种推动力——自HTML4版本发布至今已近7年，整个市场也已改变。新产品包括针对多种平台和屏幕尺寸的开源浏览器和移动浏览器，电子发布和电子媒体变得愈加重要，对视觉增强的需要已然凸显出来。

为了响应此需求，多家浏览器开发商启动了一项创建一个更新HTML版本（称为HTML5）的工作。该工作在W3C外部启动，但最终会转移到W3C内形成更正式的标准化和知识产权保护。此工作已创建了最新的HTML规范修订版（HTML5）。因为网络是对Adobe的客户至关重要的平台，所以Adobe向W3C标准化组织同时提供了HTML5的技术资源和知识产权。

Adobe是一家工具开发商，而不是浏览器开发商，Adobe必须像所有工具开发商一样采用一种不同的方法来实现HTML5。浏览器使用HTML5——也就是说Web浏览器读取HTML文档，然后将文档组合到一个看得见或听得见的显示界面上。Adobe的主要工作是检查HTML5是否"适合工具"。对于Adobe等工具开发商而言，重要的是规范明确和无歧义的，所有各种实现都是兼容的，减少了创建针对浏览器呈现差异提供了具体调整的HTML5内容的需要。

作为工具开发商，Adobe专注于编写HTML页面的人和这个人在创建内容时的需要，或者专注于生成HTML页面的流程（服务器、工具）。Adobe收到的客户和用户反馈表明，用户已认识到行业正处于一个重要的过渡期，因为正在创造"新型网络"。旧知识正在被重新审视，新创意正在经历测试。在网络上生成发布质量输出的用户，习惯于像素特定的设计的用户，必须以不同的方式进行思考。现在他们必须创建自适应且可缩放的内容。

理想情况下，工具会使创造工作变得更轻松，在这个不断演化的市场中，Adobe面临的一部分挑战是理解用户想从工具中得到什么，用户想要让他们专注于以更快、更轻松、更好或更廉价的方式（或者可预测地，所有上述优势）实现他们的目标的工具。作为工具开发商，Adobe必须高瞻远瞩，摆脱对W3C规范的基本支持。举例而言，性能（包括工具的性能和输出内容的质量）是许多用户的关键考虑因素。如果性能配置文件在不同设备和浏览器之间差别巨大，这可能是与缺乏功能互动操作一样巨大的壁垒。随着移动访问变得更加普遍，性能成为了一个尤其重要的问题。

创建Web内容的群体已发展地非常多样性，新标准需要广泛、深入地支持这种多样性。这样做，使Adobe的客户能够拥有生成他们想要的高质量和强大的网站所需的一致性和互操作性。标准所提供的一致通信至关重要，这在它缺乏时非常明显。每个人都还应该记得二十世纪90年代中期的Netscape-Microsoft浏览器大战。这是浏览器开发商蓄意添加不兼容竞争对手浏览器的功能的一个事例。这个时代已在一般用户和开发商的抗议中结束。所以Adobe用户的第一个需求是在这些无处不在的浏览器之间一致的HTML5呈现一种"编写一次，随处良好运行"模型。

Chapter
07

使用表格
布局页面

表格是在HTML页面中添加文本与图片的强大
工具，它提供了在页面中增加水平与垂直结构
的网页设计方法。表格是网页排版的灵魂，在
实际应用中，其地位不可动摇。几乎所有的网
页都要或多或少地用到表格，不能很好地掌握
表格的使用方法，就等于没有学好网页制作。

| 本章技术要点 |

Q：表格技术怎样被应用到页面排版中？

A：用户可以编辑已经设计好的表格，改变它的行
数、列数，拆分与合并单元格，改变其边框、
底色等。若要在页面上进行图文混排，利用表
格来进行规划设计是一种很好的排版方法。在
不同的单元格中放置文本和图片，设置相应的
表格属性，很容易设计出美观整齐的页面。

**Q：使用表格排版时，整个页面使用一个大表格是
否是一种最佳的方法？**

A：如果整个网站包含在一个大表格内，而其中的
内容又很多，访问者需要在整个页面空白的情
况下，等待相当长的时间才能浏览网页。因
此，建议在页面中使用多个表格排版。

UNIT 15 制作表格的方法

使用表格布局页面是网页页面布局最常使用的方法。由于浏览器与表格均为矩形形状，因此使用表格分割画面是最为合适的方式。在Dreamweaver中只要在"表格"对话框中设置行和列的个数、边框厚度以及表格位置等参数，就可以简单地插入表格了。

使用表格的原因

使用表格排版的页面在不同平台、不同分辨率的浏览器中都能保持其原有的布局，且在不同的浏览器平台中具有较好的兼容性，所以表格是网页中最常用的排版方式之一。

1. 有序地整理内容

一般文档中的复杂内容可以利用表格有序地进行整理。网络也不例外，在网页文档中利用表格，也可以将复杂的内容整理得更加有序。

2. 合并多个图像

在制作网页时有时需要使用较大的图像。在这种情况下，最好将图像分割成几个部分以后再插入到网页中，分割后的图像可以利用表格再合并为一。

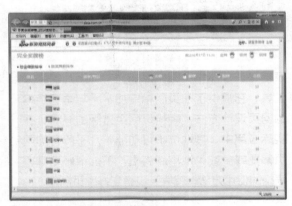
◎ 将复杂的内容利用表格整理

◎ 在浏览器中浏览时显示为一个图像

3. 制作网页文档的布局

在制作网页文档的布局时，可以选择是否显示表格。大部分网页的布局都是用表格来形成的，但有时由于没有显示表格边框，因此使访问者察觉不到主页的布局是由表格来形成的这一特点。利用表格可以根据需要来拆分或合并文档的空间，随意地布置各种因素。

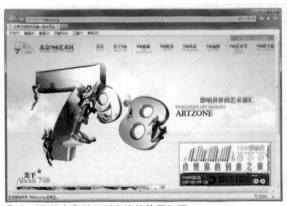
◎ 在浏览器中察觉不到表格的使用与否

制作表格

表格是由行和列组成的，并且根据行和列
的个数决定形状。行和列交叉形成了矩形区
域，即表格中的一个矩形单元称为单元格。在
表格中可以合并或拆分多个单元格。右侧是3行
3列的表格形状。通过右侧的表格可以明确行、

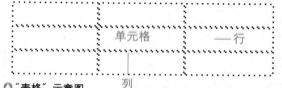

△ "表格" 示意图

列和单元格的概念。后面的内容在说明表格的时候，都会使用到行、列和单元格等词汇，因此要熟
悉各个区域。

在Dreamweaver CC中利用 "表格" 对话框可以插入表格。执行 "插入>表格" 命令或在 "插
入" 面板的 "常用" 分类中单击 "表格" 按钮，打开 "表格" 对话框。

❶ **行数、列**：指定表格的行和列的个数。

❷ **表格宽度**：指定将表格宽度以像素单位或浏
览器窗口宽度为基准的百分比（%）单位。

❸ **边框粗细**：用像素单位来指定表格边框线的
厚度。如果不想显示表格的边框线，则可以
输入0。

❹ **单元格边距**：指定单元格的内容以及单元格
边框之间的空白。不输入具体数值时，默认
为1像素。

❺ **单元格间距**：指定单元格之间的空白。不输
入具体数值时，默认为2像素。

❻ **标题**：将表格的一行或一列表示为表头时，
选择所需的样式。

❼ **辅助功能**：指定针对表格设置的辅助选项。

- 标题：指定表格的标题。
- 摘要：输入关于表格的摘要说明。该内容
  虽然不显示在浏览器中，但可以在屏幕阅
  读器上识别，并可以转换为语音。

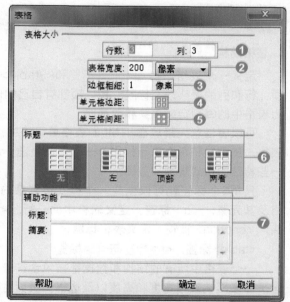

△ "表格" 对话框

插入表格后，将会在表格的最下方出现整个表格和各列的列宽值。调节表格宽度时，该值也会
一起改变，因此很容易调节表格。

有时会同时出现两种数字，这是由于HTML代码中设置的列宽度和实际页面中显示的列宽度不
一致造成的。这种情况下，单击表示整个表格宽度的数字，在弹出的下拉列表中选择 "使所有宽度
一致" 选项，即可使代码与页面中显示的宽度一致。

> **TIP** 行从左到右横过表格，而列则是上下走向；单元格是行和列的交界部分，它是用户输入信息的地
> 方，单元格会自动扩展到与输入的信息相适应的大小。

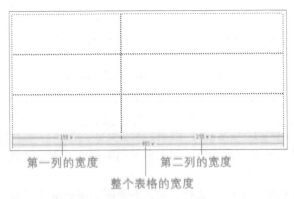
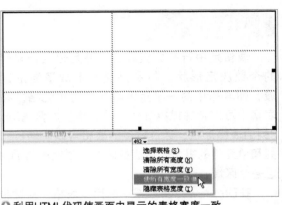

第一列的宽度　　　　第二列的宽度

整个表格的宽度

▲ 表格的最下方出现整个表格和各个列宽值　　　　▲ 利用HTML代码使画面中显示的表格宽度一致

❓代码解密　HTML实现的表格代码

1. 表格结构

定义一个表格，在<table>标签和</table>结束标签之间包含所有元素。表格元素包括数据项、行和列的表头以及标题，每一项都有自己的修饰标签。按照从上到下、从左到右的顺序，可以为表格中的每列定义表头和数据。

可以将任意元素放在HTML的表格单元格中，包括图像、表单、分隔线、表头，甚至是另一个表格。浏览器将每个单元格作为一个窗口处理，让单元格的内容填满空间，当然在这个过程中会有一些特殊的格式规定和范围。

只用5个标签就可以生成一个样式很复杂的表格。<table>标签，在文档主体内容中封闭表格及其元素；<tr>标签，定义表格中的一行；<td>标签，定义数据单元格；<th>标签，定义表头；<caption>标签，定义表格标题。

<table>标签、<tr>标签与<td>标签

一个表格中所有的结构和数据都被包含在表格标签<table>和</table>之间。<table>标签包含了许多影响表格宽度和高度以及边框、页面对齐方式和背景颜色的属性。在打开的表格<table>标签后面紧跟的是第一个行标签<tr>。在HTML中，单元格标签为一对<td>和</td>标签。使用<tr>标签可在表格中新建行。在<tr>标签中可以放置一个或多个单元格，单元格包括由<td>标签定义的数据。<tr>标签接受一定的特殊属性，然后和表格的一般属性一起来控制其效果。<tr>标签内的<td>标签会在一行中创建单元格及其内容。数据通常会默认左对齐，与表格行标签<tr>中的其他标签一样，单元格标签支持丰富的样式和内容对齐属性，这样可以将它们用于单个数据格。这些属性会覆盖原来当前行的默认值。还有一些特殊的属性，可以控制单元格在表格中跨越的行或列的数目。<td>标签也支持那些一般的表格属性。<td>标签中的内容可以是放置到文档主体中的任意元素，包括文字、图像、表单等，甚至可以是另一个表格。浏览器会自动创建一个在垂直方向和水平方向上足够大的表格，用来显示所有单元格的内容。

```
01 <table>              ▶ 声明表格开始
02 <tr>                 ▶ 声明行开始
03 <td>                 ▶ 声明单元格开始
04 </td>                ▶ 声明单元格结束
05 </tr>                ▶ 声明行结束
06 </table>             ▶ 声明表格结束
```

`<th>`标签

将`<th>`标签引入表格，会在一行中创建表头。表头用粗体样式标记，文本表头会在中间对齐。`<tr>`标签内的`<td>`标签会在一行中创建表头。表头用粗体样式标记，其他内容的默认对齐方式也可能和数据的对齐方式不同。数据通常默认为左对齐，可是文本表头会在中间对齐。与表格行标签`<tr>`中的其他标签一样，表头标签支持丰富的样式和内容对齐属性，这样可以将它们用于表头单元格。这些属性会覆盖原来当前行的默认值。与`<td>`标签一样，`<th>`标签中的内容可以是放置到文档主体中的任意元素，包括文字、图像、表单等，甚至可以是另一个表格。

```
01 <table>        ▶ 声明表格开始
02 <tr>           ▶ 声明行开始
03 <th>           ▶ 声明表头开始
04 </th>          ▶ 声明表头结束
05 </tr>          ▶ 声明行结束
06 </table>       ▶ 声明表格结束
```

`<caption>`标签

通常情况下，表格需要一个标题来说明它的内容。通常浏览器都提供了一个表格标题标签，在`<table>`标签后立即加入`<caption>`标签及其内容，`<caption>`标签也可以放在表格和行标签之间的任何地方。标题可以包括任何主体内容，这一点很像表格中的单元格。

```
01 <table>
02 <caption>标题</caption>
03 <tr>
04 <th>
05 </th>
06 </tr>
07 </table>
```

2. 表格划分

用`<thead>`标签可定义一组表首行。在`<thead>`标签中，可以放置一个或多个`<tr>`标签，用于定义表首中的行。当以多部分方式打印表格或显示表格时，浏览器会复制这些表首。因此，当表格的出现多于一页时，在每个打印页上都会重复这些表首。

```
01 <thead>
02 表首内容
03 </thead>
```

使用`<tbody>`标签，可以将表格分成一个单独的部分。`<tbody>`标签可将表格中的一行或几行合成一组。

```
01 <tbody>
02 表主体内容
03 </tbody>
```

使用`<tfoot>`标签，可以为表格定义一个表注。与`<thead>`类似，它可以包括一个或多个`<tr>`标签，这样可以定义一些行，浏览器会将这些行作为表格的表注。因此，当表格跨越了多个页时，浏览器会重复这些行。

```
01 <tfoot>
02 表注内容
03 </tfoot>
```

插入Fireworks HTML表格

在Dreamweaver CC中，整合了插入Fireworks HTML表格的功能，Fireworks HTML是使用图像软件Fireworks导出的网页文件，这个HTML页面实质上就是一个表格页面，因此，可以使用这种方法将表格导入到网页中。

❶ **Fireworks HTML文件**：选择要插入的Fireworks HTML文件。

❷ **插入后删除文件**：插入页面后，将原始的 Fireworks HTML文件删除。

△ 插入Fireworks HTML

表格的调整

插入表格后，可以通过调节表格大小等操作，制作出所需的形状。当表格周围出现黑色边框，就表示已经选择了该表格。将光标移动到尺寸手柄上的时候，光标会变成 ← 或 ↕ 形式。在此状态下按住鼠标左键，向左右、上下或对角线方向上进行拖动就可以调节表格的大小。当光标移动到表格右下方的手柄处，光标变成 ↖ 形状时，可以向下拖动来增大表格高度。

插入表格后，在操作过程中可能会出现表格的中间需要嵌入单元格或删除不需要单元格的情况。此时，执行Dreamweaver CC提供的添加、删除表格的相关命令即可。添加行或列的时候，可以添加1行或1列，也可以同时添加多个行或列。

1. 添加行和列

在插入的表格中添加行或列的时候，用鼠标右键单击表格，在弹出的快捷菜单中执行"表格>插入行（列、行或列）"命令，可以更加快捷地进行操作。执行"插入行或列"命令后，将会弹出"插入行或列"对话框，在该对话框中可以设置行数、列数以及插入位置。

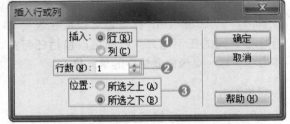

△ "插入行或列"对话框

❶ **插入**：选择添加"行"或添加"列"。

❷ **行（列）数**：输入要添加的行或列的个数。

❸ **位置**：选择添加行或列的位置。包括"所选之上"、"所选之下"、"所选之左"和"所选之右"4个选项。

> **TIP** 将插入点置入表格最后一行的最后一个单元格中，按下Tab键，可快速插入一个新的行。

2. 删除行和列

删除行或列的最简单的方法是选择想删除的行或列后，按下Delete键。例如，单击第一列的第一个单元格，按住鼠标左键拖动到第一列最后一个单元格选中该列，按下Delete键即可。或者选中要删除的行或列，单击鼠标右键，在弹出的快捷菜单中执行"表格> 删除行（删除列）"命令，即可删除选中的行或列。

> **TIP** 用户还可以一次对多个单元格进行复制或粘贴操作，既可以选择在复制和粘贴时保留原格式，也可以选择在复制和粘贴时仅操作单元格中的内容。

📖知识拓展 关于表格宽度的绝对值和相对值

表格创建好后，下一个要解决的问题是：这个表格到底应该多宽，用绝对值还是相对值。其实这个问题的实质是网页大小和分辨率的问题，我们先来看分辨率。

　　现在多数人使用的是19寸显示器，它的最佳分辨率是1280×1024；17寸显示器的最佳分辨率是1024×768。我们讨论这些的原因在于，你所做网站的目标人群决定了网站表格的大小。可能有人会问"没有两全其美的方法吗？不能让所有人看到的网页都一样吗？"，当然有，如果你把表格的宽度设置为百分比，不管访问者的显示器采用什么样的分辨率，整个页面的宽度会随显示器分辨率的变化而变化。

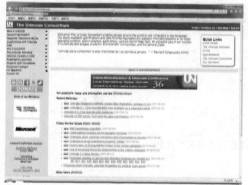

🔵 1280×1024分辨率下的表格

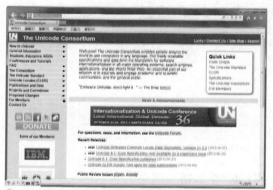

🔵 1024×768分辨率下的表格宽度变窄了，内容显示变少了

　　设置表格宽度的单位有百分比和像素两种。如果当前打开的窗口宽度为300像素，表格宽度为80%时，则实际宽度为浏览器窗口宽度的80%，即240像素。如果浏览器窗口的宽度为600像素，同样的方法可以算出表格的实际宽度为480像素。如上所述，将表格的宽度用百分比来指定时，随着浏览器窗口宽度的变化，表格的宽度也会发生变化。与此相反，如果用像素来指定表格宽度，则与浏览器窗口的宽度无关，总会显示为一个确定的宽度。因此，当缩小窗口的宽度，有时会出现看不到表格中部分内容的情况。

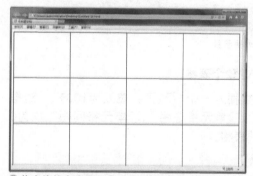

🔵 将表格的宽度用百分比单位来指定的情况

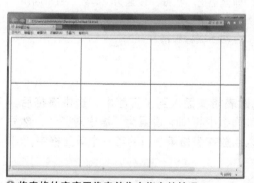

🔵 将表格的宽度用像素单位来指定的情况

🏃 Let's go! 在"哈量集团"页面中制作嵌套表格

原始文件	Sample\Ch07\table\table.htm
完成文件	Sample\Ch07\table\table-end.htm
视频教学	Video\Ch07\Unit15\

图示	🌐	🔵	🦊	⭕	🧭
浏览器	IE	Chrome	Firefox	Opera	Apple Safari
是否支持	◎	◎	◎	◎	◎
◎完全支持　　□部分支持　　※不支持					

■ **背景介绍**：利用表格可以轻松制作出网页的布局。首先制作两个两行一列的表格，然后在这两个表格中插入其他的表格。在构成表格的各个单元格中不仅能插入文本和图像，而且还可以嵌套使用其他表格。在表格中嵌套表格就可以随意地构成各种复杂形态的网页布局。

△ 插入表格及内容前的文档

△ 插入表格及内容后的文档

1. 插入第1个表格

1 将插入点放在"企业价值观"图像下方，在"插入"面板"常用"分类中单击"表格"按钮，打开"表格"对话框。设置"行数"为2，"列"为1，"表格宽度"为90%，设置"边框宽度"、"单元格边距"、"单元格间距"均为0像素，完成后单击"确定"按钮。

> **TIP** 即使边框"粗细"设置为0像素，在Dreamweaver中还是会以点线来显示表格边框，这有助于编辑表格。

△ 设置表格参数

2. 插入第2个表格

1 继续插入一个1行2列，宽度为100%、"边框宽度"、"单元格边距"、"单元格间距"均为0像素的表格。

2 此时表格被插入到了页面中，选中表格后，在属性面板中将Align设置为"居中对齐"，然后将插入点放在表格第一行的第一个单元格中。

△ 定位插入点

△ 插入表格

②在插入表格的第1行的2个单元格中依次插入 tablealign_files/TI_NEWS.GIF和"员工素质训"文字，并调整左右单元格的位置。

△插入图片和文字

③在大表格的第2行的单元格中继续插入一个1行2列，宽度为100%、"边框宽度"、"单元格边距"、"单元格间距"均为0像素的表格。

△插入表格

④在插入表格的第1行的2个单元格中依次插入文字和tablealign_files/ygszx.jpg图片文件，并调整左右单元格的位置。

3. 在浏览器中确认文档中插入的表格

确认一下文档窗口中是否已经插入了这两个表格。按下快捷键Ctrl＋S保存刚刚制作的文档。按下F12键，可以在浏览器中预览页面效果，由于表格的边框粗细为0像素，因此页面中不显示任何表格的痕迹。

△插入文字和图片

UNIT 16 设置表格和单元格属性

本节学习如何设置表格。设置表格包括对表格整体的设置、对行或列的设置，以及对单元格的设置。读者要重点了解表格和单元格的属性面板的设置。

设置表格属性

在页面中选中表格后，在文档窗口下方将会显示表格的属性面板。在该面板中可以调整行和列的个数、表格宽度和高度、单元格的空格等属性。表格属性面板中的各项参数含义如下。

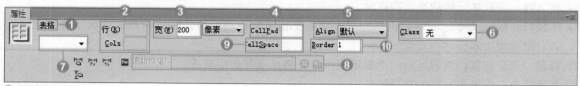

△表格属性面板

① **表格**：输入表格的名称。

② **行、Cols**：输入构成表格的行和列的个数。

③ **宽**：指定表格的宽度。以当前文档的宽度为基准，可以用百分比或像素单位来进行指定。默认显示为像素单位，若想固定大小，需继续使用像素单位。

④ **CellPad**：设置单元格内容和单元格边框之间的间距。可以认为是单元格内侧的空格。将该值设置为0以外的数值时，在边框和内容之间会生成间隔。

⑤ **Align**：设置表格在文档中的位置。包括"默认"、"左对齐""居中对齐"和"右对齐"4个选项可以选择。

⑥ **Class**：设置表格的样式。

⑦ **将表格宽度转换像素/将表格宽度转换成百分比&清除列宽/清除行高**：单击赋有Px或%的按钮，就可以将设置为百分比的表格宽度转换成像素单位，也可以将设置为像素的表格宽度转换成百分比单位。而单击其他按钮，则会忽略原来表格中的宽度或高度，直接更改成可表示内容的最小宽度和高度形式。

⑧ **原始档**：设置原始表格设计图像的Fireworks源文件路径。

⑨ **CellSpace**：设置单元格之间的间距。该值设置为0以外的数值时，在单元格和单元格之间会出现空格，因此两个单元格之间有一些间距。

⑩ **Border**：设置表格的边框厚度。大部分的浏览器中表格的边框都会采用立体性的效果方式，但在整理网页文件而使用的布局用表格当中，最好不要显示边框。在这种情况下，就需要将"边框"的值设置为0。

设置单元格属性

在页面中选中单元格后，在文档窗口下方将会显示单元格的属性面板。在该面板中可以设置单元格的背景颜色或背景图像、对齐方式、边框颜色等各种属性，还可以将一个单元格拆分成几个单元格或将多个单元格合并为一个单元格。单元格属性面板中各项参数含义如下。

◎ 单元格属性面板

① **合并所选单元格，使用跨度**：选择两个以上的单元格后，单击该按钮，就可以合并这些单元格。

② **拆分单元格为行或列**：单击该按钮后，选择行或列以及拆分的个数，就可以拆分所选单元格。

③ **垂直**：设置单元格中的图像或文本的纵向位置。包括"顶端"、"居中"、"底部"、"基线"和"默认"5种形式。

④ **水平**：设置单元格中的图像或文本的横向位置。

⑤ **宽、高**：设置单元格的宽度和高度。

⑥ **不换行**：输入文本时即使超出单元格的宽度，也不会自动换行。在不换行的情况下继续横向输入，就会增大单元格的宽度。

⑦ **标题**：为了与其他内容区分，明显地表示单元格标题并居中对齐。

⑧ **背景颜色**：指定单元格的背景颜色。

知识拓展 合理使用表格嵌套

　　初学做网站的人往往会尝试设计一个把所有的内容都包含在里面的表格，其实并不建议这样的做法，因为一个表格在进行多次拆分、合并后，将会变的很复杂而难以控制，往往在调整一个单元格时，就会影响到别的单元格。另一个原因是浏览器在解析网页时，将表格的所有内容下载完毕后才会显示出来，如果整个网站包含在一个大表格内，而其中的内容又很多，访问者需要在整个页面空白的情况下，等待相当长的时间才能浏览网页。

　　如下图所示的表格嵌套结构是比较合理的。网页首先会显示出最上面的表格——网站、公司名称；然后显示出导航条；紧接着会显示内容；最后显示出版权信息。这样可以让访问者在等待的同时阅读到一些内容。

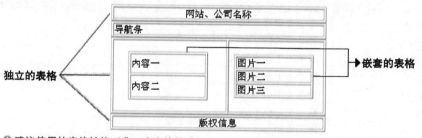

　　🔺 建议使用的表格结构（非一个表格构成）

代码解密 HTML实现的表格和单元格属性代码

1. 表格属性

　　<table>标签的常用属性如下表所示。

属　性	描　述
border	边框
width	宽度
height	高度
bordercolor	边框颜色
bgcolor	背景颜色
background	背景图片
cellSpacing	单元格间距
cellpadding	单元格边距
align	排列
frame	设置边框效果

　　下面的这段代码声明表格边框为1像素；宽度为446像素；高度为226像素；边框颜色为白色；背景颜色为#666699；背景图像为pic.jpg；单元格间距为3像素；单元格边距为10像素；排列为居中对齐。

```
<table width="446" height="226" border="1" bgcolor="#666699" bordercolor="#FFFFFF"
background="pic.jpg" align="center"  cellpadding="10"  cellspacing="3">
```

　　其中，align属性在水平方向上可以设置表格的对齐方式，包括左对齐、居中对齐、右对齐3种对齐方式，属性值如下表所示。

align属性值	描　述
left	左对齐
right	右对齐
center	居中对齐

标准的frame属性为表格周围的行修改边框效果。默认值是box，它告诉浏览器在表格周围画上全部四条线。border值和box的作用一样。void值会将所有frame的四条线删除。frame值为above、below、lhs和rhs时，浏览器会分别在表格的顶部、底部、左边和右边画上不同的边框线。nsides值会在表格的顶部和底部（水平方向）画上边框，vsides会在表格的左边和右边（垂直方向）画上边框。属性值如下表所示。

frame属性值	说　明
above	显示上边框
below	显示下边框
border	显示上下左右边框
box	显示上下左右边框
hsides	显示上下边框
lhs	显示左边框
rhs	显示右边框
void	不显示边框
vsides	显示左右边框

2. 单元格属性

\<td>或\<th>标签的属性和\<table>标签的属性也非常相似，用于设定表格中某一单元格或表头的属性。常用的属性如下表所示。

属　性	描　述
align	单元格内容的水平对齐
valign	单元格内容的垂直对齐
bgcolor	单元格的背景颜色
background	单元格的背景图像
width	单元格的宽度
height	单元格的高度
rowspan	跨行
colspan	跨列

下面的这段代码声明单元格边框为1像素；宽度为446像素；高度为226像素；边框颜色为白色；背景颜色为#666699；背景图像为pic.jpg；水平垂直居中。

```
<td width="446" height="226" border="1" bgcolor="#666699" bordercolor="#FFFFFF"
background="pic.jpg" align="center" valign="middle">
```

其中，vlaign属性在垂直方向上可以设定行的对齐方式，包括顶端、居中、底部、基线4种对齐方式。属性值如下表所示。

valign属性值	说　明
top	居顶
middle	居中
bottom	居底
baseline	基线对齐

在表格表头或单元格中使用colspan属性，可以将一行中的一个单元格扩展为两列或更多列。

```
01 <table>
02 <tr>
03 <td colspan="2">
04 </td>
05 </tr>
06 </table>
```

同样，rowspan属性将一个单元格扩展到表格中的上下几行。

```
01 <table>
02 <tr>
03 <td rowspan="2">
04 </td>
05 </tr>
06 </table>
```

知识拓展　设置合适的表格宽度

前面介绍过，如果你的网站想在任何分辨率下观看效果都一样或很相似，那么最外面表格的宽度就要使用百分比（对于初学者是不建议这样做的），如果你的网站想保持一个绝对的大小，不会随着显示器分辨率大小的改变而改变，那就使用像素（1024×768或1280×1024）。

那么，我们的网站到底应该按1024×768还是1280×1024来设计呢？如果去分析网站目标的访问者所使用的显示器分辨率，是一件头疼的事情，不过有个巧妙的办法：我们可以去看看那些大型的网站是如何处理这个问题的。比如你看新浪或者搜狐，当分辨率为1024×768时，内容将整个页面占满；而当分辨率为1280×1024时，内容的大小并没有变，只是周围的空白被用来显示广告了。也就是说，网站的大小按1024×768的分辨率来做应该是个很好的方案。使用大分辨率的访问者，可能觉得有些"空旷"，但并不影响浏览的便利性。对于小分辨率的访问者来说，刚刚合适。

在用表格设计网站框架结构时，将最外面的表格宽度设为1024像素，如果除去滚动条的宽度，应该是970像素。这是一个根据试验得出的数值，在1024×7680的分辨率下，正好把整个页面撑满。

Let's go! 在"卡默森"页面中使用表格进行排版

原始文件	Sample\Ch07\layout\images\
完成文件	Sample\Ch07\layout\layout-end.htm
视频教学	Video\Ch07\Unit16\

图示					
浏览器	IE	Chrome	Firefox	Opera	Apple Safari
是否支持	◎	◎	◎	◎	◎

◎完全支持　□部分支持　※不支持

■ **背景介绍**：本例将练习页面的排版，读者可以通过表格排版页面的布局。

⬥ 提供的图片

⬥ 排版完成的页面

1. 制作头部表格

1 新建空白页面，在"插入"面板"常用"分类中单击"表格"按钮，打开"表格"对话框。设置"行数"为1，"列"为2，"表格宽度"为780像素，"边框粗细"、单元格边距、"单元格间距"均为0像素。

2 单击"确定"按钮后，表格被插入到了页面，将插入点放在左侧第一个单元格内，在"插入"面板"常用"分类中单击"表格"按钮，打开"表格"对话框。设置"行数"为8，"列"为3，"表格宽度"为100%，"边框粗细"、单元格边距、"单元格间距"均为0像素。

⬥ 插入表格

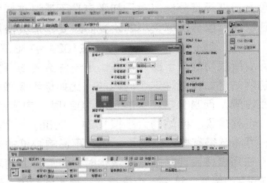
⬥ 插入表格

3 单击"确定"按钮，8行3列的表格就被插入到左侧单元格中。选择第1行中的3个单元格，单击属性面板中的"合并所选单元格"按钮，合并单元格。

4 将提供的images文件夹下的2_r2_c2.jpg图片插入到第1行，并将大表格的宽度调整为和图片宽度相同。

⬥ 插入并合并后的表格

⬥ 插入图片并调整

5 将第1列和第3列的其他单元格分别选中，单击属性面板中的"合并所选单元格"按钮，将单元格合并。然后将提供的images文件夹下的2_r3_c2.jpg、2_r3_c7.jpg图片分别插入到两个合并的单元格中。

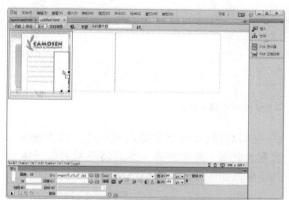
△ 合并单元格并插入图片

6 将2_r3_c5.jpg、2_r4_c5.jpg、2_r5_c5.jpg、2_r6_c5.jpg、2_r7_c5.jpg、2_r8_c5.jpg图片分别插入到剩余的单元格中。

△ 插入其他图片

7 将插入点放在右侧的空白单元格内，在"插入"面板"常用"分类中单击"表格"按钮，打开"表格"对话框。设置"行数"为2，"列"为3，"表格宽度"为100%，"边框粗细"、单元格边距、"单元格间距"均为0像素。

△ 插入表格

8 单击"确定"按钮后，一个2行3列的表格就被插入到了单元格中。然后将2_r2_c8.jpg、2_r2_c16.jpg、2_r2_c19.jpg、2_r3_c8.jpg、2_r3_c16.jpg、2_r3_c19.jpg图片分别插入到这6个单元格中。

△ 插入图片

2. 制作内容表格

1 将插入点放在大表格的后面，插入一个1行4列，宽度为780像素的表格，然后在左侧第2个单元格中插入一个2行1列，宽度为100%的表格，并将第1个单元格的背景色设置为#e2e2e2，第2个单元格的背景色设置为#cccccc。

2 在第1个单元格中插入一个3行1列，宽度为86%的表格，并居中对齐。将2_r11_c4.jpg图片插入到第1行中，在第2行和第3行中输入文字，然后就将2_r18_c3.jpg和2_r19_c3.jpg图片分别插入到这个表格的下方。

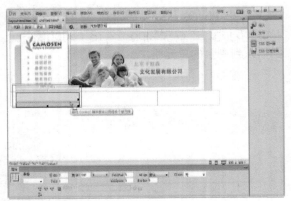

⬡ 插入并调整表格

3 在空白的右侧单元格内插入一个4行1列，宽度为95%的表格，将第2行单元格拆分成2列，然后在前3行单元格中分别插入图片和输入文字。

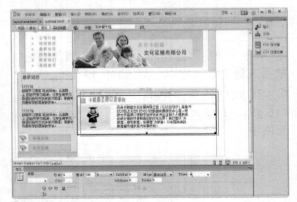

⬡ 插入表格和内容

5 在这几个单元格中分别插入图片和输入文字，根据需要在属性面板中设置文字的相关属性。

⬡ 插入图片和输入文字

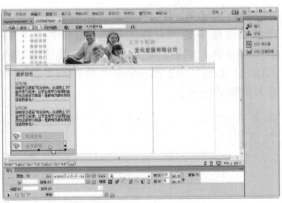

⬡ 输入文字并插入图片

4 在第4行的单元格中插入一个3行4列的表格，宽度为95%，居中对齐，然后将不同的单元格合并，形成如图所示的表格结构。

⬡ 插入并调整表格结构

3. 制作底部表格

将插入点放在大表格的外侧，插入一个1行1列的表格，输入版权文字，制作整个页面的底部效果。

⬡ 制作底部表格

4. 制作底部表格

选择"修改>页面属性"命令，将页面的背景颜色设置为#cee0c8，然后依次选择页面中的大表格，将它们设置为居中对齐。

△ 制作底部表格

5. 在浏览器中确认

按下F12键预览页面，就可以看到表格排版后的效果了。

TIP 本案例是一个公司网站的网页。在这个页面中，制作的重点在于表格排版。当表格的高度很大时，可考虑拆分表格，把一个表格拆分成若干个表格，注意将拆分后的表格宽度设为相等。这样表格的排版效果没变，但显示时各小表格的内容逐渐显示出来，明显加快了网页的打开速度，这种方法对于网站页面的制作具有重要意义。

DO IT Yourself 练习操作题

1. 制作嵌套表格

⊙ 限定时间：15分钟

请使用已经学过的嵌套表格知识插入表格的内容。

△ 原始页面

△ 插入嵌套表格后的页面

Step BY Step （步骤提示）

1. 通过"插入"面板中插入表格。
2. 设置表格属性。
3. 插入表格内容。

光盘路径

Exercise\Ch07\1\ex1.htm

2. 使用表格排版页面

⊙ 限定时间：40分钟

请使用已经学过的表格技术排版下面的页面。

△ 提供的图像

△ 表格排版的页面

Step BY Step （步骤提示）

1. 通过"插入"面板中插入表格。
2. 设置表格属性。
3. 插入表格内容。

光盘路径

Exercise\Ch07\2\ex2.htm

Special page 导入并排序表格

有时经常需要在网页中插入数据表格。录入含有大量数据的表格是一项极其繁琐的工作，对于网页制作者而言，这项工作量是非常大的。尤其是这些表格往往是已有的Excel表格。Dreamweaver CC可以把表格的内容保存为文本文件，或者可以将文本文件保存的内容转换成表格，因此使用起来非常简便。

1. 导入数据

如前面所讲，表格不仅使用在网页文件的布局制作当中，而且还可以整理资料。Dreamweaver提供了表格导入功能，可以直接导入其他程序（如Excel等）创建的表格文件。同时Dreamweaver也能够导出HTML文档中的表格供其他程序使用。

如果上传网页中的资料为Excel格式的时候，会感到有一些难度。此时，利用导入Excel文档的功能，就可以一次性地把Excel格式的资料转换为表格形式。这时候也最好不要制作空单元格。但在特定的情况下包含了空单元格，就需要再进行另外的操作。

执行"文件> 导入> 表格式数据"命令，打开以表格形式来导入资料的"导入表格式数据"对话框。对话框中的各项如下所示。

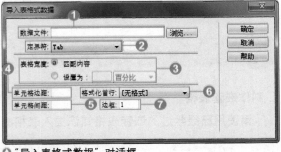

△ "导入表格式数据"对话框

① **数据文件**：选择转换为表格形式的数据文件。
② **定界符**：指定在各个单元格中区分资料的定界符。可以在Tab、逗号（，）、分号（；）、冒号（：）当中选择一个选项。
③ **表格宽度**：指定表格的宽度。选择"匹配内容"时，会根据阅读的资料来改变表格宽度；单击"设置为"单选按钮就可以随意指定所需的表格宽度。
④ **单元格边距**：指定单元格内的空格。
⑤ **单元格间距**：指定单元格之间的间距。
⑥ **格式化首行**：指定表格中第一行的格式。可以选择无格式、粗体或斜体等选项。
⑦ **边框**：指定边框的厚度。

2. 排序表格

网页中表格内部常常有大量的数据，Dreamweaver CC可以方便地将表格内的数据排序。执行"命令>排序表格"命令，打开"排序表格"对话框。

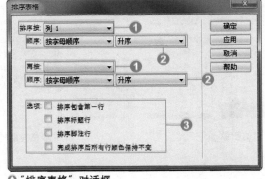

△ "排序表格"对话框

① **排序按、再按**：下拉列表框用来设置哪一列的值将用于对表格的行进行排序。
② **顺序**：第一个下拉列表框用来确定设置是按字母顺序还是按数字顺序排序；第二个下拉列表框用来设置是按升序还是按降序排序。
③ **选项**：用来设置表格的第一行、标题行、脚注行是否应该包括在排序中，以及是否排序完成后改变行颜色。

Chapter
08

页面中的
链接功能

当网页设计者建立完网页后，需要为这些网页
建立起联系，做好彼此之间的链接。链接是一
个网站的灵魂，这里面不仅要知道如何去创建
页面之间的链接，更要知道这些地址形式的真
正意义，在Dreamweaver CC中，为文档、图
像、多媒体文件或者下载的程序文件建立链接
的方法有很多种，本章将详细讲解。

本章技术要点

Q：链接和锚点的区别是什么？

A：链接的含义是从一个页面链接到另一个页面，
而锚点的含义是链接到当前页面的某部分或另
一页面的某部分。

Q：怎样创建图像映射链接？

A：映像图编辑器能使用户方便地创建和编辑客户
端的映像图，利用"属性"面板中的绘制工具
可以直接在网页的图像上绘制可以用来激活超
链接的热区，通过在热区添加链接，达到创建
映像图链接的目的。

制作基本链接

UNIT 17

网页的最大特征和优点就在于可以通过超级链接功能，在多个网页文档中自如地来回穿梭。为使网站成为一个有机的整体，需要将这些页面通过超链接方式建立起联系，做好彼此之间的链接，就可以让浏览者在不同的页面之间跳转。

制作文本图像链接

超文本链接（Hypertext Link，以下称为"链接"）的Hypertext中Hyper的语源为含有Over、Above之意的希腊语Huper。超文本文档可以解释为"还存在与当前文档相连的其他文档"的意思。表示这些文档之间由"看不到的线"相连，因此通过当前文档的文字或图片跟随该连接线，就可以查看其他文档。

网页中最容易制作并最常使用的即是文本链接。文本链接指的是单击文本时，出现与它相链接的其他页面或主页的形式。

右侧的网页中就使用了文本链接。利用后面介绍的样式表，就可以很容易地制作出这些文本链接。

网络初期由于传送速度较慢，因此大部分网页文件都采用文本形式，而且大多数都是文本链接。但目前的网络速度已今非昔比，不仅可以在网络中观看电影，而且可以在一个网页文件上使用数十个图像，因此通常也在图像中应用链接。

△ 带下划线的文本链接

Dreamweaver CC中添加链接的方法很简单，选中要添加链接的文本或图像，在属性面板的"链接"文本框中直接输入链接地址即可。

△属性面板

❓代码解密 HTML实现的链接代码

使用`<a>`标签的href属性来创建超文本链接，或叫超链接，以链接到同一文档的其他位置或其他文档中。在这种情况下，当前文档便是链接的源，href定义属性的值，URL是目标。

`<a>`标签

在`<a>`标签和`</a>`结束标签之间可以添加常规文本、换行符、图像等，常用属性如下表所示。

```
<a href="value">
链接内容
</a>
```

属 性	说 明
href	指定链接地址
name	给链接命名
target	指定链接的目标窗口

如果用户想让浏览器打开另一个窗口，并且在新打开的窗口中载入新的URL应该怎么做？HTML可以实现为链接指定一个目标，这要通过target属性实现，属性值如下表所示。

```
<a target="value">
链接内容
</a>
```

target属性值	说　明
_parent	在上一级窗口中打开。一般使用分帧的框架页会经常使用
_blank	在新窗口中打开
_self	在同一个帧或窗口中打开，这项一般不用设置
_top	在浏览器的整个窗口中打开，忽略任何框架

制作图像映射链接

选中要添加链接的图像，与文本链接相似，在属性面板的"链接"文本框中直接输入链接地址即可。从本质而言，图像是矩形的。尽管用户可以将一个矩形图像的部分区域变成透明，从而使其成为一个不规则形状的图片，但图像本身以及它的可单击区域仍是一个矩形。对于更为复杂的相互重叠的图像，如果用户要使一个图片的几个不同的区域实现链接，而不是整个图形，则需要一个图像映射。

Dreamweaver CC的映像图编辑器能使用户非常简单地创建和编辑客户端的映像图，在图像的属性面板中就有绘制工具，利用它们可以直接在网页的图像上绘制可以用来激活超链接的热区，通过在热区添加链接，达到创建映像图链接的目的。

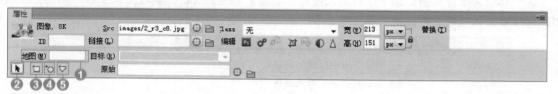

⬆ 图像属性面板

❶ 地图：输入需要的映像名称，即可完成对热区的命名。如果在同一篇文档中使用了多个映像图，则应该保证这里输入的名称是惟一的。

❷ 指针热点工具：可以将光标恢复为标准箭头状态，这时可以从图像上选取热区，被选中的热区边框上会出现控制点，拖动控制点可以改变热区的形状。

❸ 矩形热区工具：单击属性面板上的"矩形热点工具"按钮，然后按住鼠标左键在图像上拖动光标，即可勾勒出矩形热区。

❹ 圆形热区工具：单击属性面板上的"圆形热点"按钮，然后按住鼠标左键在图像上拖动光标，即可勾勒出圆形热区。

❺ 多边形热点工具：要创建多边形热区，单击属性面板上的"多边形热点工具"按钮，然后在图像上要创建多边形的每个端点位置上单击鼠标左键，即可勾勒出多边形热区。

选中热区后，便可以在属性面板上设置该热区对应的URL链接地址，具体操作同其他元素的链接设置相似。

⬆ 热点属性面板

145

❓ 代码解密 HTML实现的图像映射代码

创建图像映射的方式是使用<img>标签的usemap属性创建的，它要和对应的<map>和<area>标签同时使用。

为了让客户端图像映射能够正常工作，我们必须在文档的某处包含一组坐标及URL，用它们来定义客户端图像映射的鼠标敏感区域和每个区域相对应的超链接，以便用户单击或选择。可以将这些坐标和链接作为常规<a>标签或特殊的<area>标签的属性值；<area>说明集合或<a>标签都要包含在<map>及其结束标签</map>之间。<map>段可以出现在文档主体的任何位置。

下面的这段代码定义了图像映射、矩形热点区域及链接地址。

```
01 <img src="pic.jpg" usemap="#Map" border="0" height="300" width="685">
02 <map name="Map">
03 <area shape="rect" coords="116,6,170,25" href="index.htm">
   ...
04 </map>
```

<map>标签

<map>标签中name属性的值是<img>标签中usemap属性所使用的名称，该值用于定位图像映射的说明。

<area>标签

这个标签为图像映射的某个区域定义坐标和链接，必需的coords属性定义了客户端图像映射中对鼠标敏感的区域的坐标。常用属性如下表所示。

属 性	说 明
coords	图像映射中对鼠标敏感的区域的坐标
shape	图像映射中区域的形状
href	指定链接地址

坐标的数字及其含义取决于shape属性中决定的区域形状，shape属性可以将客户端图像映射中的超链接区域定义为矩形、圆形或多边形，属性值如下表所示。

shape属性值	说 明
rect	矩形区域
circle	椭圆形区域
poly	多边形区域

📄 知识拓展 网站友情链接的应用

在实际应用中，很多网站建设者都喜欢直接引用友情网站上的图片URL，这样的图片要先经过加载才能显示，各个友情网站的访问速度不一样，整个表格都要等图片下载完后才能显示出来，这样大大降低了网页的速度。因此，做友情链接时应尽量做到以下几点。

- 将所有链接放到一个独立的分页中，然后在首页链接该页。
- 如果友情链接一定要出现在首页，请将链接所在的整个表格放到页面的最下方，因为页面是由上到下逐行显示的，将其放到页面的最下方，不会延迟其他内容的显示。
- 友情链接的LOGO图片先下载后再上传到自己的网站空间，这样速度由自己的网站空间决定而不受友情网站的影响。

制作锚点链接

制作网页文件时，最好将所有内容都显示在一个画面上。但是在文档的制作过程中经常需要插入很多内容。这时由于文档的内容过长，因此需要移动滚动条来查找所需的内容。如果不喜欢利用滚动条，可以尝试使用锚点。利用锚点可以避免移动滚动条来查找长文档时所带来的诸多不便。

对于那些在一个页面上有大段内容的网站，例如，软件说明书、包含多个章节的小说等，浏览起来需要不断的拉动滚动条。如果访问者想跳跃性的浏览页面，就不那么容易了。锚点的作用与书签类似，它可以让我们快速找到需要的部分。

请打开Adobe公司的软件激活常见问题解答页面（http://www.adobe.com/cn/activation/faq.html）。在网站的FAQ网页中，聚集了各种疑问，使访问者更加容易找出所需内容。单击这些疑问，就会跳转到同一个网页下方的相关回复当中，这种效果就是应用锚点来制作的。

▲ 单击疑问

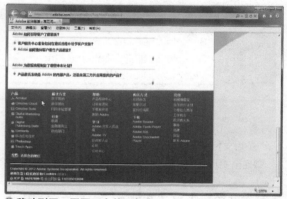
▲ 移动到同一网页下方的回复中

应用锚点时会在同一个网页中进行切换，因此在网页各部分上要适当创建一些返回到原位置的锚点。移动到网页下方后，为了返回到原位置而使用滚动条的话，锚点也就失去了本身的意义。在上面的FAQ网页中给每个回复之间都插入了能返回到网页最上面的锚点链接。

TIP 链接的含义是从一个页面链接到另一个页面，而锚点的含义是链接到当前页面的某部分或另一页面的某部分。因此，锚点也可以被称为是"收藏夹"或"书签"。

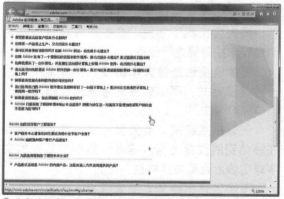
▲ 在每个回复之间都插入了能返回到网页最上面的锚点链接

❓代码解密 HTML实现的锚点链接代码

使用命名锚点需要两个步骤。首先用户将要命名的锚点放置在网页中的某个位置。这个位置在HTML中将被编码为一个使用名称属性的锚点数标识，在其开始和结束的标签之间不包括任何内容。在HTML中，命名锚点代码如下面代码所示。

```
<a name="top">
</a>
```

第二步就是为要命名的锚点添加链接。由符合#指定的部分中，命名锚点将会被引用，代码如下面所示。

```
<a href="#top">
</a>
```

如果是指向其他页面的锚点，第二步就是为要命名的锚点添加一个来自网页页面上其他任何位置的链接。这样，在一个Internet地址的最后由#指定的部分中，命名锚点将会被引用，代码如下面所示。

```
<a href="index.htm#top">
</a>
```

⚡ Let's go! 创建"21Cake"页面文本图像链接和锚点链接

原始文件	Sample\Ch08\link\link.htm
完成文件	Sample\Ch08\link\link-end.htm
视频教学	Video\Ch08\Unit17

图示	🌐	🔴	🌐	O	🌐
浏览器	IE	Chrome	Firefox	Opera	Apple Safari
是否支持	◎	◎	◎	◎	◎

◎完全支持　　□部分支持　　※不支持

■ **背景介绍**：创建文本链接时，首先选择应用链接的文本后，再设置单击该文本时跳转的网页。在文本上应用链接，字体颜色就会变成蓝色，同时会出现下划线。这些属性都可以利用样式表来按需要进行修改。

图像链接也是像文本链接一样经常用到的一种链接方式。图像链接通常使用在缩略图、菜单和广告中。

创建锚点链接，首先要在单击锚点链接时在移动到的位置上插入锚点，然后在某处的文字或图像上设置锚点链接。

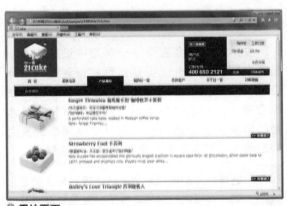

△ 原始页面

下面讲述创建文本图像链接、设置文本链接属性以及制作锚点链接的相关内容。

1. 在文本中应用链接

1 打开link.htm文档。创建页面下方的"联系我们"文字链接到公司网站首页的文本链接。在文档窗口中选择"联系我们"文字。

2 在"属性"面板中的"链接"文本框中输入http://www.21cake.com/about.php?act=contact。然后在"目标"下拉列表中选择_blank选项，使链接内容在新窗口中打开。

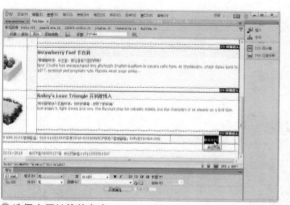
⬥ 选择应用链接的文本

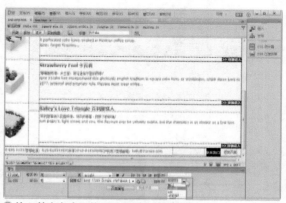
⬥ 输入单击文本链接时移动到的网页地址

2. 在浏览器上确认文本链接及样式

1 按下F12键，在浏览器中确认链接。将光标移动到"联系我们"上方时，光标会变成手形。

2 单击文本链接将会在新窗口中打开该公司网站的首页。

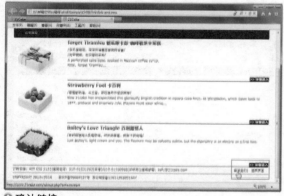
⬥ 确认链接

⬥ 打开利用文本链接来连接的网页

TIP 在网页中，光标经过链接时会变成手形，因此，看到光标变成手形就证明链接添加成功。当然，网页中的光标形状也是可以改变的，这里只是就一般情况而言。

3. 在图像中应用链接

1 分别单击"forget Tiramisu新斯卡彭-咖啡芝士蛋糕"文字、对应的产品图像和"详情进入"图像，在属性面板中的"链接"文本框中输入product01.htm。

2 分别单击"Strawberry Fool卡百利"文字、对应的产品图像和"详情进入"图像，在属性面板中的"链接"文本框中输入product02.htm。

TIP 如果明确知道链接文件的路径，就可以采用在属性面板的"链接"文本框中直接输入路径的方法。在不明确链接文件的正确路径时，可以在属性面板中单击"链接"文本框右侧的"浏览文件"按钮来进行选择。当要链接的文件在同一个本地站点文件夹中时，可以单击"链接"文本框右侧的"指向文件"按钮，拖动光标到文件面板的相关文件，这时会出现一条带箭头的线，指示链接的应用情况。

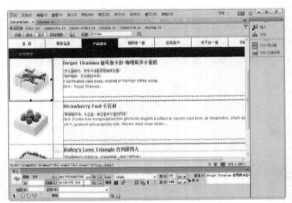

△ 设置product01.htm链接

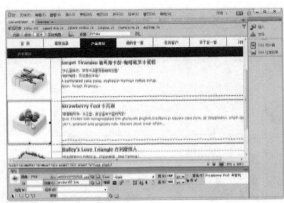

△ 设置product02.htm链接

③ 分别单击"Bailey′sLove Triangle百利甜情人"文字、对应的产品图像和"详情进入"图像,在属性面板中的"链接"文本框中输入product 03.htm。

4. 在浏览器上确认图像链接

1 按下快捷键F12运行浏览器后,在下图所示的页面中分别单击设置好链接的三张图片。

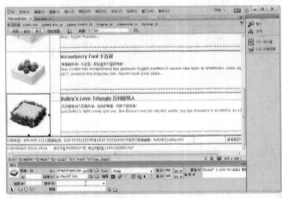

△ 设置product03.htm链接

△ 分别单击设置好链接的三张图片

2 可以看到,三个链接都已创建完成,浏览器中会依次显示三张图片链接到的页面。

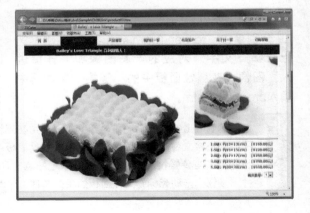

△ 产品图片链接的网页

5. 插入锚点链接

1 回到页面，将插入点放在页面最顶端，进入代码视图，输入如下代码。

```
<a name=top></a>
```

在插入点所在的位置上出现了锚点标记。这表示已经生成了锚点。

> **TIP** 锚点名称中不应包含空格，也不建议使用中文对锚点命名。另外要注意的是，这里命名锚点时不要输入#标记，在后面链接锚点的过程中，才添加#标记，表明对锚点的引用。另外，锚记名称区分大小写。

△ 输入代码

2 下面创建返回到文档最上方的锚点链接，选中页面下方的"返回首页"文字，在属性面板的"链接"文本框中输入#top。

> **TIP** 对于锚点链接，还可以直接使用"指向文件"按钮指向添加好的锚点。若要链接到其他文档中的名为"top"的锚记，格式为：文件绝对路径+文件名#top。
> 另外，在链接中，还可以通过#符号实现空链接。所谓空链接，是指指向链接后，光标变成手形，但点击链接后，仍然停留在当前页面。

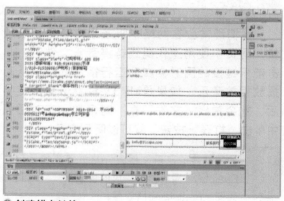
△ 创建锚点链接

6. 在浏览器上确认锚点

按F12键在浏览器中预览。当浏览完整个页面来到页面底部的时候，单击"返回首页"文字，页面便回到页面的顶端。

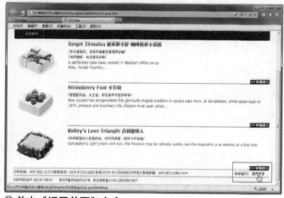
△ 单击"返回首页"文字

△ 页面回到顶部

制作更多形式的链接

除了已经介绍过的链接外，链接还有很多种类型。在本小节中将简单介绍音视频链接、下载链接以及电子邮件链接的相关内容。

链接的原有功能是当光标单击时连接到其他文档或网页中，大部分的HTML文档都可以进行链接。如果链接不是HTML文档，而是电子邮件地址、文字处理文件或音乐文件等文档时对于可以显示在浏览器中的文件，就可以显示相关文件，否则就得搜索适当的阅读器软件。

所谓阅读器软件是将无法显示在浏览器中的文件内容进行播放的软件。如果安装了阅读器软件就可以在浏览器中确认链接文件的内容，如果没有阅读器软件，就会弹出可以下载该软件的窗口。

音视频链接

我们经常会在网络中听音乐或观看音乐录像。网页中使用源代码或链接音乐文件时，单击音乐链接的同时会自动运行播放软件，从而播放相关音乐。如果是MP3文件单击音乐链接后，就会弹出"文件下载"对话框，在对话框中单击"打开"按钮，就可以听到音乐。

> **TIP** 如果链接的音乐文件为rm格式等需要使用Realplayer播放器来播放的音乐格式，则需先安装Realplayer播放器。

△ 单击音乐播放链接，就可以听到音乐

下载链接

下载链接并没有采用特殊的链接方式。单击浏览器中无法显示的链接文件时，会自动打开"文件下载"对话框。扩展名为GIF或JPG的图像文件和文本文件（TXT）均可以在浏览器中显示。但压缩文件（ZIP、RAR等）或运行文件（EXE）不可以显示在浏览器中，因此会打开"文件下载"对话框。

> **TIP** 即使用链接来连接压缩文件，只要保存在硬盘中就不会打开"文件下载"对话框。将利用链接方式来连接的压缩文件上传到网页服务器后再单击链接，才会打开"文件下载"对话框。

△ 单击浏览器无法显示的链接文件，将弹出"文件下载"对话框

电子邮件链接

　　在网页上单击电子邮件链接，就会自动运行邮件编辑软件，并在收件人栏中自动出现网页管理者的电子邮件地址。访问者只要输入标题和内容，就可以立即发送电子邮件。通常将这种方式称为电子邮件链接。访问者给网页管理者写信件的时候，利用这种方式就不用在电子邮件地址栏中亲自输入管理者邮件地址，使用起来非常方便。

△ 单击页面中的邮件链接　　　　　　　　　　　　　　△ 给网页管理者发送电子邮件

> **TIP**
> 在网页中单击电子邮件链接时，如果没有打开邮件编辑软件，就说明电脑里还没有安装过邮件编辑软件。只有在邮件编辑软件中设置自己的电子邮件账号，才可以使用电子邮件链接。

❓代码解密 HTML实现的电子邮件链接代码

邮件链接

　　在HTML页面中，可以建立E-mail邮件链接。当浏览者单击链接后，系统会启动默认的电子邮件软件发送E-mail。在Windows系统中，如果用户设置了邮件软件，如Outlook、Outlook Express等，在浏览器中单击E-mail链接会自动打开新邮件窗口，地址栏会自动添加E-mail链接中的邮箱地址。在邮件链接<a>标签中，href属性中的mailto后可以添加多个参数，如下表所示。

参　数	描　述
subject	电子邮件主题
cc	抄送收件人
bcc	暗送收件人

```
01 mailto://hu_song@126.com                               ▶ 默认邮件链接
02 mailto:// hu_song@126.com?subject=content              ▶ 添加电子邮件主题的邮件链接
03 mailto:// hu_song@126.com?cc=2006husong@gmail.com      ▶ 添加抄送地址的邮件链接
04 mailto://hu_song@126.com?bcc=2006husong@gmail.com      ▶ 添加暗送地址的邮件链接
```

> **TIP**
> 如果希望同时添加主题和抄送地址，可以在两个参数间添加符号&，代码如下。
> ```
> mailto:// hu_song@126.com? subject=content&cc=2006husong@gmail.com
> ```

浏览器功能链接

常用的浏览器功能包括打开、编辑、另存为、打印、全选、刷新、查看源文件、全屏显示、前进、后退、加入收藏夹等，这通过定义JavaScript链接脚本，可以实现最终的效果。

JavaScript链接可以在事件发生时执行一个或多个JavaScript命令和函数。通过使用<a>标签，可以将JavaScript代码和许多与鼠标、键盘相关的事件关联起来。事件处理器的值是一个或一系列以分号隔开的JavaScript表达式、方法和函数调用，并用引号引起来。当事件发生时，浏览器就会执行这些代码。

```
01 <a href="javascript:…">
02 文字链接
03 </a>
```

❓ 代码解密 JavaScript实现的浏览器功能链接代码

```
01 <a href="#" onclick=document.execCommand("open")>打开</a>
02 <a href="#" onclick=location.replace("view-source:"+location)>使用记事本编辑</a>
03 <a href="#" onclick=document.execCommand("saveAs")>另存为</a>
04 <a href="#" onclick=document.execCommand("print")>打印</a>
05 <a href="#" onclick=document.execCommand("selectAll")>全选</a><br>
06 href="#" onclick=location.reload()>刷新</a>
07 href="#" onclick=location.replace("view-source:"+location)>查看源文件</a>
08 <a href="#" onclick=window.open(document.location,"url","fullscreen")>全屏显示</a>
09 <a href="#" onclick=history.go(1)>前进</a>
10 <a href="#" onclick=history.go(-1)>后退</a>
11 <a href="javascript:window.external.AddFavorite ('http://www.huxinyu.
   cn','HuXinyu')">加入收藏夹</a>
12 <a href="#" onclick= javascript:window.close()>关闭窗口</a>
13 <a href="#" onclick=settimeout(window.close(),3000)>限时3秒关闭本窗口</a>
14 <a href="#" onclick="this.style.behavior='url(#default#homepage)';this.
   setHomePage('http://www.huxinyu.cn/');return(false);" >设为首页</a>
```

🔲 知识拓展 应用链接后更改文件名称的方法

应用链接后如果想要更改文件名称可以利用Windows的资源管理器或执行“文件>保存”命令来更改文件名称，但必须逐个修改链接，因此需要操作的部分较多。这种情况下使用Dreamweaver中的“文件”面板可以极大地简化操作。

△ 更新链接

- 在文件面板中用鼠标右键单击需要修改名称的文件后，在弹出的快捷菜单中执行“编辑>重命名”命令。也可以按下F2快捷键。
- 切换到可以更改文件名称的状态后，输入和其他文件不重复的文件名称后，按Enter键确认。
- 此时将会弹出“更新文件”对话框，并询问是否更新修改链接的文件。此时，要用新文件名的链接来更换当前文件名的链接。单击“更新”按钮，不仅可以更改文件名称，还会自动修改链接。

⚡ Let's go! 创建 "华美倚兰" 页面多种形式的链接

原始文件	Sample\Ch08\etclink\etclink.htm
完成文件	Sample\Ch08\etclink\etclink-end.htm
视频教学	Video\Ch08\Unit21\

图 示	![IE]	![Chrome]	![Firefox]	![Opera]	![Apple Safari]
浏览器	IE	Chrome	Firefox	Opera	Apple Safari
是否支持	◎	◎	◎	◎	◎

◎完全支持　　□部分支持　　※不支持

■ **背景介绍**：前面已经学习了创建基本链接和锚点链接的方法。本例将介绍除了这些链接以外最常使用的电子邮件链接、音乐链接和下载链接的创建方法。

◈ 原始页面

◈ 提供的下载文件和音乐文件

1. 创建电子邮件链接

打开原始文件，选择页面左侧的 "联系我们" 图像，添加电子邮件链接。在属性面板的 "链接" 文本框中输入 "mailto:info@elanro.com"。

◈ 输入链接的电子邮件地址

2. 创建下载链接

为了创建可下载压缩文件的链接，单击文档中的 "资料下载" 图像后，在属性面板的 "链接" 文本框中输入 "kscq.rar"。

◈ 创建下载链接

TIP 制作邮件链接时，输入 "mailto:" 时必须为没有空格的小写形式。

3. 创建音乐链接

选择页面左侧上方小喇叭图像后的文字"播放《倚兰之歌》"，在属性面板的"链接"文本框中输入"ylzg.wma"。

△ 创建音乐链接

4. 在浏览器上确认

按下F12键在浏览器中预览。单击"联系我们"图像，将会运行邮件编辑软件，并在收件人栏中自动出现之前填写的电子邮件地址；单击"资料下载"图像后，将会打开"文件下载"提示。单击"播放《倚兰之歌》"文字，同样会弹出是否播放音乐或下载音乐的提示。

△ 单击电子邮件链接运行邮件编辑软件

△ 单击页面中的下载链接或音乐链接弹出提示

DO IT Yourself 练习操作题

1. 制作电子邮件链接   ⊙ 限定时间：10分钟

请使用链接知识为页面下方的"联系我们"文字创建电子邮件链接。

△ 初始页面

△ 打开的电子邮件客户端

Step BY Step（步骤提示）

1. 选择文字。
2. 在属性面板中指定电子邮件的链接。

光盘路径

Exercise\Ch08\1\ex1.htm

参考网站

新村泽人（日本）：日本设计师新村泽人的页面，鼠标的交互效果给整体页面增色不少，是制作网站值得参考的，技术上通过Dreamweaver CC的"应用链接"实现。

雅诗兰黛：页面中的水平导航条菜单非常值得借鉴，很好地匹配了化妆品页面整体的效果，技术上通过Dreamweaver CC的"应用链接"实现。

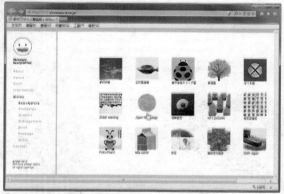

⬆ http://www.shinmura-d.co.jp/

⬆ http://www.esteelauder.com.cn/

Special page 链接的绝对路径、相对路径与根路径

1. 绝对路径

绝对路径是指包括服务器规范在内的完全路径，通常使用http://来表示。绝对路径不管源文件在什么位置都可以非常精确地找到，除非是目标文件的位置发生变更，否则链接不会失效。

对链接使用绝对路径的优点是：绝对路径同链接的源端点无关。只要网站的地址不变，无论文件在站点中如何移动，都可以正常实现跳转而不会发生错误。如果希望链接其他站点上的内容，就必须使用绝对路径。

2. 相对路径

相对路径的使用方法如下。

- 如果在链接中源端点和目标端点位于一个目录下，则链接路径中只需要指明目标端点的文件名称即可。
- 如果在链接中源端点和目标端点不在同一个目录下，就需要将目录的相对关系也表示出来。
- 如果链接指向的文件位于当前目录的子级目录中，可以直接输入目录名称和文件名称。
- 如果链接指向的文件没有位于当前目录的子级目录中，则可以利用符号".."来表示当前位置的父级目录，利用多个符号".."可以表示更高的父级目录，从而构建出目录相对位置。

3. 根路径

根路径同绝对路径非常相似，只是它省去了绝对路径中带有协议的地址部分。基于根目录的路径可以看作是绝对路径和相对路径之间的一种折中，它具有绝对路径的源端点位置无关性，同时又解决了绝对路径在测试上的麻烦。因为在测试基于根目录的链接时，可以在本地站点中进行测试，而不用连接Internet。

Part

02

高级页面制作篇

创建表单页面

表单提供了从用户那里收集信息的方法，用于调查、定购、搜索等。一般的表单由两部分组成，一部分是描述表单元素的HTML源代码，另一部分是客户端的脚本或者服务器端用来处理用户所填信息的程序。

使用Dreamweaver CC可以创建各种各样的表单，表单中可以包含如文本域、图像域、按钮、单选按钮、复选框、选择、文件域或者隐藏域等对象。

本章技术要点

Q: **一个完整的表单包括哪几个部分？**

A: 一个完整的表单包含两个部分：一是在网页中进行描述的表单对象；二是应用程序，它可以是服务器端的，也可以是客户端的，用于对客户信息进行分析处理。

Q: **jQuery UI是什么？**

A: jQuery UI是以jQuery为基础的开源Java-Script网页用户界面代码库，包含底层用户交互、动画、特效和可更换主题的可视控件。

创建表单

表单是一般网页中经常使用到的要素，表单以各种各样的形式广泛地应用于网页制作中。相信很多人都有过填表的经历，例如在银行里填写存款单、在商店里填写购物单等，网络中的表单就类似生活中填写的各种表格。表单的作用就是收集用户的信息。

表单基础知识

很多人都申请过免费E-mail，用户必须在网页中输入用户的个人信息，才能获得免费的E-mail地址。如果希望通过登录Web页来收发E-mail，则必须在网页中输入用户的账号和密码，才能进入到用户的邮箱中。这就是表单的典型应用。本小节将介绍网页中使用到的多种表单形式。

1. 表单形式

会员加入网页

在会员制网页中，输入会员信息的网页形式大部分都采用了表单要素。在这里可以直接输入姓名或用户名，也可以选择适合自己的项目，还能在多个选项中选择两三个用户所关心的领域。

登录网页

在以会员制方式运营的网页中输入用户名和密码的部分都是表单要素。输入用户名和密码后，单击按钮就可以登录到网站，"登录"按钮或图像也都是利用表单来制作的。

△ 会员加入网页

△ 登录网页

留言板或电子邮件网页

在网页的公告栏或留言板上发表文章时，输入用户名和密码，并填写实际内容的部分全都是表单要素。网页访问者输入标题和内容后，给网页管理者发送电子邮件的样式，即为电子邮件表单。大部分情况都是将不需要公开的内容传达给网页管理者的时候，使用这种形式。

TIP 表单指定通过服务器端的脚本程序处理用户问题，该程序将问题处理完毕后将结果反馈给浏览器。

△ 利用表单的留言板

2. 组成表单的要素

组成表单样式的各个要素称为域。以通常所见的登录网页为例，这些网页是由输入用户名的文本域、输入密码的密码域和登录的按钮组成的。

在多个项目中只选择一项的形式时，主要使用的是单选按钮或下拉菜单。而在多个项目中选择多项的时候，主要使用复选框等形式。让用户输入多行文本时，使用文本区域。

▲ 登录中使用的表单要素为文本域、密码域、按钮

▲ 使用在会员加入表单中的多种表单要素

在域中要决定固有的域名称和值。例如，在表单中有目录，而访问者在目录中选择了一种项目的时候，应该给表单处理程序传达选择项目的情况。例如，在生日月份的表单中将2月的值指定为2，那么当访问者选择2月的时候，就会向表单处理程序传达2的值。为了实现这些形式，可以使用value属性给每个项目都指定互不相同的值，指定以后，表单处理程序只要一看到传过来的值，就可以判断出选择的项目。在这里，值除了数字以外也可以使用文本。value属性是为了给程序传达访问者输入或选择的相关内容而设置的值。

▲ 将下拉菜单上选择的值传给表单处理程序

制作表单

一个完整的表单包含两个部分：一是在网页中进行描述的表单对象；二是应用程序，它可以是服务器端的，也可以是客户端的，用于对客户信息进行分析处理。浏览器处理表单的过程一般是：用户在表单中输入数据，提交表单，浏览器根据表单中的设置处理用户输入的数据。若表单指定通过服务器端的脚本程序进行处理，则该程序处理完毕后将结果反馈给浏览器（即用户看到的反馈结果）；若表单指定通过客户端（即用户方）的脚本程序处理，则处理完毕后也会将结果反馈给用户。

如果要在页面中插入表单，可以使用"插入"面板的"表单"分类加入表单体和表单元素。单击"插入"面板中"表单"分类中的"表单"按钮，表单框将出现在编辑窗口中，选择插入的表单后，属性面板中会显示表单属性。

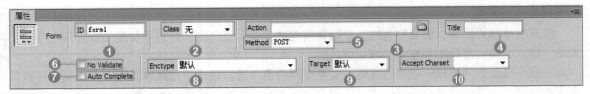

◇ 表单属性面板

❶ ID：用来设置表单的名称。为了正确处理表单，一定要给表单设置一个名称。

❷ Class：选择应用在表单上的类样式。

❸ Action：用来设置处理该表单的服务器脚本路径。如果要该表单通过电子邮件方式发送，不被服务器脚本处理，需要在"Action"文本框中输入"mailto："和要发送到的邮箱地址。

❹ Title：设置表单的标题文字。

❺ Method：用来设置将表单数据发送到服务器的方法。选择"默认"选项或get选项，将以get方法发送表单数据，把表单数据附加到请求URL中发送；选择post选项，将以post方法发送表单数据，把表单数据嵌入到HTTP请求中发送。

❻ No Validate：规定当提交表单时不对其进行验证。

❼ Auto Complete：规定是否启用表单的自动完成功能。

❽ Enctype：用来设置发送数据的编码类型。通常选择"application/x-www-form-urlencode"选项。

❾ Target：用来设置表单被处理后，反馈页面打开的方式。

❿ Accept Charset：选择服务器处理表单数据所接受的字符集。

❓代码解密　HTML实现的表单代码

表单的所有元素都包含在表单标签对<form>和</form>中。如下代码声明了名称为register的表单，使用post方法，提交到作者的hu_song@126.com的邮箱中。

```
<form name="register" method="post" action="mailto:hu _ song@126.com">
</form>
```

<form>标签

<form>标签常用的属性如下表所示：

属　　性	说　　明
Method	定义表单结果从浏览器传送到服务器的方法，一般有两种方法：get、post。
Name	表单的名称
Action	用来定义表单处理程序（一个ASP、PHP等程序）的位置（相对地址或绝对地址）。
accept-charset	表单数据所接受的字符集列表（逗号分隔）。
enctype	用于对表单内容进行编码的MIME类型
target	在何处打开目标URL

其中，method属性告知服务器表单的内容应如何被展示到后台程序中，两个可能的method值是get和post。get传送附加在URL上的信息，但现在已经很少用到，因为它对能够传送到网关接口的数据数量做了限制。post能使服务器将信息显示为标准化输入，并且在传送数据的数量上没有强加限制。第二个<form>属性是action。<form>标签中必需的action（动作）属性说明了接收和处理表单数据的应用程序的URL。

插入表单对象

创建表单时，需要先插入标签，并在其内部制作表格后再插入文本域、文本区域、密码域、单选按钮、复选框等各种表单要素。Dreamweaver CC对多种表单项进行了分类，便于用户添加表单内容。

插入文本相关表单项

常用的文本相关的表单项包括文本、电子邮件、密码、Url、Tel、搜索、数字、范围、颜色、月、周、日期、时间、日期时间、日期时间（当地）等。如果要在页面中插入表单元素，可以使用插入面板的"表单"分类加入表单元素。

▲ 文本表单项

1. 文本

Text是可输入单行文本的表单要素，也就是通常登录画面上输入用户名的部分。

TIP 本章主要介绍向网页中插入表单以及设置表单属性的方法，调用服务器端脚本或应用程序对表单进行处理的内容，请读者参考动态网页设计的章节。

在Text（文本）的属性面板中可以设置文本的宽度、文本中可输入的最大字符数、文本的类型等各种属性。

▲ Text（文本）属性面板

❶ **Name**：输入文本的名称。

❷ **Class**：选择应用在文本上的类样式。

❸ **Size**：用英文字符单位来指定文本的宽度。一个中文字符相当于两个英文字符宽度。

❹ **Max Length**：指定可以在文本中输入的最大字符数。

❺ **Value**：显示文本时，作为默认值来显示的文本。

❻ **Title**：设置文本的标题文字。

❼ **Place Holder**：提示用户输入信息的格式或者内容。

❽ **Disabled**：禁用该文本。

❾ **Auto Focus**：当页面加载时，使输入字段获得焦点。

❿ **Requierd**：设置该文本为必填项。

⓫ **Read Only**：使文本成为只读文本。

⑫ Auto Complete：浏览器能自动存储用户输入的内容。当用户返回到曾经填写过值的页面时，浏览器能把用户写过的值自动填写在相应的input框里。

⑬ Form：定义输入字段属于一个或多个表单。

⑭ Pattern：规定输入字段值的模式或格式。

⑮ Tab Index：设置TAB键在链接中的移动顺序。

⑯ List：引用datalist元素。如果定义，则一个下拉列表可用于向输入字段插入值。

> **TIP** 对于网页制作者来说，表单的建立是比较容易的事情，不过表单的美化却不是一件简单的事情。很多情况下需要使用CSS来修饰它们，使它们能与网页的整体风格相融合。请读者参考后续CSS样式表的相关章节。

2. 密码

Password（密码）是输入密码或暗号时主要使用的方式。其制作方法与文本的制作方法几乎一样，但在画面上输入内容后，会显示为"*"或"·"的形式。

Password的属性面板和Text的属性面板基本相同，只是不包含List属性。

◎ Password（密码）属性面板

3. 电子邮件

Email（电子邮件）用于编辑在元素值中给出电子邮件地址的列表。Email的属性面板和Text的属性面板基本相同，只是多出了Multiple属性。如果使用该属性，则允许一个以上的值。

◎ Email（电子邮件）属性

4. Url

Url（地址）用于编辑在元素值中给出的绝对URL。URL的属性面板和Text的属性面板完全相同。

◎ Url（地址）属性

5. Tel

Tel（电话）是一个单行纯文本编辑控件，用于输入电话号码。Tel的属性面板和Text的属性面板完全相同。

△ Tel（电话）属性

6. 搜索

　　Search（搜索）是一个单行纯文本编辑控件，用于输入一个或多个搜索词。Search的属性面板和Text的属性面板完全相同。

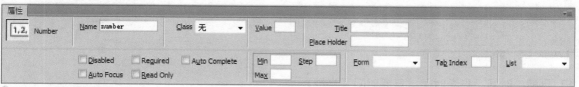

△ Search（搜索）属性

7. 数字

　　Number（数字）适用于仅包含数字的字段，Number的属性面板和Text的属性面板相比，多了几项关于数字范围的设置。

○ Number（数字）属性

Min：规定输入字段的最小值。

Max：规定输入字段的最大值。

Step：规定输入字的的合法数字间隔。

8. 范围

　　Range（范围）适用于应包含某个数字范围内值的字段。Range的属性面板和Number的属性面板基本相同。

△ Range（范围）属性

9. 颜色

　　Color（颜色）适用于应包含颜色的输入字段。Color的属性面板有专门针对颜色的设置。

Color（颜色）属性

10. 月

　　Month（月）使用户可选择月和年。Month的属性面板有专门针对月和年的设置。

Month（月）属性

11. 周

　　Week（周）使用户可选择周和年。Week的属性面板有专门针对周和年的设置。

Week（周）属性

12. 日期、时间、日期时间、日期时间（当地）

　　Date（日期）帮助用户选择日期的控件，Time（时间）使用户可选择时间，datetime（日期/时间）使用户可选择日期和时间（带时区），datetime-local（日期/时间（本地）使用户可选择日期和时间（无时区）。这几个控件的属性面板有专门针对日期和时间的设置。

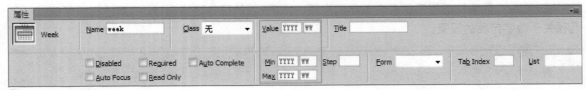

Date（日期）属性

Time（时间）属性

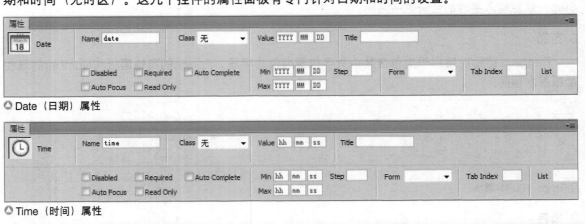

Date\Time（日期/时间）属性

❓代码解密 HTML实现的文本相关表单项代码

对于大量常用的表单元素，可以使用<input>标签来进行定义，其中包括文本相关的表单项、多选列表、可单击的图像和提交按钮等。

<input>标签

虽然<input>标签中有许多属性，但是对每个元素来说，只有type和name属性是必需的。正如我们在后面详细说明的那样，每种input元素都仅有一个允许设置属性的子集。当然，根据指定的表单元素类型，也可以设置一些其他的input属性。

可以用<input>标签中的name属性来为字段命名（也就是在表单提交处理过程中使用的字段，对于这种字段的说明请参阅前面的介绍）。从技术角度来讲，name属性的值是任意的一个字符串，但是我们建议最好采用没有嵌入的空格或标点的字符串来作为名称。<input>标签中必须用type属性来选择控件的类型。如果要在文档表单中创建一个文字域，将<input>表单元素的type属性设为text就可以了。常用的属性如下表所示。

属 性	说 明
Name	输入元素的名称
Type	输入元素的类型
Maxlength	输入元素的最大输入字符数
Size	输入元素的宽度（以字符为单位）
Value	输入元素的默认值
Autocomplete	是否使用输入字段的自动完成功能
Auofocus	输入字段在页面加载时是否获得焦点
Disabled	当页面加载时是否禁用该input元素
Form	规定输入字段所属的一个或多个表单
formnovalidate	覆盖表单的novalidate属性。如果使用该属性，则提交表单时不进行验证
list	引用包含输入字段的预定义选项的datalist
max	输入字段的最大值
min	输入字段的最小值
Multiple	允许一个以上的值
Pattern	输入字段的值的模式或格式
Placeholder	帮助用户填写输入字段的提示
Readonly	指示字段的值无法修改
Required	指示输入字段的值是必需的
Step	输入字的的合法数字间隔

将<input>标签的type属性值设为不同的值，就可以创建其他文本控件。如下表所示。

input属性值	说 明
Color	适用于应包含颜色的输入字段
date	帮助用户选择日期的控件
datetime	使用户可选择日期和时间（带时区）
datetime-local	使用户可选择日期和时间（无时区）
email	用于编辑在元素值中给出的电子邮件地址的列表
month	使用户可选择月和年

input属性值	说　明
number	适用于应仅包含数字的字段
password	用于输入密码
range	适用于应包含某个数字范围内值的字段
Search	用于输入一个或多个搜索词
Tel	用于输入电话号码
text	用于输入普通文本
time	使用户可选择时间
url	用于编辑在元素值中给出的绝对URL
week	使用户可选择周和年

在不同的浏览器中，一行文本的组成成分也有所不同。HTML为我们提供了一种解决方法，就是采用size和maxlength属性来分别规定文本输入显示框的长度（按字符的数目计算），以及能从用户那里接受的总字符数。这两个属性的值允许设置用户在字段内看到和填写的字符的最大数量。如果maxlength的值大于size，那么文本会在文本输入框内来回滚动。如果maxlength的值小于size，那么文本输入框内会有一些多余的空格来填补这两个属性之间的差异。size的默认值和浏览器的设置有关，maxlength的默认值则不受限制。size和maxlength属性分别用来规定文本输入显示框的长度，以及能从用户那里接受的总字符数，代码如下。

```
<input name="user" size="16" maxlength="20" type="text">
```

除了文本控件外，以下代码依次代表了密码、Email、Url、Tel、搜索、数字、范围、颜色、月、周、日期、时间、日期/时间、日期/时间（本地）的代码。

```
<input type="password" name="password" id="password">
<input name="email" type="email" required id="email">
<input type="url" name="url" id="url">
<input type="tel" name="tel" id="tel">
<input type="search" name="search" id="search">
<input name="number" type="number" required id="number">
<input type="range" name="range" id="range">
<input name="color" type="color" id="color" value="#99CC00">
<input type="month" name="month" id="month">
<input type="week" name="week" id="week">
<input type="date" name="date" id="date">
<input type="time" name="time" id="time">
<input type="datetime" name="datetime" id="datetime">
<input type="datetime-local" name="datetime-local" id="datetime-local">
```

插入文本区域

Text Area（文本区域）与文本不同，指的是可输入多行的表单要素。网页中最常见的文本区域即是加入会员时显示的"服务条款"。

使用文本区域，就可以在网页文件中先显示其中的一部分内容来节省空间，如果用户想要看未显示部分的内容时，可以通过拖动滚动条查看剩下的内容。全部阅读服务条款的人较多时，也可以为了更明确地显示服务条款，将整个长文本都显示为网页文件的本文内容。但实际上很少有人从头到尾认认真真地阅读这些服务条款，因此大多数情况都是利用文本区域显示其中一部分内容，有必要的时候再通过拖动滚动条来显示剩下的部分内容。

插入文本区域后，可在属性面板中设置如下属性。

▲ 文本区域

▲ Text Area（文本区域）属性面板

❶ **Name**：输入文本区域的名称。

❷ **Class**：指定应用在文本区域上的类样式。

❸ **Rols**：用于指定文本区域的行数。当文本的行数大于指定值的时候，会出现滚动条。

❹ **Cols**：用于指定文本区域的列数。即文本区域的横向可输入多少个字符。

❺ **Max Length**：指定可以在文本区域中输入的最大字符数。

❻ **Wrap**：设置文本换行的方式

❼ **Value**：输入画面中作为默认值来显示的文本。

❽ **Title**：设置文本区域的标题文字。

❾ **Place Holder**：提示用户输入信息的格式或者内容。

❿ **Disabled**：当此文本区首次加载时禁用此文本区。

⓫ **Auto Focus**：当页面加载时，使输入字段获得焦点。

⓬ **Requierd**：设置该文本为必填项。

⓭ **Read Only**：使文本成为只读文本。

⓮ **Form**：定义输入字段属于一个或多个表单。

⓯ **Tab Index**：设置TAB键在链接中的移动顺序。

❓代码解密 HTML实现的文本区域代码

文本区域不是像单行文本域那样以值输入，而是通过<textarea>标签实现。

<textarea>标签

作为表单的一部分，<textarea>标签可在页面被访问时创建一个多行文本域。在此区域内，用户几乎可以输入无限行文字。提交表单之后，浏览器将把所有文字都收集起来，行间用回车符或换行符分隔，并将它们作为表单元素的值发送给服务器，这个值必须使用name属性中指定的名称。多行文本输入区在屏幕上是独立存在的，文本主体内容可以在它的上面和下面显示，但是不会环绕它显示。然而，通过定义可视矩形区域的cols和rows属性便可以控制其维数，这个矩形区域是浏览器专门用来显示多行输入的区域。通常浏览器都有一个习惯，就是为<textarea>输入内容设置一个最小的、也就是最少的可读区域，而且用户无法更改它的大小。这两个属性都需要用整数值来表示以字符为单位的维数大小。浏览器会自动翻滚那些超出设定维数的文本。

<textarea>标签可在用户浏览器的显示中创建一个多行文本域，常用属性如下表所示。

属 性	说 明
Name	输入元素的名称
Rows	多行文字域的行数
Cols	多行文字域的列数
autofocus	在页面加载时，使这个textarea获得焦点
disabled	当此文本区首次加载时禁用此文本区
form	定义该textarea所属的一个或多个表单
readonly	指示用户无法修改文本区内的内容
Required	定义为了提交该表单，该textarea的值是否是必需的

如下代码声明3行40个字符宽度、名称为t的多行文本域。

```
<textarea rows="3" name="t" cols="40">
</textarea>
```

插入选择

Select（选择）主要使用在多个项目中选择其中一个的时候。虽然也可以插入单选按钮来代替列表/菜单，但是使用选择就可以在整体上显示矩形区域，因此显得更加整洁。

选择的功能与复选框和单选框的功能是差不多的，都可以列举很多选项供浏览者选择，其最大的好处就是可以在有限的空间内为用户提供更多的选项，非常节省版面。其中列表提供一个滚动条，它使用户可浏览许多项，并进行多重选择。下拉式菜单默认仅显示一个选项，该选项为活动选项，用户单击打开菜单但只能选择其中的一项。

除此以外，选择还可以应用在选择项目时移动到其他网页的菜单。

△ 页面中的菜单

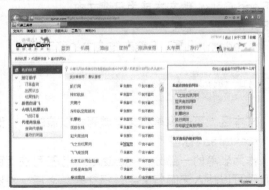
△ 页面中的列表

插入选择表单要素后进行选择，就会在属性面板中显示选择表单要素相关的属性。

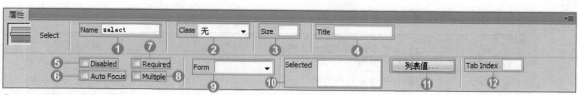

⬆ Select（选择）属性面板

❶ **Name**：有多个选择时，使用名称来区分目录。

❷ **Class**：指定要应用的类样式。

❸ **Size**：用于设置选择显示的行数（项目个数），打开列表才可以显示整体内容。

❹ **Title**：设置选择的标题文字。

❺ **Disabled**：当此选择首次加载时禁用此选择。

❻ **Auto Focus**：当页面加载时，使选择字段获得焦点。

❼ **Requierd**：设置该选择为必填项。

❽ **Multiple**：允许多选。

❾ **Form**：定义选择字段属于一个或多个表单。

❿ **Selected**：将选择的项目显示为选择（列表/菜单）表单要素的初始值。

⓫ **列表值**：可以输入或修改选择（列表/菜单）表单要素的各种项目。

⓬ **Tab Index**：设置TAB键在链接中的移动顺序。

❓ 代码解密 HTML实现的选择代码

将一列用<option>标签标记的条目放到表单的<select>标签中，这样就可创建一个选项的下拉式菜单。与其他表单标签一样，name属性在这里也是必需的，在将<select>选项提交给服务器时，浏览器将使用该属性。与单选按钮不同，这里不会预先选定任何项，因此，如果没有选定值的话，提交表单时也就不会有值发送给服务器，否则，浏览器会提交选定的项，或者收集用逗号分隔的多个选项，将其合成为一个单独的参数列表，并且在将<select>表单数据提交给服务器时也将name属性包括进去了。

使用<option>标签可以定义一个<select>表单控件中的每个条目。浏览器将<option>标签中的内容作为<select>标签的菜单或是滚动列表中的一个元素显示，这样其内容只能是纯文本，不能有任何装饰。使用value属性可以为每个选项设置一个值，当用户选中该选项时，浏览器会将其发送给服务器。

<select>标签和<option>标签

<select>标签的常用属性如下表所示。

属 性	说 明
Name	菜单或列表的名称
Size	菜单或列表的高度
Multiple	列表中的项目多选
autofocus	在页面加载时使这个select字段获得焦点
Data	供自动插入数据
disabled	当该属性为true时，会禁用该菜单
form	定义select字段所属的一个或多个表单

<option>标签的常用属性如下表所示。

属　性	说　明
Value	可选项的值
Selected	默认被选中的可选项
disabled	规定此选项应在首次加载时被禁用

如下代码声明名称为t，高度为1的下拉菜单。

```
01  <select name="t" size="1">              ▶ 声明菜单开始，名称为t
02  <option value="购物">购物</option>       ▶ 声明第一个选项，值为"购物"
03  <option value="健身">健身</option>       ▶ 声明第二个选项，值为"健身"
04  <option value="娱乐">娱乐</option>       ▶ 声明第三个选项，值为"娱乐"
05  </select>                                ▶ 菜单结束
```

　　当<select>标签的size值超过1或者是指定了multiple属性的话，<select>会显示为一个列表。如果希望一次允许选择多个选项的话，可以在<select>标签中加入multiple属性，这样可以让<select>元素像<input type=checkbox>元素那样起作用。如果没有指定multiple，那么一次只能选定一个选项，如同单选按钮组那样。size（大小）属性决定了用户一次可以看到多少个选项，size的值应该是一个正整数，没有指定size时，默认值是1。当size指定为1时，如果没有指定multiple值，浏览器通常会将<select>列表显示成一个弹出式菜单，当size的值超过1或者是指定了multiple属性的话，<select>会显示为一个滚动列表。

　　下面的代码声明名称为t的列表。

```
01  <select name="t" size="4">                       ▶ 声明列表开始，名称为t，高度为4
02  <option value="购物" selected>购物</option>       ▶ 声明第一个选项，值为"购物"，默认被选中
03  <option value="健身">健身</option>               ▶ 声明第二个选项，值为"健身"
04  <option value="娱乐">娱乐</option>               ▶ 声明第三个选项，值为"娱乐"
05  </select>                                        ▶ 列表结束
```

插入单选按钮和复选框

　　前面介绍的Select选择主要应用于在多个项目中选择所需项目。要达到同样的目的，也可以使用单选按钮和复选框。

　　选择通常应用在出生日期或电话号码、职业等，即使不打开列表，也可以大概猜出项目的选项。相对于这种情况，单选按钮或复选框会把可选项目全都显示在画面中，使用户更加容易看到各个项目的内容。

> **TIP** 常见的客观题答案的选项中，可以在项目前面插入单选按钮。

△ 页面中的单选按钮和复选框

1. 单选按钮

Radio（单选按钮）是多个项目中只选择一项的按钮。为了选择单选按钮，应该把两个以上的项目合并为一个组，并且一个组的单选按钮应该具有相同的名称，因为这样才可以看出它们是同一个组的项目。除此以外，一定要输入单选按钮的Value（值）属性，这是因为用户选择项目时，单选按钮所具有的值会传到服务器上。

△ 单选按钮属性面板

❶ Name：输入单选按钮的名称。同组的单选按钮要指定相同的单选按钮名称。
❷ Class：指定要应用的类样式。
❸ Checked：默认选中该单选按钮。
❹ Value：用于设置该单选按钮被选中的值，这个值将会随表单提交到服务器上，因此必须要输入该项。
❺ Title：设置单选按钮的标题文字。
❻ Disabled：当此单选按钮首次加载时禁用此单选按钮。
❼ Auto Focus：当页面加载时，使单选按钮获得焦点。
❽ Requierd：设置该单选按钮为必填项。
❾ Form：定义单选按钮属于一个或多个表单。
❿ Tab Index：设置TAB键在链接中的移动顺序。

单击"插入"面板"表单"分类中的"单选按钮组"按钮，打开"单选按钮组"对话框。可以一次性"插入"多个单选按钮，形成单选按钮组。

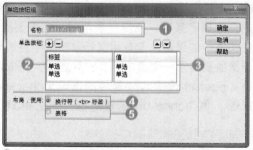
△ "单选按钮组"对话框

❶ 名称：用来设置单选按钮组的名称。
❷ 标签：用来设置单选按钮的文字说明。
❸ 值：用来设置单选按钮的值。
❹ 换行符：单选按钮在网页中直接换行。
❺ 表格：自动插入表格设置单选按钮的换行。

2. 复选框

Checkbox（复选框）是在多个选项中选择多项时使用的形式。由于复选框可一次选择两个以上选项，因此可以将多个复选框组合成一组，也可以不组合。复选框属性与单选按钮是一样的。

△ CheckBox（复选框）属性面板

单击"插入"面板"表单"分类中的"复选框组"按钮 ，打开"复选框组"对话框。可以一次性插入多个复选框，形成复选框组。

❶ **名称**：用来设置复选框组的名称。

❷ **标签**：用来设置复选框的文字说明。

❸ **值**：用来设置复选框的值。

❹ **换行符**：设置复选框在网页中直接换行。

❺ **表格**：插入表格设置复选框的换行。

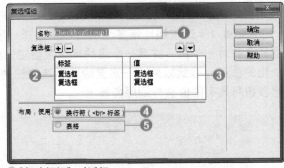

△"复选框组"对话框

⑦ 代码解密 HTML实现的单选按钮/复选框代码

1. 单选按钮

通过把<input>的type属性设置为radio，就可以创建一个单选按钮。每个单选按钮都需要一个name和value属性。具有相同名称的单选按钮会在同一个组中。如果在checked属性中设置了该组中的某个元素，就意味着该按钮在开始时处于选中状态。

如下代码声明名称为radiobutton、值为radiobutton的单选按钮，checked表示默认被选中。

```
<input name="radiobutton" type="radio" value="radiobutton" checked>
```

2. 复选框

复选框表单控件为用户提供了一种在表单中选择或取消选择某个条目的快捷方法。复选框也可以集中在一起而产生一组选择，用户可以选择或取消选择组中的每一个选项。通过把每个<input>标签中的type属性都设置为checkbox，就可以生成单独的复选框，其中包括必需的name和value属性。如果用户选择了某项，在提交表单时，它就要给出一个值，如果用户没有选择该项，该元素就不会给出任何值；如果用户没有用鼠标单击某个复选框取消选择，那么可选的checked属性（没有值）将告诉浏览器要显示一个选中状态的复选框，并告诉浏览器向服务器提交表单时要包含一个值。

将<input>标签的type属性的值设为checkbox，就可以创建一个复选框。如下代码声明名称为checkbox、值为checkbox的复选框，checked表示默认被选中。

```
<input type="checkbox" name="checkbox" value="checkbox" checked>
```

插入文件

File（文件）可以在表单文档中制作文件附加项目。选择系统内的文件进行添加后，单击提交按钮，就会和表单内容一起提交。文件域主要应用在公告栏中添加文件或图像一起上传的时候。

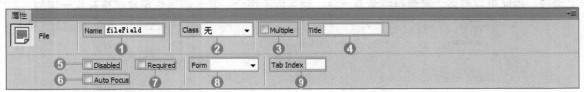

△ File（文件）属性面板

❶ **Name**：输入文件的名称。
❷ **Class**：选择应用在文件域上的类样式。
❸ **Multiple**：设置文件可以多选。
❹ **Title**：设置文件的标题文字。
❺ **Disabled**：当此文件首次加载时禁用此文件。
❻ **Auto Focus**：当页面加载时，使文件获得焦点。
❼ **Requierd**：设置该文件为必填项。
❽ **Form**：定义文件属于一个或多个表单。
❾ **Tab Index**：设置TAB键在链接中的移动顺序。

△ 文件域和单击"浏览"按钮后弹出的对话框

> **TIP** 文件主要用于简便的数据分享，它已在很大程度上被电子邮件方式所取代，电子邮件方式也允许将文件附加到任何信息上。

❓ 代码解密 HTML实现的文件代码

顾名思义，文件能够让用户选择存储在本地计算机上的文件，并且在用户提交表单时将它发送给服务器。和其他文本字段一样，浏览器也为用户提供了文件输入框，在该文本框的右侧通常会有一个Browse（浏览）按钮，用户可以在文本框中直接输入文本指明文件的路径，也可以利用浏览功能，从系统指定的对话框中选择一个本地存储的文件。

通过将type属性的值设置为file，即可创建一个文件域。与其他表单输入元素不同，文件域只有在特定的表单数据编码方式和传输方法下才能正常工作。如果要在表单中包括一个或多个文件域，必须把<form>标签的enctype属性设置为mulitipart/form-data，并把<form>标签的method属性设为post。否则，这个文件选择字段的行为就会像普通的文本字段一样，把它的值（也就是文件的路径名称）传输给服务器，而不是传输文件本身的内容。

如下代码声明名称为file的文件域。

```
<input type="file" name="file">
```

插入按钮和图像域

1. 按钮

Button（按钮）是指网页文件中表示按钮时使用到的表单要素，属性面板如下。

△ Button（按钮）属性面板

❶ **Name**：为了和其他的表单要素区分，在该文本框中输入按钮名称。
❷ **Class**：选择应用在按钮上的类样式。
❸ **Value**：输入在按钮上显示的内容。
❹ **Title**：设置按钮的标题文字。

⑤ Disabled：当此按钮首次加载时禁用此按钮。

⑥ Auto Focus：当页面加载时，使按钮获得焦点。

⑦ Form：定义按钮属于一个或多个表单。

⑧ Tab Index：设置TAB键在链接中的移动顺序。

2. 提交按钮

　　提交按钮在表单中起到非常重要的作用，有时会使用〝发送〞或〝登录〞等其他名称来替代〝提交〞字样，但把用户输入的信息提交给服务器的功能是始终没有变化的。提交按钮的属性面板如下。

△ Submit（提交按钮）属性面板

❶ Name：为了和其他的表单要素区分，在该文本框中输入提交按钮名称。

❷ Class：选择应用在提交按钮上的类样式。

❸ Form Action：设置单击提交按钮后，表单的提交动作。

❹ Form Method：设置将表单数据发送到服务器的方法。

❺ Value：输入要在提交按钮上显示的内容。

❻ Title：设置提交按钮的标题文字。

❼ Disabled：当此提交按钮首次加载时禁用此提交按钮。

❽ Auto Focus：当页面加载时，使提交按钮获得焦点。

❾ Form No Validate：规定当提交表单时不对其进行验证。

❿ Form：定义提交按钮属于一个或多个表单。

⓫ Form Enc Type：用来设置发送数据的编码类型。通常选择〝application/x-www-form-urlencode〞选项。

⓬ Form Target：用来设置表单被处理后，反馈页面打开的方式。

⓭ Tab Index：设置TAB键在链接中的移动顺序。

3. 重置按钮

　　重置按钮删除在输入样式上输入的所有内容，重置表单。重置按钮的属性面板如下。

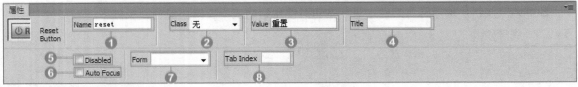

△ Button（按钮）属性面板

❶ Name：为了和其他的表素要素区分，在该文本框中输入重置按钮名称。

❷ Class：选择应用在重置按钮上的类样式。

❸ Value：输入要在重置按钮上显示的内容。

❹ Title：设置重置按钮的标题文字。

❺ Disabled：当此重置按钮首次加载时禁用此重置按钮。

⑥ Auto Focus：当页面加载时，使重置按钮获得焦点。

⑦ Form：定义重置按钮属于一个或多个表单。

⑧ Tab Index：设置TAB键在链接中的移动顺序。

4. 图像按钮

　　若想把按钮图像使用为提交按钮，就要使用image（图像按钮）。大部分的网页中提交按钮都采用了图像形式。在登录画面上输入用户名和密码后，再单击的登录按钮也是提交按钮的一种形式。

　　图像按钮只能用作表单的提交按钮，而不能用于重置按钮。用户可以在一个表单中使用多个图像按钮，这样能为使用者提供一个图形选择，当使用者单击用户已指定作为"提交"按钮的图像域的图片时，表单会被提交。

　　图像按钮的属性面板如下。

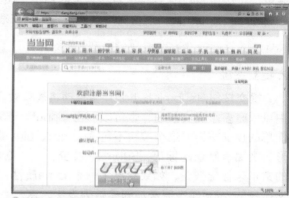
● 利用图像域来插入的提交按钮

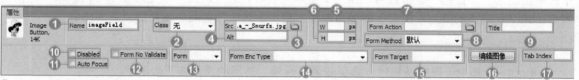
● Image（图像按钮）属性面板

❶ Name：为了和其他的表单要素区分，该部分中输入图像按钮名称。

❷ Class：选择应用在图像按钮上的类样式。

❸ Src：显示图像文件的路径。若想选择其他图像，则可以单击"浏览文件"按钮后，再选择新图像。

❹ Alt：在浏览器上不显示图像时，图像位置上输入简单的说明性文本，它可以作为图像的设计提示文本。

❺ W：设置图像的宽度。

❻ H：设置图像的高度。

❼ Form Action：设置单击图像按钮后，表单的提交动作。

❽ Form Method：设置将表单数据发送到服务器的方法。

❾ Title：设置图像按钮的标题文字。

❿ Disabled：当此图像按钮首次加载时禁用此图像按钮。

⓫ Auto Focus：当页面加载时，使图像按钮获得焦点。

⓬ Form No Validate：规定当提交表单时不对其进行验证。

⓭ Form：定义图像按钮属于一个或多个表单。

⓮ Form Enc Type：用来设置发送数据的编码类型。通常选择"application/x-www-form-urlencode"选项。

⓯ Form Target：用来设置表单被处理后，反馈页面打开的方式。

⓰ 编辑图像：可以利用外部图像编辑软件来编辑图像。

⓱ Tab Index：设置TAB键在链接中的移动顺序。

❓代码解密 HTML实现的按钮和图像域代码

1. 按钮

使用<input type=button>标签可以生成一个供用户单击的按钮，但这个按钮不能提交或重置表单。可以用value属性来设置按钮上的标记，如果指定了name属性，则会把提供的值传递给表单处理程序。如下代码声明值为"点播音乐"的标准按钮。

```
<input type="button" value="点播音乐">
```

2. 提交按钮

提交按钮（submit button）会启动将表单数据从浏览器发送给服务器上的提交过程。一个表单中可以有多个提交按钮，也可以利用<input>表单按钮的提交类型设置name和value属性。对于最简单的提交按钮（这个按钮不包括name或value属性）来说，浏览器会显示一个小的长方形或椭圆形，上面有默认的标记"Submit（提交）"。在其他情况下，浏览器会用标签的value属性中设置的文本来标记按钮。如果给出了一个name属性，当浏览器将表单信息发送给服务器时，也会将提交按钮的value属性值添加到参数列表中。这一点非常有帮助，因为它提供了一种方法来标识表单中被单击的那一个按钮，这样就可以用一个简单的表单处理应用程序来处理多个不同表单中的某个表单。如下代码声明值为"提交"的提交按钮，当单击这个按钮后，就将提交表单内容。

```
<input type="submit" value="提交">
```

<input>标签用于提交按钮时，除了普通属性外，常用的属性如下表所示。

属　性	说　明
formaction	覆盖表单的action属性
formenctype	覆盖表单的enctype属性
formmethod	覆盖表单的method属性
Formtarget	覆盖表单的target属性

3. 重置按钮

<input>表单按钮的重置（reset）类型是显而易见的，它允许用户重置表单中的所有元素，也就是清除或设置某些默认值。与其他按钮不同，重置按钮不会激活表单处理程序，相反，浏览器将完成所有重置表单元素的工作。默认情况下，浏览器会显示一个标记为Reset（重置）的重置按钮，可以在value属性中指定自己的按钮标记，改变默认设置。如下代码声明值为"重置"的重置按钮，当单击这个按钮后，就将清除表单内容。

```
<input type="reset" value="重置">
```

4. 图像按钮

将<input>标签的type属性值设为image，就可以创建图像按钮，图像按钮还需要一个src属性，还可以包括一个name属性和一个针对非图形浏览器的描述性alt属性。如下代码声明值为"提交"、源文件为button.jpg图片的图像按钮。

```
<input type="image" src="button.gif" value="提交">
```

<input>标签用于图像按钮时，除了普通属性外，常用的属性如下表所示。

属　性	说　明
Alt	图像输入控件的替代文本
formaction	覆盖表单的action属性
formenctype	覆盖表单的enctype属性
formmethod	覆盖表单的method属性
Formtarget	覆盖表单的target属性
height	图像的高度
Width	图像的宽度
src	图像的URL

插入隐藏

　　将信息从表单传送到后台程序中时，编程者通常要发送一些不应该被使用者看见的数据。这些数据有可能是后台程序需要的一个用于设置表单收件人信息的变量，也可能是在提交表单后的后台程序将要重定向至用户的一个URL。要发送这类不能让表单使用者看到的信息，用户必须使用一个隐藏表单对象——Hidden（隐藏）。隐藏的属性面板如下。

🔵 Hidden（隐藏）属性面板

❶ **Name**：用于设置所选隐藏的命名。
❷ **Value**：用于设置隐藏的值。
❸ **Form**：定义隐藏属于一个或多个表单。

❓代码解密 HTML实现的隐藏代码

　　<input>表单控件是从视觉上无法看到的，这是一种向表单中嵌入信息的方法，以便这些信息不会被浏览器或用户忽略或改变。不仅如此，在<input type=hidden>标签中必需的name和value属性还会自动包括在提交的表单参数列表中，这些属性可用来给表单做标记，并且可以用来区分表单，将不同的表单或表单版本与一组已经提交或保存过的表单分开。

　　隐藏字段的另一个作用是管理用户和服务器的交互操作。例如，它可以帮助服务器知道当前的表单来自于一个几分钟前发出类似请求的人。通常情况下服务器不会保留这种信息，并且每台服务器和用户之间的处理过程与其他事务无关。例如，用户提交的第一个表单也许需要一些基本信息，像用户名字和住址这样的信息，基于这些初始信息，服务器可能会创建第二个表单，向用户询问一些更详细的问题，重新输入第一个表单中的基本信息对用户来说太麻烦了，因此可以对服务器端进行编程，将这些值直接保存在第二个表单的隐藏字段中，当返回第二个表单时，从这两个表单中得来的所有重要信息都保存下来了。如果必要的话，还可以看第二个表单中的值是否和第一个表单相匹配。

　　如下代码声明名称为hiddenField、值为invest的隐藏，在页面中不显示出来。

```
<input name="hiddenField" type="hidden" value="invest">
```

插入标签和域集

使用“标签”来定义表单控制间的关系，例如，一个文本输入字段和一个或多个文本标记之间的关系。根据最新的标准，标记中的文本可以得到浏览器的特殊对待。浏览器可以为这个标签选择一种特殊的显示样式，当用户选择该标签时，浏览器会将焦点转到和标签相关的表单元素上。

除单独的标记外，也可以将一群表单元素组成一个域集，并用<fieldset>标签和<legend>标签来标记这个组。<fieldset>标签将表单内容的一部分打包，生成一组相关表单字段。<fieldset>标签没有必需的或是惟一的属性，当一组表单元素放到<fieldset>标签内时，浏览器会以特殊方式来显示它们，它们可能有特殊的边界、3D效果甚至可创建一个子表单来处理这些元素。

将焦点转到和标签相关的表单元素上

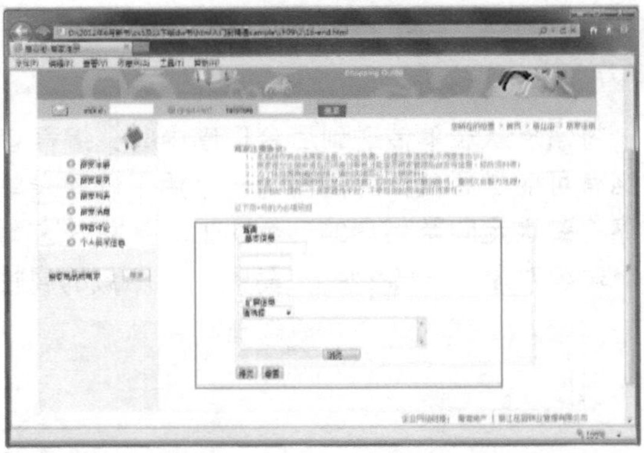

域集

代码解密 HTML实现的标签和域集代码

HTML 4.0及以上标准引入了以下的标签，为用户提供了更简便的对表单的引导。它们可以将表单分组并加上标题，也可以对每一个表单控件分别进行标记。假设浏览器都能够对它们进行特殊处理，例如可以用语言生成器提供这种服务，同时可以特殊显示出来，还可以很容易地从用户键盘获得信息。

1. 标签

如下代码为id为a的元素声明标签。

```
<label for="a">
元素
</label>
```

其中，<label>标签的属性如下表所示。

属　性	说　明
For	命名一个目标表单id

2. 域集

使用<legend>标签可为表单中的一个字段集合生成图标符号。这个标签可能仅能够在<fieldset>中显示。与<label>类似，当<legend>内容被选定时，焦点会转移到相关的表单元素上，也可以用来提高用户对<fieldset>的控制。<legend>标签也支持accesskey和align属性。align的值可以是top，bottom，left或right，向浏览器说明图标符号应该放在字段集的什么位置。

如下代码首先声明表单元素分组，然后声明这个组的符号文字为"普通"。

```
<fieldset>
<legend>普通</legend>
</fieldset>
```

Let's go! 在 "丽江花园" 页面中制作表单

原始文件	Sample\Ch09\form\form.htm
完成文件	Sample\Ch09\form\form-end.htm
视频教学	Video\Ch09\Unit20\

图 示	@	◎	◎	O	◎
浏览器	IE	Chrome	Firefox	Opera	Apple Safari
是否支持	◎	◎	◎	◎	◎

◎完全支持　□部分支持　※不支持

■ **背景介绍**：本例将在网页文件中创建文本、密码、单选按钮、复选框、选择、文件、按钮等多种表单对象，形成一个完整的表单页面。在插入这些元素前，还要在页面中加入表单标签。

⌂ 没有插入表单对象的文档

⌂ 插入了表单对象的表单文档

1. 插入表单

1 选中表单下方的表格，按下快捷键Ctrl+X剪切整个表格。

2 单击页面中间的单元格的空白处，在"插入"面板的"表单"分类中单击"表单"按钮，红色的虚线框被加入到了页面。

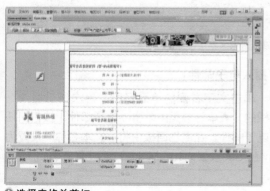
⌂ 选择表格并剪切

⌂ 插入表单

③ 将光标移动到红色虚线框内部，按下快捷键 Ctrl+V粘贴表格，这样表格中的所有内容就移动到了表单标签中。单击"用户名"文字右侧的单元格。

⚠ 粘贴表格

② 单击"密码问题"文字右侧的单元格后，再次在"插入"面板的"表单"分类中单击"文本"按钮，插入文本。在属性面板中将"文本名称"设置为pwdissue，"Size"设置为16，"Max Length"设置为200。

⚠ 插入密码问题文本

④ 按照同样的方法依次插入"真实姓名"、"单位名称"、"手机"、"地址"、"邮编"等文本，将"文本名称"依次设置为truename，company，mobile，address，code，email，"Size"与"Max Length"可参考光盘范例文件或自行设置。

2. 插入文本域

① 在"插入"面板的"表单"分类中单击"文本"按钮，插入文本。在属性面板中设置"文本名称"为user_name，"Size"为16，"Max Length"为20。

⚠ 插入用户名文本

③ 单击"答案"文字右侧的单元格后，再次在"插入"面板的"表单"分类中单击"文本"按钮，插入文本。在属性面板中将"文本名称"设置为pwdanswer，"Size"设置为16，"Max Length"设置为200。

⚠ 插入答案文本

3. 插入电子邮件

单击文字右侧的单元格后，再次在"插入"面板的"表单"分类中单击"电子邮件"按钮，插入电子邮件。在属性面板中将"文本名称"设置为email，Size设置为16，Max Length设置为45。

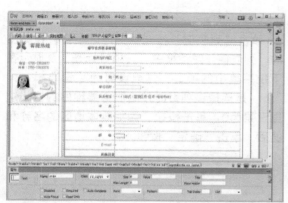

◎ 插入更多文本域

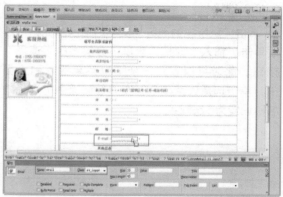

◎ 插入电子邮件

4. 插入电话

在"联系电话"和"传真"后分别依次插入3个Tel，名称依次为tel1，tel2，tel3；fax1，fax2，fax3，"Size"依次为3，4，10，"Max Length"依次为3，6，10，并将第1个文本域的"Value"设置为086，代表中国国家区号。

5. 插入密码

1 单击"密码"文字右侧的单元格后，在"插入"面板的"表单"分类中单击"密码"按钮。在属性面板中设置密码的名称为pwd，然后将"Size"设置为16，"Max Length"设置为20。

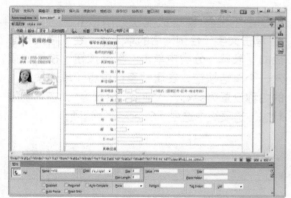

◎ 插入电话

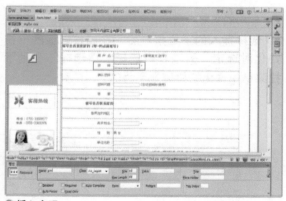

◎ 插入密码

2 插入"确认密码"的密码，在"确认密码"文字右侧的单元格中插入密码。属性和pwd域指定为相同形式，将密码名称更改为reppwd，将"类"设置为re_input。

> **TIP** 如果需要判断用户输入的密码和确认密码内容是否相同，需要使用JavaScript技术。

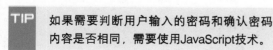

◎ 插入确认密码

6. 插入选择

1 单击"您所在的地区"文字后面的单元格，然后单击"插入"面板"表单"分类中的"选择"按钮。此时可以看到一个下拉菜单插入到页面中，单击选择该菜单后，在属性面板中将选择的名称设置为province。

△ 插入选择

3 选择插入的下拉菜单后，在属性面板的"初始化时选定"列表框中选择"请选择"，则下拉菜单中作为初始值显示为0。

△ 选择初始值

> **TIP** 选择表单要素常用于要选择的项目较多，实际空间不足的情况。

2 在文字"女"左侧插入单选按钮。设置"单选按钮"的名称为sex，"选定值"为2，"初始状态"为"未选中"，"类"为re_td。

2 单击"列表值"按钮添加地区项目。在弹出的"列表值"对话框中，"项目标签"是显示在下拉菜单中的项目，这里设置为"请选择"；"值"是选择该项目时传给服务器程序的值，这里设置为0。单击按钮，添加具体地区的名称和值后，单击"确定"按钮。

△ 设置"项目标签"和"值"参数

7. 插入单选按钮

1 单击文字"性别"后的单元格，在"插入"面板的"表单"分类中单击"单选按钮"按钮，插入一个单选按钮。在属性面板中将"单选按钮"的名称设置为sex，"Value"设置为1，在"初始状态"选项组中选中"Checked"选项。

△ 插入单选按钮

8. 插入复选框

1 在"主要查看的产品类别"文字后插入"复选框"按钮。设置"复选框"的名称为product，"选定值"为p1。

▲ 再次插入单选按钮

▲ 插入复选框

> **TIP** 第一个和第二个单选按钮都相接同样的按钮名称，从而表示两个选项均为一个主题的选项。

2 按照同样的方法在每一个项目前插入1个复选框，名称都为product，"选定值"分别为p2，p3，p4，p5，p6。

▲ 插入更多复选框

9. 插入提交按钮

单击"插入"面板"表单"分类中的"提交按钮"按钮。在属性面板中设置"提交按钮"名称为button，"Value"为"提交"。

▲ 插入提交按钮

10. 在浏览器上预览

按下F12键，在浏览器中预览页面效果。整个表单已经制作完成，在表单中输入相应信息后，单击"提交"按钮。此时，由于尚未连接服务器程序，因此即使输入内容后单击"提交"按钮，还不能将信息提交到服务器上。

> **TIP** 如果需要将表单内容提交到服务器，需要使用后面介绍的动态网页编程技术。

▲ 预览效果

使用jQuery UI（表单部分）

以前版本Dreamweaver的Spry控件在Dreamweaver CC中由jQuery UI Widget取代。jQuery UI是以DHTML和JavaScript等语言编写的小型Web应用程序，可以在网页内插入和执行。

关于jQuery UI

jQuery UI是以jQuery为基础的开源JavaScript网页用户界面代码库。包含底层用户交互、动画、特效和可更换主题的可视控件，其基本特点如下。

- 简单易用：继承jQuery简易使用特性，提供高度抽象接口，短期改善网站易用性。
- 开源免费：采用MIT & GPL双协议授权，轻松满足自由产品至企业产品各种授权需求。
- 广泛兼容：兼容各主流桌面浏览器。包括IE 6+、Firefox 2+、Safari 3+、Opera 9+、Chrome 1+。
- 轻便快捷：组件间相对独立，可按需加载，避免浪费带宽拖慢网页打开速度。
- 标准先进：支持 WAI-ARIA，通过标准XHTML代码提供渐进增强，保证低端环境可访问性。
- 美观多变：提供多种预设主题，并可自定义多达60项可配置样式规则，提供24种背景纹理选择。
- 开放公开：从结构规划到代码编写，全程开放，文档、代码、讨论，人人均可参与。
- 强力支持：Google为发布代码提供CDN内容分发网络支持。

Dreamweaver CC的jQuery UI中，有几个专门针对表单的界面元素，包括Datapicker、autocomplete、button、buttonset、radio buttons、checkbox buttons。

插入Datepicker

Datepicker是一个从弹出的日历窗口中选择日期的jQuery UI。可以帮助用户快速地在Dreamweaver中创建一个高效的日历功能，这个基于JQuery创建的日历，可以满足用户页面中实现日历日期操作的需求，用户可以在图形化界面中选择一个或多个日期，而且无需整个页面的刷新，而且可以方便地自定义样式等。如果要在页面中插入Datepicker，可以选择插入面板的"jQuery UI"分类下的Datepicker。

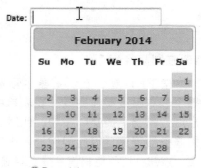

○ Datepicker

插入jQuery UI时，代码中会自动添加以下内容：对所有相关文件的引用、包含用于Widget的jQuery API的脚本标记。

Datepicker的属性面板中可以设置这个jQuery UI的各种属性。

○ Datepicker属性面板

❶ ID：用来设置Datepicker的名称。

❷ **Date Format**：选择日期的显示格式。

❸ **按钮图像**：设置按钮以图像的形式表示，若想选择图像，则可以单击"浏览文件"按钮选择。

❹ **区域设置**：设置日期控件的显示语言。

❺ **Change Month**：允许通过下拉框列表选取月份。

❻ **Change Year**：允许通过下拉框列表选取年份。

❼ **内联**：使用div元素而不是表单显示控件。

❽ **Show Button Panel**：在控件下方显示按钮。

❾ **Min Date**：设置一个最小的可选日期。

❿ **Max Date**：设置一个最大的可选日期。

⓫ **Number of Months**：设置一次要显示多少个月份。

❓ 代码解密 HTML、CSS、JavaScript实现的Datepicker代码

在<head>头部代码内，使用了<link>标签和<script>标签分别引入了CSS样式表和JavaScript脚本。这些CSS和js文件都是由Dreamweaver CC自动生成的。

```
<link href="jQueryAssets/jquery.ui.core.min.css" rel="stylesheet" type="text/css">
<link href="jQueryAssets/jquery.ui.theme.min.css" rel="stylesheet" type="text/css">
<link href="jQueryAssets/jquery.ui.datepicker.min.css" rel="stylesheet" type="text/css">
<script src="jQueryAssets/jquery-1.8.3.min.js" type="text/javascript"></script>
<script src="jQueryAssets/jquery-ui-1.9.2.datepicker.custom.min.js" type="text/javascript"></script>
```

Dreamweaver构建了jQueryAssets文件夹，用来存放所有的css样式表文件和js脚本文件，用户最好不要轻易改动这些文件的位置。

在<body>主体代码内，使用了<input>标签定义了文本元素，然后使用<script>标签声明了JavaScript脚本。

```
<p>
<input type="text" id="Datepicker1"/>
</p>
<script type="text/javascript">
$(function() {
$( "#Datepicker1" ).datepicker();
});
</script>
```

这些代码由Dreamweaver自动生成，关于JavaScript的详细语法，读者可以参考后面的章节。

插入AutoComplete

AutoComplete是一个在文本输入框中实现自动完成的jQuery控件，如果要在页面中插入AutoComplete，可以选择插入面板的"jQuery UI"分类下的AutoComplete。

AutoComplete的属性面板中可以设置这个jQuery UI的各种属性。

△ AutoComplete属性面板

❶ ID：用来设置AutoComplete的名称。

❷ Source：选择脚本源文件。

❸ Min Length：在触发autoComplete前用户至少需要输入的字符数。

❹ Delay：击键后激活autoComplete的延迟时间（单位毫秒）。

❺ Append To：指定菜单必须追加到的元素。

❻ Auto Focus：如果为true，焦点将被自动设置到第一个项目。

❼ Position：指定自动建议相对于菜单的对齐方式。

❓代码解密 HTML、CSS、JavaScript实现的AutoComplete代码

在\<head\>头部代码内，使用了\<link\>标签和\<script\>标签分别引入了CSS样式表和JavaScript脚本。这些CSS和js文件都是由Dreamweaver CC自动生成的。

```
<link href="jQueryAssets/jquery.ui.core.min.css" rel="stylesheet" type="text/css">
<link href="jQueryAssets/jquery.ui.theme.min.css" rel="stylesheet" type="text/css">
<link href="jQueryAssets/jquery.ui.autocomplete.min.css" rel="stylesheet"
 type="text/css">
<link href="jQueryAssets/jquery.ui.menu.min.css" rel="stylesheet" type="text/css">
<script src="jQueryAssets/jquery-1.8.3.min.js" type="text/javascript"></script>
<script src="jQueryAssets/jquery-ui-1.9.2.autocomplete.custom.min.js" type="text/
javascript"></script>
```

Dreamweaver构建了jQueryAssets文件夹，用来存放所有的css样式表文件和js脚本文件。

在\<body\>主体代码内，使用了\<input\>标签定义了文本元素，然后使用\<script\>标签声明了JavaScript脚本。

```
<p>
<input type="text" id="Autocomplete1">
</p>
<script type="text/javascript">
$(function() {
$( "#Autocomplete1" ).autocomplete();
});
</script>
```

插入Button

Button 组件可以增强表单中的Buttons、Inputs和Anchor元素，使其具有按钮显示风格，能够正确对鼠标滑动做出反应。如果要在页面中插入Button，可以选择插入面板的"jQuery UI"分类下的Button。

Button的属性面板中可以设置这个jQuery UI的各种属性。

Button

△ Button

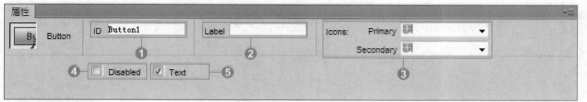

△ Button属性面板

❶ ID：用来设置Button的名称。

❷ Label：设置按钮上显示的文本。

❸ Icons：显示在标签文本左侧和右侧的图标。

❹ Disabled：禁用按钮。

❺ Text：显示/隐藏标签。

❓代码解密 HTML、CSS、JavaScript实现的Button代码

在<head>头部代码内，使用了<link>标签和<script>标签分别引入了CSS样式表和Java-Script脚本。这些CSS和js文件都是由Dreamweaver CC自动生成的。

```
<link href="jQueryAssets/jquery.ui.core.min.css" rel="stylesheet" type="text/css">
<link href="jQueryAssets/jquery.ui.theme.min.css" rel="stylesheet" type="text/css">
<link href="jQueryAssets/jquery.ui.button.min.css" rel="stylesheet" type="text/css">
<script src="jQueryAssets/jquery-1.8.3.min.js" type="text/javascript"></script>
<script src="jQueryAssets/jquery-ui-1.9.2.button.custom.min.js" type="text/javascript"></script>
```

Dreamweaver构建了jQueryAssets文件夹，用来存放所有的css样式表文件和js脚本文件。

在<body>主体代码内，使用了<input>标签定义了文本元素，然后使用<script>标签声明了JavaScript脚本。

```
<p>
  <button id="Button1">Button</button>
</p>
<script type="text/javascript">
$(function() {
$( "#Button1" ).button();
});
</script>
```

插入Buttonset

Buttonset组件是多个jQuery Button的组合，如果要在页面中插入Buttonset，可以选择插入面板的"jQuery UI"分类下的Buttonset。

Buttonset的属性面板中可以设置这个jQuery UI的各种属性。

标签1　标签2　标签3

△ Buttonset

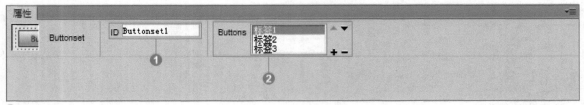

△ Buttonset

❶ ID：用来设置Buttonset的名称。

❷ Buttons：添加或删除按钮。

🔓 代码解密 HTML、CSS、JavaScript实现的Buttonset代码

在\<head\>头部代码内，使用了\<link\>标签和\<script\>标签分别引入了CSS样式表和JavaScript脚本。这些CSS和js文件都是由Dreamweaver CC自动生成的。

```html
<link href="jQueryAssets/jquery.ui.core.min.css" rel="stylesheet" type="text/css">
<link href="jQueryAssets/jquery.ui.theme.min.css" rel="stylesheet" type="text/css">
<link href="jQueryAssets/jquery.ui.button.min.css" rel="stylesheet" type="text/css">
<script src="jQueryAssets/jquery-1.8.3.min.js" type="text/javascript"></script>
<script src="jQueryAssets/jquery-ui-1.9.2.button.custom.min.js" type="text/javascript"></script>
```

Dreamweaver构建了jQueryAssets文件夹，用来存放所有的css样式表文件和js脚本文件。

在\<body\>主体代码内，使用了\<button\>标签定义了按钮元素，然后使用\<script\>标签声明了JavaScript脚本。

```html
<div id="Buttonset1">
<button id="按钮1">标签1</button>
<button id="按钮2">标签2</button>
<button id="按钮3">标签3</button>
</div>
<script type="text/javascript">
$(function() {
$( "#Buttonset1" ).buttonset();
});
</script>
```

插入Checkbox Buttons

除了支持基本的按钮外，jQuery可以把类型为Checkbox的input元素变为按钮，这种按钮可以有两种状态，原态和按下状态。如果要在页面中插入Checkbox Buttons，可以选择插入面板的"jQuery UI"分类下的Checkbox Buttons。

Checkbox Buttons的属性面板中可以设置这个jQuery UI的各种属性。

△ Checkbox Buttons

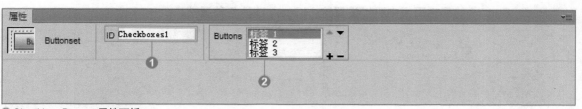

◎ Checkbox Buttons属性面板

❶ ID：用来设置Checkbox Buttons的名称。

❷ Buttons：添加或删除按钮。

❓代码解密 HTML、CSS、JavaScript实现的Checkbox Buttons代码

在<head>头部代码内，使用了<link>标签和<script>标签分别引入了CSS样式表和JavaScript脚本。这些CSS和js文件都是由Dreamweaver CC自动生成的。

```
<link href="jQueryAssets/jquery.ui.core.min.css" rel="stylesheet" type="text/css">
<link href="jQueryAssets/jquery.ui.theme.min.css" rel="stylesheet" type="text/css">
<link href="jQueryAssets/jquery.ui.button.min.css" rel="stylesheet" type="text/
css">
<script src="jQueryAssets/jquery-1.8.3.min.js" type="text/javascript"></script>
<script src="jQueryAssets/jquery-ui-1.9.2.button.custom.min.js" type="text/
javascript"></script>
```

Dreamweaver构建了jQueryAssets文件夹，用来存放所有的css样式表文件和js脚本文件。

在<body>主体代码内，使用了<input>标签定义了复选框元素，然后使用<script>标签声明了JavaScript脚本。

```
<div id="Checkboxes1">
<input type="checkbox" name="复选框1" id="复选框1">
<label for="复选框1">标签 1</label>
<input type="checkbox" name="复选框2" id="复选框2">
<label for="复选框2">标签 2</label>
<input type="checkbox" name="复选框3" id="复选框3">
<label for="复选框3">标签 3</label>
</div>
<script type="text/javascript">
$(function() {
$( "#Checkboxes1" ).buttonset();
});
</script>
```

插入Radio Buttons

除了Checkbox复选框按钮外，jQuery也把type为Radio的一组Radio按钮构成一组单选钮，使用.Buttonset将多个单选钮定义为一个组，其中只有一个可以是选中状态。如果要在页面中插入Radio Buttons，可以选择插入面板的"jQuery UI"分类下的Radio Buttons。

◎ Radio Buttons

Radio Buttons的属性面板中可以设置这个jQuery UI的各种属性。

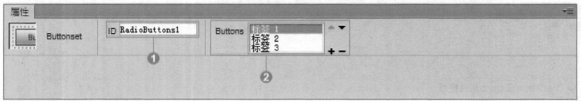

🔼 Radio Buttons属性面板

❶ ID：用来设置Radio Buttons的名称。

❷ Buttons：添加或删除按钮。

DO IT Yourself 练习操作题

1. 加入表单元素

🕐 限定时间：30分钟

请使用创建表单知识为页面中加入复选框、单选按钮和菜单等表单元素。

🔼 初始页面

🔼 加入表单元素的页面

Step BY Step （步骤提示）

1. 通过插入面板中插入表单。
2. 通过插入面板中插入表单对象。
3. 在属性面板中设置表单对象属性。

光盘路径

Exercise\Ch09\1\ex1.htm

2. 加入jQuery UI的Datepicker

🕐 限定时间：15分钟

请使用已经学过的使用jQuery UI知识为页面中加入Datepicker效果。

🔼 初始页面

🔼 加入Datepicker的页面

Step BY Step （步骤提示）

1. 通过插入面板中插入jQuery UI对象。
2. 在属性面板中设置Datepicker属性。

光盘路径

Exercise\Ch09\2\ex2.htm

Chapter
10

利用CSS样式
表修饰网页

通过前面章节的学习，我们已经掌握了建立网页所必备的知识。由于HTML语言本身的一些客观因素，导致了其结构与显示不分离的特点，这也是阻碍其发展的一个原因。因此，W3C发布了CSS（层叠样式表）解决这一问题，使不同的浏览器能够正常地显示同一页面。本章就来介绍有关CSS的知识。

▌本章技术要点▌

Q：**Dreamweaver CC的"CSS设计器"可以定义哪些CSS属性？**

A："CSS 设计器"把常用的CSS属性进行分类，包括布局、文本、边框、背景和其他，分别对应着CSS 语言的不同语法。

Q：**CSS添加到页面中共有哪几种方法？**

A：共有3种方法，分别是创建新的CSS文件、附加现有的CSS文件、在页面中定义。

认识CSS样式表

CSS样式表是页面设计中必不可少的重要概念。根据CSS样式表的使用情况，可以得到截然不同的网页效果。本小节将介绍CSS样式表的使用方法。

CSS样式表的优点

如果页面中不使用CSS样式表，就要利用<font>标签的size属性来调节文本大小。若文档中有五个段落，就要重复五次调节文本大小的操作。如果操作的是三四页的文档，则要重复数十次的<font>标签修改操作，这将给设计者带来诸多不便。

使用CSS样式表以后，这些操作就变得非常轻松便捷了。定义样式指的是合并文本的字体、字体大小、字体颜色和空格等各种属性的信息。另外，样式不仅可以应用在文本中，还可以应用在文档中的所有元素中，如在图像周围总是显示边框或更改滚动条形状等都是利用CSS样式表完成的。

△ 文本指定为不同的颜色、链接设置了不同的效果

样式的种类有很多种，包括调节文本、滚动条、链接文本的样式，将这些样式合并在一起放在文档前面就是样式表。样式表主要有以下两个方面的优点。

1. 容易管理源文件

如果不使用CSS样式表，HTML标签和网页文件的内容、样式信息等都会混杂在一起。将这些样式信息合并到一起制作CSS样式表后，放置在文档的前面，就可以很容易地修改各种样式了。

2. 可以加快网页的读取速度

由于是经过整理的源文件，因此可以加快网页文件的读取速度。例如，在导入一个使用20次<p>标签的文档时，在浏览器中需要读取20次<p style="font-size:12px; color:blue">的标签。但利用样式表合并起来后，第一次读取文档时就会记住<p>标签的表示方式，以后再读取<p>标签的时候，就加快读取速度了。

△ 从<STYLE type="text/css">到</STYLE>为样式表

Dreamweaver是最先使层叠样式表（CSS）的应用方便于用户的网页创作工具之一。利用Dreamweaver CC直观的界面，网页设计者可以访问超过70种不同的CSS设置，这些设置可以影响从文本间距到类似于多媒体的转换的任何事物。Dreamweaver CC让用户按自己的方式工作：随时

创建用户的样式表，然后在准备好的时候链接它，或者像创建网页一样创建样式。

❓代码解密 CSS样式表的规则

CSS的主要功能就是将某些规则应用于文档同一类型的元素，以减少网页设计者大量多余繁琐的工作。要通过CSS功能设置元素属性，使用正确的CSS规则至关重要。

1. 基础

每条规则有两个部分：选择符和声明。每条声明实际上是属性和值的组合。每个样式表由一系列规则组成，但规则并不总是出现在样式表里。最基本的规则代码如下。

```
P {text-align:center;}
```
▶ 声明段落p样式

其中，规则左边的p就是选择符。所谓选择符就是用于选择文档中应用样式的元素。规则的右边text-align:center;部分是声明，由CSS属性text-align及其值center组成。

声明的格式是固定的，某个属性后跟冒号，然后是其取值。如果使用多个关键字作为一个属性的值，通常用空白符将它们分开。

2. 多个选择符

有时，需要将同一条规则应用于多个元素，也就是多个选择符。代码如下。

```
P,H2{text-align:center;}
```
▶ 声明段落p和二级标题的样式

将多个元素同时放在规则的左边并且用逗号分隔开，右边为规则定义的样式，规则将被同时应用于两个选择符。逗号告诉浏览器在这一条规则中包含两个不同的选择符。

Dreamweaver CC中的CSS设计器

在Dreamweaver CC中，CSS主要通过"CSS设计器"实现。执行"窗口>CSS设计器"，打开"CSS设计器"面板。CSS 设计器是一个综合性的面板，可从中可视化地创建 CSS文件、规则以及设置属性和媒体查询。

❶ **源**：列出与文档有关的所有样式表。使用此窗口，可以创建CCS并将其附加到文档，也可以定义文档中的样式。

❷ **@媒体**：在"源"窗口中列出所选源中的全部媒体查询。如果不选择特定CSS，则此窗口将显示与文档关联的所有媒体查询。

❸ **选择器**：在"源"窗口中列出所选源中的全部选择器。如果同时还选择了一个媒体查询，则此窗口会为该媒体查询缩小选择器列表范围。如果没有选择CSS或媒体查询，则此窗口将显示文档中的所有选择器。

❹ **属性**：显示可为指定的选择器设置的属性。

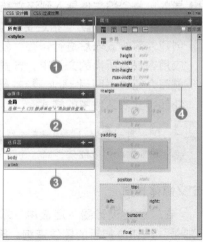
⬆新CSS设计器

195

CSS设计器是上下文相关的。这意味着，对于任何给定的上下文或选定的页面元素，用户都可以查看关联的选择器和属性。而且在CSS设计器中选中某个选择器时，关联的源和媒体查询将在各自的窗口中高亮显示。

△ CSS设计器显示在实时视图中选择的标题的属性

> **TIP** 选中某个页面元素时，在"选择器"窗口中选中"已计算"。单击一个选择器可查看关联的源、媒体查询或属性。若要查看所有选择器，可以在"源"窗口中选择"所有源"。若要查看不属于所选源中的任何媒体查询的选择器，请在"@Media"窗口中单击"全局"。

创建和附加样式表

在"CSS设计器"面板的"源"窗口中，单击"加号"按钮，设置新建CSS语句的位置。

- 创建新的CSS文件：创建新CSS文件并将其附加到文档。
- 附加现有的CSS文件：将现有CSS文件附加到文档。
- 在页面中定义：在文档内定义CSS。

CSS样式按照使用方法可以分为内部样式和外部样式。如果想把CSS语句新建在网页内部，可以选择"在页面中定义"选项。内部文档只能应用在一个文档中，而在其他文档中不可以继续使用该样式表。因此，想把一个样式表应用在多个文档中的时候，需要创建外部样式表。如果想把CSS语句新建为CSS文件，可以选择"创建新的CSS文件"，这时将打开"创建新的CSS文件"对话框。

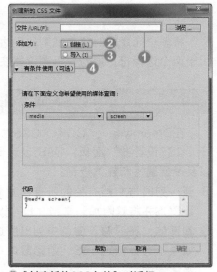

△ "创建新的CSS文件"对话框

❶ **文件/URL**：设置外部CSS文件的存放位置。
❷ **链接**：将Dreamweaver文档链接到CSS文件。
❸ **导入**：将CSS文件导入到该文档中。
❹ **有条件使用（可选）**：指定要与CSS文件关联的媒体查询。创建外部样式表后进行保存，就可以随时调用该样式表，应用在任意所需的文档中。样式表文件使用CSS扩展名。前面介绍过，利用<link>标签就可以在任何文档上使用外部样式表文件中的样式。

> **TIP** 同一种样式表可以用于多个文档中。由于外样式表是一个独立的文件，并由浏览器通过网络进行加载，因此可以随处存储，随时使用，甚至可以使用其他样式表。

定义媒体查询

在"CSS设计器"面板中，单击"源"窗口中的某个CSS源。然后单击"@媒体"窗口中的"加号"按钮添加新的媒体查询。随后将显示"定义媒体查询"对话框，其中列出Dreamweaver支持的所有媒体查询条件。

定义选择器

在"CSS设计器"面板中，单击"源"窗口中的某个CSS源。然后单击"选择器"窗口中的"加号"按钮，根据在文档中选择的元素，"CSS设计器"会智能确定并提示使用相关选择器。

> **TIP** 与以往版本Dreamweaver的"CSS样式"面板不同，不能直接在"CSS设计器"中选择"选择器类型"。用户必须输入选择器的名称以及"选择器类型"的指示符。例如，如果要指定ID，请在选择器名称之前添加前缀"#"。

◎"定义媒体查询"对话框

CSS指令以规则的方式给出，样式表是这些规则的集合。规则是组成HTML或者被称为"选择器"的自定义标识的语句，同时它被定义的属性称之为"声明"。选择器用来定义样式类型，并将其运用到特定的部分。常用的选择器包括如下类型。

- 类：在某些局部文本中需要应用其他样式时，可以使用"类"。将HTML标签应用在使用该标签的所有文本中的同时，可以把"类"应用在所需的部分中。
- 标签：定义特定标签的样式，从而在使用该标签的部分应用同样的模式。例如，想在网页文件中取消所有链接的下划线，就可以对制作链接的<a>标签定义样式。若想在所有文本中统一字体和字体颜色，就可以对制作段落的<p>标签定义样式。标签样式只要定义一次，就可以在以后的链接或文本中自动应用同样的样式。
- 复合内容：可以轻松制作出应用在链接中的样式。例如，可以很轻松地制作出光标移动到链接上方时出现字体颜色变化或显示隐藏的背景颜色等各种效果。
- ID：在"选择器名称"下拉列表中输入指定元素样式的名称，必须以符号"#"开头。

❓ 代码解密 CSS样式表的类型

1. 类

自定义样式用来设置一个独立的格式，可以对选定的区域应用这个自定义样式。如下面的CSS语句就是"自定义"样式类型。在下面的代码中，定义了.large这个样式，在Dreamweaver CC主窗口中选定一个区域，应用.large样式，则选中区域将采用例子中的格式。

```
01 .large { font-size: 150%; color: blue }
```
▶ 声明名为large的样式,字号为150%,颜色为蓝色

2. 标签

重定义HTML标签，用来重新定义某个HTML标签的格式，也就是重新定义某种类型页面元素的格式。如下面的CSS语句就是样式表"标签"类型。代码中A这个HTML标签用来设置超级链接，如果应用了例子中的CSS语句，网页中所有的超级链接都将采用代码中的格式。

```
01 A{ font-size: 150%; color: blue }
```
▶ 声明a标签样式,字号为150%,颜色为蓝色

3. 复合内容

复合内容用来定义HTML标签的某种类型的格式，CSS "复合内容" 的作用范围比重定义HTML标签要小，只是重新定义HTML标签的某种类型。如下面的CSS语句就是CSS "复合内容" 类型。代码中A这个HTML标签用来设置超级链接，其中A:visited表示超级链接的已访问类型，如果应用了例子中的CSS语句，网页中所有访问过的超级链接都将采用例子中的格式。

```
01 A:visited { font-size: 150%; color: blue }
```
▶ 声明访问过后的链接样式,字号为150%,颜色为蓝色

4. ID

ID选择符类似于类选择符，但前面用符号 "#" 而不是符号 "."。类和ID的不同点在于，类可以分配给任何数量的元素，ID却只能在某个HTML文档中使用一次。另外，类和ID的另一个区别是ID对给定元素应用何种样式比类具有更高的优先权。在下面的代码中，定义了#id这个样式。

```
01 #id{ font-size: 150%; color: blue }
```
▶ 声明名为id的ID样式,字号为150%,颜色为蓝色

在实时视图中检查CSS

检查模式与实时视图一起使用有助于快速识别HTML元素及其关联的CSS样式。打开检查模式后，将光标悬停在页面上的元素上方，即可查看任何块级元素的CSS盒模型属性。

除了在检查模式下能见到盒模型的可视化表示形式外，将光标悬停在 "文档" 窗口中的元素上方时也可以使用CSS样式面板。在当前模式下打开CSS样式面板，并将光标悬停在页面上的元素上方时，CSS样式面板中的规则和属性将自动更新，以显示该元素的规则和属性。

打开文档后，进入实时视图，单击 "检查" 按钮，将光标悬停在页面上的元素上方查看CSS盒模型。

 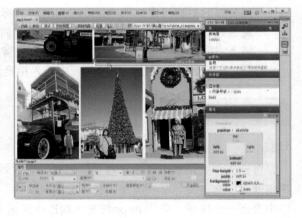

⌂ 检查模式对不同的内容高亮显示不同颜色

使用丰富的样式效果

利用CSS样式表可以设置非常丰富的样式，包括文字样式、背景样式和边框样式等各种常用的效果，这些样式决定了页面中的文字、列表、背景、表单、图片和光标等各种元素。

CSS布局属性

　　在为新样式选择了某种类型和名称之后，需要设置样式属性。属性分为以下几个类别，并由"属性"窗口顶部的不同图标表示：布局、文本、边框、背景、其它。

　　选择"显示集合"复选框可仅查看集合属性。若要查看可为选择器指定的所有属性，请取消选择"显示集合"复选框。

△ "属性"窗口

　　文档中的每个元素都可以装在一个矩形框内，通过CSS可以控制包含文档中的元素的框的大小、外观和位置。在"CSS设计器"的"属性"窗口的"布局"中可以定义布局样式。

> **TIP** 布局是指将某个对象（图片或文字）放入一个容器（可以理解为一个只有一行一列的表格），然后通过控制这个容器的位置达到控制对象的目的。布局的边框线默认情况下是不可见的（宽度为0），但可以利用CSS中来设置它的样式。

 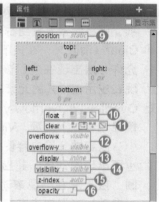

△ 布局属性

① **Width（宽）**：选择元素的宽度。可以选择auto（自动）选项由浏览器自行控制，也可以直接输入一个值，并在右侧的下拉列表中选择值的单位。

② **Height（高）**：选择元素的高度。同样可以选择自动由浏览器自行控制，也可以直接输入一个值，并在右侧的下拉列表中选择值的单位。

③ **Min-width（最小宽度）**：设置元素的最小宽度，该属性值会对元素的宽度设置一个最小限制。因此，元素可以比指定值宽，但不能比其窄。不允许指定负值。

④ **Min-height（最小高度）**：设置元素的最小高度，该属性值会对元素的高度设置一个最低限制。因此，元素可以比指定值高，但不能比其矮。不允许指定负值。

⑤ **Max-width（最大宽度）**：设置元素的最大宽度，该属性值会对元素的宽度设置一个最高限制。因此，元素可以比指定值窄，但不能比其宽。不允许指定负值。

⑥ **Max-height（最大高度）**：设置元素的最大高度，该属性值会对元素的高度设置一个最高限制。因此，元素可以比指定值矮，但不能比其高。不允许指定负值。

⑦ **Margin（边界）**：在该区域可以定义应用样式的元素边界和其他元素之间的空白大小。同样可以分别在上、下、左、右几个列表框中输入相应的值，然后在右侧的列表中选择适当的数值单位。margin-left，margin-right，margin-top和margin-bottom属性都接受长度或百分比值，指定元素周围要保留多少空白。

⑧ **Padding（填充）**：在该区域可以定义应用样式的元素内容和其他元素边界之间的空白大小。同样可以分别在上、下、左、右几个列表框中输入相应的值，然后在右侧的列表中选择适当的数值单位。padding-left，padding-right，padding-top和padding-bottom属性都接受长度或百分比值，指定元素周围要保留多少空白。

⑨ **Position（位置）**：可以设置浏览器如何放置Div，包含以下几项参数。

- static：会应用常规的HTML布局和定位规则，并由浏览器决定元素的框的左边缘和上边缘。
- relative：使元素相对于其包含的流移动，可以在这种情况下使top、bottom、left和right属性都用来计算框相对于其在流中正常位置所处的位置。随后的元素都不会受到这种位置改变的影响，而且放在流中的方式就像没有移动过该元素一样。
- absolute：可以从包含文本流中去除元素，而且随后的元素可以相应地向前移动，然后使用top、bottom、left和right属性，相对于包含块计算出元素的位置。这种定位允许将元素放在关于其包含元素的固定位置，但会随着包含元素的移动而移动。
- fixed：将元素相对于其显示的页面或窗口进行定位。像absolute定位一样，从包含流中去除元素时，其他的元素也会相应发生移动。

⑩ **Float（浮动）**：选择应用样式的元素的浮动位置。利用该选项，可以将元素移动到页面范围之外，如果选择left（左对齐）选项，则将元素放置到左页面空白处；如果选择right（右对齐）选项，则将元素放置到右页面空白处。

⑪ **Clear（清除）**：在该下拉列表中可以定义不允许分层。如果选择left（左对齐）选项，则表明不允许分层出现在应用该样式的元素左侧；如果选择right（右对齐）选项，则表明不允许分层出现在应用该样式的元素右侧。如果分层出现在元素相应的那侧，该元素会在分层下自动移开。

⑫ **Overflow-x/Overflow-y（水平溢出/垂直溢出）**：定义层中的内容超出了层的边界后，会发生的情况包含以下选项。Visible（可见）当层中的内容超出层范围时，层会自动向下或向右扩展大小，以容纳分层内容使之可见；Hidden（隐藏）当层中的内容超出层范围时，层的大小不变，也不出现滚动条，超出分层边界的内容不显示；Scroll（滚动）无论层中的内容是否超出层范围，层上总会出现滚动条，这样即使分层内容超出分层范围，也可以利用滚动条浏览；Auto（自动）当层中内容超出分层范围时，层的大小不变，但是会出现滚动条，以便通过滚动条的滚动显示所有分层内容。

⑬ **Display（显示）**：指定是否及如何显示元素。选择none选项将关闭该样式被指定给的元素的显示。

⑭ **Visibility（显示）**：设置层的初始化显示位置，包含以下3个选项。Inherit（继承）：继承分层父级元素的可视性属性；Visible（可见）：不管分层的父级元素是否可见，都显示层内容；Hidden（隐藏）：不管分层的父级元素是否可见，都隐藏层内容。

⑮ **Z-index（Z轴）**：可以定义层的顺序，即层重叠的顺序。可以选择Auto（自动）选项，或输入相应的层索引值。索引值可以为正数或负数，较高值所在的层会位于较低值所在层的上端。

⑯ **Opacity（透明）**：设置一个元素的透明度，opacity取值为1的元素是完全不透明的，反之，取值为0是完全透明的。

❓代码解密 CSS实现的布局属性代码

CSS的布局属性如下表所示。

布局属性	说　明
float	让文字环绕在一个元素的四周
clear	指定在某一个元素的某一边是否允许有环绕的文字或对象
width	设定对象的宽度
height	设定对象的高度

布局属性	说　明
Min-width	设置元素的最小宽度
Min-height	设置元素的最小高度
Max-width	设置元素的最大宽度
Max-height	设置元素的最大高度
padding	决定了究竟在边框与内容之间应该插入多少空间距离
margin	设置边框外侧的空白区域
padding-left、padding-right、padding-top和padding-bottom	分别设置在边框与内容之间的左、右、上、下的空间距离
margin-left、margin-right、margin-top和margin-bottom	分别设置边框外侧的左、右、上、下的空白区域大小
overflow	当内的内容超出层所能容纳的范围时的处理方式
position	设置对象的位置
z-index	决定层的先后顺序和覆盖关系
visibility	针对层的可视性设置
Display	设置如何显示元素
Opacity	设置透明

TIP 当需要同时在代码中写上两种属性值的时候，在属性值中间加上空格就可以了。

　　如下代码声明了元素在右侧浮动，禁止元素出现在右侧，宽度、高度均为400像素，补白区域为20像素，周围空白为30像素。

```
01  float:right;                    ▶ 声明元素在右侧浮动
02  clear:right;                    ▶ 声明禁止元素出现在右侧
03  width:400px;                    ▶ 声明宽度为400像素
04  height:400px;                   ▶ 声明高度为400像素
05  padding:20px;                   ▶ 声明补白区域为20像素
06  margin:30px;                    ▶ 声明周围空白为30像素
```

　　如下代码声明位置为绝对位置，居左274像素，居顶324像素，宽度为158像素，高度为107像素，z值为1，溢出方式为自动，关闭该样式被指定给的元素的显示。

```
01  position:absolute;              ▶ 声明位置为绝对位置
02  left:274px;                     ▶ 声明居左274像素
03  top:324px;                      ▶ 声明居顶324像素
04  width:158px;                    ▶ 声明宽度为158像素
05  height:107px;                   ▶ 声明高度为107像素
06  z-index:1;                      ▶ 声明z值为1
07  overflow:auto;                  ▶ 声明溢出为自动
08  display:none;                   ▶ 声明关闭该样式被指定给的元素的显示
```

TIP 很多读者这里可能会有疑问，″为什么要采用这样的方法来控制对象呢，直接用表格不就可以了吗？″其实这种排版的方式被称之为″Div+CSS结构″，它是WEB标准所推荐的排版方式，不过对于初学者来说，这种方法可能存在一定的技术难度。这部分内容将在后续的章节中介绍。

CSS文本属性

　　在"CSS设计器"的"属性"窗口的"文本"中可以定义文本样式。在Dreamweaver的文本中应用字体和字体大小后，在浏览器上确认时，有时会看到浏览器与文档中的显示效果有些不一致。此时，可以应用样式表来解决此问题。

❶ **Color（颜色）**：单击该按钮，可以打开色板，设置CSS样式的字符颜色，它的值可能是一种颜色名，也可能是一个十六进制的RGB组合，或一个十进制的RGB组合。

❷ **Font-family（字体）**：在下拉列表中可以选择当前样式所用的字体，可以设置以逗号分开的字体名称列表。

> **TIP** 当浏览器解释执行的时候，会控制族科中所列的字体顺序从前到后选择字体，当客户机中没有第1种字体的时候，浏览器会利用第2种字体显示，依此类推。

❸ **Font-style（文字样式）**：在下拉列表中可以选择字体的特殊格式。可以选择normal（正常）、italic（斜体）或Oblique（偏斜体）选项。

❹ **Font-variant（字体变体）**：在该下拉列表中允许设置字体的变体形式，可以选择所需字体的某种变形。这个属性的默认值是normal选项，表示字体的常规版本。也可以指定small-caps来选择字体的一个版本，在这个版本中，小写字母都会被替换为小的大写字母。在文档窗口中不能直接看到设置结果，必须在浏览器中才可以看到效果。

❺ **Font-weight（字体粗细）**：在该下拉列表中可以指定字符的粗细。选择或输入数值，可以指定字体的绝对粗细程度；或者使用bolder和lighter值来得到比父元素字体更粗或更细的版本。

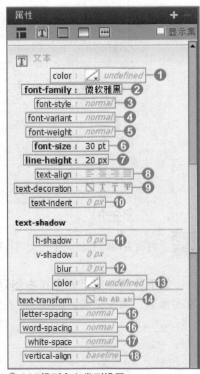

△ CSS规则定义类型设置

❻ **Font-size（字号）**：在列表框中可以设置字体的字号。通过选择或输入具体的数值，也可以指定绝对大小的字号；如果选择如小或大之类的选项，则设置的是字体的相对大小。如果设置的是字体的绝对大小，则需要在其右侧的下拉列表中选择单位。

❼ **Line-height（行高）**：通常情况下，浏览器会用单行距离来显示文本行，也就是说下一行的上端到上一行的下端只有几磅的间隔，通过增加行高可以增加行间距。在该下拉列表中可以选择文本的行高，选择normal（正常）选项，则由系统自动计算行高和字体大小；如果希望具体指定行高值，可以直接在其中输入需要的数值，然后选择单位。

❽ **Text-align（文本对齐）**：文本相对页边的调整几乎是所有文字处理器都具备的基本特性。text-align属性使得HTML的任何模块级标签都具有了这个能力。定义对象的对齐方式是left（居左）、right（居右）、center（居中）或justify（绝对居中）。

❾ **Text-decoration（文字修饰）**：在该区域可以设置字体的一些修饰格式，包括underline（下划线）、overline（上划线）、line-through（删除线）和blink（闪烁线）等选项。勾选相应的复选框，则激活相应的修饰格式。如果不希望使用格式，可以取消勾选相应复选框；如果勾选none（无）复选框，则不设置任何格式。在默认状态下，对于普通的文本，其修饰格式为none（无），对于超级链接，其修饰格式为underline（下划线）。

⑩ Text-indent（**文字缩进**）：设置每段第一行的缩进距离，输入负值也允许，但有些浏览器不支持。

⑪ H-shadow/V-shadow（**水平阴影/垂直阴影**）：设置文字的水平阴影或垂直阴影效果。

⑫ Blur（**柔化**）：设置文字的模糊效果。

⑬ Color（**阴影颜色**）：设置文字的阴影颜色。

⑭ Text-transform（**文字大小写**）：在该下拉列表中可以设置字符的大小写方式。如果选择 capticalize（首字母大写）选项，则可以指定将每个单词的第一个字符大写；如果选择 uppercase（大写）或lowercase（小写）选项，则可以分别将所有被选择的文本都设置为大写或小写；如果选择none（无）选项，则保持字符本身原有的大小写格式。

⑮ Letter-spacing（**字母间距**）：调整字符之间的间距。与单词间距相同，可以在字符之间添加额外的间距。用户可以输入一个值，然后在右侧的下拉列表中选择数值的单位。通过输入负值来缩小字符间距要根据浏览器的情况而定。另外，字母间距的优先级高于单词间距。

⑯ Word-spacing（**单词间距**）：在字与字之间增加更多的空隙。可以在单词之间添加额外的间距。可以输入一个值，然后在右侧的下拉列表中选择数值的单位，这要根据浏览器决定，因为许多浏览器并不支持负值。

⑰ White-space（**空格**）：决定了一个元素怎样处理其中的空白部分，其中有三个属性值。选择 normal（正常）选项，则按照正常的方法处理空格，可以使多重的空白合并成一个；选择pre（保留）选项，则保留应用样式元素中空格的原始形象，不允许多重的空白合并成一个；应用 nowrap（不换行）选项，长文本不自动换行。

⑱ Vertical-align（**垂直对齐**）：调整页面元素的垂直位置，多数情况下要参照其父对象的位置。

❓ 代码解密 CSS实现的文本属性代码

　　HTML的<font>属性解决了部分问题，因为每次文本字体改变时都需要一个不同的<font>标签。样式表可以改变这一切。CSS3标准提供了多种字体属性，用它们便可以修改受影响标签内所包含文本的外观，CSS的文本属性如下表所示。

字体属性	说　明
font-family	设置字体
ont-siz	设置字号
color	设置文字颜色
font-variant	设置英文大小写转换
font-weight	设置文字粗细
font-style	设置文字样式
text-decoration	设置文字修饰
line-height	设置文字行高
text-transform	控制英文文字大小写
word-spacing	定义一个附加在单词之间的间隔数量
letter-spacing	定义一个附加在字母之间的间隔数量
text-align	设置文本的水平对齐方式
text-indent	文字的首行缩进
Vertical-align	设置文本的垂直对齐方式
White-space	设置空格

如下代码声明了文字使用〝黑体〞显示，字号为14像素，红色，粗体，斜体，加上划线和下划线，行高20像素，英文字母首字大写。

```
01 font-family: "黑体";           ▶声明字体为黑体
02 font-size:14px;                 ▶声明字号为14像素
03 color:#CC0000;                  ▶声明颜色为#CC0000
04 font-variant:small-caps;        ▶声明英文字母转换为小写
05 font-weight:bold;               ▶声明文字为粗体
06 font-style:italic;              ▶声明文字为斜体
07 text-decoration:underline overline;  ▶声明文字加上划线和下划线
08 line-height:20px;               ▶声明行高20像素
09 text-transform:capitalize;      ▶声明首字母大写
```

如下代码声明了单词间距和字母间距分别为2像素，文字水平垂直居中，单词缩进10像素，长文本不自动换行。

```
01 word-spacing:2px;               ▶声明单词间距为2像素
02 letter-spacing:2px;             ▶声明字母间距为2像素
03 text-align:center;              ▶声明文字水平居中
04 text-indent:10px;               ▶声明单词缩进10像素
05 vertical-align:middle;          ▶声明文字垂直居中
06 white-space:nowrap;             ▶声明长文本不自动换行
```

CSS3的text-shadow文字阴影属性还没有出现时，用户在网页设计中阴影一般都是用photoshop做成图片，现在有了CSS3可以直接使用text-shadow属性来指定阴影。这个属性可以有两个作用，产生阴影和模糊主体。这样在不使用图片时能给文字增加质感。语法如下。

```
text-shadow : none | <length> none | [<shadow>, ] * <shadow> 或none | <color> [, <color> ]*
```

具体的属性值如下表所示。

Text-shadow属性值	说　明
Length	长度值，可以是负值。用来指定阴影的延伸距离。其中X Offset是水平偏移值，Y Offset是垂直偏移值
Color	指定阴影颜色，也可以是rgba透明色
Shadow	阴影的模糊值，不可以是负值，用来指定模糊效果的作用距离

下面的代码实现了红色的文字阴影效果。

```
text-shadow: red 0 1px 0;
```

TEXT SHADOW

⬢ 文字阴影

CSS边框属性

边框属性是用于设置一个元素边框的宽度、式样和颜色的缩写。在〝CSS设计器〞的〝属性〞窗口的〝边框〞中可以定义边框样式。

❶ **Border-collapse**：设置表格的边框是否被合并为一个单一的边框，还是像在标准的HTML中那样分开显示。

② **Border-spacing**：指定分隔边框模型中单元格边界之间的距离。在指定的两个长度值中，第一个是水平间隔，第二个是垂直间隔。除非 border-collapse 被设置为 separate，否则将忽略这个属性。

③ **Border-Color（颜色）**：可分别设定上下左右边框的颜色，或勾选"全部相同"复选框为所有边线使用相同颜色。

④ **Border-Width（宽度）**：可以定义应用该样式的元素的边框宽度。在Top（上）、Right（右）、Bottom（下）和Left（左）4个下拉列表框中，可以分别设置边框上每个边的宽度。用户可以选择相应的宽度选项，如细、中、粗或直接输入一个数值。Top（上）选项设置元素顶端边框的宽度，其值可以使用细、中、粗或具体数值来指定。其他方向边框宽度设定都与上相同。

⑤ **Border-Style（样式）**：有9个选项，每个选项代表一种边框样式。border-style属性值包括none（默认）、dotted、dashed、solid、double、groove、ridge、inset和outset。

⑥ **border-radius（半径）**：设置圆角边框的半径值。

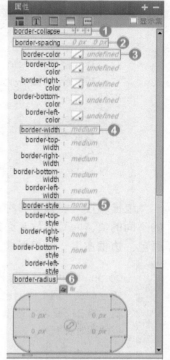

△ CSS边框属性

TIP 在CSS2中，对于圆角的制作，我们需要使用多张圆角图片做为背景，分别应用到每个角上，在需要圆角的元素标签中加四个空标签，然后在每个空标签中应用一个圆角的背景位置，然后在对这几个应用了圆角的标签进行定位到相应的位置，方法很麻烦。如今CSS3中的border-radius属性出现后，节省了制作圆角图片的时间，提高了网站的性能，少了对图片进行http的请求，网页的载入速度将变快，而且还能增加视觉美观性。

❓代码解密 CSS实现的边框属性代码

边框属性用于设置一个元素边框的宽度、样式和颜色等，CSS的边框属性如下表所示。

边框属性	说 明
border-color	边框颜色
borer-style	边框样式
borde-width	边框宽度
border-top-color	上边框颜色
border-left-color	左边框颜色
border-right-color	右边框颜色
border-bottom-color	下边框颜色
border-top-style	上边框样式
border-left-style	左边框样式
border-right-style	右边框样式
border-bottom-style	下边框样式

边框属性	说　明
border-top-width	上框宽度
border-left-width	左边框宽度
border-right-width	右边框宽度
border-bottom-width	下边框宽度
border	组合设置边框属性
border-top	组合设置上边框属性
border-left	组合设置左边框属性
border-right	组合设置右边框属性
border-bottom	组合设置下边框属性

　　边框属性只能设置四种边框，只能给出一组边框的宽度和式样。为了给出一个元素的四种边框的不同的值，网页制作者必须用一个或更多的属性，如：上边框、右边框、下边框、左边框、边框颜色、边框宽度、边框样式、上边框宽度、右边框宽度、下边框宽度或左边框宽度等。

TIP　border-width属性用来设置对象的边框宽度，如果只包括一个属性值，边框的所有四面都将设置为指定宽度；两个值则设上下边框为第一个值；左右边框为第二个值；在三个值中，第一个值是上边框，第二个是左右边框，第三个值是下边框；四个值则指定了每一面的宽度，按上、右、下、左边框的顺时针顺序。

　　其中border-style属性根据CSS3模型，可以为HTML元素边框应用很多修饰。border-style属性值包括none，dotted，dashed，solid，double，groove，ridge，inset和outset。其属性值如下表所示。

Border-style属性值	说　明
none	无边框
dotted	边框由点组成
dash	边框由短线组成
solid	边框是实线
double	边框是双实线
groove	边框带有立体感的沟槽
ridge	边框成脊形
inset	边框内嵌一个立体边框
outset	边框外嵌一个立体边框

　　如下代码声明了边框宽度为4像素，边框颜色为红色，边框样式为双线。

```
01 border-width:4px;              ▶声明边框宽度为4像素
02 border-color:red;              ▶声明边框颜色为红色
03 border-style:double;           ▶声明边框样式为双线
```

　　Border-radius作为CSS3新增的边框半径，语法如下。

```
border-radius :  none | <length>{1,4} [/ <length>{1,4} ]?
```

　　其中，<length>由浮点数字和单位标识符组成的长度值，不可为负值。
　　border-radius是一种缩写方法。如果"/"前后的值都存在，那么"/"前面的值设置其水平半径，"/"后面值设置其垂直半径；如果没有"/"，则水平和垂直半径相等。另外其四个值是按照

top-left、top-right、bottom-right、bottom-left的顺序来设置的其主要会有下面几种情形出现。

- border-radius: [<length>{1,4}]；这里只有一个值，那么top-left、top-right、bottom-right、bottom-left四个值相等。
- border-radius: [<length>{1,4}] [<length>{1,4}]；这里设置两个值，那么top-left等于bottom-right，并且取第一个值；top-right等于bottom-left，并且取第二个值。
- border-radius: [<length>{1,4}] [<length>{1,4}] [<length>{1,4}]；如果有三个值，其中第一个值是设置top-left；而第二个值是top-right和bottom-left并且他们会相等，第三个值是设置bottom-right。
- border-radius:[<length>{1,4}] [<length>{1,4}] [<length>{1,4}] [<length>{1,4}];如果有四个值，其中第一个值是设置top-left;而第二个值是top-right,第三个值bottom-right,第四个值是设置bottom-left。

下面是border-radius在不同内核浏览器下的书写格式。

```
01 moz-border-radius-topleft: 10px          ▶声明mozilla浏览器边框左上角半径
02 moz-border-radius-topright: 10px         ▶声明mozilla浏览器边框右上角半径
03 moz-border-radius-bottomright: 10px      ▶声明mozilla浏览器边框右下角半径
04 -moz-border-radius-bottomleft: 10px      ▶声明mozilla浏览器边框左下角半径
```

```
01 -webkit-border-top-left-radius: 10px       ▶声明webkit内核浏览器边框左上角半径
02 -webkit-border-top-right-radius: 10px      ▶声明webkit内核浏览器边框右上角半径
03 -webkit-border-bottom-right-radius: 10px   ▶声明webkit内核浏览器边框右下角半径
04 -webkit-border-bottom-left-radius: 10px    ▶声明webkit内核浏览器边框左下角半径
```

```
01 border-top-left-radius: 10px        ▶声明Opera和IE浏览器边框左上角半径
02 border-top-right-radius: 10px       ▶声明Opera和IE浏览器边框右上角半径
03 border-bottom-right-radius: 10px    ▶声明Opera和IE浏览器边框右下角半径
04 border-bottom-left-radius: 10px     ▶声明Opera和IE浏览器边框左下角半径
```

知识拓展 CSS3的RGBA

RGB色彩模式是工业界的一种颜色标准，是通过对红(R)、绿(G)、蓝(B)三个颜色通道的变化以及它们相互之间的叠加来得到各式各样的颜色的，RGB即是代表红、绿、蓝三个通道的颜色，这个标准几乎包括了人类视力所能感知的所有颜色，是目前运用最广的颜色系统之一。RGBA在RGB的基础上多了控制alpha透明度的参数。语法如下。

```
R: 红色值。正整数 | 百分数
G: 绿色值。正整数 | 百分数
B: 蓝色值。正整数| 百分数
A: 透明度。取值0~1之间
```

下面的代码依次实现了100%、80%、60%、40%、20%的不透明效果。

```
rgba(255,255,0,1);
rgba(255,255,0,0.8);
rgba(255,255,0,0.6);
rgba(255,255,0,0.4);
rgba(255,255,0,0.2);
```

100% 80% 60% 40% 20%

⬙ 不透明效果

CSS背景属性

　　利用样式表不仅可以设置整个文档的背景，而且还可以设置特定部分的背景色或背景图像。插入背景图像时，还可以指定背景图像的位置或重复方式、固定与否等。

　　在"CSS设计器"的"属性"窗口"背景"中可以定义背景样式。

❶ Background-color（背景颜色）：用来设定页面背景色。

❷ url（文件路径）：用来设定页面背景图像源文件。

❸ gradient（渐变）：设置背景颜色的渐变效果。

❹ Background-position（X）（水平位置）/Background-position（Y）垂直位置：用于指定背景图像相对于应用样式的元素的水平位置或垂直位置。可以选择left（左对齐）、right（右对齐）、center（居中对齐）或top（顶部对齐）、bottom（底部对齐）、center（居中对齐）选项，也可以直接输入一个数值。如果前面的附件选项设置为fixed（固定），则元素的位置是相对于文档窗口，而不是元素本身的。可以为background-position属性指定一个或两个值；如果用的是一个值，它将同时应用于垂直和水平位置；如果是两个值，那么第一个值表示水平偏移，第二个值表示垂直偏移；如果前面的附件选项设置为fixed（固定），则元素的位置是相对于文档窗口，而不是元素本身的。

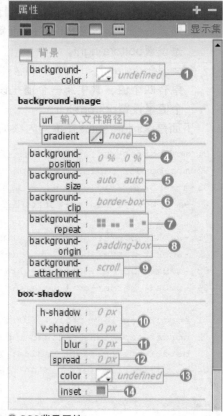

△ CSS背景属性

❺ Background-size（尺寸）：规定背景图片的尺寸。

❻ Background-Clip（剪裁）：规定背景的绘制区域。

❼ Background-repeat（背景重复）：用于设定使用图像当背景时是否需要重复显示，这一般用于图片面积小于页面元素面积的情况。共有以下4个选项：no-repeat（不重复）表示只在应用样式的元素前端显示一次该图像；repeat（重复）表示在应用样式的元素背景上的水平方向和垂直方向上重复显示该图像；repeat-x（横向重复）表示在应用样式的元素背景上的水平方向上重复显示该图像；repeat-y（纵向重复）表示在应用样式的元素背景上的垂直方向上重复显示该图像。

> **TIP**　默认情况下，能够识别样式的浏览器将从分配的显示区域的左上角开始放置背景图像，并将图像平铺至同一区域的右下角。

❽ Background-origin（原始）：规定背景图片的定位区域。

❾ Background-attachment（背景固定）：其中的fixed（固定）与scroll（滚动）选项用来设定对象的背景图像是随对象内容滚动的还是固定的。

❿ H-shadow/V-shadow（水平阴影/垂直阴影）：设置容器的水平阴影或垂直阴影效果。

⓫ Blur（柔化）：设置容器的模糊效果。

⓬ Spread（扩散）：设置容器的阴影大小。

⓭ Color（颜色）：设置容器的阴影颜色。

⓮ Inset（内嵌）：把阴影从外部阴影改变成内部阴影。

❓代码解密 CSS实现的背景属性代码

背景

文档中的每个元素都有一种前景颜色和一种背景颜色。在有些情况下，背景不是颜色，而是一幅色彩丰富的图像。background样式属性控制着这些图像。CSS的背景属性如下表所示。

列表属性	说　明
background-color	设定一个元素的背景颜色
background-image	设定一个元素的背景图象
background-repeat	决定一个指定的背景图象如何被重复
Background-attachment	设置背景图像是否固定
background-position	设置水平和垂直方向上的位置
background-size	设定背景图片的尺寸
background-origin	规定背景图片的定位区域
background-clip	规定背景的绘制区域

如下代码声明页面的背景图像为bg.gif图片，图像固定，按水平方式平铺，排列在页面的右下角。

```
01 background-image:url(bg.gif);          ▶ 声明背景图像为bg.gif图片
02 background-attachment: fixed;          ▶ 声明背景图像固定
03 background-repeat:repeat-x;            ▶ 声明背景图像按水平方式平铺
04 background-position:right bottom;      ▶ 声明背景图像排列在页面右下角
```

渐变

CSS3渐变分为linear-gradient（线性渐变）和radial-gradient（径向渐变）。为了更好地应用CSS3渐变，需要先了解一下目前的几种现代浏览器的内核，主流内容主要有Mozilla（熟悉的有Firefox，Flock等浏览器）、WebKit（熟悉的有Safari、Chrome等浏览器）、Opera（Opera浏览器）、IE浏览器等。

1. 线性渐变

在mozilla浏览器下的语法如下。

```
-moz-linear-gradient( [<point> || <angle>,]? <stop>, <stop> [, <stop>]* )
```

其共有三个参数，第一个参数表示线性渐变的方向，top是从上到下、left是从左到右，如果定义成left top，那就是从左上角到右下角。第二个和第三个参数分别是起点颜色和终点颜色。可以在它们之间插入更多的参数，表示多种颜色的渐变。例如，想实现从上到下由灰到黑的渐变效果，代码如下。

△线性渐变

```
-moz-linear-gradient( top,#ccc,#000);
```

在Webkit内核浏览器下的语法如下。

```
-webkit-gradient(<type>, <point> [, <radius>]?, <point> [, <radius>]? [, <stop>]*)
```

-webkit-gradient是webkit引擎对渐变的实现参数，一共有五个。第一个参数表示渐变类型（type），可以是linear（线性渐变）或者radial（径向渐变）。第二个参数和第三个参数，都是一对值，分别表示渐变起点和终点，这对值可以用坐标形式表示，也可以用关键值表示，比如 left top

（左上角）和left bottom（左下角）。第四个和第五个参数，分别是两个color-stop函数，color-stop函数接受两个参数，第一个表示渐变的位置，0为起点，0.5为中点，1为结束点；第二个表示该点的颜色。同样实现从上到下由灰到黑的渐变效果，代码如下。

```
-webkit-gradient(linear,center top,center bottom,from(#ccc), to(#000));
```

在Opera浏览器下的语法如下。

```
-o-linear-gradient([<point> || <angle>,]? <stop>, <stop> [, <stop>])
```

-o-linear-gradient有三个参数。第一个参数表示线性渐变的方向，top是从上到下、left是从左到右，如果定义成left top，那就是从左上角到右下角。第二个和第三个参数分别是起点颜色和终点颜色。可以在它们之间插入更多的参数，表示多种颜色的渐变。同样实现从上到下由灰到黑的渐变效果，代码如下。

```
-o-linear-gradient(top,#ccc, #000);
```

IE9以下版本的浏览器不支持CSS的渐变效果，但可以使用滤镜实现，这部分内容详见后面的章节。

2. 径向渐变

CSS3的径向渐变和线性渐变很相似，径向渐变目前还不支持Opera和IE浏览器，语法如下。

```
-moz-radial-gradient([<bg-position> || <angle>,]? [<shape> || <size>,]? <color-
stop>, <color-stop>[, <color-stop>]*);
-webkit-radial-gradient([<bg-position> || <angle>,]? [<shape> || <size>,]? <color-
stop>, <color-stop>[, <color-stop>]*);
```

除了已经在线性渐变中设置的起始位置，方向和颜色，径向梯度允许用户指定渐变的形状（圆形或椭圆形）、大小（最近端，最近角，最远端，最远角，包含或覆盖（closest-side，closest-corner，farthest-side，farthest-corner，contain or cover）和颜色起止（Color stops）等。例如，希望实现两个颜色间的径向渐变，代码如下。

△ 径向渐变

```
-moz-radial-gradient(#ace, #f96, #1E90FF);
-webkit-radial-gradient(#ace, #f96, #1E90FF);
```

方框阴影

CSS3的方框阴影属性box-shadow类似于文字阴影属性text-shadow，只不过不同的是text-shadow是对象的文本设置阴影，而box-shadow是给对象实现图层阴影效果。语法如下。

```
box-shadow: <length> <length> <length>?<length>?||<color>}
```

具体的属性值如下表所示。

box-shadow属性值	说　明
Inset	此参数是一个可选值，如果不设值，其默认的投影方式是外阴影；如果取其唯一值"inset"，就是将外阴影变成内阴影
H-shadow	指阴影水平偏移量，其值可以是正负值可以取正负值，如果值为正值，则阴影在对象的右边，反之其值为负值时，阴影在对象的左边
color	此参数可选，如果不设定任何颜色时，浏览器会取默认色

（续表）

box-shadow属性值	说　明
v-shadow	指阴影的垂直偏移量，其值也可以是正负值，如果为正值，阴影在对象的底部，反之其值为负值时，阴影在对象的顶部
Blur	此参数可选，但其值只能是为正值，如果其值为0时，表示阴影不具有模糊效果，其值越大阴影的边缘就越模糊
Spread	此参数可选，其值可以是正负值，如果值为正，则整个阴影都延展扩大，反之值为负值时，则缩小

下面的代码实现了黑色的方框阴影效果。

```
box-shadow: 3px 3px 3px;
```

TIP 浏览器默认的阴影色不同，在webkit内核下的safari和chrome浏览器将无色，也就是透明。

△ 方框阴影

CSS其他属性

在"CSS设计器"的"属性"窗口"其他"中可以定义其他样式，其中主要是和列表相关的样式属性。

❶ **List-style-Position（位置）**：可以设置列表项的换行位置。有两种方法可用来定位与一个列表项有关的记号，即在与项目有关的块外面或里面。List-style-position属性接受以下两个值inside或outside。

❷ **List-style-image（项目符号图像）**：可以设置以图片作为无序列表的项目符号。可以在其中输入图片文件的URL地址，也可以单击"浏览"按钮，然后从磁盘上选择图片文件。

△ CSS其他属性

❸ **List-style-type（列表类型）**：该属性决定了有序和无序列表项如何显示在能识别样式的浏览器上。可为每行的前面加上项目符号或编号，用于区分不同的文本行。

❓代码解密 CSS实现的其他属性代码

CSS中有关其他的属性丰富了列表的外观。CSS的其他属性如下表所示。

列表属性	说　明
list-style-image	设定列表样式为图像
list-style-type	设定引导列表项目的符号类型
List-style-position	决定列表项目所缩进的程度

如下代码设置了类别样式为圆点，列表图像为icon.gif，位置处于外侧。

```
01 list-style-type:disc;              ▶ 声明列表类型为圆点
02 list-style-image: url(icon.gif)    ▶ 声明列表图像为icon.gif
03 list-style-position:outside;       ▶ 声明列表位置位于外侧
```

211

取消应用在文档中的类样式的方法非常简单，可以在以下两种方法中选择一种。方法一是单击应用类样式的部分后，在属性面板的Class下拉列表中选择"无"选项，即可取消类样式；方法二是单击应用类样式的部分，就会在标签选择器上出现<标签.样式>。"样式"指的是类样式的名称。在<标签.样式>上单击鼠标右键，在弹出的快捷菜单中执行"删除标签"命令，就可以取消类样式。

CSS过滤效果

可以使用"CSS过渡效果"面板创建、修改和删除CSS3过渡效果。要创建CSS3过渡效果，可以通过为元素的过渡效果属性指定值来创建过渡效果类。如果在创建过渡效果类之前选择元素，则过渡效果类会自动应用于选定的元素。

选择"窗口>CSS过渡效果"，打开"CSS过渡效果"面板，然后单击"加号"按钮，打开"新建过渡效果"对话框。

❶ **目标规则**：输入选择器名称。选择器可以是任意CSS选择器，如标签、规则、ID或复合选择器。例如，希望将过渡效果添加到所有<hr>标记，请输入hr。

❷ **过渡效果开启**：选择要应用过渡效果的状态。例如，想要在鼠标移至元素上时应用过渡效果，请用"悬停"选项。

❸ **对所有属性使用相同的过渡效果**：如果希望为要过渡的所有CSS属性指定相同的"持续时间"、"延迟"和"计时功能"，请选择此选项；如果希望为要过渡的每个CSS属性指定不同的"持续时间"、"延迟"和"计时功能"，请选择"对每个属性使用不同的过渡效果"选项。

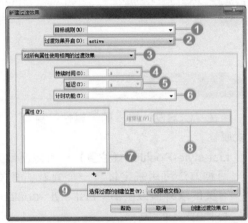
△ "新建过渡效果"对话框

❹ **持续时间**：以秒（s）或毫秒（ms）为单位输入过渡效果的持续时间。
❺ **延迟**：在过渡效果开始之前的时间，以秒或毫秒为单位。
❻ **计时功能**：从可用选项中选择过渡效果样式。
❼ **属性**：向过渡效果添加CSS属性。
❽ **结束值**：过渡效果的结果值。例如，想要字体大小在过渡效果的结尾增加到40px，请为字体大小属性指定40px。
❾ **选择过渡的创建位置**：若要在当前文档中嵌入样式，请选择"仅对该文档"。

❓代码解密 CSS实现的过渡效果代码

CSS的transition允许CSS属性值在一定的时间区间内平滑地过渡。这种效果可以在鼠标单击、获得焦点、被点击或对元素任何改变中触发，并圆滑地以动画效果改变CSS属性值。CSS的过渡属性如下表所示。

过滤属性	说　明
Transition-property	指定某种属性进行渐变效果
Transition-duration	指定渐变效果的时长，单位为秒
Transition-timing-function	描述渐变效果的变化过程

（续表）

过滤属性	说 明
Transition-delay	指定渐变效果的延迟时间，单位为秒
Transition	组合设置渐变属性

其中，Transition-property用来指定当元素其中一个属性改变时执行过渡效果，其属性值如下表所示。

Transition-property属性值	说 明
None	没有属性发生改变
All	所有属性发生改变
Ident	指定元素的某一个属性值

其中，Transition-timing-function控制变化过程，其属性值如下表所示。

Transition-timing-function属性值	说 明
Ease	逐渐变慢
Ease-in	由慢到快
Ease-out	由快到慢
East-in-out	由慢到快再到慢
Cubic-bezier	自定义cubic贝塞尔曲线
linear	匀速线性过渡

需要说明的是，因为transition最早是有由webkit内核浏览器提出来的，mozilla和opera都是最近版本才支持这个属性，而大众型浏览器IE8.0以下版本都不支持。另外由于各大现代浏览器Firefox，Safari，Chrome，Opera都还不支持W3C的标准写法，所以在应用transition时有必要加上各自的前缀，最好再放上W3C的标准写法，这样的标准会覆盖前面的写法，只要浏览器支持transition属性，那么这种效果就会自动加上去。

如下代码声明不同浏览器、针对所有属性，进行由慢到快、0.5秒时长的过渡效果。

```
01  -moz-transition: all 0.5s ease-in;        ▶声明mozilla浏览器的过渡效果
02  -webkit-transition: all 0.5s ease-in;     ▶声明webkit内核浏览器的过渡效果
03  -o-transition: all 0.5s ease-in;          ▶声明opera浏览器的过渡效果
04  transition: all 0.5s ease-in;             ▶声明w3c标准的过渡效果
```

知识拓展 CSS3的变形和动画应用

除了Dreamweaver提供的CSS过渡效果之外，在最新的CSS3标准中，变形和动画方面的属性也能够呈现类似过渡一样的动画效果。

1. CSS3变形Transform

Transform字面上就是变形、改变的意思。在CSS3中transform主要包括以下几种：旋转rotate、扭曲skew、缩放scale、移动translate以及矩阵变形matrix。语法如下。

```
transform : none | <transform-function> [ <transform-function> ]*
```

其属性值如下表所示。

213

Transform属性值	说　明
None	不进行变换
<transform-function>	一个或多个变换函数，以空格分开

transform-function属性实现了一些可用SVG实现同样的功能。它可用于内联（inline）元素和块级（block）元素。它允许用户旋转、缩放和移动元素，它有以下几个属性值。

Transform-function属性值	说　明
rotate	rotate(<angle>)通过指定的角度参数对原元素指定一个2D 旋转
translate	translate(x,y)水平方向和垂直方向同时移动（也就是X轴和Y轴同时移动）；translateX(x)仅水平方向移动（X轴移动）；translateY(Y)仅垂直方向移动（Y轴移动）
scale	scale(x,y)使元素水平方向和垂直方向同时缩放（也就是X轴和Y轴同时缩放）；scaleX(x)元素仅水平方向缩放（X轴缩放）；scaleY(y)元素仅垂直方向缩放（Y轴缩放）
skew	skew(x,y)使元素在水平和垂直方向同时扭曲（X轴和Y轴同时按一定的角度值进行扭曲变形）；skewX(x)仅使元素在水平方向扭曲变形（X轴扭曲变形）；skewY(y)仅使元素在垂直方向扭曲变形（Y轴扭曲变形）
matrix	matrix(<number>, <number>, <number>, <number>, <number>, <number>) 以一个含六值的(a,b,c,d,e,f)变换矩阵的形式指定一个2D变换，相当于直接应用一个[a b c d e f]变换矩阵

另外，CSS3标准还提供了一个transform-origin属性，在进行transform动作之前可以改变元素的基点位置，换句话说，没有使用transform-origin改变元素基点位置的情况下，transform进行的rotate，translate，scale，skew，matrix等操作都是以元素自己中心位置进行变化的。但有时候我们需要在不同的位置对元素进行这些操作，那就可以使用transform-origin来对元素进行基点位置改变，使元素基点不再是中心位置，以达到你需要的基点位置。语法如下。

transform-origin(X,Y)用来设置元素的运动的基点（参照点）。默认点是元素的中心点。其中X和Y的值可以是百分值em，px，其中X也可以是字符参数值left，center，right；Y和X一样除了百分值外还可以设置字符值top，center，bottom。

如下代码声明不同浏览器、针对.menu ul li.rotate a:hover几个属性，进行45度旋转。

```
01 -moz-transform: rotate(45deg);        ▶ 声明mozilla浏览器的旋转效果
02 -webkit-transform: rotate(45deg);     ▶ 声明webkit内核浏览器的旋转效果
03 -o-transform: rotate(45deg);          ▶ 声明opera浏览器的旋转效果
04 -ms-transform: rotate(45deg);         ▶ 声明IE9以上版本浏览器的旋转效果
05 transform: rotate(45deg);             ▶ 声明w3c标准的旋转效果
```

2. CSS3动画Animation

Animation能实现元素的动画效果。Animations功能与Transitions功能相同，都是通过改变元素的属性值来实现动画效果，不同之处在于，Transitions功能只能通过改变指定属性的开始值与结束值，然后在这两个属性值之间进行平滑的过渡来实现动画效果，所以Transitions功能不能实现比较复杂的动画效果。Animations功能可以定义多个关键帧以及定义每个关键帧中元素的属性值来实现复杂的动画效果。具体属性值如下表所示。

Animation属性值	说　明
animation-name	定义动画名称，其主要有两个值：IDENT是由Keyframes创建的动画名，none为默认值，当值为none时，将没有任何动画效果
animation-duration	指定元素播放动画所持续的时间，单位为秒
animation-timing-function	指定元素根据时间的推进来改变属性值的变换速率，具有以下六种变换方式：ease；ease-in；ease-in-out；linear；cubic-bezier。
animation-delay	指定元素动画开始时间，单位为秒
animation-iteration-count	指定元素播放动画的循环次数，默认值为"1"；infinite为无限次数循环
animation-direction	指定元素动画播放的方向，其只有两个值，默认值为normal，如果设置为normal时，动画的每次循环都是向前播放；另一个值是alternate，动画播放在第偶数次向前播放，在第奇数次向反方向播放
animation-play-state	控制元素动画的播放状态，主要有两个值，running和paused，running为默认值。

创建关键帧的方法是：@keyframes/关键帧集合名/{ 创建关键帧的代码 }，如果是Safari或Chrome，要在属性前加上"-webkit-"前缀，如果是Firefox，则加上"-moz-"前缀。像"@-webkit-keyframes"或"@-moz-keyframes"这样。

如下代码声明针对webkit内核浏览器以及针对.menu ul li.rotate a:hover几个属性，进行45度旋转。

```
01  -webkit-animation-name: 'round';                    ▶ 声明webkit内核浏览器的动画名称
02  -webkit-animation-duration: 60s;                    ▶ 声明webkit内核浏览器的动画播放时间
03  -webkit-animation-timing-function: ease;            ▶ 声明webkit内核浏览器的动画播放频率
04  -webkit-animation-iteration-count: infinite;        ▶ 声明webkit内核浏览器的动画播放次数为无限次
```

Let's go! 使用CSS美化企业网站页面

原始文件	Sample\Ch10\css\css.htm
完成文件	Sample\Ch10\css\css-end.htm
视频教学	Video\Ch10\Unit23\

图示					
浏览器	IE	Chrome	Firefox	Opera	Apple Safari
是否支持	◎	◎	◎	◎	◎

◎完全支持　□部分支持　※不支持

■ **背景介绍**：本例把文档中的所有文本修饰成统一的格式，针对页面中的多种链接样式，通过CSS设置不同的链接效果。

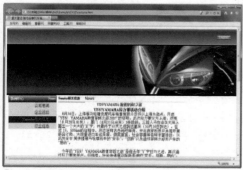
▲ 应用样式前的文档

▲ 应用样式后的文档

1. 设置通用样式

1 打开CSS设计器，单击"源"窗口的"加号"按钮，从弹出菜单中选择"创建新的CSS文件"，打开"创建新的CSS文件"对话框。

2 在"文件/URL"中输入css.css，然后单击"确定"按钮，这时页面的源代码中增加了如下代码。

▲ 创建新的CSS文件

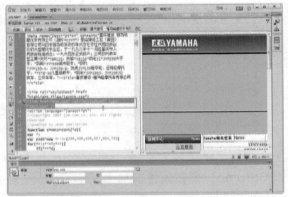
▲ 添加的源代码

```
<link href="css.css" rel="stylesheet" type="text/css" />
```

3 回到设计视图，在"源"窗口中选中css.css文件，然后在"选择器"窗口单击"加号"按钮，添加body样式。

4 在CSS设计器的"属性"面板中依次设置了文字颜色、字体、字号、背景颜色、margin和padding等几个属性。

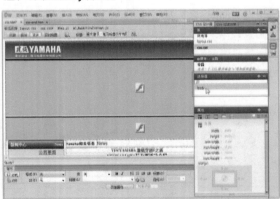
▲ 添加body样式

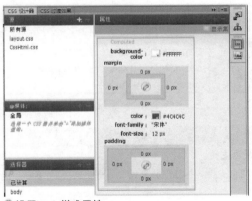
▲ 设置body样式属性

5 这时css.css文件的源代码中增加了如下代码，这段代码表示为页面的整体设置了多个属性。

```
body {background-color: #FFFFFF;margin:0px; margin-bottom:0px;color: #4C4C4C;font-
family:"宋体";font-size: 12px; padding:0px;}
```

6 回到设计视图，在"源"窗口中选中css.css文件，然后在"选择器"窗口单击"加号"按钮，添加td样式。在CSS设计器的"属性"面板中依次设置了文字颜色、字体、字号、行高等几个属性。

7 这时css.css文件的源代码中增加了如下代码，这段代码表示为页面的单元格设置多个属性。

```
td {font-family:"宋体";font-size:
12px;color: #4C4C4C;line-height: 20px}
```

△ 设置td样式属性

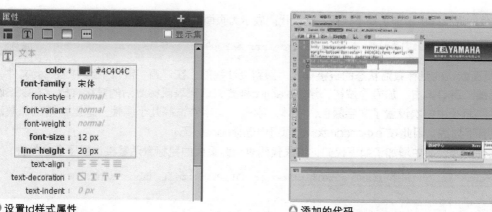

△ 添加的代码

2. 设置默认链接样式

① 下面设置页面默认的链接样式。回到设计视图，在"源"窗口中选中css.css文件，然后在"选择器"窗口单击"加号"按钮，添加a:link样式，这代表默认的链接样式。在CSS设计器的"属性"面板中依次设置了文字颜色、字体、字号、文字修饰等几个属性。这里希望默认链接下面没有下划线，因此在Text-decoration选项组中选择none（无）。

这时css.css文件的源代码中增加了如下代码，这段代码表示为页面的默认链接设置了多个属性。

△ 设置a:link样式属性

```
A:link    {font-family:"宋体";font-size:12px;color: #4C4C4C;;text-decoration: none;}
```

② 下面设置页面默认的访问过后的链接样式。回到设计视图，在"源"窗口中选中css.css文件，然后在"选择器"窗口单击"加号"按钮，添加a:visited样式，这代表访问过后的链接样式。在CSS设计器的"属性"面板中依次设置了文字颜色、字体、字号、文字修饰等几个属性。这里希望访问过后的链接下面没有下划线，因此在Text-decoration选项组中选择none（无）。

这时css.css文件的源代码中增加了如下代码，这段代码表示为页面的访问过后链接设置了多个属性。

△ 设置a:visited样式属性

```
A:visited{font-family:"宋体";font-size:12px;color: #4C4C4C;;text-decoration: none;}
```

③ 下面设置页面默认的鼠标上滚的链接样式。回到设计视图，在"源"窗口中选中css.css文件，然后在"选择器"窗口单击"加号"按钮，添加a:hover样式，这代表鼠标上滚的链接样式。在CSS设计器的"属性"面板中依次设置了文字颜色、字体、字号、文字修饰等几个属性。这里希望鼠标上滚的链接下面出现下划线，因此在Text-decoration选项组中选择underline（下划线）。

这时css.css文件的源代码中增加了如下代码，这段代码表示为页面的鼠标上滚链接设置了多个属性。

```
A:hover    {font-family:"宋体";font-size:12px;color: #FF0000;;text-decoration: underline;}
```

4 下面设置页面默认的鼠标激活状态的链接样式。回到设计视图，在"源"窗口中选中css.css文件，然后在"选择器"窗口单击"加号"按钮，添加a:active样式，这代表鼠标激活的链接样式。在CSS设计器的"属性"面板中依次设置了文字颜色、字体、字号、文字修饰等几个属性。这里希望鼠标激活的链接下面没有下划线，因此在Text-decoration选项组中选择none（无）。
这时css.css文件的源代码中增加了如下代码，这段代码表示为页面的鼠标激活链接设置了多个属性。

```
A:active {font-family:"宋体";font-size:12px;color: #FF0000;;text-decoration: none;}
```

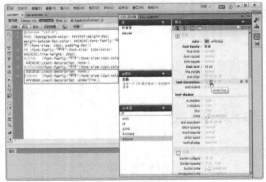
△ 设置a:hover样式属性

△ 设置a:active样式属性

3. 设置自定义样式

1 首先为页面左侧导航上方的"新闻中心"和"News"两段文字设置独立的自定义样式。回到设计视图，在"源"窗口中选中css.css文件，然后在"选择器"窗口单击"加号"按钮，添加.tit_w_14样式，在CSS设计器的"属性"面板中依次设置了文字颜色、字号、文字粗体等几个属性。
这时css.css文件的源代码中增加了如下代码，这段代码表示为页面的tit_w_14样式设置了多个属性。

```
.tit_w_14{ color:#FFFFFF; font-
size:14px;font-weight:bold;}
```

△ 设置tit_w_14样式属性

2 样式设定完成以后，对于自定义的内容样式需要进行样式的应用。选中"新闻中心"和"News"这两段文字，在属性面板的"类"下拉列表中选择tit_w_14，这样自定义的样式就会被应用到这两段文字上。

TIP 创建自定义样式的时候，最好把样式名称指定为比较容易理解的名称。在样式名称里不可以添加空格或特殊字符。

3 下面设置正文上方"Yamaha相关信息"文字的样式。回到设计视图，在"源"窗口中选中css.css文件，然后在"选择器"窗口单击"加号"按钮，添加.yamaha_13样式，在CSS设计器的"属性"面板中依次设置了文字颜色、字号、文字粗体等几个属性。

这时css.css文件的源代码中增加了如下代码，表示为页面的yamaha_13样式设置了多个属性。

```
.yamaha _ 13{ font-family: '黑体'; font-size: 13px; font-weight: bold;}
```

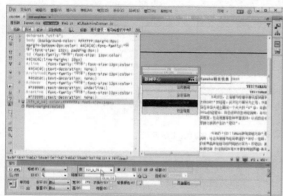
△ 应用tit_w_14样式

4 样式设定完成以后，对于自定义的内容样式需要进行样式的应用。选中"Yamaha相关信息"文字，在属性面板的"类"下拉列表中选择yamaha_13，这样自定义的样式就会被应用到这段文字上。

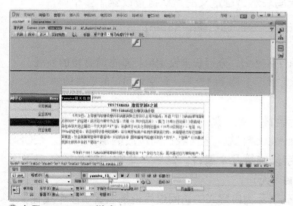
△ 应用yamaha_13样式

6 这时css.css文件的源代码中增加了如下代码，表示为页面的yamaha_14样式设置了多个属性。

```
.yamaha _ 14{ font-size: 14px; font-weight: bold; color: rgb(115, 0, 0);}
```

样式设定完成以后，选中"YES!YAMAHA激情穿越E之旅"文字，在属性面板的"类"下拉列表中选择yamaha_14，这样自定义的样式就会被应用到这段文字上。

5 下面设置正文上方"YES!YAMAHA激情穿越E之旅"文字的样式。回到设计视图，在"源"窗口中选中css.css文件，然后在"选择器"窗口单击"加号"按钮，添加.yamaha_14样式，在CSS设计器的"属性"面板中依次设置了文字颜色、字号、文字粗体等几个属性。

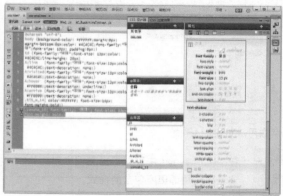
△ 设置yamaha_13样式属性

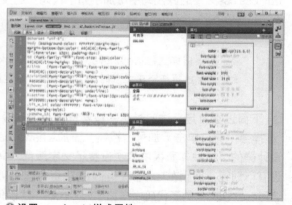
△ 设置yamaha_14样式属性

7 使用同样的方法为"YES!YAMAHA拉力赛活动介绍"文字建立自定义的样式效果，名称为yamaha_bold，设置样式属性为文字粗体，代码如下。

```
.yamaha _ bold{ font-weight: bold;}
```

样式设定完成以后，选中"YES!YAMAHA拉力赛活动介绍"文字，在属性面板的"类"下拉列表中选择yamaha_bold，这样自定义的样式就会被应用到这段文字上。

◎ 应用yamaha_14样式

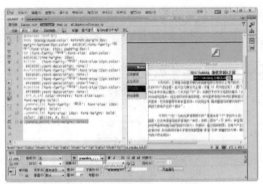
◎ 建立并应用yamaha_bold样式

 TIP
在Dreamweaver中可以导出文档中包含的CSS样式以创建新的CSS样式表，然后附加或链接到外部样式表以应用那里所包含的样式。

4. 设置自定义链接样式

1 下面为页面左侧导航的"公司要闻"、"企业活动"、"行业信息"这三个链接设置自定义的链接效果。首先还是设置默认的链接样式。回到设计视图，在"源"窗口中选中css.css文件，然后在"选择器"窗口单击"加号"按钮，添加A.news_nav:link样式，这代表自定义的链接的默认样式。在CSS设计器的"属性"面板中设置了文字颜色、文字修饰等几个属性。这里希望默认链接下面没有下划线，因此在Text-decoration选项组中选择none（无）。

这时css.css文件的源代码中增加了如下代码，这段代码表示为自定义的默认链接设置了多个属性。

```
A.news _ nai:link   {color: rgb(115, 0, 0);;text-decoration: none;}
```

TIP
常见的链接样式包括a:active、a:hover、a:link和a:visited，分别表示设定鼠标单击时链接的外观、设定光标放置在链接之上时文字的外观、设定正常状态下链接的外观、设定访问过的链接的外观。

2 下面设置自定义访问过后的链接样式。回到设计视图，在"源"窗口中选中css.css文件，然后在"选择器"窗口单击"加号"按钮，添加A.news_nav:visited样式，这代表访问过后的链接样式。在CSS设计器的"属性"面板中依次设置了文字颜色、文字修饰等几个属性。这里希望访问过后的链接下面没有下划线，因此在Text-decoration选项组中选择none（无）。

这时css.css文件的源代码中增加了如下代码，这段代码表示为自定义的访问过后链接设置了多个属性。

```
A.news _ nai:visited   {color: rgb(115, 0, 0);;text-decoration: none;}
```

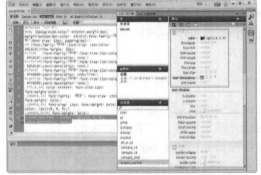
◎ 设置A.news_nai:link样式属性

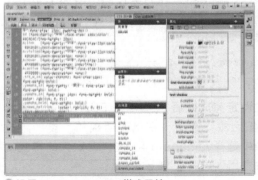
◎ 设置A.news_nai:visited样式属性

❸ 下面设置自定义的鼠标上滚的链接样式。回到设计视图，在"源"窗口中选中css.css文件，然后在"选择器"窗口单击"加号"按钮，添加A.news_nav:hover样式，这代表鼠标上滚的链接样式。在CSS设计器的"属性"面板中依次设置了文字颜色、文字修饰等几个属性。这里希望鼠标上滚的链接下面出现下划线，因此在Textde-coration选项组中选择underline（下划线）。这时css.css文件的源代码中增加了如下代码，这段代码表示为自定义的鼠标上滚链接设置了多个属性。

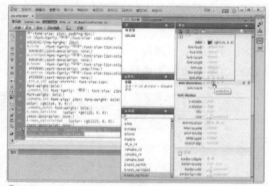
△ 设置A.news_nai:hover样式属性

```
A.news _ nai:hover      {color: rgb(115, 0, 0);;text-decoration: underline;}
```

❹ 下面设置自定义的鼠标激活状态的链接样式。回到设计视图，在"源"窗口中选中css.css文件，然后在"选择器"窗口单击"加号"按钮，添加A.news_nav:active样式，这代表鼠标激活的链接样式。在CSS设计器的"属性"面板中依次设置了文字颜色、文字修饰等几个属性。这里希望鼠标激活的链接下面没有下划线，因此在Text-decoration选项组中选择none（无）。
这时css.css文件的源代码中增加了如下代码，这段代码表示为自定义的鼠标激活链接设置了多个属性。

△ 设置A.news_nai:active样式属性

```
A.news _ nai:active     {color: rgb(186, 0, 0);;text-decoration: none;}
```

❺ 样式设定完成以后，依次选中"公司要闻"、"企业活动"、"行业信息"这三个链接文字，在属性面板的"类"下拉列表中选择news_nai，这样自定义的样式就会被应用到这几个链接上。

5. 在浏览器上确认

按下F12键在浏览器中预览，可以看到文字的字体、字号、颜色等都经过了美化，现在更加整洁美观。页面中链接的效果也进行了美化，上方和下方的链接分别带有独立的链接效果。

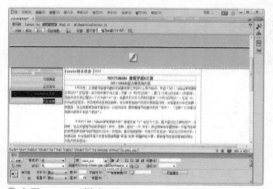
△ 应用news_nai样式

△ 预览效果

知识拓展 CSS实现的鼠标效果

CSS通过Cursor属性，可以改变光标形状，光标放置于此设置修饰的区域上时，形状会发生改变。Cursor属性值如下表所示：

Cursor属性值	说　明
hand	手
crosshair	交叉十字
text	文本选择符号
wait	Windows的沙漏形状
default	默认的鼠标形状
help	带问号的鼠标
e-resize	向东的箭头
ne-resize	指向东北方的箭头
n-resize	向北的箭头
nw-resize	指向西北的箭头
w-resize	向西的箭头
sw-resize	向西南的箭头
s-resize	向南的箭头
se-resize	向东南的箭头

如下代码依次设置鼠标光标为等待，交叉十字和带问号的鼠标。

```
01  Cursor:wait;                          ▶ 声明鼠标光标为等待
02  Cursor:crosshair;                     ▶ 声明鼠标光标为交叉十字
03  Cursor:help;                          ▶ 声明鼠标光标为带问号的鼠标
```

DO IT Yourself 练习操作题

1. 美化页面文本

⏱ 限定时间：25分钟

请使用文本样式的相关知识为页面中的文字制作CSS样式表的美化。

△ 初始页面

△ 美化后的页面

Step BY Step （步骤提示）

1. 在CSS设计器中新建CSS规则。
2. CSS属性设置。
3. 应用CSS规则。

光盘路径

Exercise\Ch10\1\ex1.htm

2. 使用外部CSS美化页面

⏱ 限定时间：10分钟

请使用外部样式表样式知识为页面附加CSS样式。

Step BY Step （步骤提示）

1. 在CSS设计器中附加CSS文件。
2. 应用CSS规则。

光盘路径

Exercise\Ch10\2\ex2.htm

⬡ 初始页面

⬡ 附加CSS样式后的页面

参考网站

• **colazionedamichy**：意大利的网页设计网站，页面中的图文搭配的比例恰到好处，技术上通过Dreamweaver CC的"CSS样式表"实现。

• **IBM**：IBM公司官网，页面中多种CSS样式的搭配，使得整体效果再上一个档次。技术上通过Dreamweaver CC的"CSS样式表"实现。

⬡ http://www.colazionedamichy.it/work/

⬡ http://www.ibm.com/us/en/

Special page 使用CSS样式表美化IE浏览器滚动条的方法

自从Internet Explorer 5.5版本的浏览器开始增加了许多新的样式表内容，对滚动条的样式进行修改也是其中之一，下面我们简单地介绍一下涉及浏览器滚动条的样式表内容。

1. 是否显示滚动条

CSS使用以下属性控制是否显示浏览器的滚动条，三个属性设置的值为visible（默认值）、scroll、hidden、auto。

滚动条属性	说　明
overflow	内容溢出时的设置
overflow-x	水平方向内容溢出时的设置
overflow-y	垂直方向内容溢出时的设置

设置浏览器窗口没有水平滚动条：

```
<body style="overflow-x:hidden">
```

设置浏览器窗口没有垂直滚动条：

```
<body style="overflow-y:hidden">
```

设置浏览器窗口没有滚动条。

```
<body style="overflow-x:hidden;overflow-y:hidden">或<body style="overflow:hidden">
```

设置多行文本框没有水平滚动条。

```
<textarea style="overflow-x:hidden"></textarea>
```

设置多行文本框没有垂直滚动条。

```
<textarea style="overflow-y:hidden"></textarea>
```

设置多行文本框没有滚动条。

```
<textarea style="overflow-x:hidden;overflow-y:hidden"></textarea>
或<textarea style="overflow:hidden"></textarea>
```

2. 设置滚动条颜色

CSS使用以下属性控制浏览器的滚动条的颜色。

滚动条属性	说　明
scrollbar-3d-light-color	设置或检索滚动条3D界面的亮边框颜色
scrollbar-highlight-color	设置或检索滚动条3D界面的高光颜色
scrollbar-face-color	设置或检索滚动条3D表面的颜色
scrollbar-arrow-color	设置或检索滚动条方向箭头的颜色
scrollbar-shadow-color	设置或检索滚动条3D界面的暗边颜色
scrollbar-dark-shadow-color	设置或检索滚动条暗边框颜色
scrollbar-track-color	设置或检索滚动条轨迹的颜色
scrollbar-base-color	设置或检索滚动条基准颜色，其他界面颜色将据此自动调整

例如如下代码，设置窗口滚动条的基准颜色为红色。

```
<body style="scrollbar-base-color:red">
```

Chapter
11

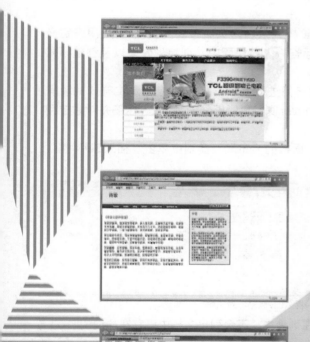

使用Div元素
制作高级页面

Dreamweaver中的Div元素实际上是来自CSS中的定位技术，只不过在Dreamweaver中将其进行了可视化操作。Div体现了网页技术从二维空间向三维空间的一种延伸，是一种新的发展方向。有了Div我们可以将其和CSS配合起来，实现全新的排版方式。

▌本章技术要点

Q: Dreamweaver中包括哪些HTML5结构？

A: Dreamweaver CC的HTML5结构包括画布、页眉、标题、段落、Navigation、侧边、文章、章节、页脚、图等。

Q: 使用Div+CSS布局的关键技术包括哪些？

A: 主要包括Div标签和CSS层叠样式表的使用，其中Div负责结构布局，而CSS层叠样式表负责样式的美化。

使用Div元素

　　Div全称为Division，意为"区分"，使用Div的方法跟使用其他标记的方法一样，其承载的是结构，采用CSS技术可以有效地对页面的布局、文字等方面实现更精确地控制，其承载的是表现。结构和表现的分离对于所见即所得的传统表格编辑方式是一个很大冲击。

Div基础

　　CSS布局的基本构造块是Div标签，它是一个HTML标签，在大多数情况下用作文本、图像或其他页面元素的容器。当创建 CSS布局时，会将Div标签放在页面上，向这些标签中添加内容，然后将它们放在不同的位置上。与表格单元格（被限制在表格行和列中的某个现有位置）不同，Div标签可以出现在网页上的任何位置，可以用绝对方式（指定x和y坐标）或相对方式（指定与其他页面元素的距离）来定位Div标签。

　　可以通过手动插入Div标签并对它们应用CSS定位样式来创建页面布局。Div标签是用来定义Web页面的内容中的逻辑区域的标签。可以使用Div标签将内容块居中，创建列效果以及创建不同的颜色区域等。

　　可以使用Div标签创建CSS布局块并在文档中对它们进行定位。如果将包含定位样式的现有CSS样式表附加到文档中，将会非常有用。Dreamweaver使用户能够快速插入Div标签并对它应用现有样式。

　　将插入点置于要显示Div标签的位置，在"插入"面板的"布局"类别中单击"插入Div标签"按钮，打开"插入Div标签"对话框。

❶ 插入：可用于选择Div标签的位置以及标签名称（如果不是新标签的话）。

❷ Class：显示了当前应用于标签的类样式。如果附加了样式表，则该样式表中定义的类将出现在列表中。可以使用此弹出菜单选择要应用于标签的样式。

❸ ID：可让用户更改用于标识Div标签的名称。

◰ "插入Div标签"对话框

如果附加了样式表，则该样式表中定义的ID将出现在列表中。不会列出文档中已存在的块的ID。

❹ 新建 CSS 规则：打开"新建CSS规则"对话框。

　　单击"确定"按钮，Div标签以一个框的形式出现在文档中，并带有占位符文本。当用户将光标移到该框的边缘上时，Dreamweaver会高亮显示该框。

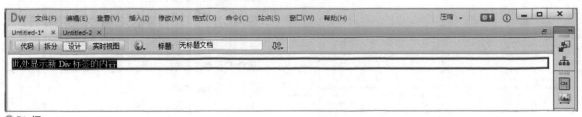

◰ Div框

　　单击"插入Div标签"对话框中的"新建CSS规则"按钮，打开"新建CSS规则"对话框。

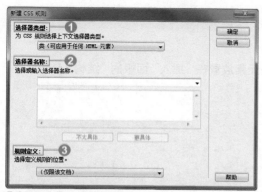

▲ "新建CSS规则" 对话框

▲ "Div的CSS规则定义" 对话框

❶ 选择器类型：用来定义样式类型，并将其运用到特定的部分。

❷ 选择器名称：用来设置新建的样式表的名称。

❸ 规则定义：用来设置新建CSS语句的位置。CSS样式按照使用方法可以分为内部样式和外部样式。如果想把CSS语句新建在网页内部，可以选择"仅限该文档"选项。

在为新样式选择了某种类型和名称之后，打开"CSS规则定义"对话框，用户可以从中选择样式类别。"CSS规则定义"对话框包含9 种模式，"类型"、"背景"、"区块"、"方框"、"边框"、"列表"、"定位"、"扩展"和"过渡"。所有的设置参数和CSS设计器中的属性完全相同。

在"设计"视图中工作时，可以使CSS布局块可视化。CSS布局块是一个HTML页面元素，用户可以将它定位在页面上的任意位置。Div标签就是一个标准的CSS布局块。

Dreamweaver提供了多个可视化助理，供用户查看CSS布局块。例如，在设计时可以为CSS布局块启用外框、背景和框模型。将光标移动到布局块上时，也可以查看显示有选定CSS布局块属性的工具提示。

在"查看>可视化助理"子菜单中，描述Dreamweaver为每个助理呈现的可视化内容。

● CSS布局外框：显示页面上所有CSS布局块的外框。

● CSS布局背景：显示各个CSS布局块的临时指定背景颜色，并隐藏通常出现在页面上的其他所有背景颜色或图像。

● CSS布局框模型：显示所选CSS布局块的框模型（即填充和边距）。

插入HTML5结构元素

HTML5增添了多个和布局相关的标签，包括画布、页眉、标题、段落、Navigation、侧边、文章、章节、页脚、图等。

画布

HTML5中的画布元素是动态生成的图形的容器。这些图形是在运行时使用脚本语言（如JavaScript）创建的。画布元素有ID、高度和重量属性。在"插入"面板的"常用"分类下单击"画布"按钮，可以插入画布元素。

❓ 代码解密 HTML5实现的画布代码

HTML5 的canvas元素使用JavaScript在网页上绘制图像。画布是一个矩形区域，用户可以控制其每一像素。canvas拥有多种绘制路径、矩形、圆形、字符以及添加图像的方法。

```
<canvas id="myCanvas" width="200" height="100"></canvas>
```

上述代码规定了画布元素的id、宽度和高度。

可以在HTML5页面布局中插入语义元素的列表，这些元素放置在"插入"面板的"结构"分类中。

页眉

<header>标签定义文档的页眉（介绍信息）。在"插入"面板的"结构"分类下单击"页眉"按钮，可以插入页眉元素。

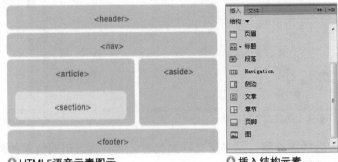

△ HTML5语音元素图示　　　　△ 插入结构元素

标题

通常包含h1-h6元素或hgroup，作为整个页面或者一个内容块的标题。<hgroup>标签用于对网页或区段（section）的标题进行组合。在"插入"面板的"结构"分类下单击"标题（HGroup）"按钮，可以插入标题元素。

段落

<p>标签定义了页面中文字的段落。在"插入"面板的"结构"分类下单击"段落"按钮，可以插入段落元素。

Navigation

<nav>标签定义导航链接的部分。在"插入"面板的"结构"分类下单击"Navigation"按钮，可以插入Navigation元素。

侧边

<aside>标签定义article以外的内容。aside的内容应该与article的内容相关。在"插入"面板的"结构"分类下单击"侧边"按钮，可以插入侧边元素。

文章

<article>标签定义独立的内容。可能的article实例包括论坛帖子、报纸文章、博客条目、用户评论等。在"插入"面板的"结构"分类下单击"文章"按钮，可以插入文章元素。

章节

<section>标签定义文档中的节（section、区段）。比如章节、页眉、页脚或文档中的其他部分。在"插入"面板的"结构"分类下单击"章节"按钮，可以插入章节元素。

页脚

<footer>标签定义section或document的页脚。在典型情况下，该元素会包含创作者的姓名、文档的创作日期或者联系信息。在"插入"面板的"结构"分类下单击"页脚"按钮，可以插入页脚元素。

图

<figure>标签规定独立的流内容（图像、图表、照片、代码等）。figure元素的内容应该与主内容相关，但如果被删除，则不应对文档流产生影响。<figcaption>标签定义figure元素的标题（caption）。<figcaption>元素应该被置于<figure>元素的第一个或最后一个子元素的位置。

❓代码解密 HTML5实现的语义元素代码

HTML5语义元素的列表包括如下标签。

标 签	说 明
Header	文档页眉
Hgroup	标题组合
P	段落
Navigation	导航链接
Aside	文章外侧的内容
Article	独立的文章内容
Section	文档中的节
Footer	文档页脚
Figure	独立的图片
Figcaption	Figure元素的标题

如下代码声明了文档的页眉，整个页面没有限制header元素的个数，可以拥有多个，可以为每个内容块增加一个header元素。当元素有多个层级时，<hgroup>元素可以将h1到h6元素放在其内，例如文章的主标题和副标题的组合等。

```
<header>
<hgroup>
<h1>网站标题</h1>
<h1>网站副标题</h1>
</hgroup>
</header>
```

如下代码声明了文档的页脚，如果footer元素包含了整个节，那么它们就代表附录，索引，提拔，许可协议，标签，类别等一些其他类似信息。

```
<footer>
    COPYRIGHT@Huxinyu.com
</footer>
```

如下代码声明了页面的导航链接区域。

```
<nav>
<ul>
<li>HTML 5</li>
<li>CSS3</li>
<li>JavaScript</li>
</ul>
</nav>
```

如下代码声明了article元素之外使用作为页面或站点全局的附属信息部分。最典型的是侧边栏，其中的内容可以是日志串连，其他组的导航，甚至广告，这些内容相关的页面。

```
<article>
<p>内容</p>
<aside>
<h1>作者简介</h1>
<p>Huxinyu.com</p>
</aside>
</article>
```

如下代码声明了section段或节，段可以是指一篇文章里按照主题的分段；节可以是指一个页面里的分组。

```
<section>
<h1>section是什么? </h1>
<article>
<h2>关于section</h1>
<p>section的介绍</p>
<section>
<h3>关于其他</h3>
<p>关于其他section的介绍</p>
</section>
</article>
</section>
```

如下代码声明了figure元素，用来表示图片，统计图，图表，音频，视频，代码片段等。一个figure元素内最多只允许放置一个figcaption元素，也可以不放，但是其他元素可无限放置。

```
<figure>
<img src="" alt="" />
<figcaption>Huxinyu.com</figcaption>
</figure>
```

UNIT 25 使用jQuery UI（Div部分）

Dreamweaver CC的jQuery UI中的Div部分可以为页面添加如Accordion（风琴）、Tabs（标签）、slider（滑动条）、Dialog（会话）、Progressbar（进度条）等效果。

Accordinon（风琴）

jQuery UI Accordion是一个由多个面板组成的手风琴小器件，可以实现展开/折叠效果。当用户需要在一个固定大小的页面空间内实现多个内容的展示时，这个效果非常的有用。

插入Accordion的方法为：单击"插入"面板"jQuery UI"分类中的"Accordion"按钮。

⬆ Accordion（风琴）

TIP 添加jQuery UI构件时，需要事先保存网页文档。

插入Accordion后，在属性面板中可以设置Accordion的相关属性。

△ Accordion属性面板

① **ID**：设置Accordion的名称。

② **面板**：设置面板的数量及次序。

③ **Active**：设置默认选项，默认情况下是0。

④ **Event**：设置如何展开选项，默认是click。可以设置长双击、鼠标滑过等。

⑤ **Height Style**：默认设置时，所有内容部分的高被设定为其中最高内容的高。

⑥ **Disabled**：accordion不可用，使之无效。

⑦ **Collapsible**：设置是否默认折叠。

⑧ **Animate**：设置不同的动画效果和延迟时间。

⑨ **Icons**：设置针对header和active header的小图标。

❓ 代码解密 HTML、CSS、JavaScript实现的Accordion代码

查看Dreamweaver CC的源代码，<head>中添加的代码如下。

```
01 <link href="jQueryAssets/jquery.ui.core.min.css" rel="stylesheet" type="text/css">
02 <link href="jQueryAssets/jquery.ui.theme.min.css" rel="stylesheet" type="text/css">
03 <link href="jQueryAssets/jquery.ui.accordion.min.css" rel="stylesheet" type="text/css">
04 <script src="jQueryAssets/jquery-1.8.3.min.js" type="text/javascript"></script>
05 <script src="jQueryAssets/jquery-ui-1.9.2.accordion.custom.min.js" type="text/
   javascript"></script>
```

这段代码首先引用了外部的jquery.ui.core.min.css、jquery.ui.theme.min.css和jquery.ui.accordion.min.css样式表文件，然后链接了外部的jquery-1.8.3.min.js和jquery-ui-1.9.2.accordion.custom.min.js脚本文件。

<body>中使用<Div>标签声明Accordion，建立了多个容器，然后建立JavaScript脚本，声明新的Accordion1对象，代码如下。

```
01 <div id="Accordion1">                         ▶ 声明id为Accordion1的分区
02 <h3><a href="#">部分 1</a></h3>              ▶ 声明标题3, 作为部分1的链接
03 <div>
04 <p>内容 1</p>                                 ▶ 声明部分1的内容
05 </div>
06 <h3><a href="#">部分 2</a></h3>              ▶ 声明标题3, 作为部分2的链接
07 <div>
08 <p>内容 2</p>                                 ▶ 声明部分2的内容
09 </div>
10 <h3><a href="#">部分 3</a></h3>              ▶ 声明标题3, 作为部分3的链接
```

```
11 <div>
12 <p>内容 3</p>                          ▶ 声明部分3的内容
13 </div>
14 </div>
15 <script type="text/javascript">        ▶ 声明JavaScript脚本开始
16 $(function() {
17 $("#Accordion1").accordion();          ▶ 声明新的Accordion1对象
18 });
19 </script>                              ▶ 声明JavaScript脚本结束
```

Tabs（标签）

jQuery UI Tabs可以在页面中创建一个水平方向上的Tabs标签切换效果。访问者可以单击相应面板的标签来隐藏或显示面板中的内容。

插入Tabs（标签）的方法为：单击"插入"面板"jQuery UI"分类中的"Tabs"按钮。

插入Tabs后，在属性面板中可以设置Tabs的相关属性。

△Tabs（标签）

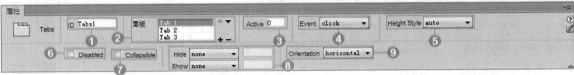

△Tabs属性面板

❶ ID：设置Tabs的名称。

❷ 面板：设置面板的数量及次序。

❸ Active：设置默认选项，默认情况下是0。

❹ Event：设置如何切换选项，默认是click。可以设置长双击、鼠标滑过等。

❺ Height Style：默认设置时，所有内容部分的高被设定为其中最高内容的高。

❻ Disabled：tabs不可用，使之无效。

❼ Collapsible：设置是否默认折叠。

❽ Hide/Show：设置标签显示或隐藏时的效果。

❾ Orientation：设置Tabs的方向。

❓代码解密 HTML、CSS、JavaScript实现的Tabs代码

查看Dreamweaver CC的源代码，<head>中添加的代码如下。

```
01 <link href="jQueryAssets/jquery.ui.core.min.css" rel="stylesheet" type="text/css">
02 <link href="jQueryAssets/jquery.ui.theme.min.css" rel="stylesheet" type="text/css">
03 <link href="jQueryAssets/jquery.ui.tabs.min.css" rel="stylesheet" type="text/css">
04 <script src="jQueryAssets/jquery-1.8.3.min.js" type="text/javascript"></script>
05 <script src="jQueryAssets/jquery-ui-1.9.2.tabs.custom.min.js" type="text/javascript"></
   script>
```

这段代码首先引用了外部的jquery.ui.core.min.css、jquery.ui.theme.min.css和jquery.ui.tabs.min.css样式表文件，然后链接了外部的jquery-1.8.3.min.js和jquery-ui-1.9.2.tabs.custom.min.js脚本文件。

<body>中使用<Div>标签声明tabs，建立了多个容器，在其中使用无序列表标签声明标签文字，然后建立JavaScript脚本，声明新的tabs1对象，代码如下。

```
01 <div id="Tabs1">                              ▶ 声明id为tabs的分区
02 <ul>                                          ▶ 声明无序列表
03 <li><a href="#tabs-1">Tab 1</                 ▶ 声明无序列表的第1项
04 a></li>
05 <li><a href="#tabs-2">Tab 2</                 ▶ 声明无序列表的第2项
06 a></li>
07 <li><a href="#tabs-3">Tab 3<                  ▶ 声明无序列表的第3项
08 /a></li>
09 </ul>
10 <div id="tabs-1">                             ▶ 声明id为tabs-1的分区
11 <p>内容 1</p>                                 ▶ 声明tabs-1的内容
12 </div>
13 <div id="tabs-2">                             ▶ 声明id为tabs-2的分区
14 <p>内容 2</p>                                 ▶ 声明tabs-2的内容
15 </div>
16 <div id="tabs-3">                             ▶ 声明id为tabs-3的分区
17 <p>内容 3</p>                                 ▶ 声明tabs-3的内容
18 </div>
19 </div>
20 <script type="text/javascript">               ▶ 声明JavaScript脚本开始
21 $(function() {
22 $( "#Tabs1" ).tabs();                         ▶ 声明新的tabs1对象
23 });
24 </script>                                      ▶ 声明JavaScript脚本结束
```

Slider（滑动条）

jQuery UI Slider用来创建一个优雅的滑动条效果，往往会用在调节字体等方面。

◎ Slider（滑动条）

插入Slider（滑动条）的方法为：单击"插入"面板"jQuery UI"分类中的"Slider"按钮。

插入Slider后，在属性面板中可以设置Slider的相关属性。

◎ Slider属性面板

❶ ID：设置Slider的名称。

❷ Min/Max：设置滑动条的最小值和最大值。

❸ **Range**：如果设置为true，滑动条会自动创建两个滑块，一个最大、一个最小，用于设置一个范围内值。

④ **Value**：设置初始时滑块的值，如果有多个滑块，则设置第一个滑块。

⑤ **Animate**：设置是否在拖动滑块时执行动画效果。

⑥ **Orientation**：设置Slider的方向。

❓代码解密 HTML、CSS、JavaScript实现的Slider代码

查看Dreamweaver CC的源代码，<head>中添加的代码如下。

```
01 <link href="jQueryAssets/jquery.ui.core.min.css" rel="stylesheet" type="text/css">
02 <link href="jQueryAssets/jquery.ui.theme.min.css" rel="stylesheet" type="text/css">
03 <link href="jQueryAssets/jquery.ui.slider.min.css" rel="stylesheet" type="text/css">
04 <script src="jQueryAssets/jquery-1.8.3.min.js" type="text/javascript"></script>
05 <script src="jQueryAssets/jquery-ui-1.9.2.slider.custom.min.js" type="text/javascript"></
   script>
```

这段代码首先引用了外部的jquery.ui.core.min.css、jquery.ui.theme.min.css和jquery.ui.slider.min.css样式表文件，然后链接了外部的jquery-1.8.3.min.js和jquery-ui-1.9.2.slider.custom.min.js脚本文件。

<body>中使用<Div>标签声明slider，然后建立JavaScript脚本，声明新的slider1对象，代码如下。

```
01 <div id="Slider1"></div>                        ▶声明id为slider1的分区
02 <script type="text/javascript">                 ▶声明JavaScript脚本开始
03 $(function() {
04 $( "#Slider1" ).slider();                        ▶声明新的slider1对象
05 });
06 </script>                                         ▶声明JavaScript脚本结束
```

Dialog（会话）

jQuery UI Dialog创建一个jQuery UI页面会话功能，实现客户端对话框效果。

插入Dialog（会话）的方法为：单击"插入"面板"jQuery UI"分类中的"Dialog"按钮。

插入Dialog后，在属性面板中可以设置Dialog的相关属性。

Content for New Dialog Goes Here

◎ Dialog（会话）

◎ Dialog属性面板

❶ **ID**：设置Dialog的名称。

❷ **Title**：设置Dialog的标题。

❸ **Position**：设置对话框显示的位置。

❹ **Width/Height**：设置Dialog的宽度和高度。

❺ **Min Width/Min Height**：设置Dialog的最小宽度和最小高度。

❻ **Max Width/Max Height**：设置Dialog的最大宽度和最大高度。

❼ **Auto Open**：默认true，即dialog方法创建就显示对话框。

❽ **Draggable**：设置Dialog是否可拖动。

❾ **Modal**：在显示消息时，禁用页面上的其他元素。

❿ **Close on Escape**：在用户按下Esc键时关闭对话框。

⓫ **Resizable**：用户可以改变对话框的大小。

⓬ **Hide/Show**：设置隐藏或显示对话框时的动画效果。

⓭ **Trigger Button**：触发对话框显示的按钮。

⓮ **Trigger Event**：触发对话框显示的事件。

❓代码解密 HTML、CSS、JavaScript实现的Dialog代码

查看Dreamweaver CC的源代码，<head>中添加的代码如下。

```
01 <link href="jQueryAssets/jquery.ui.core.min.css" rel="stylesheet" type="text/css">
02 <link href="jQueryAssets/jquery.ui.theme.min.css" rel="stylesheet" type="text/css">
03 <link href="jQueryAssets/jquery.ui.dialog.min.css" rel="stylesheet" type="text/css">
04 <link href="jQueryAssets/jquery.ui.resizable.min.css" rel="stylesheet" type="text/css">
05 <script src="jQueryAssets/jquery-1.8.3.min.js" type="text/javascript"></script>
06 <script src="jQueryAssets/jquery-ui-1.9.2.dialog.custom.min.js" type="text/javascript"></
   script>
```

这段代码首先引用了外部的jquery.ui.core.min.css、jquery.ui.theme.min.css、jquery.ui.dialog.min.css和jquery.ui.resizable.min.css样式表文件，然后链接了外部的jquery-1.8.3.min.js和jquery-ui-1.9.2.dialog.custom.min.js脚本文件。

<body>中使用<Div>标签声明slider，然后建立JavaScript脚本，声明新的slider1对象，代码如下。

```
01 <div id="Dialog1">Content for New          ▶ 声明id为dialog1的分区
02 Dialog Goes Here</div>
03 <script type="text/javascript">            ▶ 声明JavaScript脚本开始
04 $(function() {
05 $( "#Dialog1" ).dialog();                  ▶ 声明新的dialog1对象
06 });</script>                               ▶ 声明JavaScript脚本结束
```

Progressbar（进度条）

进度条可以向用户显示程序当前完成的百分比，让用户知道程序的进度，提高了用户体验。而jQuery UI则提供一个非常便捷的方法实现这一功能，就是Progressbar。

△ Progressbar（进度条）

插入Progressbar（进度条）的方法为：单击"插入"面板jQuery UI分类中的Dialog按钮。
插入Progressbar后，在属性面板中可以设置Progressbar的相关属性。

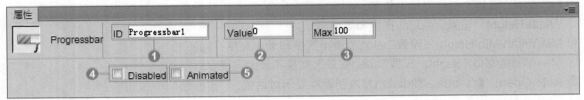

△ Dialog属性面板

❶ ID：设置Progressbar的名称。
❷ Value：设置进度条显示的度数（0到100）。
❸ Max：设置进度条的最大值。
❹ Disabled：禁用进度条。
❺ Animated：使用动画Gif来显示进度。

❓ 代码解密 HTML、CSS、JavaScript实现的progressbar代码

查看Dreamweaver CC的源代码，<head>中添加的代码如下。

```
01 <link href="jQueryAssets/jquery.ui.core.min.css" rel="stylesheet" type="text/css">
02 <link href="jQueryAssets/jquery.ui.theme.min.css" rel="stylesheet" type="text/css">
03 <link href="jQueryAssets/jquery.ui.progressbar.min.css" rel="stylesheet"
   type="text/css">
04 <script src="jQueryAssets/jquery-1.8.3.min.js" type="text/javascript"></script>
05 <script src="jQueryAssets/jquery-ui-1.9.2.progressbar.custom.min.js" type="text/
   javascript"></script>
```

这段代码首先引用了外部的jquery.ui.core.min.css、jquery.ui.theme.min.css和jquery.ui.progressbar.
min.css样式表文件，然后链接了外部的jquery-1.8.3.min.js和jquery-ui-1.9.2.progressbar.custom.
min.js脚本文件。

<body>中使用<Div>标签声明slider，建立JavaScript脚本，声明新的slider1对象，代码如下。

```
01 <div id="Progressbar1"></div>                   ▶ 声明id为progressbar1的分区
02 <script type="text/javascript">
03 $(function() {                                   ▶ 声明JavaScript脚本开始
04 $( "#Progressbar1" ).progressbar();              ▶ 声明新的progressbar1对象
05 });
06 </script>                                        ▶ 声明JavaScript脚本结束
```

TIP jQuery UI是一个JavaScript库，Web设计人员使用它可以构建能够向站点访问者提供更丰富体验的Web页。有了jQuery UI，就可以使用HTML、CSS和极少量的JavaScript创建构件。在设计上，jQuery UI的标记非常简单且便于那些具有HTML、CSS和JavaScript基础知识的用户使用。jQuery UI主要面向专业Web设计人员或高级非专业Web设计人员。它不应当用作企业级Web开发的完整Web应用框架（尽管它可以与其它企业级页面一起使用）。

UNIT 26 使用Div+CSS进行布局

Div＋CSS是一种最新、最科学的网页布局方式，符合Web 2.0的技术标准。本小节将对这一技术进行详细的介绍。

标准布局方式

站点标准不是某一个标准，而是一系列标准的集合。网页主要是由三部分组成：结构（Structure）表现（Presentation）和行为（Behavior）。对应的标准也分为三方面：结构化标准语言主要包括XHTML和XML；表现标准语言主要包括CSS；行为标准主要包括DOM、ECMAScript等。这些大部分是由W3C起草和发布的，也有一些是其他标准组织制订的标准。

1. 网页标准

（1）结构标准语言

结构标准语言包括XML和XHTML。XML是Extensible Markup Language的缩写，意为"可扩展标记语言"，目前推荐遵循的是XML1.0。XML是用于网络上数据交换的语言，具有与描述网页页面的HTML语言相似的格式，但它们是两种不同用途的语言，HTML是The Extensible HyperText Markup Language的缩写，意为"可扩展超文本标记语言"。在2000年底W3C发行了XHTML1.0版本。XHTML是一个基于XML的置标语言，就是一个类似HTML语言的XML语言，所以从本质上说，XHTML是一个过渡，结合了部分XML的强大功能及大多数HTML的简单特征。

（2）表现标准语言

表现标准语言主要指CSS。CSS是Cascading Style Sheets的缩写，意为"层叠样式表"，目前推荐遵循的标准是CSS2。W3C创建CSS标准的目的是以CSS取代HTML表格式布局、帧和其他表现的语言。纯CSS布局与结构式XHTML相结合能帮助设计师分离外观与结构，使站点的访问及维护更加容易。

（3）行为标准

行为标准指DOM和ECMAScript。DOM是Document Object Model的缩写，意为"文档对象模型"。DOM是一种与浏览器、平台、语言的接口，使得用户可以访问页面的其他标准组件。简单理解，DOM解决了Netscaped的JavaScript和Microsoft的JScript 之间的冲突，给予网页设计师和开发者一个标准的方法，让他们来访问他们站点中的数据、脚本和表现层对象。ECMAScript是ECMA（European Computer Manufacturers Association）制定的标准脚本语言（JavaScript）。目前推荐遵循的是ECMAScript 262。

使用网页标准有如下好处：

● 更简易的开发与维护：使用更具有语义和结构化的HTML，将更加容易、快速地理解他人编写的代码，便于开发及维护。
● 更快的网页下载、读取速度：更少的HTML代码带来的是更小的文件和更快的下载速度。
● 更好的可访问性：具有语义化的HTML（结构和表现相分离）让使用不同浏览设备的访问者都能很容易地看到内容。
● 更高的搜索引擎排名：内容和表现的分离使内容成为一个文本的主体，与语义化的标记相结合会提高在搜索引擎中的排名。

- 更好的适应性：可以很好地适应于打印和其他显示设备（如屏幕阅读器、手持设备等）。

作为网页标准之一的Div+CSS技术，其优点也非常明显：可缩减大量的页面代码，提高浏览速度；在几乎所有的浏览器上都可以使用，便于修改；缩短改版时间，便于搜索引擎的查找。

2. 内容、结构、表现、行为

HTML和XHTML页面都是由"内容、结构、表现、行为"这四个方面组成的。内容是基础，然后附加上结构和表现，最后再对它们加上行为。

- 内容：就是要放在页面中，想要访问者阅读的信息，包括数据、文档或图片等。
- 结构：就是由内容部分再加上语义化、结构化的标记。
- 表现：就是用来改变内容外观的一种样式。大多数情况下，表现就是文档看起来的样子。
- 行为：就是对内容的交互及操作效果。

> **TIP** 所谓的结构与表现分离，即是用CSS文档来单独控制表现。

知识拓展 关于RSS

RSS是随着博客的流行而被大家认识并熟知的一个新名词。简而言之，RSS是站点用来和其他站点之间共享内容的一种简易方式（也叫聚合内容），通常被用于新闻或其他按顺序排列的网站，例如Blog。

一段项目的介绍可能包含新闻的全部介绍，或者仅仅是额外的内容或者简短的介绍。这些项目的链接通常都能链接到全部的内容。网络用户可以在客户端借助于支持RSS的新闻聚合工具软件（例如SharpReader、NewzCrawler、FeedDemon），在不打开网站内容页面的情况下阅读支持RSS输出的网站内容。因此，网站提供RSS输出，有利于让用户发现网站内容的更新。如此一来，如果你的博客提供了RSS输出，就可以让访问者很方便地阅读博客的更新内容了。

很多"博友"都在他们的站点上放了标记，只要访问者喜欢，就可以将它添加到新闻阅读软件中，以后不必打开浏览器在不同站点到处转，在新闻阅读软件中就可以自动收集访问者预订的Blog和新闻了。

使用Div+CSS

DIV+CSS是WEB设计标准，它是一种网页的布局方法。与传统通过表格（table）布局定位的方式不同，它可以实现网页页面内容与表现相分离。提及DIV+CSS组合，还要从XHTML说起。XHTML是一种在HTML基础上优化和改进的新语言，目的是基于XML应用与强大的数据转换能力，适应未来网络应用更多的需求。DIV与Table都是XHTML或HTML语言中的一个标记，而CSS是一种表现形式。

使用Div布局页面主要通过Div+CSS技术实现。使用Div+CSS布局可将结构与表现分离，减少了HTML文档内大量代码，只留下了页面结构的代码，方便对其进行阅读，还可以提高网页的下载速度。用户必须知道CSS中每一个属性的作用，或许目前与在布局的页面并没有关系，但在以后遇到难题的时候可以尝试使用这些属性来解决。如果希望HTML页面用CSS布局，先不需要考虑页面外观，而要先思考页面内容的语义和结构。也就是需要分析内容块以及每块内容服务的目的，然后再根据这些内容目的建立起相应的HTML结构。

比如一个页面按功能块划分成如下几个部分：标志和站点名称、主页面内容、站点导航、子菜单、搜索框、功能区、页脚等，通常采用Div元素来将这些结构定义出来，代码如下。

```
01  <Div id="header"></Div>              ▶ 声明header的Div区
02  <Div id="content"></Div>             ▶ 声明content的Div区
03  <Div id="globalnav"></Div>           ▶ 声明globalnav的Div区
04  <Div id="subnav"></Div>              ▶ 声明subnav的Div区
05  <Div id="search"></Div>              ▶ 声明search的Div区
06  <Div id="shop"></Div>                ▶ 声明shop的Div区
07  <Div id="footer"></Div>              ▶ 声明footer的Div区
```

　　每一个内容块可以包含任意的HTML元素——标题、段落、图片、表格、列表等。每一个内容块都可以放在页面上任何地方，再指定这个块的颜色、字体、边框、背景以及对齐属性等。

　　id的名称是控制某一内容块的手段，通过给这个内容块套上Div并加上惟一的id，就可以用CSS选择器来精确定义每一个页面元素的外观表现，包括标题、列表、图片、链接或者段落等。例如为#header写一个CSS规则，就可以完全不同于#content里的图片规则。另外，也可以通过不同规则来定义不同内容块里的链接样式。类似这样：#globalnav a:link或者#subnav a:link或者#content a:link。也可以定义不同内容块中相同元素的样式不一样。例如，通过#content p和#footer p分别定义#content和#footer中p的样式。

使用流体网格布局

　　如果用户对使用Div标签和CSS样式表创建页面不熟悉，则可以基于Dreamweaver附带的流体网格布局之一来创建CSS布局。

　　网站的布局必须与显示该网站设备的尺寸相对应。流体网格布局为创建与显示网站的设备相符的不同布局提供了一种可视化的方式。

　　例如在台式计算机、平板电脑和移动电话上查看网站。可使用流体网格布局为其中每种设备指定布局。根据在台式计算机、平板电脑还是移动电话上显示网站，将使用相应的布局显示网站。

　　流动网页设计有很多好处，但必须正确使用。合适的技巧会使页面在大屏幕、小屏幕、PDA小屏幕上都能得到良好的呈现。但是糟糕的代码结构，对于流动布局来说将是灾难性的。因此，我们需要针对大多数流动设计的缺点寻求可行的解决方案。

　　如果用户作为设计师通过额外的付出创造了一个功能性流动布局，为什么不更进一步使其兼容所有分辨率，而不是局限于大多数屏幕。用户可以使用一些技巧创造一种意想不到的适应性布局，这种布局在不断改变屏幕分辨率情况下会保持功能上的完整性。

　　流动网格是通过智能的使用div、百分比和简单的数学计算来创建的。其理念是使用相对尺寸、结合百分比和em，用简单的分割以找到相对应的像素宽度，而这些宽度是在固定宽度设计中使用的。这种方法使你拥有一个网格布局，这看起来可能仅固定一次宽度，用户可以使用预设的字体大小查看这个布局，并且保持其比例大小；布局样式跨浏览器兼容；一旦理解之后，流动设计中的大多数问题将容易修复。

　　流动网格智能运用可创建一个自适应布局，其比例忠实于三等分法、平和和其它设计原则，自适应技术通过个性化定义处理分辨率大小的异常。因此，设计师一定要为用户提供完美的外观，这样能很好的保证图像和其它设定宽度的内容区域在屏幕上不会太大。

　　在Dreamweaver中使用流体网格布局（"新建>新建流体网格布局"）来创建应对不同屏幕尺寸的最合适CSS布局。在使用流体网格生成Web页时，布局及其内容会自动适应用户的查看装置（无论台式机、绘图板或智能手机）。

选择"文件>新建流体网格布局"。媒体类型的中央将显示网格中列数的默认值。单击"创建"按钮后，系统会要求用户指定一个CSS文件。在对话框中可以创建新CSS文件、打开现有CSS文件或者指定作为流体网格CSS文件打开的CSS文件。

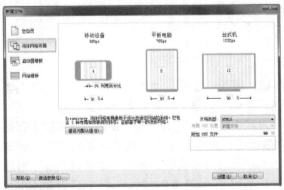

△ 流体网格布局　　　　　　　　　　　△ 另存CSS文件

Let's go! 使用Div+CSS结构布局"TCL多媒体"页面

原始文件	Sample\Ch11\Div\Div.htm
完成文件	Sample\Ch11\Div\Div-end.htm
视频教学	Video\Ch11\Unit26\

图　示	☉	●	◉	◎	◉
浏览器	IE	Chrome	Firefox	Opera	Apple Safari
是否支持	◎	◎	◎	◎	◎

◎完全支持　　□部分支持　　※不支持

■ **背景介绍**：本例页面主体结构采用上下布局，内容采用左右布局，头部菜单设置了超链接效果。

页面主要分成以下几个部分。

头部部分：包括标题、头部图片。

菜单部分：页面上方的主导航。

主体部分：包括页面内容和左侧菜单。

底部部分：版权内容。

经过分析，设计出以下布局，Div结构如下。

```
body{} //HTML文档主体标记
├#top //页面头部
├#menu //主导航菜单
├#main //主体部分
└#bottom //页面底部
```

△ 页面布局

1. 布局头部图片

1 打开div.htm文档，将插入点置于正文中，单击"插入"面板"结构"分类中的"Div"按钮。在打开的对话框中设置"插入"为"在插入点"，"ID"为top。

2 单击"新建CSS规则"按钮，在弹出的对话框中设置"规则定义"为style.css。这时设置的就是top的样式规则，单击"确定"按钮。

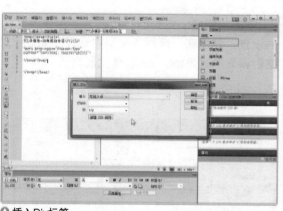

△ 插入Div标签

△ 新建CSS规则

3 在左侧的"方框"分类中设置Width（宽）为774像素，Height（高）为148像素，在Margin（边界）选项组中设置Left（左）和Right（右）为auto（自动）。

4 单击对话框中的"确定"按钮，返回到"插入Div"对话框。单击对话框中的"确定"按钮，Div标签被插入到了页面中。

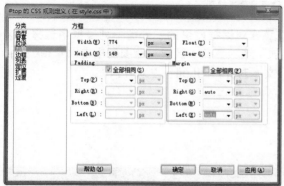

△ 设置方框

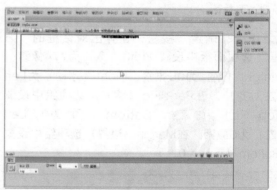

△ 插入的Div标签

此时，div.htm页面中添加的代码如下。

```
01 <div id="top">
02 此处显示 id "top" 的内容
03 </div>
```

Style.css文件中添加的代码如下。

```
01 #top{
02 height: 148px;
03 width: 774px;
04 margin-right: auto;
05 margin-left: auto;
06 }
```

5 将插入点置于div内部，删除"此处显示id"top"的内容"字样。在"插入"面板的"结构"分类中单击"Div"按钮，在打开的"插入Div"对话框中设置"插入"为"在插入点"，"ID"为top_one。

6 单击"新建CSS规则"按钮，不用修改默认的设置，然后在"规则定义"中选择style.css。这时设置的就是top_one的样式规则。

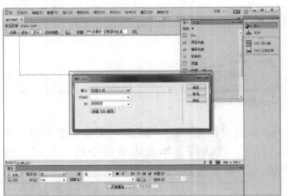

△ 插入Div标签

△ 新建CSS规则

7 单击"确定"按钮，在弹出对话框的"方框"选项面板中设置Width（宽）为774像素，Height（高）为96像素，Float（浮动）为Left（左对齐）。在Padding（填充）选项组中设置Top（上）为8像素，Bottom（下）为0，Left（左）为0像素。在Margin（边界）选项组中设置Bottom（下）为0。

8 在对话框左侧的"分类"列表框中选择"区块"选项，在"区块"选项面板中设置Textalign（文本对齐）为Left（左对齐）。

△ 设置方框

△ 设置区块

9 单击对话框中的"确定"按钮，返回到"插入Div"对话框。单击对话框中的"确定"按钮，Div标签被插入到了页面中。

10 删除"此处显示id "top_one"的内容"的文字，插入div_files/top.jpg图片，并设置到http://multimedia.tcl.com/cn/home/info.do?method=home&mappingName=home/网站的链接。

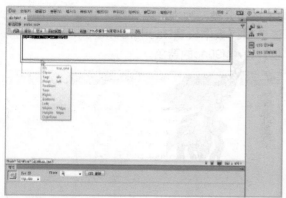

⚫ 插入的Div标签

此时，div.htm页面中添加的代码如下。

```
<div id="top _ one">
<a href="http://www.nivea.com.cn/">
<img src="div _ files/top.jpg"
width="774" height="96" border="0" />
</a>
</div>
```

⚫ 插入图片并设置链接

Style.css文件中添加的代码如下。

```
#top _ one {
text-align: left;
float: left;
height: 96px;
width: 774px;
margin-bottom: 0px;
padding-top: 8px;
padding-bottom: 0px;
padding-left: 0px;
}
```

2. 布局主导航

1 将插入点置于Div结束标签的后面，单击"插入"面板"结构"分类中的"Div"按钮。在打开的对话框设置"插入"为"在插入点"，"ID"为menu。

2 单击"新建CSS规则"按钮，在弹出的"新建CSS规则"对话框中设置"规则定义"为style.css。这时设置的就是menu的样式规则。

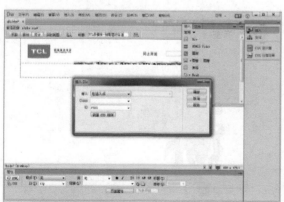

⚫ 插入Div标签

⚫ 新建CSS规则

3 单击"确定"按钮,在"方框"选项面板中设置Width(宽)为774像素,Height(高)为34像素,Float(浮动)为Left(左对齐)。

△ 设置方框

4 在"分类"列表框中选择"背景"选项,在该选项面板中设置Background-color(背景颜色)为#4f90ac的蓝色。

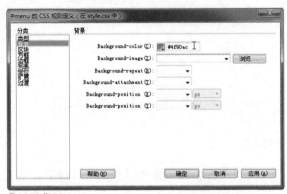

△ 设置背景

5 单击对话框中的"确定"按钮,返回到"插入Div"对话框。单击对话框中的"确定"按钮,Div标签被插入到了页面中。

△ 插入的Div标签

6 删除"此处显示id "menu" 的内容"的文字,单击"插入"面板"结构"分类中的"Div"按钮。在打开的对话框中设置"插入"为"在插入点","ID"为menu_main。

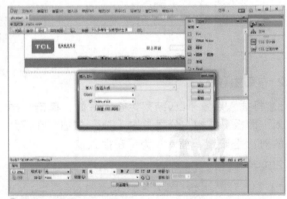

△ 插入Div标签

此时,div.htm页面中添加的代码如下。

```
<div id="menu">
此处显示  id "menu" 的内容
</div>
```

Style.css文件中添加的代码如下。

```
#menu {
background-color: #4f90ac;
float: left;
height: 34px;
width: 776px;
}
```

7 单击"新建CSS规则"按钮，在弹出的"新建CSS规则"对话框中设置"规则定义"为style.css。这时设置的就是menu_main的样式规则。

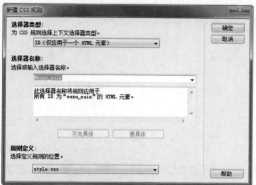
△ 新建CSS规则

8 在左侧的"方框"分类中设置width（宽）为600像素，height（高）为34像素，float（浮动）为right（右对齐）。

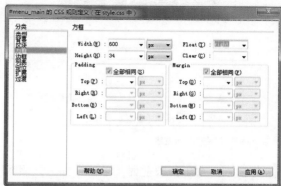
△ 设置方框

9 在左侧的"背景"分类中设置background-color（背景颜色）为#18234c的蓝色。

△ 设置背景

10 单击对话框中的"确定"按钮，返回到"插入Div"对话框。单击对话框中的"确定"按钮，Div标签被插入到了页面中。

△ 插入Div标签

此时，div.htm页面中添加的代码如下。

```
<div id="menu _ main">
<ul>
<li><a href="http://multimedia.tcl.com/cn/aboutus/info.do?method=findContent&mappin
gName=landing" title="关于我们">关于我们</a> </li>
......
</ul>
</div>
```

11 删除"此处显示id "top_one" 的内容"的文字，插入4段导航文字，设置成无序列表，每一段文字上添加一个链接地址，读者可参考光盘范例文件自行添加。

○ 插入导航文字并添加链接

Style.css文件中添加的代码如下。

```
#menu _ main {
background-color: #18234c;
    float: right;
    height: 34px;
    width: 600px;
}
```

12 将插入点置于列表前面，单击"插入"面板"结构"分类中的"插入Div"按钮。在打开的对话框中设置"插入"为"在插入点"，"ID"为menu_left。

○ 插入Div标签

13 单击"新建CSS规则"按钮，弹出"新建CSS规则"对话框，在该对话框中设置"规则定义"为style.css。这时设置的就是menu_left的样式规则。

○ 新建CSS规则

14 单击"确定"按钮，在"方框"选项面板中设置Width（宽）为174像素，Height（高）为34像素，Float（浮动）为Left（左对齐）。

○ 设置方框

15 在"分类"列表框中选择"背景"选项，在该选项面板中设置Background-color（背景颜色）为#18234c的蓝色。

○ 设置背景

16 单击对话框中的"确定"按钮，返回到"插入Div标签"对话框中。单击对话框中的"确定"按钮，Div标签被插入到了页面中。

此时，div.htm页面中添加的代码如下。

```
<div id="menu_left">
此处显示 id "menu_left" 的内容
</div>
Style.css文件中添加的代码如下。
```

此时，div.htm页面中添加的代码如下。

```
#menu_left {
background-color: #18234c;
float: left;
height: 34px;
width: 174px;
}
```

⬥ 插入的Div标签

17 打开CSS设计器，单击"源"窗口的style.css文件，然后在"选择器"窗口单击"加号"按钮，添加menu_main ul样式。在CSS设计器的"属性"面板中依次设置Line-height（行高）为30像素、Display（显示）为inline（行内）、List-style-type（列表样式类型）为none（无）等几个属性。

18 添加完成后，页面中的列表样式发生了改变。此时，Style.css文件中添加的代码如下。

```
#menu_main ul{
    display: inline;
    list-style-type: none;
    line-height: 30px;
}
```

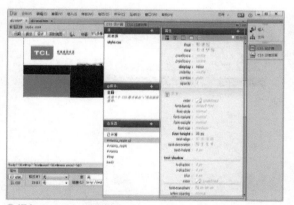
⬥ 添加menu_main ul样式

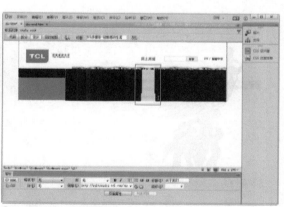
⬥ menu_main ul样式效果

19 打开CSS设计器，单击"源"窗口的style.css文件，然后在"选择器"窗口单击"加号"按钮，添加menu_main li样式。在CSS设计器的"属性"面板中依次设置Font-size（字号）为14.7像素，Font-weight（粗体）为bold（加粗）、Width（宽）为120像素，Float（浮动）为Left（左对齐）等几个属性。

20 添加完成后，页面中的列表样式发生了改变。此时，Style.css文件中添加的代码如下。

```
#menu_main li{
    font-size: 14.7px;
    font-weight: bold;
    width: 120px;
    float: left;
}
```

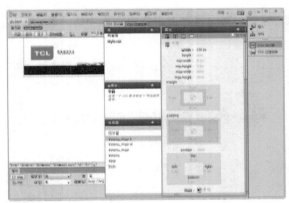
△ 添加menu_main li样式

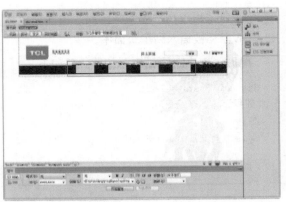
△ menu_main li样式效果

21 打开CSS设计器，单击"源"窗口的style.css文件，然后在"选择器"窗口单击"加号"按钮，添加menu_main li a样式。在CSS设计器的"属性"面板中依次设置Color（颜色）为#efefef、Display（显示）为block（块）、在"边框"Style（样式）选项组中设置Top（上）和Left（左）为solid（实线），在Width（宽）选项组中设置Top（上）和Left（左）分别为4像素和1像素，在Color（颜色）选项组中设置Top（上）和Left（左）分别为#18234C和#3b809d等几个属性。

22 添加完成后，页面中的列表样式发生了改变。此时，Style.css文件中添加的代码如下。

```
#menu _ main li a{
border-top-color: #18234C;
border-top-width: 4px;
border-top-style: solid;
border-left-color: #3b809d;
border-left-style: solid;
border-left-width: 1px;
display: block;
color: #efefef;
}
```

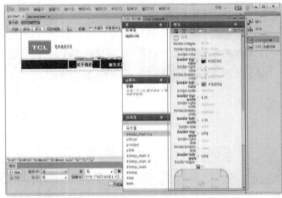
△ 添加menu_main li a样式

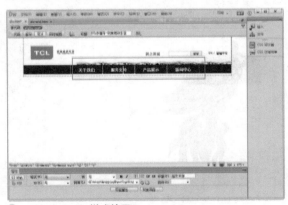
△ menu_main li a样式效果

3. 布局头部形象区域

1 单击"插入"面板"结构"分类中的"Div"按钮，在打开的对话框中设置"插入"为"在插入点"，"ID"为top_left。

2 单击"新建CSS规则"按钮，在弹出的"新建CSS规则"对话框中设置"规则定义"为style.css。这时设置的就是top_left的样式规则。

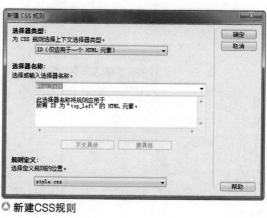

△ 插入Div标签　　　　　　　　　　△ 新建CSS规则

3 单击"确定"按钮，在"方框"选项面板中
设置Width（宽）为266像素，Height（高）为
222像素，Float（浮动）为Left（左对齐）。

4 单击对话框中的"确定"按钮，返回到"插
入Div"对话框。单击对话框中的"确定"按
钮，Div标签被插入到了页面中。

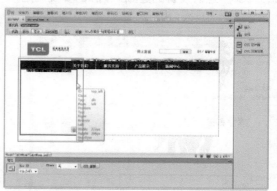

△ 设置方框　　　　　　　　　　　△ 插入的Div标签

5 删除"此处显示id "top_left" 的内容"的文字，更改<div id="top_left"></div>代码，背景图片显示
在区块内部。

6 将插入点置入Div结束标签的后面，单击"插入"面板"结构"分类中的"Div"按钮。在打开
的对话框中设置"插入"为"在插入点"，ID为top_right。

将<div id="top_left"></div>代码改为如下代码。

```
01 <div id="top _ left" style="background-image: url(div _ files/left.jpg);">
02 </div>
```

此时，Style.css文件中添加的代码如下。

```
01 #top _ left {
02 float: left;
03 height: 222px;
04 width: 266px;
05 }
```

● Dreamweaver CC中文版从入门到精通

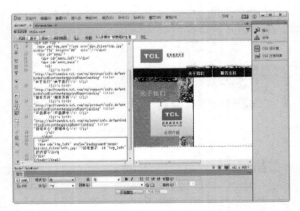
△ 样式效果

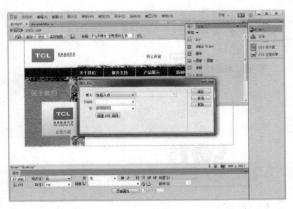
△ 插入的Div标签

7 单击"新建CSS规则"按钮，在弹出的"新建CSS规则"对话框中设置"规则定义"为style.css。这时设置的是top_right的样式规则。

8 单击"确定"按钮，在弹出对话框的"方框"选项面板中设置Width（宽）为552像素，Height（高）为266像素，Float（浮动）为Left（左对齐）。

△ 新建规则

△ 设置方框

9 切换至"背景"选项面板，设置Background-repeat（重复）为no-repeat（不重复），Background position（垂直位置）为bottom（底部）。

10 单击对话框中的"确定"按钮，返回到"插入Div标签"对话框。单击对话框中的"确定"按钮，Div标签被插入到了页面中。

△ 设置背景

△ 添加的Div标签

11 删除"此处显示 id "top_right" 的内容"的文字，更改<div id="top_right"></div>代码，背景图片显示在了区块内部。

将<div id="top_right"></div>代码更改为如下代码。

```
<div id="top_right"
style="background-image: url(div_files/
bgimg.jpg);">
</div>
```

△ 样式效果

此时，Style.css文件中添加的代码如下。

```
#top_right{
float: left;
width: 552px;
height: 266px;
background-repeat: no-repeat;
background-position: bottom;
}
```

4. 布局主体

1 将插入点置于Div结束标签后，单击"插入"面板"结构"分类中的"Div"按钮，设置"插入"为"在插入点"，ID为main。

△ 插入Div标签

2 单击"新建CSS规则"按钮，在弹出的"新建CSS规则"对话框中设置"规则定义"为style.css。这时设置的就是main的样式规则。

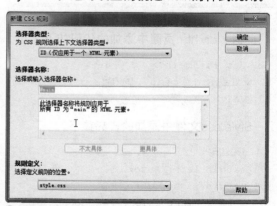
△ 新建规则

3 单击"确定"按钮，在弹出对话框的"方框"选项面板中设置Width（宽）为774像素，在Margin（边界）选项组中Left（左）和Right（右）为auto（自动）。

4 切换至"边框"选项面板，在Style（样式）选项组中设置Right（右）为dotted（点划线），在Width（宽）选项组中设置Right（右）为1像素，在Color（颜色）选项组中设置Right（右）为#CCCCCC的灰色。

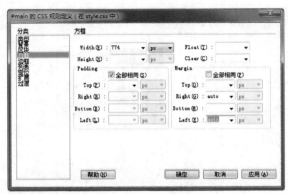

△ 设置方框

△ 设置边框

5 切换至"背景"选项面板，设置Background -color（背景颜色）为#EEEEEE的浅灰色。

6 单击对话框中的"确定"按钮，返回到"插入Div"对话框。单击对话框中的"确定"按钮，Div标签被插入到了页面中。

△ 设置背景

△ 添加的Div标签

此时，div.htm页面中添加的代码如下。

```
01 <div id="main">
02 此处显示id "main" 的内容
03 </div>
```

Style.css文件中添加的代码如下。

```
01 #main{
02 margin-left: auto;
03 margin-right: auto;
04 border-right-color: #cccccc;
05 border-right-width: 1px;
06 border-right-style: dotted;
07 width: 774px;
08 background-color: #eeeeee;
09 }
```

7 删除"此处显示id "main" 的内容"的文字，将插入点置入Div标签的内部，单击"插入"面板"结构"分类中的"Div"按钮。在打开的对话框中设置"插入"为"在插入点"，"ID"为main_left。

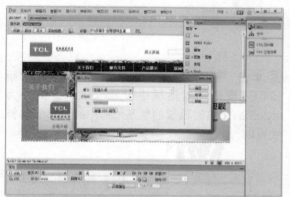
△ 插入Div标签

8 单击"新建CSS规则"按钮，弹出"新建CSS规则"对话框，在该对话框中设置"规则定义"为style.css。这时设置的就是main_left的样式规则。

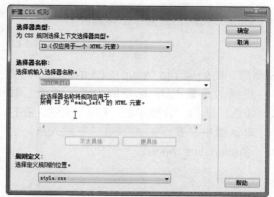
△ 新建规则

9 单击"确定"按钮，在弹出对话框的"方框"选项面板中设置Width（宽）为174像素，Height（高）为auto（自动），Float（浮动）为left（左对齐）。

△ 设置方框

10 切换至"背景"选项面板，设置Background-color（背景颜色）为#EEEEEE的浅灰色。

△ 设置背景

11 单击对话框中的"确定"按钮，回到"插入Div标签"对话框。单击对话框中的"确定"按钮，Div标签被插入到了页面中。

此时，div.htm页面中添加的代码如下。

```
01 <div id="main _ left">
02 此处显示id "main _ left" 的内容
03 </div>
```

△ 插入的Div标签

Style.css文件中添加的代码如下。

```
01 #main _ left{
02 float: left;
03 width: 174px;
04 height: auto;
05 background-color: #eeeeee;
06 }
```

12 删除 "此处显示id "main_left" 的内容" 的文字，将插入点置入Div标签的内部，单击 "插入" 面板 "结构" 分类中的 "Div" 按钮。在打开的对话框中设置 "插入" 为 "在插入点"，"ID" 为main_left_menu。

13 单击 "新建CSS规则" 按钮，在弹出的 "新建CSS规则" 对话框中设置 "规则定义" 为style.css。这时设置的就是main_left_menu的样式规则。

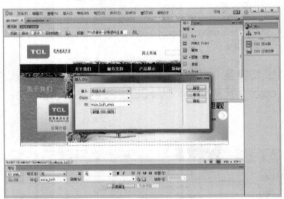

△ 插入Div标签

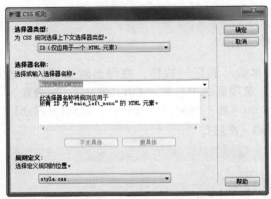

△ 新建规则

14 单击 "确定" 按钮，在 "方框" 选项面板中设置Width（宽）为174像素，在Margin（边界）选项组中设置Top（上）为6像素。

15 切换至 "背景" 选项面板，设置Background-color（背景颜色）为#EEEEEE的浅灰色。

△ 设置方框

△ 设置背景

16 单击对话框中的 "确定" 按钮，返回到 "插入Div标签" 对话框。单击对话框中的 "确定" 按钮，Div标签被插入到了页面中。

17 删除 "此处显示id "main_left_menu" 的内容" 的文字。插入6段文字，设置成无序列表，每一段文字添加一个链接地址。

○ 插入的Div标签

○ 插入列表

此时，div.htm页面中添加的代码如下。

```
<div id="main _ left _ menu">
<ul><li><a href="http://multimedia.
tcl.com/cn/aboutus/main.do?metho
d=listing&mappingName=AboutUs _
CompanyProfile">公司介绍</a></li>
      ......
</ul>
</div>
```

Style.css文件中添加的代码如下。

```
#main _ left _ menu{
margin-top: 6px;
width: 176px;
background: #eeeeee
}
```

18 打开CSS设计器，单击"源"窗口中的style.css文件，然后在"选择器"窗口单击"加号"按钮，添加main_left_menu ul样式。在CSS设计器的"属性"面板中依次设置Display（显示）为block（区块），Padding（边界）和Margin（边距）选项组中设置Top（上）为0、List-style-type（列表样式类型）为none（无）等几个属性。

19 添加完成后，页面中的列表样式发生了改变。此时，Style.css文件中添加的代码如下。

```
#main _ left _ menu ul{
list-style-type: none;
display: block;
margin: 0px;
padding: 0px;
}
```

○ 添加main_left_menu ul样式

○ main_left_menu ul样式效果

20 打开CSS设计器，单击"源"窗口的style.css文件，然后在"选择器"窗口单击"加号"按钮，添加main_left_menu li样式。在CSS设计器的"属性"面板中依次设置Line-height（行高）为28像素、Margin（边距）中设置Bottom（底）为6像素等几个属性。

21 添加完成后，页面中的列表样式发生了改变。此时，Style.css文件中添加的代码如下。

```
#main _ left _ menu li{
margin-bottom: 6px;
line-height: 28px;
}
```

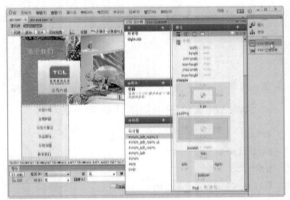
△ 添加main_left_menu li样式

△ main_left_menu li样式效果

22 打开CSS设计器，单击"源"窗口的style.css文件，然后在"选择器"窗口单击"加号"按钮，添加main_left_menu li a样式。在CSS设计器的"属性"面板中依次设置Text-decoration（文字修饰）为none（无）、Background-color（背景颜色）为#FFFFFF的白色、Display（显示）为block（区块）、Width（宽度）为166像素、"边框"的Style（样式）选项组中设置Left（左）为solid（实线），在Width（宽）选项组中设置Left（左）为6像素，在Color（颜色）选项组中设置Left（左）为#ff9900的橙色等几个属性。

23 添加完成后，页面中的列表样式发生了改变。此时，Style.css文件中添加的代码如下。

```
#main _ left _ menu li a{
background: #ffffff;
width: 166px;
display: block;
text-decoration: none;
border-left-color: #ff9900;
border-left-style: solid;
border-left-width: 6px;
}
```

△ 添加main_left_menu li a样式

△ main_left_menu li a样式效果

24 将插入点置于Div结束标签的后面，单击"插入"面板"布局"分类中的"Div"按钮。在打开的对话框中设置"插入"为"在插入点"，"ID"为main_right。

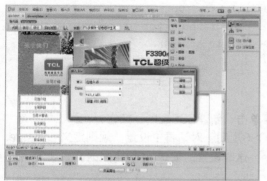
△ 插入Div标签

25 单击"新建CSS规则"按钮，弹出"新建CSS规则"对话框，在该对话框中设置"规则定义"为style.css。这时设置的就是main_right的样式规则。

△ 新建规则

26 单击"确定"按钮，切换至"方框"选项面板，设置Width（宽）为590像素，Height（高）为210像素，Float（浮动）为right（右对齐），在Margin（边距）选项组中设置Top（上）为0像素。

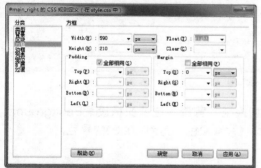
△ 设置方框

27 切换至"背景"选项面板，设置Background-color（背景颜色）为#EEEEEE的浅灰色。

△ 设置背景

28 单击对话框中的"确定"按钮，返回到"插入Div标签"对话框。单击对话框中的"确定"按钮，Div标签被插入到了页面中。

△ 插入的Div标签

29 删除"此处显示id "main_right" 的内容"的文字，插入网页的正文内容，读者可参考光盘范例文件自行添加。

△ 插入正文内容

此时，div.htm页面中添加的代码为：

```
01 <div id="main _ right">
02 <div align="left">
03 <p>     TCL 多媒体科技
   控股有限公司……</p>
   ……
04 </div>
05 </div>
```

Style.css文件中添加的代码为：

```
01 #main _ right{
02 float: right;
03 width: 590px;
04 height: 210px;
05 background-color: #eeeeee;
06 margin-top:0px;
07 }
```

5. 布局版权

1 将插入点置于Div结束标签后，单击"插入"面板"结构"分类中的"Div"按钮。设置"插入"为"在插入点"，ID为bottom_all。

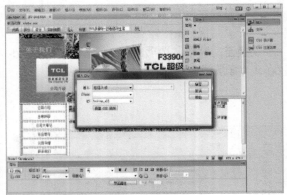
△ 插入Div标签

2 单击"新建CSS规则"按钮，在弹出的"新建CSS规则"对话框中设置"规则定义"为style.css。这时设置的就是main_right的样式规则。

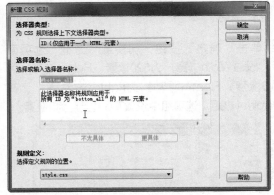
△ 新建规则

3 单击"确定"按钮，在弹出对话框的"类型"选项面板中设置Font-family（字体）为"Lucida Grande, Lucida Sans Unicode, Lucida Sans, DejaVu Sans, Verdana, sans-serif"，Line-height（行高）为28像素，Color（颜色）为#EEEEEE（灰色）。

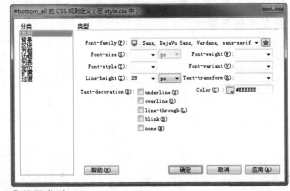
△ 设置类型

4 切换至"背景"选项面板设置Background-color（背景颜色）为#000000的黑色。

△ 设置背景

5 在左侧的"方框"分类中设置Width（宽）为774像素，height（高度）为28像素，把clear（清除）设置为both（都），将padding（边界）中的top（顶）设置为6像素，将margin（边距）中的right（右）和left（左）设置为auto（自动）。

△ 设置方框

6 单击对话框中的"确定"按钮，返回到"插入Div"对话框。单击对话框中的"确定"按钮，Div标签被插入到了页面中。

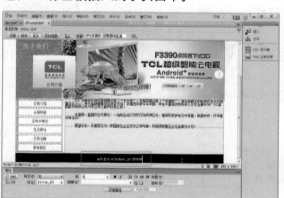
△ 插入的Div标签

此时，div.htm页面中添加的代码为：

```
01 <div id="bottom _ all">
02 Copyright 2014 http://multimedia.
tcl.com/ All right reserved.
03 </div>
```

Style.css文件中添加的代码为：

```
01 #bottom _ all{
02 clear: both;
03 margin-left: auto;
```

7 删除"此处显示 id "bottom_all" 的内容"的文字，插入网页的版权内容，读者可参考光盘范例文件自行添加。

△ 插入版权内容

Style.css文件中添加的代码如下。

```
04 margin-right: auto;
05 padding-top: 6px;
06 width: 776px;
07 height: 28;
08 font-family: Arial, Helvetica, sans-
serif;
09 color: #eeeeee;
10 line-height: 28px;
01 background-color: #000000;
}
```

至此，整个页面的Div+CSS布局完成了，按下F12键，在浏览器中预览整个页面的效果。这种布局最大限度的保证了显示的精确。

DO IT Yourself 练习操作题

1. 使用Div+CSS排版页面一

⊙ 限定时间：60分钟

请使用Div+CSS知识为页面中的内容排版。

Step BY Step （步骤提示）

1. 分析整体页面。
2. 构建不同的div分区。
3. 设置各分区样式。

光盘路径

Exercise\Ch11\1\ex1.htm

△ 浏览器效果

△ Dreamweaver中排版效果

2. 使用Div+CSS排版页面二

⊙ 限定时间：90分钟

请使用Div+CSS知识为页面中的内容排版。

Step BY Step （步骤提示）

1. 分析整体页面。
2. 构建不同的div分区。
3. 设置各分区样式。

光盘路径

Exercise\Ch11\2\ex2.htm

△ 浏览器效果

△ Dreamweaver中排版效果

参考网站

• **肯·凯图**：澳大利亚设计师肯·凯图的公司网站，图像与文字之间的比例搭配恰到好处，技术上通过Dreamweaver CC的"Div+CSS布局"实现。

• **Interbrand**：国际资深品牌顾问公司，大气而有亲和力的布局与色彩搭配，使得网站整体效果出色，技术上通过Dreamweaver CC的"Div+CSS布局"实现。

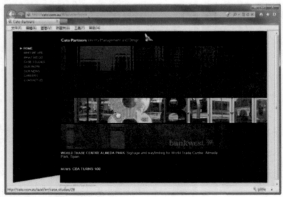

△ http://cato.com.au/

△ http:// interbrand.com/

Special page Div+CSS布局结构中的CSS命名规则

1. 常用的CSS命名规则

项 目	命 名	项 目	命 名
头	header	搜索	search
内容	content/container	友情链接	friendlink
尾	footer	页脚	footer
导航	nav	版权	copyright
侧栏	sidebar	滚动	scroll
栏目	column	内容	content
页面外围控制整体布局宽度	wrapper	标签页	tab
左右中	leftrightcenter	文章列表	list
登录条	loginbar	提示信息	msg
标志	logo	小技巧	tips
广告	banner	栏目标题	title
页面主体	main	加入	joinus
热点	hot	指南	guild
新闻	news	服务	service
下载	download	注册	regsiter
子导航	subnav	状态	status
菜单	menu	投票	vote
子菜单	submenu	合作伙伴	partner

2. 注释的写法

```
/*Footer*/
内容区
/*EndFooter*/
```

3. id的命名

（1）页面结构

项 目	命 名	项 目	命 名
容器	container	导航	nav
页头	header	侧栏	sidebar
内容	content/container	栏目	column
页面主体	main	页面外围控制整体布局宽度	wrapper
页尾	footer	左右中	leftrightcenter

（2）导航

项 目	命 名	项 目	命 名
导航	nav	右导航	rightsidebar
主导航	mainbav	菜单	menu
子导航	subnav	子菜单	submenu
顶导航	topnav	标题	title
边导航	sidebar	摘要	summary
左导航	leftsidebar		

（3）功能

项　目	命　名	项　目	命　名
标志	logo	提示信息	msg
广告	banner	当前的	current
登陆	login	小技巧	tips
登录条	loginbar	图标	icon
注册	regsiter	注释	note
搜索	search	指南	guild
功能区	shop	服务	service
标题	title	热点	hot
加入	joinus	新闻	news
状态	status	下载	download
按钮	btn	投票	vote
滚动	scroll	合作伙伴	partner
标签页	tab	友情链接	link
文章列表	list	版权	copyright

4. CSS文件命名

项　目	命　名	项　目	命　名
主要的	master.css	专栏	columns.css
模块	module.css	文字	font.css
基本共用	base.css	表单	：forms.css
布局，版面	layout.css	补丁	mend.css
主题	themes.css	打印	print.css

5. class的命名

（1）颜色：使用颜色的名称或者16进制代码，代码如下。

```
.red{color:red;}
.f60{color:#f60;}
.ff8600{color:#ff8600;}
```

（2）字体大小可使用 "font＋字体大小" 作为名称，代码如下。

```
.font12px{font-size:12px;}
.font9pt{font-size:9pt;}
```

（3）对齐样式用对齐目标的英文名称，代码如下。

```
.left{float:left;}
.bottom{float:bottom;}
```

（4）标题栏样式用 "类别＋功能" 的方式命名，代码如下。

```
.barnews{}
.barproduct{}
```

Chapter

12

利用框架创建整洁的网页

框架是较早出现的HTML对象，框架的作用就是将浏览器窗口划分为若干个区域，并且每个区域可以分别显示不同的网页。使用框架可以非常方便地完成导航工作，而且各个框架之间决不存在干扰问题。在模板出现以前，框架技术一直普遍地应用于页面导航。

▌本章技术要点▌

Q：什么是框架？什么是框架集？

A： 将页面分成的多个画面的结构称为框架。根据需要分解框架后，在各个框架上再插入已准备的文档。在各个框架上填充文档后会保存整体结构，而合并这多个画面的总体框架称为框架集。

Q：如何制作内联框架？

A： 通过内联框架可以在一个页面中嵌入多个页面。由于Dreamweaver CC中并没有提供内联框架的可视化制作方案，因此需要书写一些页面的源代码。

制作框架与框架集

所谓框架指的是把一个画面分成几个区域，并在各个区域中显示不同网页文件的结构，利用框架可以更容易整理文档。框架的英文是"Frame"，是指网页在一个浏览器窗口下分割成几个不同区域的形式。

框架基础知识

学习框架之前，首先要了解框架和框架集的关系。框架和框架集的用语类似，因此容易混淆。

⬠ 一个画面上显示两个文档

⬠ 画面上侧的内容

⬠ 画面下侧的内容

该文档将页面分成左右两个画面，这样分成的各个画面称为框架。因此，该文档一共由两个框架组成。

根据需要分解框架后，在各个框架上再插入已准备的文档。在各个框架上填充文档后会保存整体结构，而合并这两个画面的总体框架称为框架集。框架集中包括当前文档的框架组成个数、各个框架的大小、各框架的连接文件等相关信息。并且，在浏览器上只显示框架集文件，即可一次性显示出所有框架文件。

由两个框架来形成的文档包括各个框架的相关文档和框架集文档，共三个文档组成。

TIP 在模板出现之前，框架技术被广泛应用于页面导航。

如果网页的各部分为相互独立的网页，又由一个网页将这些分开的网页组成一个完整的网页，显示于浏览者的浏览器中。重复出现的内容被固定下来，每次浏览者发出对页面的请求时，只下载发生变化的框架的页面，其他子页面保持不变，必然会给浏览者带来方便，节省时间。框架的作用就是把浏览器窗口划分为若干个区域，每个区域可以分别显示不同的网页。使用框架可以非常方便的完成导航工作，而且各个框架之间决不存在互相干扰的问题，所以框架技术一直普遍应用于页面导航。

可以在框架集中再插入其他框架集，这种做法通常称为"嵌套框架集"，而这些框架集也经常应用在由框架组成的网页中。

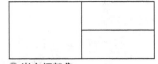

⬠ 嵌套框架集　　⬠ 框架集1　　⬠ 框架集2

上图最左侧结构的框架集是先制作中间框架结构的框架集，并在右侧框架中再插入最右图结构的框架集后所得到的框架集。

❓ 代码解密 HTML实现的框架代码

框架主要包括两个部分，一个是框架集，另一个就是框架。框架集是在一个文档内定义一组框架结构的HTML网页。框架集定义了在一个窗口中显示的框架数、框架的尺寸、载入到框架的网页等；而框架则是指在网页上定义的一个显示区域。要想创建一个框架文档，只需要知道三个标签就可以了：<frameset>、<frame>和<noframes>。一个框架文档在HTML文档中代替了标签<body>的位置，在那儿可以找到网页内容。

<frameset>标签

<frameset>标签有一个必需的属性：rows或cols。它们定义了文档窗口中框架或者嵌套的框架集的行或列的大小及数目。这两个属性都接受用引号括起来并用逗号分开的值列表，这些数值指定了框架的绝对（像素点）或相对（百分比或其余空间）宽度（对列而言），或者绝对或相对高度（对行而言）。这些属性值的数目决定了浏览器将会在文档窗口中显示多少行或列的框架。

<frame>标签

<frame>标签只出现在<frameset>标签内。通过使用与它关联的src属性，可以设定文本内容的URL，这些文本内容最开始就显示在各个框架中。浏览器将框架从左到右一列一列，从上到下一行一行地放置在一个框架集中，因此<frame>标签在<frameset>标签中的顺序和数目十分重要。浏览器将没有包含src属性的<frame>标签显示为空的框架。如果<frameset>标签要求的框架数超过了相应的<frame>标签定义的数目，也会显示为空的框架。

<noframes>标签

只能在框架文档的最外层的<frameset>标签内部使用<noframes>标签。在<noframes>标签内部的内容以及它所要求的结束标签（</noframes>）不能被任何具有激活框架能力的浏览器所显示，但是这些内容将会被那些不能处理框架的浏览器显示。<noframes>标签的内容可以是任何普通的主体内容，包括<body>标签本身。

下面这段代码就是一个标准的上下结构框架。

```
01 <frameset rows="50%,50%">        ▶ 声明框架集,按行分,各为50%
02 <frame src="top.htm">            ▶ 声明框架,指向top.htm
03 <frame src="bottom.htm">         ▶ 声明框架,指向bottom.htm
04 </frameset>                      ▶ 声明框架集结束
05 <noframes>                       ▶ 声明不能处理框架的浏览器内容
06 <body>请使用支持框架的浏览器</body>  ▶ 显示"请使用支持框架的浏览器"文字
07 </noframes>
```

下面这段代码是一个标准的嵌套框架。

```
01 <frameset cols="199,283">        ▶ 声明框架集,按列分,各为199像素和283像素
02 <frame src="left.htm ">          ▶ 声明框架,指向left.htm
03 <frameset rows="121,121">        ▶ 声明嵌套框架集,按行分,各为121像素
04 <frame src="top.htm">            ▶ 声明框架,指向top.htm
05 <frame src="bottom.htm">         ▶ 声明框架,指向bottom.htm
06 </frameset>                      ▶ 声明嵌套框架集结束
07 </frameset>                      ▶ 声明框架集结束
```

设置框架集属性

如果正确使用框架与框架集属性，会对网页制作有很大的帮助。但是如果没设置好属性，反而

会使网页制作操作变得更加复杂。最常用的框架集的属性包括：框架面积、框架边界颜色和距离等。最常用的框架属性包括：框架名称、源文件、边距、尺寸和滚动条等。

代码解密 HTML实现的框架集属性代码

框架集主要的属性如下表所示。

属 性	描 述
Cols	分列
Rows	分行
Framespacing	边框宽度
Frameborder	设定框架集是否出现边框
Bordercolor	边框颜色

<frame>标签所用的src属性值是要显示在框架中文档的URL。除此之外，没有其他方法来为框架提供内容。例如，不能在这个框架文档中包含任何<body>标签的内容，如果<body>标签先出现，浏览器将会忽略掉框架标签，并且只显示<body>标签的内容，反之亦然。src属性引用的文本可以是任何合法的文档或者任何可以显示的对象，包括图像和多媒体。引用的文档自身可以就是由一个或者多个框架构成的。这些框架显示在引用框架中，这也提供了用嵌套的框架实现复杂布局的另一种途径。

如下代码声明分为3行的框架集不出现框架边框，框架边框为0。

```
<frameset rows="70,202,39" framespacing=0  frameborder=0>
```

代码解密 HTML实现的框架属性代码

<frame>标签只出现在<frameset>标签内。通过使用与之关联的src属性，可以用它来设定文本内容的URL，这些文本内容最开始就显示在各个框架中。通过<frame>标签可以定义框架页面的内容。根据具体布局，可能还要进一步控制框架的样子。<frame>标签常用的属性如下表所示。

属 性	描 述
Src	源文件
Name	框架名称
Frameborder	边框宽度
Scrolling	滚动
NoResize	禁止改变大小
MarginWidth	边缘宽度
MarginHeight	边缘高度

<frame>标签所用的src属性值是要显示在框架中文档的URL。src属性引用的文本可以是任何合法的文档或者任何可以显示的对象，包括图像和多媒体。引用的文档自身可以由一个或者多个框架构成，这些框架显示在引用框架中，提供了用嵌套的框架实现复杂布局的另一种途径。

- Name属性表示框架名称，有了这个名称，才可以应用框架与其他文件连接等各种功能。框架名称必须以英文开头，而且不可以使用特殊字符或空格。
- 可以用frameborder属性对一个单一的框架添加或者删除边框。值"yes"或者"1"

和 "no" 或者 "0" 分别用来激活或者禁用框架的边框。

- 对于那些内容超出所分配窗口空间的框架来说，浏览器将会显示垂直和水平滚动条。如果框架中有足够的空间显示内容，则这些滚动条不会出现。<frame>标签的scrolling属性使用户能够控制滚动条的出现和消失。将scrolling值设置为yes，浏览器就会给这个指定的框架添加滚动条，即使没有什么内容需要拖动滚动条进行浏览；如果将scrolling属性值设定为no，将不会在框架上添加滚动条，即使是框架中的内容大于框架本身；如果将scrolling的值设定为auto，浏览器仅根据需要添加滚动条。
- 可将noresize属性添加到<frame>标签中，禁止手动改变框架中一行或者一列的大小。
- 浏览器通常默认在框架的边沿和其内容之间留下一小部分间隔。可以用marginheight和marginwidth属性修改这个间隔的大小，每个属性都包括一个包围在框架内容周围的像素点的数量。

如下代码声明第一行的框架内容为topframe.htm文件，框架边框为0，不显示滚动条，禁止改变大小，框架边缘高度和边缘宽度为0，框架名称为top。

```
<frame src="topframe.htm"  frameborder=0 scrolling="no"  noresize marginheight="0"
marginwidth="0" name="top">
```

设置框架链接

使用框架的最大理由是可以固定页面的一部分，而且可以只更改所需框架的内容，即在不改变菜单所在框架的情况下，只变动菜单中的相关内容。若想在特定框架中显示所需的内容，就要区分多个不同的框架，因此，应该给各个框架间设置链接。

在Dreamweaver CC中制作框架时，在属性面板的"目标"下拉列表中选择目标，即表示内容的框架即可。

◎ 设置链接目标

> **TIP** 使用了框架结构的网页页面由两个或两个以上的框架组成，一个页面可在这些框架中的任意一个框架中打开，这时就要考虑如何使页面在指定的框架中打开的问题，此时可设置超级链接的目标，使网页在指定的框架中打开。

属性面板的"目标"下拉列表中不仅包括名称，而且还提供_blank、_parent、_self、_top等属性选项。应用链接方式来连接当前文档和其他文档时，最好在"目标"下拉列表中选择_blank或_top选项。

- _blank：在新窗口中显示链接内容。
- _parent：链接内容出现在包括当前框架文档的父框架集上。大部分都会出现与应用_top选项一样的结果。
- _self：链接内容出现在应用链接的窗口或框架中。在没有另外指定"目标"的情况下，会作为默认值。
- _top：删除所有当前框架结构，并表示链接内容。

制作内联框架

可用特定的HTML标签定义一个内联框架。该标签可以在文档中定义一个矩形的区域，在这个区域中，浏览器会显示一个单独的文档，包括滚动条和边框。

制作内联框架

框架文件的优点是在保持菜单等一部分内容的情况下，可以更换其中的实际内容，因此，比较容易维持网页的整体设计。但整个网页由一个图像来组成的时候，很难利用框架结构，因为把切割图像插入到多个框架时，很难显示成一个图像。

将切割后的小图像最终显示为一个大图像的最好方法是利用表格。那么，在利用表格来制作的布局中，可不可以像框架文件一样，在固定一部分的同时只更改其中的实际内容呢？这种情况下，可以应用内联框架，内联框架也可以称为"浮动框架"。

下面网页中左侧部分图像是固定的，而右侧部分为利用链接来连接文档。这是利用表格来制作的布局，在出现实际内容的右侧部分单元格中插入了内联框架。

◔ 顶部为固定菜单、下方为内联框架

◔ 单击菜单，就会在内联框架中出现相关内容

❓ 代码解密 HTML实现的内联框架代码

框架集取代了传统的文档<body>，并且通过它包含的框架为用户提供了内容。HTML允许定义存在于一个传统文档中的内联框架，显示成为这个文档的文本流的一部分。

可用<iframe>标签定义一个内联框架。<iframe>标签在文档中定义了一个矩形的区域，在这个区域中，浏览器会显示一个单独的文档，包括滚动条和边框。<iframe>标签必备的src属性值是要显示在内联框架中文档的URL，代码如下。

```
<iframe src="URL">
包含内联框架内容
</iframe>
```

<iframe>标签的内容可用来为不支持内联框架浏览器的用户提供信息。接受内联框架的浏览器将忽略这些内容，而所有其他浏览器将忽略这个<iframe>标签，而显示出内容，就好像它是普通的文体内容一样。

内联框架的属性和普通框架的属性基本相同，如下表所示。

属 性	说 明
Frameborder	内联框架边框
Name	内联框架名称
Src	内联框架源文件
Marginheight	内联框架边缘高度
Marginwidth	内联框架边缘宽度
Align	对齐方式
Width	内联框架宽度
Height	内联框架高度
Scrolling	是否允许出现滚动条

- <iframe>标签所用的src属性值是要显示在内联框架中文档的URL。
- <iframe>标签中可选的name属性对该内联框架进行标记，以便以后被用于超文本链接锚（<a>）标签的目标属性所引用。如果使用这种方法，就可以用另一个框架中的链接改变这个内联框架的内容。
- <iframe>标签通过width、height属性可以设置内联框架显示的宽度和高度。
- 通过frameborder属性，可以控制内联框架边框是否显示。
- 浏览器通常在内联框架的边沿和其内容之间留下一小部分间隔。可以使用marginheight和marginwidth属性修改这个边界的大小，每个属性都包括一个包围在内联框架内容周围的像素点的数量。
- 使用align属性可以设置内联框架的对齐方式，left表示居左；center表示居中；right表示居右。
- 当内联框架内的空间不够显示页面的内容时，可以通过滚动条来实现页面的滚动，使用户看到隐藏的内容。scrolling属性可以设定滚动条是否显示。

如下代码声明内联框架开始，载入center.htm文件，宽度为550像素，高度为350像素，框架边框为0，滚动条为自动显示，框架边缘宽度和边缘高度都为0，水平居中。

```
<iframe src="center.htm" width="550" height="350" frameborder="0" scrolling="auto"
Marginheight="0" Marginwidth="0" align="center">
</iframe>
```

Let's go! 创建"合肥博旷"页面中的内联框架结构

原始文件	Sample\Ch12\iframe\iframe.htm
完成文件	Sample\Ch12\iframe\iframe-end.htm
视频教学	Video\Ch12\Unit28\

图示					
浏览器	IE	Chrome	Firefox	Opera	Apple Safari
是否支持	◎	◎	◎	◎	◎
◎完全支持　　□部分支持　　※不支持					

■ **背景介绍**：内联框架与一般的框架具有同样的功能，惟一不同点是，内联框架可以在网页文件的内容中间插入其他文档。本例将在文档中的表格中插入内联框架，使链接的内容显示在文档中间。内联框架也是一个窗口，因此也可以像框架文档一样，在维持整体布局的状态下，只更换所需部分的内容。点击栏目链接后，还可以在内联框架窗口中显示不同的页面效果。

◆ 原始文档　　　　　　　　　　　◆ 插入内联框架的文档

1. 插入<iframe>标签

❶ 单击中间部分的单元格后，单击"拆分"按钮。文档窗口中出现代码视图后，可以看到插入点自动定位在<td height="370"align="center" valign="top">和</td>之间。

❷ 删掉光标后面的 ，单击"插入"面板"常用"分类下的IFRAME按钮，页面增加了如下代码。

```
<iframe></iframe>
```

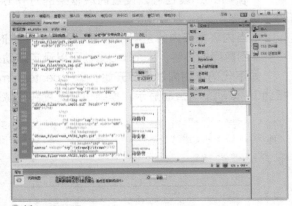

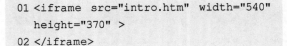
◆ 单击"拆分"命令，显示代码视图　　　◆ 插入IFRAME

2. 指定内联框架的属性

❶ 指定内联框架的内容和大小。将刚才输入的代码修改为如下代码。

```
01 <iframe src="intro.htm" width="540"
   height="370" >
02 </iframe>
```

❷ 指定内联框架是否显示滚动条。将刚才输入的代码修改为如下代码。

```
01 <iframe src="intro.htm" width="540"
   height="370" scrolling="auto">
02 </iframe>
```

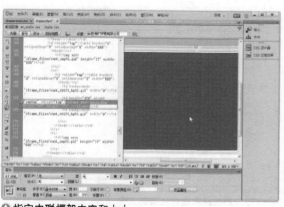

▲ 指定内联框架内容和大小

▲ 将滚动条的属性选择为auto状态

TIP 接下来要使用的属性都没有具体顺序，因此可以不考虑顺序，应用各种所需的属性。另外，内联框架的宽度通常比其内部文档的宽度稍微宽一些，这样才可以得到没有滚动条的整洁效果。

3. 输入内联框架名称

　　若想在内联框架中显示链接内容，就要先决定内联框架的名称。将刚才输入的代码修改为如下代码。

3 删除内联框架的边框。将刚才输入的代码修改为如下代码。

```
01 <iframe src="intro.htm" width="540"
   height="370" scrolling="auto"
   frameborder="0">
02 </iframe>
```

```
01 <iframe src="intro.htm" width="540"
   height="370" scrolling="auto"
   frameborder="0" name="content">
02 </iframe>
```

TIP 这里输入的名称会在后面的步骤中作为链接的目标。

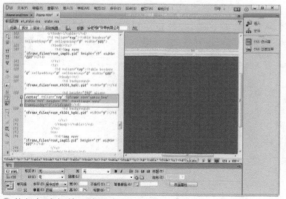

▲ 将框架边框的厚度设定为0

▲ 输入内联框架的名称

4. 选择利用链接来连接的文档

1 单击选择"联系我们"图像，然后，在属性面板的"链接"文本框右侧单击"浏览文件"按钮。

2 打开"浏览文件"对话框后，在iframe文件夹中选择intro.htm文件，并单击"确定"按钮。

◎ 选择应用链接的菜单

◎ 选择应用链接来进行连接的文件

3 这时在属性面板"链接"文本框中输入intro. htm，在"目标"文本框中输入content。

4 在设计视图中单击选择"公司文化"图像后，在属性面板的"链接"文本框中输入culture. htm，再在"目标"文本框中输入content。

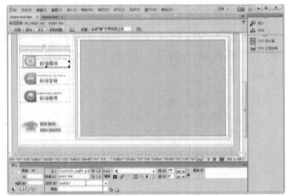

◎ 在"目标"文本框中输入content

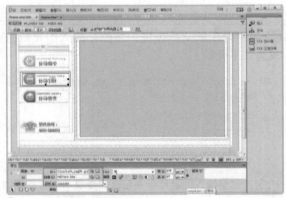

◎ 在"公司文化"菜单中应用链接

5. 在浏览器上确认链接到内联框架的文档

按下F12键运行浏览器。在初始界面的内联框架中出现了intro.htm文档。单击"公司文化"图像，就会在内联框架中出现culture.htm内容。单击"公司简介"图像，就会在culture.htm文档所在的位置上出现intro.htm文档。

> **TIP** 普通框架的名称会显示在"目标"下拉列表中，但是内联框架的名称不显示在其中，因此需要直接输入，这样才能使页面在内联框架中打开。

◎ 预览效果

DO IT Yourself 练习操作题

1. 制作内联框架一

限定时间：20分钟

请使用已经学过的内联框架知识为页面中的内容区域制作内联框架。

▲ 初始页面

▲ 加入内联框架的页面

Step BY Step （步骤提示）

1. 通过手写源代码插入内联框架。
2. 设置内联框架属性。

光盘路径

Exercise\Ch12\1\ex1.htm

2. 制作内联框架二

限定时间：30分钟

请使用已经学过的内联框架知识为页面中的内容区域制作内联框架，并制作"留言反馈"和"联系我们"链接，使其在内联框架中打开。

▲ "留言反馈"页面

▲ "联系我们"页面

Step BY Step （步骤提示）

1. 通过手写源代码插入内联框架。
2. 设置内联框架属性。
3. 设置到内联框架的链接。

光盘路径

Exercise\Ch12\2\ex2.htm

参考网站

• **搜狐直播**：一个知名的门户网站栏目，页面中采用了内联框架作为直播栏目的子内容，使得网页更新起来非常方便，技术上通过Dreamweaver CC的"内联框架"实现。

▲ http://weblive.sports.sohu.com

• **左右礼盒包装**：一个设计工作室的网站，页面中使用了内联框架嵌入局部易更新的内容，便于网站管理。技术上可以通过Dreamweaver CC的"框架"实现。

▲ http://www.zysheji.net/

Special page 框架结构的缺点

网页的布局可以用表格、框架或Div+CSS来构成。但大部分都偏向于使用表格或Div+CSS。那为什么相比框架大多数用户更偏向于表格或Div+CSS呢？这主要是因为框架结构存在以下几个方面的缺点。

● 延长读取时间

利用框架来组成的网页要同时读取多个文档，因此比一般文档需要更长读取时间。但读取文档以后，由于只更换画面中的一部分，因此速度比利用表格的文档快。现在大部分用户都使用高速网络服务，因此几乎不存在框架导致的速度迟缓。

● 在所有环境中显示不一致

利用框架来制作的网页，在所有环境中的显示并不是一致的。在不同分辨率显示器或不同大小的浏览器窗口中，也会存在异常显示网页结构或在画面的各个部分中出现多个滚动条的情况。如果想要在任何系统环境下都能正常显示的布局，就请使用表格或Div+CSS结构。

● 在搜索引擎上不能移动到整体画面中

在搜索引擎网站中搜索网页的时候，只会搜索到网页的左侧框架或上方框架等文档为单位的一部分内容。此时单击搜索结构，就可能会出现框架集以外的异常画面。为了在搜索结果中可以移动到正常显示的网页中，最好使用表格或Div+CSS结构。

● 不能使用布局图像

将文档的布局进行切割后插入到各个框架中的时候，不能像表格一样把各个切割图像显示成一个整体图像。此时，也最好使用表格或Div+CSS结构。

● 不容易在整体画面上应用动态效果

利用框架制作的网页中，由于多个文档合并在一起，因此很难在整体画面中应用动态效果。如果想在文档中应用多种脚本，也最好使用表格或Div+CSS结构。

● 框架结构有时会让人感到迷惑

特别是在几个框架中都出现上下、左右滚动条的时候，框架的滚动条除了会挤占已经非常有限的页面空间外，还会分散访问者的注意力。访问者遇到这种网站往往会立刻转身离开。他们会想，既然你的主页如此混乱，那么网站的其他部分也许更不值得浏览。

● 链接导航问题

使用框架结构时，必须保证正确设置所有的导航链接，如不然，会给访问者带来很大的麻烦。比如被链接的页面出现在导航框架内，这种情况下访问者便被陷住了，此时他没有其他地方可去。

综合来看，在网页中使用框架结构最大的弊病是搜索引擎的"蜘蛛"程序无法解读这种页面。当"蜘蛛"程序遇到由数个框架组成的网页时，它们只看到框架<Frameset>而无法找到链接，因此它们会以为该网站是个死站点，并且很快转身离去。对一个网站来说这无异于一场灾难。如果你想销售产品，你需要客户，如想得到客户，你首先要让人们访问你的网站，而要做到这一点，你就非求助于搜索引擎不可。你花费了大量的时间、精力和金钱开设了一家网上商店，却又故意不让搜索引擎检索你，这就好象开家零售商店，却将窗户全部漆成黑色，而且还不挂任何招牌一样。框架结构也许有用，但将它用在你的主站点却并不明智。你可以找一个有框架的网站试着浏览一番，点击一下各个链接，感觉一下滚动条的麻烦，然后站在一般访问者的角度想：当我来到这样的网站我会作何反应？我愿意从这样的网站购买产品吗？

Chapter
13

利用模板和库创建网页

在进行大型网站制作时，很多页面会用到相同的布局、图片和文字等元素，为了避免一次次地重复劳动，可以使用Dreamweaver CC提供的模板和库功能将具有相同版面结构的页面制作成模板，将相同的元素（如导航栏）制作成为库项目，并存放在库中以便随时调用。

▌本章技术要点

Q： **什么是模板？模板的用途是什么？**

A： Dreamweaver CC中的模板是一种特殊类型的文档，用于设计锁定的页面布局。模板主要用于版式结构相似的页面中，可以提高网站制作与更新的效率。

Q： **什么是库项目？库项目的用途是什么？**

A： 库项目也称为库元素，可以看作是网页上能够被重复使用的零件。库项目主要用于页面中局部相同的元素制作，可以提高这个局部模块制作与更新的效率。

利用模板创建有重复内容的网页

模板的原意为制作某种产品时的"样板"或"构架"。通常网页在整体布局上，为了维持一贯的设计风格，会使用统一的构架。在这种情况下，可以用模板来保存经常重复的图像或结构，并对它进行一定的修改后，再利用在新的网页文件中。

关于模板

大部分网页都会在整体上具有一定的格式，但有时也会根据网站的性质，只把主页设计成其他形式。在网页文件中把需要更换的内容部分和不变的固定部分进行分别标识，从而更容易创建重复网页的框架称为"模板"。

🔺 页面除了内容部分以外设计上完全相同

使用模板就可以一次性修改多个文档。使用模板的文档，只要没在模板中删除该文档，它始终都会与模板处于连接状态。只要修改模板，就可以一次性地修改以它为基础的所有网页文件。

> **TIP** 适当地使用模板可以节约大量的时间，而且模板将确保站点拥有统一的外观和风格，更易为访问者导航。模板不属于HTML语言的基本元素，是Dreamweaver特有的内容，它可以避免重复地在每个页面输入或修改相同的部分。

建立模板与模板区域

模板最强大的用途之一在于一次更新多个页面。模板创建的文档与该模板保持连接状态（除非用户以后分离该文档），可以修改模板并立即更新所有基于该模板的文档中的部分。

在Dreamweaver CC中制作网页文件后，可以以它为基准制作模板，也可以在新的文档中制作模板。使用现有的文档，会更加方便于制作模板。

制作模板后，在每个文档上都要区分插入更换内容的部分。每个文档中，将插入其他内容的部分指定为可编辑区域。这样指定以后，以模板为基础制作新文档的时候，除了可编辑区域以外其他部分都会自动生成。当然，除了可编辑区域的部分，不可以再进行修改。

在Dreamweaver CC中制作模板时，会将模板保存在Templates文件夹中，在该文件夹里以DWT

的扩展名来保存模板相关文件。如果保存模板时尚未建立Templates文件夹，作为默认值软件会在本地站点文件夹内自动创建Templates文件夹。

但这时候有几项需要注意的事项。Templates文件夹内的模板文件不可以移动到其他地方或保存到其他文件夹内，而且保存在本地站点根文件夹里的Templates文件夹也不可以随意移动位置。使用模板来制作的文档都是从模板上载入信息，因此模板文件的位置发生变化时，会出现与预期的网页文件截然不同的情况。

模板生成后，就可以在模板中分别定义可编辑区域、可选区域、重复区域等。

> **TIP** 模板的建立与其他文档相同，只不过在保存上有所差异。在一个模板中，用户可以根据需要设置可编辑区域与不可编辑区域，从而保证页面的某些区域是可以修改的，而某些区域则不能修改。

1. 可编辑区域

当用户执行"另存为模板"命令，将一个已经存在的页面转换为模板时，整个文档将被锁定。如果企图在这种状态下从模板中创建文档，那么Dreamweaver CC将警告用户该模板没有任何可编辑的区域，同时用户将不能改变页面上的任何内容。可编辑范围对于任何模板而言，都是必不可少的。

在创建模板之后，只有定义可编辑区域才能将模板应用到网站的网页中去。设置可编辑区域需要在制作模板的时候完成，可以将网页上任意选中的区域设置为可编辑区域，但是最好是基于HTML代码的部分，这样制作时更加容易。

在对话框中为所选择的区域输入一个惟一的名称即可。

△ 新建可编辑区域

2. 可选区域

可选区域是在创建模板时定义的。在使用模板创建网页时，对于可选区域的内容，可选择是否显示。

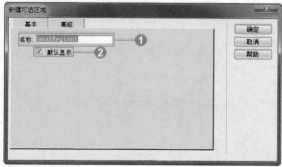

△ "新建可选区域"对话框的"基本"标签

❶ **名称**：可输入这个可选区域的命名。

❷ **默认显示**：可选区域在默认情况下是否在基于模板的网页中显示。

△ "新建可选区域"对话框的"高级"标签

❶ **使用参数**：如果要链接可选区域参数，选择要将所选内容链接到的现有参数。

❷ **输入表达式**：如果要编写模板表达式来控制可选区域的显示，在文本框中输入表达式。

3. 重复区域

在模板中定义重复区域，可以让模板用户在网页中创建可扩展的列表，并可保持模板中表格的设计不变。重复区域可以使用两种重复区域模板对象：区域重复或表格重复。重复区域是不可编辑的，如果编辑重复区域中的内容，要在重复区域内插入可编辑区域。

在对话框中为所选择的区域输入一个惟一的名称即可。

△ 新建重复区域

4. 重复表格

重复区域通常用于表格，包括表格格式的可编辑区域的重复区域，可以定义表格属性，设置那些表格的单元格为可编辑的。

❶ **行数**：用来设置插入表格的行数。

❷ **列**：用来设置插入表格的列数。

❸ **单元格边距**：用来设置表格的单元格边距。

❹ **单元格间距**：用来设置表格的单元格间距。

❺ **宽度**：用来设置表格的宽。

❻ **边框**：设置表格的边框宽度。

❼ **起始行**：输入可重复行的起始行。

❽ **结束行**：输入可重复行的结束行。

❾ **区域名称**：输入这个重复区域的名称。

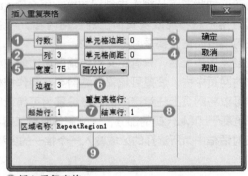

△ 插入重复表格

❓代码解密 HTML实现的模板代码

在HTML语言中，模板中的可编辑区域通过注释语句标注，不使用特殊的代码标记，代码如下。

```
<!-- TemplateBeginEditable name="doctitle" -->
<!-- TemplateEndEditable -->
```

使用了模板的网页中的注释代码如下。

```
<!-- InstanceBegin template="/Templates/index.dwt" codeOutsideHTMLIsLocked="false" -->
```

使用了模板的网页的可编辑区域的注释代码如下。

```
<!-- InstanceBeginEditable name="doctitle" -->
<!-- InstanceEndEditable -->
```

使用了模板的网页的可选区域的注释代码如下。

```
<!-- TemplateBeginIf cond="OptionalRegion1" -->
<!-- TemplateEndIf -->
```

使用了模板的网页的重复区域的注释代码如下。

```
<!-- TemplateBeginRepeat name="RepeatRegion1" -->
<!-- TemplateEndRepeat -->
```

🏃 Let's go! 将 "重庆建工" 页面制作成模板并应用

原始文件	Sample\Ch13\template\template.htm，applytemplate.html
完成文件	Sample\Ch13\template\applytemplate-end.html，templates\template-end.dwt
视频教学	Video\Ch13\Unit29\

图示	🌐	⚪	🔵	O	🔴
浏览器	IE	Chrome	Firefox	Opera	Apple Safari
是否支持	◎	◎	◎	◎	◎

◎完全支持　　□部分支持　　※不支持

■ **背景介绍**：导入预先准备的template.htm文档，保存为模板形式。制作新文档的时候，将插入更换内容的部分指定为可编辑区域。利用模板来制作文档时，不用再重复操作，而直接用新的内容来更换内容部分即可，可以节省很多操作时间。

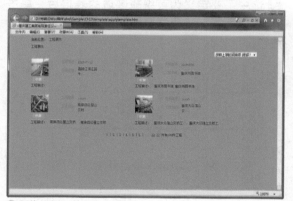

◎ 制作模板之前的文档

◎ 应用template.dwt模板来制作的文档

1. 将现有文档保存为模板文件

1 打开文件template.htm，可以看到网页中模板内容相同的区域。

2 执行 "文件>另存为模板" 命令，将会弹出 "另存模板" 对话框，在 "站点" 文本框中显示当前的本地站点名称。在 "另存为" 文本框中输入模板名称为template，再单击 "保存" 按钮进行保存。

◎ 模板中内容相同的区域

◎ 保存为模板文件

3 在标题栏上显示了template.dwt（范例光盘中为所对应的template-end.dwt）。这表示当前文档为模板文档，而且现在开始创建的模板信息均保存在template.dwt文件中。在"文件"面板中单击"刷新"按钮。在"文件"面板中出现了刚刚创建的Templates文件夹。在该文件夹内保存了名称为template.dwt的模板。

> **TIP** 将文档指定为模板时，应该要定义本地站点。在"站点"上选择其他本地站点的名称，就会在选择的本地站点上保存模板。

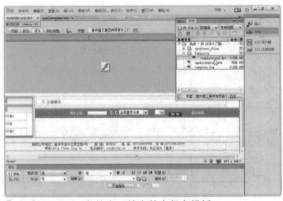

△ 生成Templates文件夹，并在其中保存模板

2. 创建可编辑区域

1 将插入点放在要插入可编辑区域的位置，然后单击窗口状态栏上的标签<td>，选中可编辑区域。

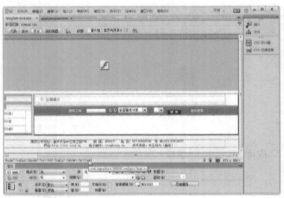

△ 选择内容所在的表格

2 选中了要定义为可编辑区域的表格后，单击"插入"面板"模板"分类中的"可编辑区域"按钮。

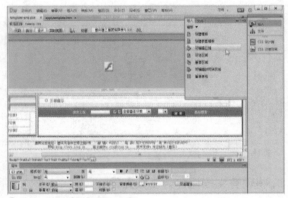

△ 选择"可编辑区域"选项

3 打开"新建可编辑区域"对话框后，在"名称"文本框中输入可编辑区域的名称为content，并单击"确定"按钮。

△ 指定可编辑区域的名称

4 这时在刚刚选择的表格左上角显示了content的名称，即该表格区域是可进行修改的。

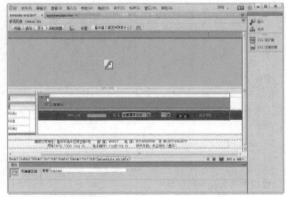

△ 创建了可编辑区域

3. 选择应用在文档上的模板

① 打开applytemplate.htm文档，执行"修改>模板>应用模板到页"命令，弹出"选择模板"对话框，在"选择模板"对话框的"模板"列表框中选择要套用的模板template（图中演示为template-end）。

② 单击"选定"按钮关闭对话框，弹出"不一致的区域名称"对话框，为网页上的内容分配可编辑区域。在窗口中选择尚未分配可编辑区的内容Document body和Document head，然后在"将内容移到新区域"下拉列表中选择对应的可编辑区域content和head。

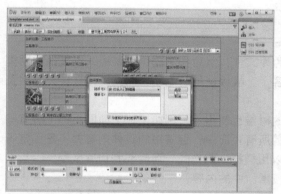

△ 执行"应用模板到页"命令

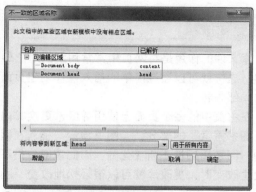

△ "不一致的区域名称"对话框

③ 设置完成后单击"确定"按钮关闭对话框，这时可以看到原来页面中的内容出现在content可编辑区域中。

4. 在浏览器上确认利用模板创建的文档

按下F12键，在浏览器上进行确认。和页面中用来创建模板的文档相比，版面设计上完全相同，只是其中的内容发生了变化。

△ 原页面出现在可编辑区域

△ 预览页面

知识拓展 从模板中分离当前文档的方法

修改文档中的部分内容时，有时模板会起到妨碍作用。这种情况下，可以解除应用在文档上的模板，而在Dreamweaver中把该操作称为从模板中分离。

若想从模板中分离当前文档，先打开利用模板来创建的文档，然后执行"修改>模板>从模板中分离"命令。这样就会切换成可修改所有部分的一般文档状态。从模板中分离，并不意味着以前利用模板来制作的内容全部消失。但这种情况下，已从模板上分离出去的文档中不可能再自动应用修改后的模板内容。

利用库创建每页相似的内容

如果说模板是固定一些重复的文档内容或设计的一种方式，那么库就可以说是保存总反复出现的图像或著作权信息等内容的存放处。尤其是制作结构或设计完全不同的网页文件时，若有部分文件是频繁重复的内容，这时就可以使用库来处理这些重复内容。

关于库

库文件的作用是将网页中常常用到的对象转换为库文件，然后作为一个对象插入到其他的网页之中。这样就可以通过简单的插入操作创建页面内容了。模板使用的是整个网页，库文件只是网页中的局部内容。

在主页中的多个页面上使用并经常更换其内容的时候也使用库。例如，在下面网页的上方有一个"图书搜索"的部分。"图书搜索"插入在网站的所有页面中，但其中的具体内容并不是固定不变的，而是周期性不断变化的，因此该部分是不可以用模板来制作的，而需要利用库来制作，当内容发生改变时，更改库就可以很轻松地改变"图书搜索"中的内容。

 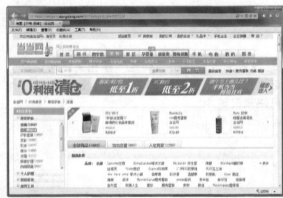

⬆ 虽然经常变动但在每个页面上都显示为同一个内容的部分可以利用库来进行登录

如上所述，制作结构或设计上完全不同的网页文件时，如果在网页上具有插入相同内容的部分，就可以将该部分用库来进行制作后再使用。

假设在一个网页的主页上连接了数百个子页面的情况下。每个网页都有重复的部分，但每次创建网页时都从头开始进行制作的话，那就要反复数百次的相同操作。这种情况下，如果把经常反复出现的部分固定起来，并只输入需要更换的部分内容，就可以更容易完成操作了。

插入库与设置库属性

前面曾介绍过，制作模板时，模板文件会保存在Templates文件夹中，而库项目都会保存在Library的另外一个文件夹内。在本地站点中没有Library文件夹的时候，Dreamweaver会自动生成文件夹，并在其中保存库项目，库文件的扩展名为LBI。

因此，创建库项目插入到网页文件中的时候，库文件也要一起上传到网页服务器上，即应该把本地站点上生成的Library文件夹全部移动到网页服务器上。

通过库的属性面板，可以指定库项目的源文件或更改库项目，也可以重建库项目。

▲ "库项目" 属性面板

❶ **源文件**：显示库项目的源文件。

❷ **打开**：为了进行修改打开库窗口。不单击该按钮的情况下，也可以在"资源"面板中单击"库"按钮后，再双击库项目。

❸ **从源文件中分离**：切断所选库项目和源文件之间的关系。单击该按钮后，虽然可以在网页文件上修改原来为库项目的部分，但更改了库项目时，不能再进行更新。

❹ **重新创建**：以当前所选的项目来覆盖原来的库项目。在不小心删除了库项目的时候，通过该方法可以重建库项目。

> **TIP** 库不属于HTML语言的基本元素，它是Dreamweaver特有的内容，可以避免重复地在每个页面中输入或修改相同的部分。

对于新建立的库文件，如果希望在网页中插入库文件，将插入点置入网页中要插入库文件的位置，在文件管理器中选中要插入的库文件，单击窗口下方的"插入"按钮。

插入到网页中的库文件背景会显示为淡黄色，是不可编辑的。

> **TIP** 文档上插入了库项目时，Dreamweaver的标签选择器上会显示<mm:libitem>。

❓代码解密 HTML实现的库代码

使用了库的网页的代码没有特殊的标签，使用注释语句实现，代码如下。

```
<!-- #BeginLibraryItem "/Library/copyright.lbi" -->
<!-- #EndLibraryItem -->
```

🏃 Let's go! 创建 "雪恩体育" 页面库项目

原始文件	Sample\Ch13\library\library.htm
完成文件	Sample\Ch13\library\library-end.htm、Library\copyright.lbi
视频教学	Video\Ch13\Unit30\

图 示					
浏览器	IE	Chrome	Firefox	Opera	Apple Safari
是否支持	◎	◎	◎	◎	◎
◎完全支持　　□部分支持　　※不支持					

■ **背景介绍**：创建库项目比制作模板更加容易，如果是已经插入在文档窗口中的元素，只要选择该元素后再单击"新建库项目"按钮即可。本例讲解如何将网页文件上经常使用到的版权信息图像创建为库项目。

◇ 创建库之前的文档

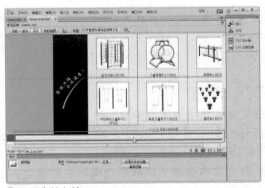

◇ 应用库的文档

1. 创建及应用库

1 打开library.htm文档，选中页面中要转换为库文件的内容，这里选择页面版权文字所在的表格，为了将其创建为库项目，在"文件"面板上单击"资源"标签，在该面板中单击"库"按钮。由于还没有建立好的库项目，"库"面板当前还是空着的。单击"库"面板下方的"新建库项目"按钮。

> **TIP** 也可以在"库"面板上单击"新建库项目"按钮创建空库文档后，再双击库文档名称，在文档上直接编辑。

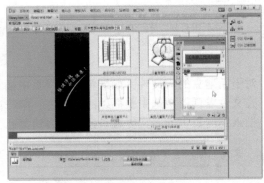

◇ 在"资源"面板中单击"库"按钮

2. 预览页面

按下F12键预览页面，可以看到logo信息的库项目。

> **TIP** 库项目只要制作一次，就可以在网页的任何文档上随意应用。在"资源"面板的库项目中单击copyright，再单击"插入"按钮，就可以在光标所在的位置上插入copyright项目。

2 在"库"面板上添加了库项目的同时，会高亮显示Untitled的名称。将Untitled更改为copyright后，按下Enter键。这样就添加了名称为copyright的库项目。库文件在页面编辑窗口以整体显示，以便区分，并且是不可编辑的。

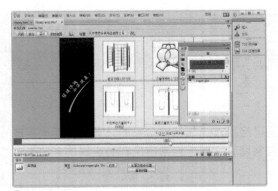

◇ 新建库项目

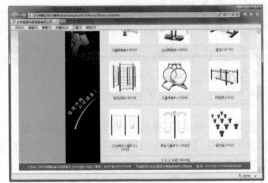

◇ 预览效果

DO IT Yourself 练习操作题

1. 制作模板
⏱ 限定时间：15分钟

请使用已经学过的模板知识为页面制作出模板。

▲ 初始页面

▲ 制作的模板

2. 制作库
⏱ 限定时间：10分钟

请使用已经学过的库知识为页面中制作版权内容的库文件。

▲ 初始页面

▲ 制作库

参考网站

• **香港设计中心**：香港设计中心在协助本地设计师和运营商充分发挥设计潜能。整个页面布局非常清晰，非常适合使用模板制作整个页面。技术上可以通过Dreamweaver CC的"模板"实现。

• **非·国际平面设计联盟**：整个页面大气而简洁，头部的导航内容可以使用库项目创建。技术上可以通过Dreamweaver CC的"库"实现。

▲ http://www.hkdesigncentre.org/en/index.asp

▲ http://a-g-i.org/

Special page 搜索引擎的使用技巧

由于搜索方法的不同，使用同样的关键字，在不同的搜索引擎中得到的结果并不一样，所以，当你在一个搜索引擎中得到的结果不尽如意时，可以尝试一下其他的搜索引擎。

- 搜索关键词提炼：众所周知，要在搜索引擎上搜索信息首先必须输入关键词，所以说关键词的确定是一切查询的开始。大部分情况下找不到所需的信息是因为在关键词选择方向上发生了偏差，学会从复杂搜索意图中提炼出最具代表性和指示性的关键词对提高搜索效率至关重要，这方面的技巧（或者说经验）是所有其他搜索技巧的基础。

选择搜索关键词的原则是，首先确定你所要达到的目标，在脑子里要形成一个比较清晰概念，即要找的信息是资料性的文档还是某种产品或服务？然后再分析这些信息都有些什么共性，以及区别于其他同类信息的特性，最后从这些方向性的概念中提炼出此类信息最具代表性的关键词（当然需要语文基础和归纳能力）。如果这一步做好了，往往就能迅速的定位你要找的东西，而且多数时候你根本不需要用到其他更复杂的搜索技巧。

- 细化搜索条件：如果提供的搜索条件越具体，搜索引擎给予的结果也会越精确，搜索的速度越快。假如想查找有关计算机病毒方面的防范技术资料，若仅输入"防范技术"搜索条件根本是无济于事的。如果利用Google搜索引擎查询结果有265,000项，而若用"计算机病毒防范技术"搜索条件，查询结果就小得多了，共有41,600项，相差五、六十倍。从以上可以看出将搜索条件细化，能够大幅度地提高搜索效率。
- 用好搜索逻辑命令：搜索引擎基本上都支持附加逻辑命令查询，常用的是"+"、" "和"-"号，或与之相对应的布尔（Boolean）逻辑命令AND、OR和NOT。用好这些命令符号可以大幅度地提高搜索精度。如以上例子中若用"计算机病毒防范技术-意识-措施"搜索条件，查询结果将大大减少，共只有5,030项。
- 精确匹配搜索：除了利用上面提到的逻辑命令来缩小查询范围外，还可使用" "引号（一般用英文字符引号，有些搜索引擎可用中文引号）来进行精确匹配查询（也称短语搜索）。如在Google中用""计算机病毒防范技术""搜索条件，查询结果会出乎人们的意料，只有149项。

虽然这里的搜索条件与上面的"计算机病毒防范技术"搜索条件都限定网页中同时包含四个关键字，但"计算机病毒防范技术"其顺序和相邻位置允许是任意的。而这里搜索条件不仅要求网页中必须同时包含四个关键字，关键词的顺序要求也完全相同，并且它们必须还是紧挨在一起的，所以带" "号的查询范围更小。

另外使用" "号进行精确匹配查询还可用于特殊的搜索目的。譬如一般情况下"的"、"是"等字出现频率过高，往往被搜索引擎所忽略，但有时在搜索特别类型的信息时又必须包含这些字，这时用户可以将全部关键词用" "号引起来，就可以强制搜索引擎将这些字作为短语的一部分进行搜索。通过对这些逻辑符号的组合和精确匹配组合，能组成复杂的搜索条件，从而使查询结果更加准确。

- 使用通配符：有时可以使用通配符进行模糊搜索。绝大多数搜索引擎支持通配符"3"和"?"搜索"，3"代表一串字符"，?"代表单个字符。譬如"，以3治国"，表示搜索第一个字为"以"，末两个为"治国"的短语或句子，中间的"3"表示为任何字符串。

利用JavaScript
行为创建特效网页

行为是Dreamweaver CC中强大的功能，它提高了网站的可交互性。行为是事件同动作的彼此结合。打个比方，当鼠标光标移动到网页的图片上时，图片高亮显示，此时的鼠标移动就称为事件，图片的变化称为动作。一般的行为都是要由事件来激活动作。

▌本章技术要点

Q：**Dreamweaver CC的行为是"事件"和"动作"的结合，什么是事件？什么是动作？**

A：事件的名称是事先预约好的，单击某个部分时使用的是onClick；光标移动到某个位置时使用的是onMouseOver。同时，根据使用的动作和应用事件的对象不同，使用不同的事件。动作指的是JavaScript源代码中运行函数的部分。

Q：**应用行为的基本步骤是什么？**

A：要应用行为，首先要选择应用对象，在"行为"面板中选择所需的动作，然后选择决定何时运行该动作的事件。

UNIT 31 什么是行为

Dreamweaver CC的行为具有仅通过几次单击来自动生成JavaScript源文件的功能。学过JavaScript的用户可能有所了解，JavaScript并不像HTML标签那么简单，需要不少时间和忍耐力。利用 Dreamweaver CC 的行为，可以自动生成JavaScript，非常方便实用。

关于JavaScript

JavaScript是给网页文件中插入的图像或文本等多种元素赋予各种动作的脚本语言。脚本语言在功能上与软件几乎相同，但它只有使用在试算表程序或HTML文件时，才可以发挥作用。

最常使用的脚本语言有JavaScript和VBScript。JavaScript可以使用在大部分浏览器中，但VBScript只能使用在IE浏览器中。因此，一般说的Script大部分指的都是JavaScript。

下面观察一下使用JavaScript的简单范例。打开Sample\Ch14\JavaScript\dhtml1.htm文件，可以看到显示在画面上的是雪花飘落的场景。

△ 使用JavaScript的简单范例

> **TIP** 用户通常容易混淆JavaScript和Java，其实这两个是截然不同的两种语言。请不要把JavaScript简称为Java。

JavaScript源文件是什么形式的呢？可以在浏览器中打开了范例文件，执行"查看>源文件"命令。源文件中从<script>开始到</script>为JavaScript源代码。用这种方式打开网页的源文件，即可查看JavaScript的使用方式，复制脚本源文件，就可以在其他网页中实现完全相同的效果。

> **TIP** 网页中源代码也存在版权，因此不要随意抄袭其他网页的源文件。即使是公开的源文件，也不要删除源文件里面的制作者信息。

△ 从<script>开始到</script>为JavaScript源代码

❓ 代码解密 JavaScript代码基础

JavaScript源代码大致分为两个部分，一个是定义功能的函数（Function）部分，另一个是运行函数的部分。

例如，如下所示的简单源文件代码声明，单击"打开新窗口"的链接，就会在打开新窗口的同时显示www.huxinyu.com网页。

```
01 <html>
02 <head>
03 <title>脚本练习</title>
04 <script>
05 function new_win(){
06 window.open('http://www.huxinyu.cn');
07 }
08 </script>
09 </head>
10 <body>
11 <a href="#" onClick="new_win()">打开新窗口</a>
12 </body>
13 </html>
```

从<script>到</script>为JavaScript的源代码。下面详细观察JavaScript源代码。

（一）定义函数的部分

```
function new_win(){
window.open('http://www.huxinyu.com');
}
```

function是定义函数的关键字。所谓函数（Function）是把利用JavaScript源代码来完成的动作聚集到一起的集合。function的后面是函数的名称，{ }之间是定义的函数。

TIP　关键字（Keyword）是JavaScript中为了使用在特定目的上而事先预约的文字。

上面源代码中，函数new_win()是window.open（´http://www.huxinyu.com´）的函数。

（二）运行函数的部分 – 事件处理="运行函数"
以下是运行上面定义的函数new_win()的部分。表示的是只要单击（onClick）"打开新窗口"，就会运行new_win()函数。

```
<a href="#"  onClick"new_win()">打开新窗口</a>
```

下面了解一下onClick="new_win()"部分的含义。该句可以简单概括为"做了某个动作（onClick），就进行什么（new_win()）"。在这里，某个动作即单击的动作本身，在JavaScript中通常称为事件（Event）。然后下面提示需要做什么（new_win()）的部分，即onClick称为事件处理（Event Handler）。在事件处理中始终显示需要运行的函数名称。

如上所述，JavaScript先定义函数后，再以事件处理="运行函数"的形式来运行上面定义的函数。在这里不要试图完全理解JavaScript源代码的具体内容，只要掌握事件和事件处理以及函数的关系即可。

TIP　如果还不能理解上面的源文件，请打开记事本，输入旁边的源文件后，将该文件名称设入为test.htm，并进行保存。然后双击test.htm文档，就会运行浏览器，并显示"打开新窗口"的文本链接。在连接网络的状态下，单击文本链接，就会在打开新窗口的同时连接到www.huxinyu.com网页中。

行为基础

运行JavaScript的时候，一定要具备事件、事件处理以及函数三个要素。Dreamweaver CC的行为也要使用事件、事件处理以及函数。在这里，将事件和事件处理合并称之为事件（Event），而运行函数的部分称为动作（Action）。即Dreamweaver CC的行为是"事件"和"动作"的结合。这一切都是在"行为"面板中进行管理的，执行"窗口>行为"命令，即可打开"行为"面板。

▲ 行为面板

❶ 事件：事件的名称是事先预约好的，单击某个部分时使用的是onClick；光标移动到某个位置时使用的是onMouseOver。同时，根据使用的动作和应用事件的对象不同，使用不同的事件。

❷ 动作：指的是JavaScript源代码中运行函数的部分。在"行为"面板中单击+按钮，就会显示行为目录，其中显示为灰色的是不可使用的，文本和图像中使用的行为是不相同的，软件根据当前的应用部分，显示不同的可使用行为。

> **TIP** 在将行为配属到标签上并关闭了相关动作的参数设置后，Dreamweaver CC将必要的HTML和JavaScript代码写入到文档中。因为它包括了可以从文档的任何地方都可以被调用的函数，所以将JavaScript代码放置在页面的<head>中，同时将选择标签链接到函数的代码写入<body>中。

在Dreamweaver中事件和动作加起来称为行为（Behavior）。使用行为功能时，要按顺序来进行。要制作的是对图像的效果还是对文本的效果或是对整个文档的效果，根据这些效果的应用对象，限制可使用的动作。而且，根据选择的动作，所使用的事件也是不相同的。

因此，若要应用行为，首先要选择应用对象，在"行为"面板中选择所需的动作。然后，选择决定何时运行该动作的事件。动作是由预先编写的JavaScript代码组成的，这些代码执行特定的任务，例如打开浏览器窗口、显示隐藏元素等。随Dreamweaver 提供的动作是由Dreamweaver设计者精心编写的，以提供最大的跨浏览器兼容性。Dreamweaver提供大约20多个行为动作。

> **TIP** 如果需要更多的行为，可以到Adobe Exchange官方网页（http://www.adobe.com/cn/exchange）以及第三方开发人员站点上进行搜索并下载。另外，行为根据浏览器的类型和版本，可处理的事情稍有不同。因此，需要根据当前网页文件的浏览器状态，适当更改行为环境。

JavaScript的常用词汇

1. 常量

常量指的是在程序运行过程中数值保持不变的量。在JavaScript中，常量有以下6种基本类型。

● 整型常量

JavaScript的常量通常又称为字面常量，它是不能改变的数据。其整型常量可以使用十六进制、八进制和十进制表示其值。

● 实型常量

实型常量是由整数部分加小数部分表示，如12.32、193.98。可以使用科学或标准方法表示为5E7、4e5等。

● 布尔值

布尔常量只有两种状态：True或False。 它主要用来说明和代表一种状态或标志，以说明操作流程。

- 字符型常量

使用单引号或双引号括起来的一个或几个字符。如 "This is a book of JavaScript "、"3245"、"ewrt234234" 等。

- 空值

JavaScript中的空值Null，表示什么也没有。如试图引用没有定义的变量，则返回一个Null值。

- 特殊字符

JavaScript中有以反斜杠（／）开头的不可显示的特殊字符，通常称为控制字符。

2. 变量

变量是存取数据、提供存放信息的容器。对于变量，必须明确变量的命名、变量的类型、变量的声明及其变量的作用域。在JavaScript中，变量有以下四种基本类型：整数变量、字符串变量、布尔型变量、实型变量。

3. 表达式与运算符

在定义完变量后，可以对它们进行赋值、改变、计算等一系列操作，这一过程通常由一个表达式来完成，一个表达式就是由任何合适的常量、变量和操作符相连接而组成的式子，这个式子可以得出惟一值，而表达式中的一大部分是在做运算符处理。

4. 函数

函数为程序设计人员提供了一个丰常方便的功能。通常在进行一个复杂的程序设计时，总是根据所要完成的功能，将程序划分为一些相对独立的部分，每部分编写一个函数。从而使各部分充分独立，任务单一，程序清晰，易懂、易读、易维护。

函数是一个拥有名字的一系列JavaScript语句的有效组合。只要这个函数被调用，就意味着这一系列JavaScript语句被顺序解释执行。函数含有可在函数内使用的参数。

函数的第二个作用是将JavaScript语句同一个Web页面相连接。任何一个用户的交互动作都会引起一个事件，通过适当的HTML标记，可以间接地引起一个函数的调用。这样的调用也称事件处理。

5. 对象

JavaScript语言是基于对象的，把复杂对象统一起来，从而形成一个非常强大的对象系统。JavaScript实际上并不完全支持面向对象的程序设计方法。例如，它不支持分类、继承和封装等面向对象的基本特性。JavaScript可以说是一种基于对象的脚本语言，它支持开发对象类型以及根据这些对象产生一定数量的实例。同时它还支持开发对象的可重用性，以便实现一次开发、多次使用的目的。

6. 事件

JavaScript是基于对象的语言。而基于对象的基本特征，就是采用事件驱动。它是在图形界面的环境下，使得一切输入变化简单化。通常鼠标或热键的动作称之为事件，而由鼠标或热键引发的一连串程序的动作，称之为事件驱动。而对事件进行处理的程序或函数，称之为事件处理程序。

利用行为调节浏览器窗口

在网页文件中最常使用的JavaScript源代码即是调节浏览器窗口的源代码。它可以按要求打开新窗口或更换新窗口的形状，同时根据使用的浏览器（IE或Netscape），把浏览器上的显示内容设置成不同形式。

打开浏览器窗口

创建链接时，若把目标属性设置为_blank，则可以把链接文档显示在新窗口中，但是不可以设置新窗口的脚本。此时，利用"打开浏览器窗口"行为，不仅可以调节新窗口的大小，而且可以设置工具箱或滚动条是否显示。

> **TIP** 当打开很多站点的时候，会弹出一个窗口，里面是广告或通告之类的东西，有不少软件有阻挡这种弹出式窗口的功能，所以在使用这个功能的时候一定要小心，窗口很容易被屏蔽掉。

❶ **要显示的URL**：输入链接的文件名称或网络地址。链接文件的时候，单击"浏览"按钮后进行选择。

❷ **窗口宽度、窗口高度**：指定窗口的宽度和高度。单位为像素。

❸ **属性**：勾选需要显示的结构元素。

❹ **窗口名称**：指定新窗口的名称。输入同样的窗口名称时，并不是继续打开新的窗口，而是只打开一次新窗口，然后在同一个窗口中显示新的内容。

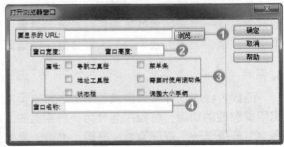

△ "打开浏览器窗口"对话框

> **TIP** 使用此行为可以在访问者单击缩略图时弹出单独的窗口，在窗口中打开一个较大的图像，并且可以使新窗口与该图像恰好一样大。

❓代码解密 JavaScript实现的打开浏览器窗口代码

查看Dreamweaver CC的源代码，<head>中添加的代码声明MM_openBrWindow()函数，使用Window窗口对象的open方法定义弹出浏览器窗口功能。

```
01 <script type="text/JavaScript">                    ▶ 声明JavaScript脚本开始
02 <!--
03 function MM _ openBrWindow(theURL,winName,features) { //v2.0
                   ▶ 声明MM _ openBrWindow函数, 参数为theURL,winName,features
04 window.open(theURL,winName,features);
                   ▶ 声明使用window窗口对象的open方法,传递参数theURL,winName,features
05 }
06 //-->
07 </script>                                          ▶ 声明JavaScript脚本结束
```

<body>中会使用相关事件调用MM_openBrWindow()函数，表示当页面载入后，调用MM_openBrWindow()函数，显示pop.htm页面，窗口名称为newwin，宽度为400像素，高度为300像素。

```
<body onLoad="MM _ openBrWindow('pop.htm','newwin','width=400,height=300')">
```

调用JavaScript

"调用JavaScript"动作允许读者使用"行为"面板指定当发生某个事件时应该执行的自定义函数或JavaScript代码行。

在JavaScript文本框中准确输入要执行的JavaScript或函数的名称。

△"调用JavaScript"对话框

TIP 初学者似乎对各种特效的使用充满了兴趣，觉得这能显示自己的"高超"技术。但过多无意义的特效往往使网页变得混乱不堪。所以对于特效的使用要有目的性，适可而止，这样才能真正发挥它们的作用。

❓ 代码解密 JavaScript实现的调用JavaScript代码

查看Dreamweaver CC的源代码，<head>中添加的代码声明MM_callJS函数，返回函数值。

```
01 <script type="text/JavaScript">          ▶ 声明JavaScript脚本开始
02 <!--
03 function MM _ callJS(jsStr) { //v2.0      ▶ 声明MM _ callJS函数，参数为jsStr
   return eval(jsStr)                        ▶ 声明返回动态执行脚本源代码
04 }
05 //-->
06 </script>                                 ▶ 声明JavaScript脚本结束
```

<body>中会使用相关事件调用MM_callJS函数，例如下面这段代码表示当鼠标单击文字后，调用MM_callJS函数。

```
<a href="#" onClick="MM _ callJS('window.close()')">关闭窗口</a>
```

转到URL

使用"转到URL"动作可以在当前窗口或指定的框架中打开一个新页面。此操作尤其适用于通过一次单击更改两个或多个框架的内容。

❶ **打开在**：从列表框中选择URL的目标。列表框中自动列出当前框架集中所有框架的名称以及主窗口，如果没有任何框架，则主窗口是惟一的选项。

❷ **URL**：单击"浏览"按钮选择要打开的文档，或者直接在文本框中输入该文档的路径和文件名。

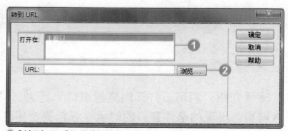

△"转到URL"对话框

❓ 代码解密 JavaScript实现的转到URL代码

查看Dreamweaver CC的源代码，<head>中添加的代码声明MM_goToURL函数。

```
01 <script type="text/javascript">                    ▶ 声明JavaScript脚本开始
02 <!--
03 function MM _ goToURL() { //v3.0                    ▶ 声明MM _ goToURL函数
04 var i, args=MM _ goToURL.arguments; document.MM _ returnValue = false;
                                                        ▶ 声明变量i和args
05 for (i=0; i<(args.length-1); i+=2) eval(args[i]+".location='"+args[i+1]+"'");
                        ▶ 声明变量i循环，允许动态执行脚本源代码,使用location方法实现跳转
06 }
07 //-->
08 </script>                                           ▶ 声明JavaScript脚本结束
```

<body>中会使用相关事件调用MM_goToURL函数，例如下面这段代码表示当鼠标指向文字上方后，调用MM_goToURL函数。

```
<a href="#" onMouseOver="MM _ goToURL('parent','http://www.huxinyu.com');return
document.MM _ returnValue">访问"湖心鱼"网站</a>
```

⊟ 知识拓展 JavaScript事件类型

事件是浏览器响应应用户操作的机制，Javascript的事件处理功能可改变浏览器相应这些操作的标准方式，这样就可以开发更具交互性、更具响应性和更易使用的web页面。

为了理解JavaScript的事件处理模型，可以设想一下一个网页页面可能会遇到怎样的访问者。归纳起来，必须使用的事件主要有三大类：

● 引起页面之间跳转的事件，主要是超级链接事件；
● 浏览器自己引起的事件，例如网页的装载，表单的提交等等；
● 在表单内部同界面对象的交互：包括界面对象的选定、改变等，可以按照应用程序的具体功能自由设计。

🏃 Let's go! 在"中体奥林匹克花园"页面制作弹出、关闭窗口效果

原始文件	Sample\Ch14\openwin\openwin.htm
完成文件	Sample\Ch14\openwin\openwin-end.htm
视频教学	Video\Ch14\Unit32\

图示	⊜	⊜	⊜	O	⊜
浏览器	IE	Chrome	Firefox	Opera	Apple Safari
是否支持	◎	◎	◎	◎	◎

◎完全支持　□部分支持　※不支持

■ **背景介绍**：利用"打开浏览器窗口"行为，可以设置在打开新的窗口时不显示工具栏。创建接入网页时出现的事件窗口的时候，经常要使用该行为。利用"调用JavaScript"行为可以实现单击"关闭"的文本链接来关闭这个窗口的效果。

△ 没有应用"打开浏览器窗口"行为的文档

△ 应用了"打开浏览器窗口"行为的文档

1. 应用"打开浏览器窗口"行为

1️⃣ 单击页面中的<body>标签，执行"窗口>行为"命令打开"行为"面板，然后在面板中单击"添加行为"按钮，在弹出的列表中选择"打开浏览器窗口"选项。

△ 选择"打开浏览器窗口"行为

3️⃣ 单击"确定"按钮，在"行为"面板上出现了onLoad事件和"打开浏览器窗口"动作。

> **TIP** 如果在事件目录中没有直接显示onLoad，则需要进行更换，在事件右侧双击，然后在弹出的事件列表中选择该事件。

2. 应用"调用JavaScript"行为

1️⃣ 接下来制作pop.htm页面中点击链接关闭窗口的效果，由于不可以在文本中直接应用行为，因此先创建链接再应用行为。选择"关闭窗口"文本，在属性面板的"链接"文本框中输入"javascript:;"。

2️⃣ 打开"打开浏览器窗口"对话框后，将"要显示的URL"设置为pop.htm，"窗口宽度"设置为740像素，"窗口高度"设置为540像素，并在"窗口名称"文本框中输入mywin作为新窗口名称。

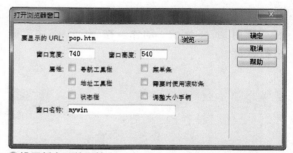

△ 设置新窗口的属性

△ 确认事件为onLoad

2️⃣ 单击文档窗口的其他部分以解除选择，然后单击"关闭窗口"文字来放置光标。打开"行为"面板，在面板中单击"添加行为"按钮，在弹出的行为列表中选择"调用JavaScript"行为。

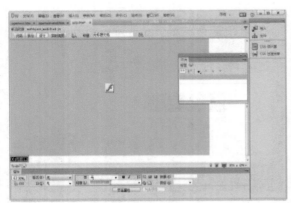

◯ 在〝链接〞文本框中输入javascript:;

3 打开〝调用JavaScript〞对话框后，在Java-Script文本框中输入〝window.close()〞，然后单击〝确定〞按钮。

◯ 选择〝调用JavaScript〞行为

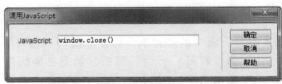

◯ 在〝JavaScript〞文本框中输入window.close()

3. 在浏览器上单击文本链接来关闭窗口

4 这样就在〝行为〞面板中添加了onClick事件和〝调用JavaScript〞动作。按下Ctrl+S快捷键进行保存。

回到openwin.htm页面，按下F12快捷键，在弹出的浏览器窗口中确认窗口是否可以关闭。在打开页面后，单击〝关闭窗口〞文本链接，窗口即被关闭。

◯ 添加了onClick事件和调用JavaScript动作

◯ 预览效果

TIP 某些版本的浏览器在单击〝关闭窗口〞文本链接后，会弹出提示对话框，单击〝是〞按钮，即可关闭窗口。

UNIT 33 利用行为显示文本

文本作为网页文件中最为基本的元素，比图像或其他多媒体元素具有更快的传送速度，因此网页文件中的大部分信息都是用文本来表示的。下面讲述的并不是一般的文本显示方法，而是在特殊位置上的文本显示方法。

弹出信息

从一个文档切换到另一个文档或单击特定链接时，若想给用户传达简单的内容，则可以使用弹出消息框。消息框是具有文本消息的小窗口，给用户传达信息时会经常使用这些消息框。例如，登录信息错误或加入会员时输入信息错误等情况下，给用户传达错误事项。

在"弹出信息"对话框中指定弹出信息的内容即可。

△"弹出信息"对话框

> **TIP** 弹出信息"动作能显示一个带有指定消息的JavaScript警告。因为JavaScript警告只有一个"确定"按钮，所以使用此动作只可以提供信息，而不能为访问者提供选择。

❓ 代码解密 JavaScript实现的弹出信息代码

查看Dreamweaver CC中的源代码，<head>中添加的代码声明MM_popupMsg()函数，使用alert()函数定义弹出消息功能。

```
01 <script type="text/JavaScript">          ▶ 声明JavaScript脚本开始
02 <!--
03 function MM _ popupMsg(msg) { //v1.0      ▶ 声明MM _ popupMsg函数
04 alert(msg);                               ▶ 声明alert函数定义弹出消息
05 }
06 //-->
07 </script>                                 ▶ 声明JavaScript脚本结束
```

<body>中会使用相关事件调用MM_popupMsg()函数，例如下面这段代码表示当页面载入时，调用MM_popupMsg()函数。

```
<body onLoad="MM _ popupMsg('欢迎来到网站')">
```

📄 知识拓展 JavaScript弹出信息的其他方法

除了Dreamweaver CC中提供的弹出信息的方法外，JavaScript还可以通过确认对话框和提示对话框的方式弹出信息，代码分别为"confirm（'确定或取消？'）"和"prompt（'脚本提示说明','输入文字'）"。

设置状态栏文本

浏览器上的状态栏作为传达文档状态的空间，用户可以直接指定画面中的状态栏是否显示。要想在浏览器上显示状态栏，在浏览器窗口中执行"查看>状态栏"命令即可。

下面是IE浏览器上状态栏的多种功能。

- 显示文档的状态。载入完文档时会显示"完成"，而在文档中出现脚本错误时，会显示发生了错误。
- 将光标移动到链接上方时，在状态栏中显示链接的地址。
- 链接上应用了JavaScript的时候，不再出现链接地址，而显示所应用的JavaScript函数。
- 可以利用JavaScript在状态栏上显示特定的文本。该方法通常是为了遮盖链接地址或吸引用户的注意。使用"设置状态栏文本"行为，就可以很轻松地制作这种效果。

在"消息"文本框中输入要在状态栏中显示的文本即可。

△ "设置状态栏文本"对话框

TIP 状态栏中只能提示是否有错误发生，而不能明确地指出相关错误的详细信息。

❓ 代码解密 JavaScript实现的设置状态栏文本代码

查看Dreamweaver CC中的源代码，<head>中添加的代码定义MM_displayStatusMsg()函数，在文档的状态栏中显示信息。

```
01 <script type="text/JavaScript">        ▶ 声明JavaScript脚本开始
02 <!--
03 function MM _ displayStatusMsg(msgStr) { //v1.0
                                           ▶ 声明MM _ displayStatusMsg函数,参数为msgStr
04 status=msgStr;                          ▶ 声明status变量的值为msgStr
05 document.MM _ returnValue = true;       ▶ 声明MM _ returnValue变量为真
06 }
07 //-->
08 </script>
09                                         ▶ 声明JavaScript脚本结束
```

<body>中会使用相关事件调用MM_displayStatusMsg()函数，例如下面这段代码表示当页面载入后，调用MM_displayStatusMsg()函数。

```
<body onLoad="MM _ popupMsg('欢迎来到网站')"> <body onLoad="MM _ displayStatusMsg('We
lcome');return document.MM _ returnValue">
```

TIP 用户可使用不同的鼠标事件制作不同状态下触发不同动作的效果。例如，设置状态栏文本动作使页面在浏览器左下方的状态栏上显示一些信息，例如一般的提示链接内容、显示欢迎信息、"跑马灯"等经典效果。

设置容器的文本

"设置容器的文本"动作将以用户指定的内容替换网页上现有层的内容和格式设置。该内容可以包括任何有效的HTML源代码。

1 容器：下拉列表中列出了页面中所有的层，在其中选择要进行操作的层。

2 新建HTML：新建HTML，在文本框中输入要替换内容的HTML代码。

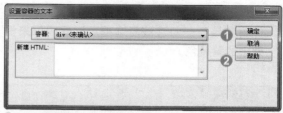

△"设置容器的文本"对话框

> **TIP** 在"新建HTML"栏上可以识别HTML标签，因此熟悉HTML标签的话，可使用各种标签来修饰内容。

> **TIP** 更改上传到网页的文档内容时，需要到网页服务器再重新读取包含更换内容的网页文件。但是，如果重新在网页服务器上读取文档，就会延长时间。在网页文件中只更改文本的时候，即使不创建新文档，也可以应用设置容器的文本行为来轻松更换文本。

❓ 代码解密 JavaScript实现的设置容器的文本代码

查看Dreamweaver CC中的源代码，`<head>`中添加的代码定义了MM_setTextOfLayer函数。

```
01 <script type="text/JavaScript">          ▶ 声明JavaScript脚本开始
02 <!--
03 function MM _ setTextOfLayer(objName,x,newText) { //v4.01
                      ▶ 声明MM _ setTextOfLayer函数,参数为objName、x、newText
04 if ((obj=MM _ findObj(objName))!=null) with (obj)
                      ▶ 声明条件语句,满足obj变量条件时执行下层语句
05 if (document.layers) {document.write(unescape(newText)); document.close();}
                      ▶ 声明在当前层内写下newText变量的内容
06 else innerHTML = unescape(newText);    ▶ 声明不满足条件时的innerHTML变量的赋值
07 }
08 //-->
09 </script>                               ▶ 声明JavaScript脚本结束
```

`<body>`中会使用相关事件调用MM_setTextOfLayer()函数，例如下面这段代码表示当光标滑过图像后，调用MM_setTextOfLayer()函数。

```
<img src="index _ 13.gif" onMouseOver="MM _ setTextOfLayer('Layer1','','&lt;img
src=pic.gif; >
```

设置框架文本

"设置框架文本"这个动作用于包含框架结构的页面，可以动态地改变框架的文本、转变框架的显示、替换框架的内容，可使用户动态地改写任何框架的全部代码。"设置框架文本"动作可替换所有位于一个框架的`<body>`标签中的内容。Dreamweaver CC提供了一个简便好用的"获取当前HTML"按钮，单击它，用户可以快速保留想要的代码并且只更改一个标题或其他元素。

❶ **框架**：选择显示设置文本的框架。

❷ **新建HTML**：设置在选定框架中显示的HTML代码。

❸ **获取当前HTML**：单击可以在窗口中能够显示框架中的<body>标签之间的代码。

❹ **保留背景色**：勾选该复选框可以保留原来框架中的背景色。

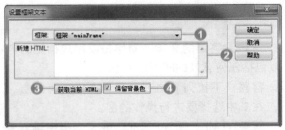

△ "设置框架文本"对话框

❓代码解密 JavaScript实现的设置框架文本代码

查看Dreamweaver CC中的源代码，<head>中添加的代码定义了MM_setTextOfFrame()函数。

```
01 <script type="text/JavaScript">                          ▶ 声明JavaScript脚本开始
02 <!--
03 function MM _ setTextOfFrame(frameRef,newHTML,preserveBg) { //v3.0
                ▶ 声明MM _ setTextOfFrame函数，参数为frameRef、newHTML、preserveBg
04 var bodyAttr="", frameObj=eval(frameRef);                 ▶ 声明obj变量
05 if (frameObj) with (frameObj.document) { //if frame found ▶ 声明条件语句
06 if (preserveBg) bodyAttr = " BGCOLOR='"+bgColor+"' TEXT='"+fgColor+"'";
            ▶ 声明条件语句，满足条件时为bodyAttr赋值，设置背景色、文字色，并写下具体文字内容
07 write("<HTML><BODY"+bodyAttr+">"+unescape(newHTML)+"</BODY></HTML>");
08 close();
09 }
10 }
11 //-->
12 </script>                                                 ▶ 声明JavaScript脚本结束
```

<body>中会使用相关事件调用MM_setTextOfFrame()函数，例如下面这段代码表示当单击文字后，调用MM_setTextOfFrame()函数。

```
<div align="center" onClick="MM _ setTextOfFrame('parent.frames[2]','请注明您的姓
名',true)">提问</div>
```

TIP 读者可以将"设置框架文本"动作用于包含框架结构的页面，可以动态地改变框架的文本、转变框架的显示、替换框架的内容等。

🏃 Let's go! 制作"IKEA"页面的显示文本效果

原始文件	Sample\Ch14\showtext\showtext.htm
完成文件	Sample\Ch14\showtext\showtext-end.htm
视频教学	Video\Ch14\Unit39

图示	🌐	🔴	🦊	⭕	🧭
浏览器	IE	Chrome	Firefox	Opera	Apple Safari
是否支持	◎	◎	◎	◎	◎
◎完全支持　　□部分支持　　※不支持					

■ **背景介绍**：下面制作的内容包括向访问者显示欢迎词的消息框，打开网页文件时状态栏中显示用户指定文本等效果。

⬢ 应用显示文本效果之前的文档

⬢ 应用显示文本效果后的文档

1. 应用弹出信息行为

1 "弹出信息"行为需要应用在整个文档上，因此在标签选择器上单击<body>标签，在"行为"面板中单击"添加行为"按钮，然后在弹出的行为列表中选择"弹出信息"选项。

2 打开"弹出信息"对话框后，在"消息"文本框中输入想要传达的显示内容"Welcome to IKEA Website!"。如果输入字符中包括换行，会如实反映在界面上。输入内容后，单击"确定"按钮。

⬢ 选择"弹出信息"行为

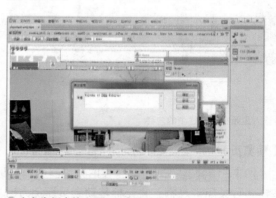
⬢ 在文本框中输入要显示的内容

2. 应用"设置状态栏文本"行为

3 此时，在"行为"面板中即添加了onLoad事件和"弹出信息"动作。由于打开网页的同时要弹出消息框，因此应该应用onLoad事件。

1 在标签选择器上单击<body>标签，在"行为"面板中单击"添加行为"按钮，然后在弹出的行为列表中选择"设置文本>设置状态栏文本"选项。

> **TIP** 如果在添加行为时，添加了多个"弹出信息"行为，则浏览器会依次显示多个消息框。

> **TIP** 在最新版本的IE浏览器中，默认的设置已经不再建议用户通过脚本更改状态栏的显示文字，因此，在使用显示状态栏文字的动作前，需要考虑好用户端浏览器的接受程度。我们并不建议商业企业网站使用这种类型的脚本。

◎ 添加了onLoad事件和"弹出信息"动作

◎ 选择"设置状态栏文本"行为

2 打开"设置状态栏文本"对话框后，在"消息"文本框中输入要显示在状态栏上的内容，然后单击"确定"按钮。

3 这时在"行为"面板中添加了onMouseOver事件。即光标移动到页面上方时，在状态栏上显示之前输入过的文本内容。

◎ 输入显示在状态栏中的内容

◎ 添加了onMouseOver事件

3. 预览页面

按下F12键运行浏览器。在IE浏览器中，可以发现打开文档的同时弹出消息框。单击"确认"按钮即可关闭消息框。将光标移动到页面上方时，在状态栏上会显示前面输入过的消息。

利用行为应用图像与多媒体

图像是页面设计中必不可少的元素。以前只是把图像单纯地插入在网页文件中，但最近流行以各种各样的方式应用图像元素，从而制作出更富有动感的网页文件。确认多媒体插件程序是否安装、显示隐藏元素、改变属性等都是Dreamweaver CC已提供的行为。

交换图像、恢复交换图像与预载入图像

拖动鼠标经过图像或使用导航条菜单，即可轻易制作出光标移动到图像上方时更换为其他图像

而离开时再返回到原来图像的效果。这是由于在Dreamweaver CC中自动应用了"交换图像"行为和"恢复交换图像"行为。

需要注意的是，在插入到文档的多个图像中要区分出替换的图像，因此应该给这些替换的图像指定图像名称。

"交换图像"行为和"恢复交换图像"行为并不是只有在onMouseOver事件中使用的。如果单击菜单时需要替换其他图像，则可以使用onClick事件。同样也可以使用其他多种事件。

TIP 放置光标时替换的图像称为"交换图像"，而把交换图像返回到原来状态的行为称为"恢复交换图像"。

1. 交换图像

右图是将特定图像替换为其他图像的"交换图像"对话框。

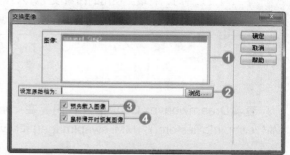

△"交换图像"对话框

❶ **图像**：陈列了插入在当前文档中的图像名称。"Unnamed<img>"是没有另外赋予名称的图像，赋予名称后才可以在多个图像中选择应用"交换图像"行为的图像。

❷ **设定原始档为**：指定替换图像的文件名称或路径。单击"浏览"按钮后，在弹出的对话框中选择图像文件。

❸ **预先载入图像**：在网页服务器上读取网页文件时，可以预先读取要替换的图像。如果没有勾选此复选框，则要重新到网页服务器上读取图像。

❹ **鼠标滑开时恢复图像**：鼠标离开图像后，图像恢复成原始图像。

2. 恢复交换图像

利用"恢复交换图像"行为，可以将所有被替换显示的图像恢复为原始图像。在"恢复交换图像"对话框没有可以设置的选项，单击"确定"按钮，即可为对象附加"恢复交换图像"行为。

△"恢复交换图像"对话框

TIP "恢复交换图像"对话框中是将最后设置的变换图像还原为原始图像，并且应用"交换图像"行为后再进行使用的相关内容。

3. 预载入图像

"预先载入图像"行为是预先导入图像的功能。为什么需要预先载入图像呢？虽然图像不会立即出现在浏览器画面上，但使用JavaScript或行为来交替图像时，为了更快地显示图像，一般预先载入图像。

例如，为了使光标移动到"a.gif"图像上方时替换成"b.gif"图像，假设使用了"交换图像"而没有使用"预先载入图像"行为，光标移动到"a.gif"图像上方时，浏览器要到网页服务器读取"b.gif"图像；如果利用"预先载入图像"行为来预先载入了"b.gif"图像，则可以在光标移动到

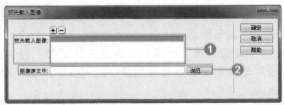

"a.gif"图像上方时即时更换图像。使用"交换图像"行为的时候，只要勾选"预先载入图像"复选框，就不需要再另外应用"预先载入图像"行为。

❶ 预先载入图像：列表中列出所有需要预先载入的图像。

❷ 图像源文件：单击"浏览"按钮选择要预先载入的图像文件，或者直接在文本框中输入图像的路径和文件名。

△"预先载入图像"对话框

> **TIP** 预先载入的图像会保存在浏览器的高速缓存中。浏览器的高速缓存作为浏览器的临时保存位置，导入网页文件时，将最终使用的图像预先载入到该位置，以后需要时可以及时地使用。

❓ 代码解密 JavaScript实现的交换图像、恢复交换图像、预先载入图像代码

查看Dreamweaver CC中的源代码，在<head>中添加的代码由软件自动生成，分别定义了MM_swapImgRestore()、MM_swapImage()和MM_preloadImages()共3个函数。

```
01 <script type="text/JavaScript">          ▶声明JavaScript脚本开始
02 <!--
03 function MM_swapImgRestore() { //v3.0   ▶声明MM_swapImgRestore()函数
04 var i,x,a=document.MM_sr; for(i=0;a&&i<a.length&&(x=a[i])&&x.oSrc;i++) x.src=x.
   oSrc;                                    ▶声明变量i、x、a
05 }
06 function MM_preloadImages() { //v3.0     ▶声明MM_preloadImages()函数
07 var d=document; if(d.images){ if(!d.MM_p) d.MM_p=new Array();
                                            ▶声明变量d，新建数组
08 var i,j=d.MM_p.length,a=MM_preloadImages.arguments; for(i=0; i<a.length;
   i++)                                     ▶声明变量i和j，调用MM_preloadImages()函数
09 if (a[i].indexOf("#")!=0){ d.MM_p[j]=new Image; d.MM_p[j++].src=a[i];}}
                                            ▶声明条件语句，满足条件后新建图像对象
10 }
11 function MM_swapImage() { //v3.0         ▶声明MM_swapImage()函数
12 var i,j=0,x,a=MM_swapImage.arguments; document.MM_sr=new Array; for(i=0;i<(a.
   length-2);i+=3)                          ▶声明变量i、j、x、a，新建数组对象
13 if ((x=MM_findObj(a[i]))!=null){document.MM_sr[j++]=x; if(!x.oSrc) x.oSrc=x.src;
   x.src=a[i+2];}                           ▶声明条件语句，满足条件后更换图像src属性
14 }
15 //-->
16 </script>                               ▶声明JavaScript脚本结束
```

在<body>中会使用相关事件调用上述3个函数，当页面载入时，调用MM_preloadImages()函数，载入"2.jpg"图像。<a>标签为后面章节介绍的链接标签，onMouseOut代表鼠标离开图像，onMouseOver代表鼠标划至图像上，当鼠标发生这样两个不同的动作时，即调用定义的MM_swapImgRestore()和MM_swapImage()函数，代码如下。

```
<body onLoad="MM _ preloadImages('2.JPG')">
......
<a href="#" onMouseOut="MM _ swapImgRestore()" onMouseOver="MM _
swapImage('Image21','','2.JPG',1)"><img src="1.JPG" name="Image21" width="243"
height="106" border="0"></a>
```

拖动AP元素

　　使用"拖动AP元素"行为，可以在浏览器上拖动鼠标把图层移动到所需的位置上。这些功能也可以用Flash来体现。例如，最近在网络中流行的"穿衣"游戏中，模特图像已被固定，但可以把衣服图像拖动到模特图像上，给模特试衣。

　　使用"拖动AP元素"行为时，为了区分可拖动的图层和不能拖动的图层，一定要指定图层名称。不移动的图层只有一两个的时候，只要记住这些图层名称即可。

　　"拖动AP元素"对话框如下图所示，有"基本"选项卡和"高级"选项卡。通常在"基本"选项卡中设置功能，需要更加详细的设置时，利用"高级"选项卡即可。

1."基本"选项卡

❶ **AP元素**：选择移动的层。

❷ **移动**：设置层的移动。"不限制"是自由移动层的设置，而"限制"是只在限定范围内移动层的设置。

❸ **放下目标**：像制作拼图游戏一样，指定图像碎片正确进入的最终坐标值。

❹ **靠齐距离**：设定当拖动的层与目标位置的距离在此范围内时，自动将层对齐到目标位置上。

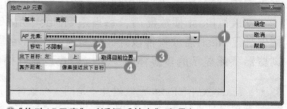

△ "拖动AP元素"对话框"基本"选项卡

2."高级"选项卡

❶ **拖动控制点**：选择鼠标对AP元素进行拖动时的位置。选择"整个元素"选项时，可以单击AP元素的任何位置后再进行拖动，而选择"元素内的区域"选项时，只有光标在指定范围内的时候，才可以拖动AP元素。

❷ **拖动时**：勾选"将元素置于顶层"复选框后，拖动AP元素的过程中经过其他AP元素

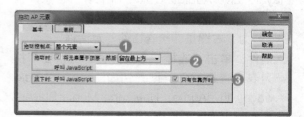

△ "拖动AP元素"对话框"高级"选项卡

上方时，可以选择显示在其他AP元素上方，还是显示在下面。如果拖动期间有需要运行的Java-Script函数，则输入在"呼叫JavaScript"中即可。

❸ **放下时**：如果在正确位置上放置了AP元素后，需要发出效果音或消息，则可以在"呼叫Java-Script"中输入运行的JavaScript函数。如果只有在AP元素到达拖放目标时才执行该JavaScript，请勾选"只有在靠齐时"复选框。

> **TIP** 用户可以指定访问者向哪个方向拖动AP元素（水平、垂直或任意方向）、访问者应该将AP元素拖动到的目标、AP元素在目标一定数目的像素范围内是否将AP元素靠齐到目标、当AP元素接触到目标时应该执行的操作和其他更多的选项。

❓代码解密 JavaScript实现的拖动AP元素代码

查看Dreamweaver CC中的源代码，<head>中添加的代码比较复杂，由于篇幅所限，读者可查看页面源代码，分别声明了MM_scanStyles()、MM_getProp()、MM_dragLayer()等函数，这里不做更多的解释，读者如果希望了解具体语句的含义，请先阅读有关JavaScript语言的书籍。

<body>中会使用相关事件调用上述的MM_dragLayer()函数，下面这段代码表示当页面载入时，调用MM_dragLayer()函数。

```
<body onLoad="MM _ dragLayer('apDiv1','',0,0,0,0,true,false,-1,-1,-1,-1,false,false,0,'',false,'')">
```

检查插件

插件程序是为了实现IE浏览器自身不能支持的功能而直接与IE连接起来使用的软件，通常也简称为插件。具有代表性的插件程序是Flash播放器。IE浏览器没有播放Flash动画的功能，初次进入含有Flash动画的网页时，会出现需要安装Flash播放软件的警告消息，用户可以检查是否安装了播放Flash动画的插件，如果访问者安装了该插件，就可以显示带有Flash动画对象的网页；如果访问者没有安装该插件，则可以显示一幅仅包含图像的替代网页。

安装好Flash播放器后，每当遇到Flash动画时，IE浏览器就会运行Flash播放软件。IE浏览器的插件除了Flash播放软件以外，还有Shockwave播放软件、QuickTime播放软件等。在网络中遇到IE浏览器不能显示的多媒体时，可以查找适当的插件来进行播放。

> **TIP** Flash软件和Flash播放器并不是同一个软件。Flash软件是制作Flash动画时用到的软件，而Flash播放器只是将Flash软件中制作的Flash动画进行播放的软件。

在Dreamweaver CC中可以确认的插件程序有Shockwave、Flash、Windows Media Player、Live Audio、Quick Time等。若想确认是否安装了插件程序，则可以应用"检查插件"行为，右图是"检查插件"对话框。

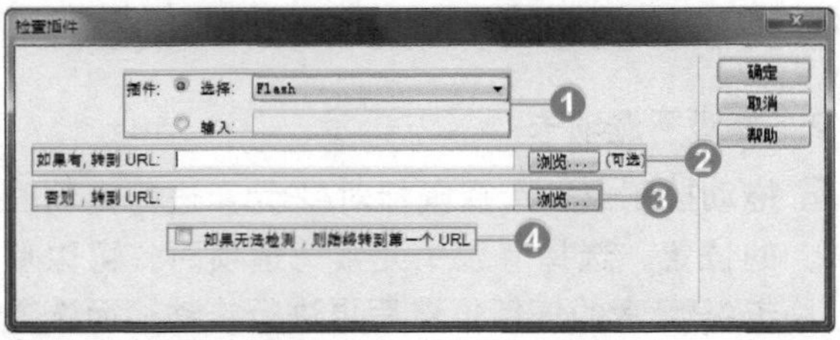

△ "检查插件"对话框

❶ **插件**：单击"选择"单选按钮，可以在下拉列表中选择插件类型，例如Flash、Shock-wave、LiveAudio、Netscape Media Player或QuickTime。单击"输入"单选按钮，可以直接在文本框中输入要检查的插件类型。

❷ **如果有，转到URL**：设置在选择的插件已被安装的情况下，要连接的网页文件或网页地址。在连接当前文档的情况下，也可以空着该项。

❸ **否则，转到URL**：设置在选择的插件尚未安装的情况下，要连接的网页文件或网页地址。可以输入可下载相关插件的网页地址，也可以连接另外制作的网页文件。

❹ **如果无法检测，则始终转到第一个URL**：勾选该复选框时，如果浏览器不支持对该插件的检查特性，则直接跳转到上面设置的第一个URL地址上。在大多数情况下，浏览器会提示下载并安装该插件。

> **TIP** 利用Flash、Shockwave、QuickTime等技术制作页面的时候，如果访问者的电脑中没有安装运行相应的插件，就没有办法得到预期的效果。

❓代码解密 JavaScript实现的检查插件代码

　　查看Dreamweaver CC中的源代码，<head>中添加的代码定义了MM_checkPlugin()函数，由于篇幅限制，读者可自行查看源代码，代码涉及的语法也比较复杂，这里不做更多的解释，读者如果希望了解具体语句的含义，请先阅读有关JavaScript语言的书籍。

　　<body>中会使用相关事件调用MM_checkPlugin()函数，例如下面这段代码表示单击文字后，调用MM_checkPlugin()函数。

```
<a href="#" onClick="MM _ checkPlugin('Shockwave Flash','','http://www.adobe.
com',false);return document.MM _ returnValue">检测插件</a>
```

显示隐藏元素

　　"显示-隐藏元素"动作可以显示、隐藏元素或恢复一个或多个AP Div元素的默认可见性。此动作用于在访问者与网页进行交互时显示信息。例如，当访问者将鼠标指针滑过栏目图像时，可以显示一个AP Div元素，提示有关该栏目的说明、图像、内容等信息。

❶ **元素**：列表中列出了当前文档中所有存在的
AP Div元素的名称。

❷ **显示、隐藏、默认**：选择对列表中选中的AP
Div元素进行哪种控制。

⬀ "显示-隐藏元素"对话框

❓代码解密 JavaScript实现的显示隐藏元素代码

　　查看Dreamweaver CS6的源代码，<head>中添加的代码定义了MM_showHideLayers()函数。

```
01 <script type="text/JavaScript">                          ▶ 声明JavaScript脚本开始
02 <!--
03 function MM _ showHideLayers() { //v9.0                   ▶ 声明MM _ showHideLayers函数
04 var i,p,v,obj,args=MM _ showHideLayers.arguments;         ▶ 声明i,p,v,obj,args变量
05 for (i=0; i<(args.length-2); i+=3)                        ▶ 声明变量i循环
06 with (document) if (getElementById && ((obj=getElementById(args[i]))!=null)) {
   v=args[i+2];                                              ▶ 声明条件语句,满足条件时,为变量v赋值
07 if (obj.style) { obj=obj.style; v=(v=='show')?'visible':(v=='hide')?'hidden':v; }
                                                             ▶ 声明条件语句,满足不同条件时,对象显示或隐藏
08 obj.visibility=v; }                                       ▶ 声明对象的可见性值
09 }
10 //-->
11 </script>                                                 ▶ 声明JavaScript脚本结束
```

　　<body>中会使用相关事件调用MM_showHideLayers函数，例如下面这段代码表示当页面载入时调用MM_showHideLayers函数。

```
<body onLoad="MM _ showHideLayers('apDiv2','','show')">
```

知识拓展 <A>onClick事件和onClick事件的区别

为了变换事件而打开事件目录时，有时会显示为<A>onClick，而有时会显示为onClick。根据事件对象是针对单纯的图像还是应用了链接的图像，所显示出来的事件有所不同。

大部分行为是应用在链接中，onClick是单击的相关事件，因此更是如此。若是文本的话，必须输入"javascript:;"来创建空链接，然后再应用行为。图像即使没链接，也可直接应用行为。

在图像上应用行为时，单击图像后再观察标签选择器，即可发现<img>处于选中状态，即选择了图像。这种情况下，通常会在事件上显示<A>onClick，表示虽然没有应用了链接，但视为链接的意思。在图像上应用链接后再单击图像，并在标签选择器上单击<a>，可选择应用在图像中的链接。这时，在事件目录上显示onClick。但是，就算应用了链接，只要在选择时选择图像后再应用行为，同样也会像<A>onClick一样在事件名称前面显示<A>。

改变属性

使用"改变属性"动作，可以动态改变对象的属性值，例如，改变层的背景颜色或图像的大小等。这些改变实际上是改变对象的相应属性值。是否允许改变属性值，取决于浏览器的类型。

❶ **元素类型**：从下拉列表中选择要更改属性的对象的类型。

❷ **元素ID**：下拉列表中列出所有所选类型的对象，从中选择要改变的对象的名称。

❸ **属性**：可以"选择"一个属性，也可直接"输入"该属性的名称。如果用户正在输入属性名称，则一定要使用该属性准确的JavaScript名称，并且注意JavaScript属性是区分大小写的。

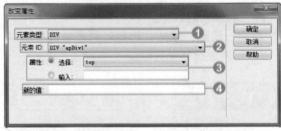
△"改变属性"对话框

❹ **新的值**：在文本框中为该属性输入一个新值。

> **TIP** 一般来说，IE浏览器比其他浏览器支持更多的"改变属性"特性。

代码解密 JavaScript实现的改变属性代码

查看Dreamweaver CC中的源代码，<head>中添加的代码定义了MM_changeProp()函数，由于篇幅所限，读者可自行查看源代码，代码涉及的语法也比较复杂，这里不做更多的解释，读者如果希望了解具体语句的含义，请先阅读有关JavaScript语言的书籍。

<body>中会使用相关事件调用MM_changeProp()函数，例如下面这段代码表示光标移到图像上后，调用MM_changeProp()函数，将图像的边框设为5像素。

```
<img src="pic.jpg" name="pic" width="521" height="391" border="0" id="pic"
onMouseOver="MM _ changeProp('pic','','border','5','IMG')">
```

Let's go! 制作"爱在家庭"页面的插件检测与动态菜单效果

原始文件	Sample\Ch14\menu\menu.htm
完成文件	Sample\Ch14\menu\menu-end.htm
视频教学	Video\Ch14\Unit34\

图示	⬤	⬤	⬤	O	⬤
浏览器	IE	Chrome	Firefox	Opera	Apple Safari
是否支持	◎	◎	◎	◎	◎

◎完全支持　　□部分支持　　※不支持

■ **背景介绍**：下面讲解如何使用"检查插件"行为确认在导入文档时，用户计算机上是否安装了Flash播放器。对于页面中包含子菜单的图层，使用"显示-隐藏元素"行为，制作出子菜单效果。接下来还要讲解如何将光标移动到主菜单上方时显示子菜单，离开主菜单时隐藏子菜单的效果。

△ 应用相关行为后的文档

1. 应用检查插件行为

1 打开原始文档，在标签选择器上单击<body>后，在"行为"面板中单击"添加行为"按钮，然后在下拉列表中选择"检查插件"选项。

2 打开"检查插件"对话框。为了确认Flash插件，在"插件"选项组中单击"选择"单选按钮，然后在下拉列表中选择Flash选项。如果曾经安装过插件，会正常显示当前文档，因此可以不改动"如果有，转到URL"选项。单击"否则，转到URL"文本框，在文本框内输入http://www.adobe.com。

△ 选择"检查插件"选项

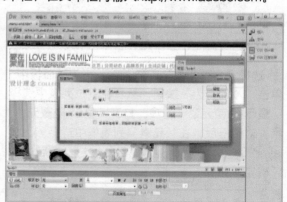

△ 设置检查插件行为的属性

3 单击"确定"按钮,"行为"面板中显示on-Load事件。

△ 设置事件

> **TIP** "检查插件"动作会自动监测浏览器是否已经安装相应的软件,然后转到不同的页面中去。读者还可以自行设置Flash插件的安装页面,便于访问者直接安装插件。在访问者尚未安装相关Flash插件时,为了让访问者直接连接到可下载相关插件的网页中,可以在"否则,转到URL"文本框中输入能够下载到插件的网址。

2. 在浏览器上确认插件

按下F12键,在浏览器中进行确认。如果访问者已安装了Flash播放器,就会显示"menu.htm"文档,否则将显示http://www.adobe.com页面。

3. 在主菜单上应用显示-隐藏元素行为

1 下面要实现的效果是光标移到命名为"品牌系列"主菜单上方时,显示子菜单。可以看到,子菜单默认显示在画面上。在标签选择器上单击<body>后,在"行为"面板中单击"添加行为"按钮,然后在下拉列表中选择"显示-隐藏元素"选项。打开"显示-隐藏元素"对话框后,在"元素"列表框中选择"div"layer2"",然后单击"隐藏"按钮,最后单击"确定"按钮。

△ 如果插件没有安装,将显示adobe.com的页面

△ 设置"显示-隐藏元素"行为

2 选择"品牌系列"图像,在"行为"面板中单击"添加行为"按钮,然后在下拉列表中选择"显示-隐藏元素"选项。打开"显示-隐藏元素"对话框后,在"元素"列表框中选择"div"layer2"",然后单击"显示"按钮,最后单击"确定"按钮。

> **TIP** 单击"显示"按钮后,可以看到在"元素"列表框中"div"layer2""的旁边添加了"(显示)"字样。

△ 设置"显示-隐藏元素"行为

3 由于要实现的是光标移动到"品牌系列"主菜单上方时出现layer2图层，因此把事件设置为onMouseOver事件。

"弹出后消失的菜单"一般是光标移动到主菜单上方时，弹出隐藏的子菜单。可以在子菜单部分指定适当的背景色，从而调节整个网页的气氛。按主题需要分成很多类别时，通常使用这种形式的菜单。设想一下画面中需要显示多个主菜单的同时，每个主菜单都有很多子菜单，如果把这些菜单全部都显示在画面上，会是何种场景呢？可能画面中的一半以上空间都由菜单来占据了。

△ 选择onMouseOver事件

4 按下F12 键，在浏览器中进行确认。可以看到当光标移动到"品牌系列"主菜单上方时，出现了子菜单，但是光标离开"品牌系列"主菜单后，子菜单依然处于显示状态。下面制作该子菜单的隐藏操作。

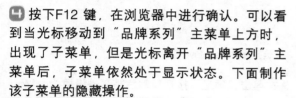

△ 光标移动到主菜单上方时，显示子菜单

5 单击"品牌系列"图像后，在"行为"面板中单击"添加行为"按钮，然后在下拉列表中选择"显示-隐藏元素"选项。打开"显示-隐藏元素"对话框后，在"元素"列表框中选择"div"layer2""，单击"隐藏"按钮。

△ 设置"显示-隐藏元素"行为

4. 在子菜单中应用显示-隐藏元素行为

1 下面在子菜单元素上也应用"显示-隐藏元素"行为，选择子菜单Div元素。

6 为了使光标离开主菜单后隐藏子菜单，将事件设置为onMouseOut。

△ 选择onMouseOut事件

△ 选择子菜单Div元素

2 在"行为"面板中单击"添加行为"按钮，然后下拉列表中选择"显示-隐藏元素"选项。打开"显示-隐藏元素"对话框后，在"元素"列表框中选择"div "layer2""，单击"显示"按钮，并单击"确定"按钮。

◎ 设置"显示-隐藏元素"行为

4 再次单击"添加行为"按钮，然后下拉列表中选择"显示-隐藏元素"选项。打开"显示-隐藏元素"对话框后，在"元素"列表框中选择"div "layer2""，单击"隐藏"按钮。

◎ 设置"显示-隐藏元素"行为

5. 在浏览器上确认子菜单

按下F12键，在浏览器中进行确认。可以发现在子菜单上移动光标时，子菜单还是很稳定地显示在画面上。

TIP Div元素的位置一直都是固定不变的。因此，调节浏览器窗口的大小，就会导致Div元素位置与计划中的位置不符。

3 在子菜单Div元素中移动光标时，为了显示layer2元素，将事件设置为onMouseMove。

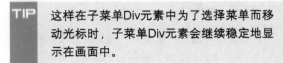
TIP 这样在子菜单Div元素中为了选择菜单而移动光标时，子菜单Div元素会继续稳定地显示在画面中。

◎ 选择onMouseMove事件

5 单击"确定"按钮，然后将事件设置为onMouseOut，表明当鼠标离开子菜单Div元素后，隐藏子菜单。

◎ 选择onMouseOut事件

◎ 在子菜单上移动光标时子菜单依然显示在画面上

利用行为控制表单

使用行为可以控制表单元素，比如常用的跳转菜单、表单验证等。制作出表单后，在提交前首先确认是否在必填域上按照要求格式输入了信息。

跳转菜单、跳转菜单开始

在跳转菜单中，可以选择其中一项作为基本项目。基本项目指的是通常显示在跳转菜单中的项目。一般情况下，可以把跳转菜单的标题作为基本项目，在没有另外使用标题的情况下，也可以把第一个项目作为基本项目。当然，也可以不指定基本项目，但此时跳转菜单会以空状态显示在画面中。利用样式表还可以给跳转菜单添加背景颜色。

⬢ 将跳转菜单的标题指定为基本项目

⬢ 将跳转菜单的第一个项目指定为基本项目

TIP Dreamweaver还能为用户在跳转菜单中留下一个"前往"按钮，以供选用。

"跳转菜单"行为用于编辑跳转菜单对象。

❶ **菜单项**：根据"文本"栏和"选择时，转到URL"栏的输入内容，显示菜单项目。

❷ **文本**：输入显示在跳转菜单中的菜单名称。可以使用中文或空格。

❸ **选择时，转到URL**：输入连接到菜单项目的文件路径。输入本地站点的文件或网页地址即可。

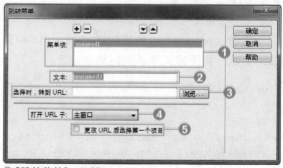

⬢ "跳转菜单"对话框

❹ **打开URL于**：以框架来组成文档时，选择显示连接文件的框架名称。若没有使用框架，则只能使用"主窗口"选项。

❺ **更改URL后选择第一个项目**：即使在跳转菜单中单击菜单，跳转到连接网页中，跳转菜单上也依然显示指定为基本项目的菜单。

"跳转菜单开始"动作与"跳转菜单"动作密切关联，"跳转菜单开始"允许访问者将一个按钮和一个跳转菜单关联起来，当单击按钮时则打开在该跳转菜单中选择的链接。通常情况下，跳转菜单不需要这样一个执行的按钮，从跳转菜单中选择一项通常会引起URL的载入，不需要任何进一步的其他操作。但是，如果访问者选择跳转菜单中已选择的同一项，则不会发生跳转。

在"选择跳转菜单"下拉列表中列出了页面中所有的跳转菜单，在其中选择一个要设置的跳转菜单即可。

> **TIP** 如果跳转菜单出现在一个框架中，而跳转菜单项链接到其他框架中的网页，则通常需要使用这种执行按钮，以允许访问者重新选择已在跳转菜单中选择的项。

△ "跳转菜单开始"对话框

❓ 代码解密 JavaScript实现的跳转菜单代码

查看Dreamweaver CC中的源代码，<head>中添加的代码定义了MM_jumpMenu函数。

```
01 <script language="JavaScript" type="text/JavaScript">  ▶ 声明JavaScript脚本开始
02 <!--
03 function MM _ jumpMenu(targ,selObj,restore){ //v3.0     ▶ 声明MM _ jumpMenu函数,参数为
   targ,selObj,restore                                        targ,selObj,restore
04 eval(targ+".location='"+selObj.options[selObj.selectedIndex].value+"'");
                              ▶ 声明返回动态执行脚本源代码,使用location方法实现跳转
05 if (restore) selObj.selectedIndex=0;          ▶ 声明条件语句,满足条件时,为对象赋值
06 }
07 //-->
08 </script>                                      ▶ 声明JavaScript脚本结束
```

<body>中会使用相关事件调用MM_jumpMenu函数，例如下面这段代码表示在下拉菜单中调用了MM_jumpMenu函数，用来实现跳转。

```
<select name="select2" onChange="MM _ jumpMenu('parent',this,0)"></select>
```

❓ 代码解密 JavaScript实现的跳转菜单开始代码

查看Dreamweaver的源代码，<head>中添加的代码定义了MM_findObj( )和MM_jumpMenu-Go()函数，用于定义菜单的跳转功能。

```
01 <script language="JavaScript" type="text/JavaScript">
                                          ▶ 声明JavaScript脚本开始
02 <!--
03 function MM _ findObj(n, d) { //v4.01        ▶ 声明MM _ findObj函数开始,参数为n, d
04 var p,i,x;   if(!d) d=document;
                                  ▶ 声明变量后,使用if语句,满足条件后为d, n赋值
05 if((p=n.indexOf("?"))>0&&parent.frames.length) {
                  ▶ 使用多个判断语句判断表单的长度,并依据表单长度判断所选择的表单项。
06 d=parent.frames[n.substring(p+1)].document; n=n.substring(0,p);}
07 if(!(x=d[n])&&d.all) x=d.all[n]; for (i=0;!x&&i<d.forms.length;i++) x=d.forms[i][n];
08 for(i=0;!x&&d.layers&&i<d.layers.length;i++) x=MM _ findObj(n,d.layers[i].document);
09 if(!x && d.getElementById) x=d.getElementById(n); return x;
10 }
```

```
11 function MM _ jumpMenuGo(selName,targ,restore){ //v3.0   ▶ 声明jumpMenuGo函数
12 var selObj = MM _ findObj(selName); if (selObj) MM _ jumpMenu(targ,selObj,restore);
                                                          ▶ 声明selObj变量
    }
13 -->
14 </script>
```

　　<body>中会使用相关事件调用MM_jumpMenu()函数，例如下面这段代码表示在下拉菜单中调用MM_jumpMenu()函数，用来实现跳转。

```
<a href="#" onClick="MM _ jumpMenuGo('select2','parent',0)">跳转</a>
```

检查表单

　　在表单样式中输入所需的信息后，单击"提交"按钮，就会把其内容提交到服务器上。但是，当用户没有输入某个信息，并且输入的其他信息不符合格式要求的时候，要怎样处理呢？

　　首先，服务器上的程序会在提交信息中查出没有输入的信息以及输入错误的部分，为了得到正确的信息，通过网络线重新返回到用户计算机上。等接收到新的信息后，需要回服务器上再次确认其中有没有错误的信息。如果不断反复这些过程，会需要很长的服务器程序运行时间。

　　为了解决这种反复问题，在用户单击"提交"按钮后，并且用户信息尚未提交到服务器之前，需要先确认一下当前信息是否全部填完，格式上是否存在错误等。确认有错误信息的时候，只要在当前计算机上重新修改即可，比起上面的过程更加节约时间。

> **TIP**　用户在填写表单的时候，可能会漏填、误填一些信息，这样会在接收与处理信息时带来许多麻烦。如果能在客户端对表单的信息做一些处理，提醒用户及时改错，使得发送的表单都能符合要求，就可以为以后流程省去许多不必要的麻烦。此时可以使用行为对表单数据进行有效的验证，包括设置是否可以空栏以及某个值的有效范围等。

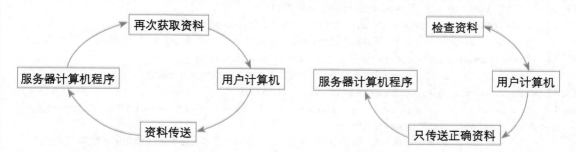

　　在网上浏览时，经常会填写这样或那样的表单，填写完毕提交后，一般都会由程序自动校验表单的内容是否合法。使用"检查表单"动作配以onBlur事件，可以在用户填完表单的每一项之后，立刻检验该项是否合理。也可以使用"检查表单"动作配以onSubmit事件，当用户单击"提交"按钮后，一次校验所有填写内容的合法性。

❶ **域**：从列表中选择一个文本域。如果用户想要验证单个区域，选取需要的表单对象，那么该对象将出现在"命名域"列表中。

❷ **值**：要使某个域成为必需的域，勾选"必需的"复选框。

❸ **可接受**：要设置所期望的输入类型，在选项组中选择一个即可。

- 任何东西：接受任何输入字符。
- 数字：允许任何类型的数值输入，例如一个电话号码。但是，不能将文本和数字相混合。
- 电子邮件地址：查找一个带有@标志的电子邮件地址。
- 数字从…到…：在两个数值框中分别输入相应的值，并定义取值范围。

△ "检查表单" 对话框

❓代码解密 JavaScript实现的检查表单代码

查看Dreamweaver CC的源代码，<head>中添加的代码定义了MM_validateForm函数。

```
01 <script type="text/javascript">          ▶ 声明JavaScript脚本开始
02 <!--
03 function MM _ validateForm() { //v4.0   ▶ 声明MM _ validateForm函数
04 if (document.getElementById){           ▶ 声明条件语句，满足条件后声明变量i,p,q,nm,test,
                                              num,min,max,errors,args
05 var i,p,q,nm,test,num,min,max,errors='',args=MM _ validateForm.arguments;
                         ▶ 声明循环语句，为test变量和val变量赋值
06 for (i=0; i<(args.length-2); i+=3) { test=args[i+2]; val=document.get Element
      ById(args[i]);       ▶ 声明条件语句，满足条件后判断作为电子邮件地址是否包含@符号
07 if (val) { nm=val.name; if ((val=val.value)!="") {
08 if (test.indexOf('isEmail')!=-1) { p=val.indexOf('@');
                         ▶ 声明条件语句，满足条件后输出 "必须包含一个电子邮件地址" 的语句
09 if (p<1 || p==(val.length-1)) errors+='- '+nm+' must contain an e-mail
   address.\n';
10 } else if (test!='R') { num = parseFloat(val);
11 if (isNaN(val)) errors+='- '+nm+' must contain a number.\n';
                         ▶ 声明条件语句，满足条件后输出 "必须包含一个数字" 的语句
12 if (test.indexOf('inRange') != -1) { p=test.indexOf(':');
                         ▶ 声明条件语句，满足提交后为min和max变量赋值
13 min=test.substring(8,p); max=test.substring(p+1);
14 if (num<min || max<num) errors+='- '+nm+' must contain a number
   between '+min+' and '+max+'.\n';
                    ▶ 声明条件语句，满足条件后输出 "必须包含一个在min和max值之间的数字" 的语句
15 } } } else if (test.charAt(0) == 'R') errors += '- '+nm+' is required.\n'; }
                         ▶ 声明条件语句，满足条件后输出 "必填" 的语句
16 } if (errors) alert('The following error(s) occurred:\n'+errors);
                         ▶ 声明条件语句，满足条件后输出 "下列错误出现" 的语句
17 document.MM _ returnValue = (errors == '');
18 } }
19 //-->
20 </script>          ▶ 声明JavaScript脚本结束
```

　　<body>中会使用相关事件调用MM_validateForm函数，例如下面这段代码在表单上调用了MM_validateForm函数。

```
<form action="" method="post" name="form1" onSubmit="MM _ validateForm('textfield',''
,'R');return document.MM _ returnValue"></form>
```

设置文本域文字

　　"设置文本域文字"行为能够让用户更新任何文本或文本区域，并且是动态的。

❶ **文本域**：选择要改变内容的文本域的名称。

❷ **新建文本**：输入将显示在文本域中的文字。

> **TIP** "设置文本域文字"行为接受任何文本或
> JavaScript代码，该行为所作用的文本区域
> 必须位于当前页面中。

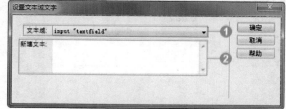

△"设置文本域文字"对话框

❓ 代码解密 JavaScript实现的设置文本域文字代码

　　查看Dreamweaver CC中的源代码，<head>中添加的代码定义了MM_setTextOfTextfield()函数。

```
01 <script type="text/JavaScript">► 声明JavaScript脚本开始
02 <!--
03 function MM _ setTextOfTextfield(objName,x,newText) { //v3.0
                      ► 声明MM _ setTextOfTextfield函数，参数为objName、x、newText
04 var obj = MM _ findObj(objName); if (obj) obj.value = newText;
                      ► 声明obj变量的赋值，满足条件时，值为newText
05 }
06 -->
07 </script>              ► 声明JavaScript脚本结束
```

　　<body>中会使用相关事件调用MM_setTextOfTextfield()函数，例如下面这段代码表示当鼠标聚焦到文本域后，调用MM_setTextOfTextfield()函数。

```
<input name="n" type="text" id="n" onFocus="MM _ setTextOfTextfield('n','','请输入您的
姓名')">
```

🏃 Let's go! 制作"丹中工业门"页面的表单确认效果

原始文件	Sample\Ch14\form\form.htm
完成文件	Sample\Ch14\form\form-end.htm
视频教学	Video\Ch14\Unit35\

图示	🌐	🔵	🟢	🅾	🧭
浏览器	IE	Chrome	Firefox	Opera	Apple Safari
是否支持	◎	◎	◎	◎	◎
◎完全支持　　□部分支持　　※不支持					

■ **背景介绍**：使用行为可以控制表单元素，比如常用的跳转菜单、表单验证等。制作出表单提交前首先确认是否在必填域上按照格式输入了信息的相关形式。另外，在客户端处理表单信息，无疑要用到脚本程序。好在有些简单常用的有效性验证使我们可以不必自己编写脚本，但是如果需要进一步的特殊验证方式，那么用户必须自己编写代码。

△ 应用"检查表单"行为之前的文档

△ 应用"检查表单"行为之后的文档

1. 在必填域上应用检查表单行为

1 单击访问者必须要输入的域名称。单击"姓名"文本域，然后在属性面板中查看域名称，这里修改该域名称为name。同样地，修改"所在地区"域名称为area、"您的Email"域名称为mail、"联系电话"域名称为tel、"留言主题"域名称为subject、"您的留言"域名称为content。

2 单击表单下方的"确定"按钮，在"行为"面板中单击"添加行为"按钮，然后在下拉列表中选择"检查表单"选项。

TIP 在用户输入所有内容后单击"确定"按钮的瞬间开始检查表单，因此在"确定"按钮上应用"检查表单"行为。

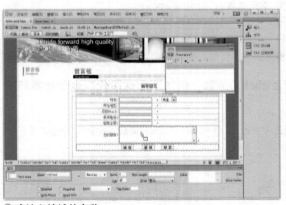

△ 确认必填域的名称

△ 选择"检查表单"行为

3 打开"检查表单"对话框以后，选择"域"列表框的第一行"input "name" "，并在"值"区域勾选"必需的"复选框。

4 选择"域"列表框的第二行"input" "area"，并在"值"区域勾选"必需的"复选框。

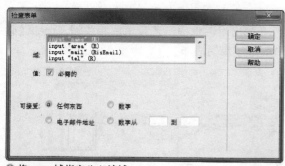

△ 将name域指定为必填域

△ 将area域指定为必填域

5 在 "域" 列表框中选择 "input "mail"" , 在 "值" 区域勾选 "必需的" 复选框。由于 E-mail地址始终要符合电子邮件格式，因此在确 认域形式的 "可接受" 选项组中单击 "电子邮 件地址" 单选按钮，然后单击 "确定" 按钮。

6 选择 "域" 列表框的第四行 "input "tel"" , 并在 "值" 区域勾选 "必需的" 复选框。

> **TIP** "域" 列表框中罗列出使用在文档中的文本域。"input "tel"" 指的是表单中命名为 tel的域。

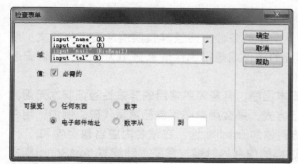

△ 将mail域指定为必填域

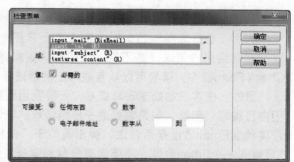

△ 将tel域指定为必填域

7 依次选择 "域" 列表框的第五行 "input" subject" 和 "textarea "content"" , 并在 "值" 区域分别勾选 "必需的" 复选框。

> **TIP** 表单多是为了收集用户的信息，而表单的验证就是为了规范用户填写的信息，例如用户不能在填写年龄的表单内输入200，不能在填写Email地址的表单内填入网址等。在使用此功能之前，给需要验证的表单添加一个具体名称，以便于区别。

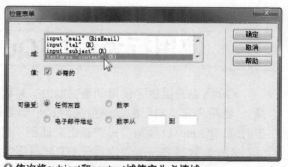

△ 依次将subject和content域值定为必填域

2. 在浏览器上确认必填域

1 经过上面的操作后，在 "行为" 面板中添加了onClick 事件和 "检查表单" 动作。

2 按下F12键在浏览器中预览。在浏览器文本框中不输入内容，在域名为mail的文本框中输入非电子邮件格式的字符，然后单击"登录"按钮。此时，会弹出对话框提示还没填写相关域及mail域必须包含电子邮件地址。单击"确定"按钮即可返回页面继续填写表单。

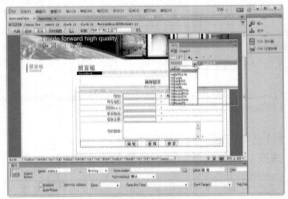

⌂ 添加了onClick事件和检查表单动作

⌂ 提交表单时弹出对话框提示相关错误信息

📖知识拓展 使用插件确认表单

利用"检查表单"行为时，在表单上只能确认简单的条件，而且其错误消息显示为英文，所以可能会给用户带来一些不便。若想确认更加详细的条件或想把错误消息显示为中文，可以安装Check Form插件，读者可以从互联网上搜索该插件。

另外，在客户端处理表单信息，无疑要用到脚本程序。有些简单常用的有效性验证脚本无需我们自己编写，但是，如果需要进一步的特殊的验证方式，那么用户必须自己编写代码。例如，用户需要检测Email地址是否合法，弹出类似于"请检测你的Email地址，在域名内应当包含@和."、"只输入一个Email地址，不要含有分号和逗号"这样的信息的时候，需要手动编写JavaScript脚本来实现。

UNIT 36 使用行为添加jQuery效果

jQuery自身提供了使用动画的能力，可以实现将任意属性从一个值过渡到其他值的动画效果。当用户定义自己的动画效果时这个功能很有用。但是通常编写自己的动画效果会花费很多时间。jQuery UI添加了一些预定义动画，这些效果集成在Dreamweaver CC的行为中。

jQuery效果几乎可以应用于HTML页面中的任何元素，使用这些特效可以实现网页元素的发光、缩小、淡化、高光等效果。和jQuery效果相关的行为包括Blind（百叶窗）、Bounce（晃动）、Clip（剪裁）、Drop（下落）、Fade（渐显/渐隐）、Fold（折叠）、Highlight（高亮颜色）、Puff（膨胀）、Pulsate（闪烁）、Scale（缩放）、Shake（震动）、Slide（滑动）等。

Blind（百叶窗）

Blind（百叶窗）可以使目标元素沿某个方向收起来，直至隐藏。

① **目标元素**：设置产生特效的目标元素。
② **效果持续时间**：设置产生特效的延迟时间，
单位为毫秒。
③ **可见性**：设置目标元素是显示或隐藏。
④ **方向**：设置目标元素运动的方向。

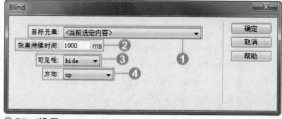

△ Blind设置

❓ 代码解密 jQuery实现的Blind代码

查看Dreamweaver CC中的源代码，<head>中添加的代码首先引用了外部的jquery-1.8.3.min.js和jquery-ui-effects.custom.min.js脚本文件，然后声明了MM_DW_effectBlind ()函数。

```
01 <script src="jQueryAssets/jquery-1.8.3.min.js" type="text/javascript"></script>
                                    ▶ 引用了外部的jquery-1.8.3.min.js脚本文件
02 <script src="jQueryAssets/jquery-ui-effects.custom.min.js" type="text/
   javascript"></script>           ▶ 引用了外部的jquery-ui-effects.custom.min.js脚本文件
03 <script type="text/javascript">    ▶ 声明JavaScript脚本开始
04 function MM _ DW _ effectBlind(obj,method,effect,dir,speed)
                    ▶ 声明MM _ DW _ effectBlind函数，参数为obj,method,effect,dir,speed
05 {
06 obj[method](effect, { direction: dir}, speed);    ▶ 使用obj对象的相关方法
07 }
08 </script>                           ▶ 声明JavaScript脚本结束
```

<body>中会使用相关事件调用MM_DW_effectBlind函数，例如下面这段代码表示在单击body元素上调用MM_DW_effectBlind()函数。

```
<body onclick="MM _ DW _ effectBlind($(this),'hide','blind','up',1000)"></body>
```

Bounce（晃动）

Bounce（晃动）可以使目标元素上下晃动。
① **目标元素**：设置产生特效的目标元素。
② **效果持续时间**：设置产生特效的延迟时间，
单位为毫秒。
③ **可见性**：设置目标元素是显示或隐藏。
④ **方向**：设置目标元素运动的方向。
⑤ **距离**：设置目标元素运动的距离。
⑥ **次**：设置目标元素运动的次数。

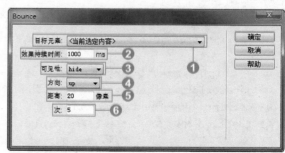

△ Blind设置

❓ 代码解密 jQuery实现的Bounce代码

查看Dreamweaver CC中的源代码，<head>中添加的代码首先引用了外部的jquery-1.8.3.min.js和jquery-ui-effects.custom.min.js脚本文件，然后声明了MM_DW_effectBounce()函数。

```
01 <script src="jQueryAssets/jquery-1.8.3.min.js" type="text/javascript"></script>
                                    ▶ 引用了外部的jquery-1.8.3.min.js脚本文件
02 <script  src="jQueryAssets/jquery-ui-effects.custom.min.js"  type="text/
   javascript"></script>       ▶ 引用了外部的jquery-ui-effects.custom.min.js脚本文件
03 <script type="text/javascript">        ▶ 声明JavaScript脚本开始
04 function MM _ DW _ effectBlind(obj,method,effect,dir,speed)
                    ▶ 声明MM _ DW _ effectBlind函数，参数为obj,method,effect,dir,speed
05 {
06 obj[method](effect, { direction: dir}, speed);        ▶ 使用obj对象的相关方法
07 }
08 </script>                                ▶ 声明JavaScript脚本结束
```

　　<body>中会使用相关事件调用MM_DW_effectBounce函数，例如下面这段代码表示在单击body元素上调用MM_DW_effectBounce()函数。

```
<body onclick="MM _ DW _ effectBounce($(this),'effect','bounce','up',20,'hide',5,100
0)"></body>
```

Clip（剪裁）

　　Clip（剪裁）可以使目标元素上下同时收起来，直至隐藏。

❶ **目标元素**：设置产生特效的目标元素。

❷ **效果持续时间**：设置产生特效的延迟时间，单位为毫秒。

❸ **可见性**：设置目标元素是显示或隐藏。

❹ **方向**：设置目标元素运动的方向。

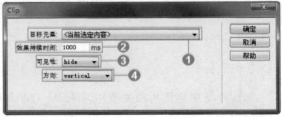

△ Clip设置

❓ 代码解密 jQuery实现的Clip代码

　　查看Dreamweaver CC中的源代码，<head>中添加的代码首先引用了外部的jquery-1.8.3.min.js和jquery-ui-effects.custom.min.js脚本文件，然后声明了MM_DW_effectClip()函数。

```
01 <script src="jQueryAssets/jquery-1.8.3.min.js" type="text/javascript"></script>
                                    ▶ 引用了外部的jquery-1.8.3.min.js脚本文件
02 <script  src="jQueryAssets/jquery-ui-effects.custom.min.js"  type="text/
   javascript"></script>       ▶ 引用了外部的jquery-ui-effects.custom.min.js脚本文件
03 <script type="text/javascript">        ▶ 声明JavaScript脚本开始
04 function MM _ DW _ effectClip(obj,method,effect,dir,speed)
                    ▶ 声明MM _ DW _ effectBlind函数，参数为obj,method,effect,dir,speed
05 {
06 obj[method](effect, { direction: dir}, speed);        ▶ 使用obj对象的相关方法
07 }
08 </script>                                ▶ 声明JavaScript脚本结束
```

　　<body>中会使用相关事件调用MM_DW_effectClip函数，例如下面这段代码表示在单击body元素上调用MM_DW_effectClip()函数。

```
<body onclick="MM _ DW _ effectClip($(this),'hide','clip','vertical',1000)"></body>
```

Drop（下落）

Drop（下落）可以使目标元素向左边移动并升高透明度，直到隐藏。

❶ **目标元素**：设置产生特效的目标元素。

❷ **效果持续时间**：设置产生特效的延迟时间，单位为毫秒。

❸ **可见性**：设置目标元素是显示或隐藏。

❹ **方向**：设置目标元素运动的方向。

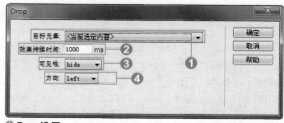

△ Drop设置

❓ 代码解密 jQuery实现的Drop代码

查看Dreamweaver CC中的源代码，\<head>中添加的代码首先引用了外部的jquery-1.8.3.min.js和jquery-ui-effects.custom.min.js脚本文件，然后声明了MM_DW_effectDrop()函数。

```
01 <script src="jQueryAssets/jquery-1.8.3.min.js" type="text/javascript"></script>
                                    ▶ 引用了外部的jquery-1.8.3.min.js脚本文件
02 <script  src="jQueryAssets/jquery-ui-effects.custom.min.js" type="text/
   javascript"></script>         ▶ 引用了外部的jquery-ui-effects.custom.min.js脚本文件
03 <script type="text/javascript">    ▶ 声明JavaScript脚本开始
04 function MM _ DW _ effectClip(obj,method,effect,dir,speed)
                        ▶ 声明MM _ DW _ effectBlind函数，参数为obj,method,effect,dir,speed
05 {
06 obj[method](effect, { direction: dir}, speed);        ▶ 使用obj对象的相关方法
07 }
08 </script>                            ▶ 声明JavaScript脚本结束
```

\<body>中会使用相关事件调用MM_DW_effectDrop函数，例如下面这段代码表示在单击body元素上调用MM_DW_effectDrop ()函数。

```
<body onclick="MM _ DW _ effectDrop($(this),'hide','drop','left',1000)"></body>
```

Fade（渐显/渐隐）

Fade（渐显/渐隐）可以使目标元素实现渐渐显示或隐藏的效果。

❶ **目标元素**：设置产生特效的目标元素。

❷ **效果持续时间**：设置产生特效的延迟时间，单位为毫秒。

❸ **可见性**：设置目标元素是显示或隐藏。

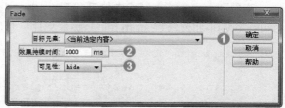

△ Fade设置

❓代码解密 jQuery实现的Fade代码

　　查看Dreamweaver CC中的源代码，<head>中添加的代码首先引用了外部的jquery-1.8.3.min.
js和jquery-ui-effects.custom.min.js脚本文件，然后声明了MM_DW_effectFade()函数。

```
01 <script src="jQueryAssets/jquery-1.8.3.min.js" type="text/javascript"></script>
                              ▶ 引用了外部的jquery-1.8.3.min.js脚本文件
02 <script src="jQueryAssets/jquery-ui-effects.custom.min.js" type="text/
   javascript"></script>      ▶ 引用了外部的jquery-ui-effects.custom.min.js脚本文件
03 <script type="text/javascript">    ▶ 声明JavaScript脚本开始
04 function MM _ DW _ effectBlind(obj,method,effect,dir,speed)
                  ▶ 声明MM _ DW _ effectBlind函数，参数为obj,method,effect,dir,speed
05 {
06 obj[method](effect, { direction: dir}, speed);        ▶ 使用obj对象的相关方法
07 }
08 </script>                          ▶ 声明JavaScript脚本结束
```

　　<body>中会使用相关事件调用MM_DW_effectFade函数，例如下面这段代码表示在单击body
元素上调用MM_DW_effectFade()函数。

```
<body onclick="MM _ DW _ effectFade($(this),'hide','fade',1000)"></body>
```

Fold（折叠）

　　Fold（折叠）可以使目标元素向上收起，再向左收起，直到隐藏。
- ❶ **目标元素**：设置产生特效的目标元素。
- ❷ **效果持续时间**：设置产生特效的延迟时间，单位为毫秒。
- ❸ **可见性**：设置目标元素是显示或隐藏。
- ❹ **水平优先**：设置目标元素是否先向水平方向折叠。
- ❺ **大小**：值为数值，折叠的大小，默认为15。

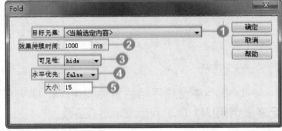
△ Fade设置

❓代码解密 jQuery实现的Fold代码

　　查看Dreamweaver CC中的源代码，<head>中添加的代码首先引用了外部的jquery-1.8.3.min.
js和jquery-ui-effects.custom.min.js脚本文件，然后声明了MM_DW_effectFade()函数。

```
01 <script src="jQueryAssets/jquery-1.8.3.min.js" type="text/javascript"></script>
                              ▶ 引用了外部的jquery-1.8.3.min.js脚本文件
02 <script src="jQueryAssets/jquery-ui-effects.custom.min.js" type="text/
   javascript"></script>      ▶ 引用了外部的jquery-ui-effects.custom.min.js脚本文件
03 <script type="text/javascript">    ▶ 声明JavaScript脚本开始
04 function MM _ DW _ effectBlind(obj,method,effect,dir,speed)
                  ▶ 声明MM _ DW _ effectBlind函数，参数为obj,method,effect,dir,speed
05 {
```

```
06 obj[method](effect, { direction: dir}, speed);        ▶ 使用obj对象的相关方法
07 }
08 </script>                                             ▶ 声明JavaScript脚本结束
```

<body>中会使用相关事件调用MM_DW_effectFold函数，例如下面这段代码表示在单击body元素上调用MM_DW_effectFold()函数。

```
<body onclick="MM _ DW _ effectFold($(this),'hide','fold',false,15,1000)"> </body>
```

Highlight（高亮颜色）

Highlight（高亮颜色）可以高亮目标元素。

❶ **目标元素**：设置产生特效的目标元素。

❷ **效果持续时间**：设置产生特效的延迟时间，单位为毫秒。

❸ **可见性**：设置目标元素是显示或隐藏。

❹ **颜色**：设置目标元素的高亮颜色。

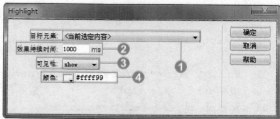

△ Highlight设置

❓ 代码解密 jQuery实现的Highlight代码

查看Dreamweaver CC中的源代码，<head>中添加的代码首先引用了外部的jquery-1.8.3.min.js和jquery-ui-effects.custom.min.js脚本文件，然后声明了MM_DW_effectHighlight()函数。

```
01 <script src="jQueryAssets/jquery-1.8.3.min.js" type="text/javascript"></script>
                                        ▶ 引用了外部的jquery-1.8.3.min.js脚本文件
02 <script  src="jQueryAssets/jquery-ui-effects.custom.min.js"  type="text/
   javascript"></script>        ▶ 引用了外部的jquery-ui-effects.custom.min.js脚本文件
03 <script type="text/javascript">        ▶ 声明JavaScript脚本开始
04 function MM _ DW _ effectBlind(obj,method,effect,dir,speed)
                    ▶ 声明MM _ DW _ effectBlind函数，参数为obj,method,effect,dir,speed
05 {
06 obj[method](effect, { direction: dir}, speed);        ▶ 使用obj对象的相关方法
07 }
08 </script>                                    ▶ 声明JavaScript脚本结束
```

<body>中会使用相关事件调用MM_DW_effectHighlight函数，例如下面这段代码表示在单击body元素上调用MM_DW_effectHighlight()函数。

```
<body onclick="MM _ DW _ effectHighlight($(this),'show','highlight','#ffff99',1000)"> </body>
```

Puff（膨胀）

Puff（膨胀）可以扩大元素宽高度并升高透明度，直到隐藏。

❶ **目标元素**：设置产生特效的目标元素。

❷ **效果持续时间**：设置产生特效的延迟时间，
单位为毫秒。

❸ **可见性**：设置目标元素是显示或隐藏。

❹ **百分比**：值为数值，膨胀的比例，默认为150%。

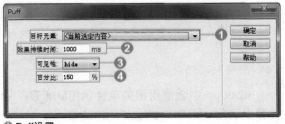

△ Puff设置

❓ 代码解密 jQuery实现的Puff代码

查看Dreamweaver CC中的源代码，<head>中添加的代码首先引用了外部的jquery-1.8.3.min.
js和jquery-ui-effects.custom.min.js脚本文件，然后声明了MM_DW_effectPuff()函数。

```
01 <script src="jQueryAssets/jquery-1.8.3.min.js" type="text/javascript"></script>
                                    ▶ 引用了外部的jquery-1.8.3.min.js脚本文件
02 <script  src="jQueryAssets/jquery-ui-effects.custom.min.js"  type="text/
   javascript"></script>        ▶ 引用了外部的jquery-ui-effects.custom.min.js脚本文件
03 <script type="text/javascript">        ▶ 声明JavaScript脚本开始
04 function MM_DW_effectBlind(obj,method,effect,dir,speed)
                ▶ 声明MM_DW_effectBlind函数，参数为obj,method,effect,dir,speed
05 {
06 obj[method](effect, { direction: dir}, speed);        ▶ 使用obj对象的相关方法
07 }
08 </script>                                ▶ 声明JavaScript脚本结束
```

<body>中会使用相关事件调用MM_DW_effectPuff函数，例如下面这段代码表示在单击body
元素上调用MM_DW_effectPuff()函数。

```
<body onclick="MM_DW_effectPuff($(this),'hide','puff',150,1000)"></body>
```

Pulsate（闪烁）

Pulsate（闪烁）可以使目标元素闪烁。

❶ **目标元素**：设置产生特效的目标元素。

❷ **效果持续时间**：设置产生特效的延迟时间，
单位为毫秒。

❸ **可见性**：设置目标元素是显示或隐藏。

❹ **次**：设置目标元素闪烁的次数。

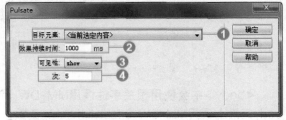

△ Pulsate设置

❓ 代码解密 jQuery实现的Pulsate代码

查看Dreamweaver CC中的源代码，<head>中添加的代码首先引用了外部的jquery-1.8.3.min.
js和jquery-ui-effects.custom.min.js脚本文件，然后声明了MM_DW_effectPulsate()函数。

```
01 <script src="jQueryAssets/jquery-1.8.3.min.js" type="text/javascript"></script>
                                           ▶ 引用了外部的jquery-1.8.3.min.js脚本文件
02 <script src="jQueryAssets/jquery-ui-effects.custom.min.js" type="text/
   javascript"></script>          ▶ 引用了外部的jquery-ui-effects.custom.min.js脚本文件
03 <script type="text/javascript">          ▶ 声明JavaScript脚本开始
04 function MM _ DW _ effectBlind(obj,method,effect,dir,speed)
                        ▶ 声明MM _ DW _ effectBlind函数，参数为obj,method,effect,dir,speed
05 {
06 obj[method](effect, { direction: dir}, speed);          ▶ 使用obj对象的相关方法
07 }
08 </script>                              ▶ 声明JavaScript脚本结束
```

<body>中会使用相关事件调用MM_DW_effectPulsate函数，例如下面这段代码表示在单击body元素上调用MM_DW_effectPulsate()函数。

```
<body onclick="MM _ DW _ effectPulsate($(this),'effect','pulsate','show',5,1000)"> </
body>
```

Scale（缩放）

Scale（缩放）可以使目标元素从右下向左上收起，直到隐藏。

❶ **目标元素**：设置产生特效的目标元素。

❷ **效果持续时间**：设置产生特效的延迟时间，单位为毫秒。

❸ **可见性**：设置目标元素是显示或隐藏。

❹ **方向**：设置目标元素缩放的方向。

❺ **原点X**：设置缩放的X轴原点。

❻ **原点Y**：设置缩放的Y轴原点。

❼ **百分比**：设置缩放的百分比。

❽ **小数位数**：设置缩放的小数位数。

△ Scale设置

❓代码解密 jQuery实现的Scale代码

查看Dreamweaver CC中的源代码，<head>中添加的代码首先引用了外部的jquery-1.8.3.min.js和jquery-ui-effects.custom.min.js脚本文件，然后声明了MM_DW_effectPulsate()函数。

```
01 <script src="jQueryAssets/jquery-1.8.3.min.js" type="text/javascript"></script>
                                           ▶ 引用了外部的jquery-1.8.3.min.js脚本文件
02 <script src="jQueryAssets/jquery-ui-effects.custom.min.js" type="text/
   javascript"></script>          ▶ 引用了外部的jquery-ui-effects.custom.min.js脚本文件
03 <script type="text/javascript">          ▶ 声明JavaScript脚本开始
04 function MM _ DW _ effectScale(obj,method,effect,dir,originY,originX,per,size,speed)
                        ▶ 声明MM _ DW _ effectBlind函数，参数为obj,method,effect,dir,speed
05 {
06 obj[method](effect, { direction: dir, origin: [originY, originX], percent: per,
   scale: size }, speed);                    ▶ 使用obj对象的相关方法
```

```
07 }
08 </script>                                    ▶ 声明JavaScript脚本结束
```

　　<body>中会使用相关事件调用MM_DW_effectScale函数，例如下面这段代码表示在单击body元素上调用MM_DW_effectScale()函数。

```
<body onclick="MM _ DW _ effectScale($(this),'hide','scale','both','middle','center',0,'b
oth',1000)"></body>
```

Shake（震动）

　　Shake（震动）可以使目标元素左右震动。

❶ **目标元素**：设置产生特效的目标元素。

❷ **效果持续时间**：设置产生特效的延迟时间，单位为毫秒。

❸ **方向**：设置目标元素震动的方向。

❹ **距离**：设置目标元素震动的距离。

❺ **次**：设置目标元素震动的次数。

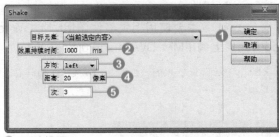

△ Shake设置

❓代码解密 jQuery实现的Shake代码

　　查看Dreamweaver CC中的源代码，<head>中添加的代码首先引用了外部的jquery-1.8.3.min.js和jquery-ui-effects.custom.min.js脚本文件，然后声明了MM_DW_effectShake()函数。

```
01 <script src="jQueryAssets/jquery-1.8.3.min.js" type="text/javascript"></script>
                                    ▶ 引用了外部的jquery-1.8.3.min.js脚本文件
02 <script  src="jQueryAssets/jquery-ui-effects.custom.min.js"  type="text/
   javascript"></script>        ▶ 引用了外部的jquery-ui-effects.custom.min.js脚本文件
03 <script type="text/javascript">        ▶ 声明JavaScript脚本开始
04 function MM _ DW _ effectShake(obj,method,effect,direction,distance,times,speed)
                 ▶ 声明MM _ DW _ effectBlind函数，参数为obj,method,effect,dir,speed
05 {
06 obj[method](effect, {direction:direction,distance:distance,times:times}, speed);
                                    ▶ 使用obj对象的相关方法
07 }
08 </script>                                    ▶ 声明JavaScript脚本结束
```

　　<body>中会使用相关事件调用MM_DW_effectShake函数，例如下面这段代码表示在单击body元素上调用MM_DW_effectShake()函数。

```
<body onclick="MM _ DW _ effectShake($(this),'effect','shake','left',20,3,1000)"> </
body>
```

Slide（滑动）

　　Slide（滑动）可以使目标元素从左往右滑动元素，直到全部显示。

❶ **目标元素**：设置产生特效的目标元素。

❷ **效果持续时间**：设置产生特效的延迟时间，单位为毫秒。

❸ **可见性**：设置目标元素是显示或隐藏。

❹ **方向**：设置目标元素滑动的方向。

❺ **距离**：设置目标元素滑动的距离。

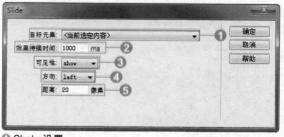

○ Shake设置

❓代码解密 jQuery实现的Slide代码

查看Dreamweaver CC中的源代码，<head>中添加的代码首先引用了外部的jquery-1.8.3.min.js和jquery-ui-effects.custom.min.js脚本文件，然后声明了MM_DW_effectSlide()函数。

```
01 <script src="jQueryAssets/jquery-1.8.3.min.js" type="text/javascript"></script>
                                            ▶ 引用了外部的jquery-1.8.3.min.js脚本文件
02 <script src="jQueryAssets/jquery-ui-effects.custom.min.js" type="text/
   javascript"></script>            ▶ 引用了外部的jquery-ui-effects.custom.min.js脚本文件
03 <script type="text/javascript">       ▶ 声明JavaScript脚本开始
04 function MM_DW_effectSlide(obj,method,effect,direction,distance,speed)
                   ▶ 声明MM_DW_effectBlind函数，参数为obj,method,effect,dir,speed
05 {
06 obj[method](effect, { direction: direction, distance: distance}, speed);
                                            ▶ 使用obj对象的相关方法
07 }
08 </script>                              ▶ 声明JavaScript脚本结束
```

<body>中会使用相关事件调用MM_DW_effectSlide函数，例如下面这段代码表示在单击body元素上调用MM_DW_effectSlide()函数。

```
<body onclick="MM_DW_effectSlide($(this),'show','slide','left',20,1000)"></body>
```

🏃 Let's go! 制作 "上海袋式除尘" 页面的渐显渐隐文字效果

原始文件	Sample\Ch14\fade\fade.htm
完成文件	Sample\Ch14\fade\fade-end.htm
视频教学	Video\Ch14\Unit36\

图 示					
浏览器	IE	Chrome	Firefox	Opera	Apple Safari
是否支持	◎	◎	◎	◎	◎

◎完全支持　　□部分支持　　※不支持

■ **背景介绍**：本案例实现了当光标移动到文字上方后，文字不透明度发生改变的效果，主要通过jQuery效果中的fade（渐显/渐隐）行为来实现。

◎ 原始效果

◎ 文字颜色发生改变的效果

1. 应用"高亮颜色"行为

1 打开原始页面，选中页面中的"先进设备"下方的段落文字。

2 执行"窗口>行为"命令，打开"行为"面板，单击面板中的"+"按钮，在弹出的列表中选择"效果>fade"选项。

◎ 选择段落文字

◎ 添加行为

3 在弹出的"Fade"对话框中，将"效果持续时间"设置为2000ms，"可见性"设置为toggle，然后单击"确定"按钮。

4 这时可以看到"行为"面板中显示了添加的行为，并设置其鼠标事件为onMouseOver，表示鼠标经过时执行事件。

◎ 设置Fade

◎ 设置鼠标事件

⑤ 选择页面右侧"欢迎访问我们的总公司"文字，再次添加"Fade"行为，在弹出的"Fade"对话框中，将"效果持续时间"设置为2000ms，"可见性"设置为toggle，然后单击"确定"按钮。

⑥ 这时可以看到"行为"面板中显示了添加的行为，并设置其鼠标事件为onMouseOver，表示鼠标经过时执行事件。

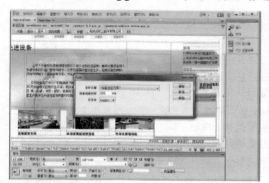
△ 设置高亮颜色

△ 设置鼠标事件

2. 预览页面

按下F12快捷键预览页面，当鼠标经过两段文字时，文字均发生渐显渐隐的变化。

> **TIP** 如果用户是一个传统桌面应用程序开发人员，并且正在转向开发Web应用程序，在学习HTML和CSS方面可能不会遇到什么困难，但为应用程序设计一个漂亮的外观可能会是一个挑战。jQuery UI和各种jQuery效果对于快速将Web应用程序组合在一起有极大的帮助，只需在UI设计上花费少量的时间。

△ 预览效果

DO IT Yourself 练习操作题

制作弹出小窗口效果

⊘ 限定时间：15分钟

请使用已经学过的弹出信息行为知识，为页面中加入点击产品后弹出信息的效果。

Step BY Step （步骤提示）
1. 通过"行为"面板添加"弹出信息"行为。
2. 设置事件。

光盘路径
Exercise\Ch14\1\ex1.htm

△ 初始页面

△ 加入弹出信息的页面

Special page JavaScript常用事件一览

常用的事件名称和触发始点如下表所示。

事件名称	事件触发始点
onAbort	单击浏览器停止（Stop）按钮时触发该事件
onAfterUpdate	绑定的数据因素（数据库中的数据）更新所有的数据源文件后触发该事件
onBounce	在Marquee元素的内容移动至Marquee显示范围之外时触发该事件。Marquee指的是在网页文件中文本向一个方向流动显示的状况
onFocus、onBlur	onFocus事件和onBlur事件是相反的概念。例如，为了输入文本而单击文本输入栏，从而使光标显示在其内部的时候，触发的是onFocus事件。与之相反，单击文本输入栏的外侧，使光标不显示文本输入栏里的时候，触发的是onBlur事件
onBeforeUpdate	更改绑定的数据因素后，在更新数据因素之前触发该事件
onChange	在网页文件中更换值的时候触发该事件。例如，为了移动到其他页面，在弹出菜单目录中单击其他菜单时，菜单目录的值会发生变化，从而触发onChange事件
onClick	单击链接或按钮、图像等因素时触发该事件。单击指的是按一下鼠标左键的操作
onDblClick	双击特定因素时触发该事件。双击指的是快速反复两次按鼠标左键的操作
onError	读取网页文件或图像的过程中发生错误时触发该事件
onFinish	网页文件中停止Marquee内容的流动时，触发该事件
onHelp	单击浏览器的帮助按钮或在菜单中选择帮助命令时，触发该事件
onKeyDown	按下键盘的某个按键时，触发该事件。在键盘上释放某个按键时，该事件不再继续
onKeyUp	当键盘上某个按键被按后放开时触发该事件
onKeyPress	当键盘上的某个键被按后释放时触发该事件。相当于是onKeyDown事件和onKeyUp事件的结合
onLoad	读取完网页文件或图像时，触发该事件
onMouseDown	按下鼠标时触发该事件，松开鼠标时不再继续该事件
onMouseMove	在因素范围内移动鼠标时触发该事件
onMouseOut	当鼠标离开特定对象范围时触发该事件
onMouseOver	当鼠标移动到特定对象范围的上方时触发该事件
onMouseUp	鼠标按下后松开时触发该事件
onMove	移动窗口或框架时触发该事件
onReadyStateChange	更改特定因素状态时触发该事件
onReset	表单中Reset的属性被激发时触发该事件。Reset指的是把表单中的输入内容全部取消后，再复位到默认值的状态
onResize	调节浏览器窗口或框架大小时触发该事件
onRowEnter	绑定数据源文件的当前记录指针发生了变化时触发该事件
onRowExit	绑定数据源文件的当前记录指针要发生变化时触发该事件
onScroll	滚动条位置发生变化时触发该事件
onSelect	在文本输入区域中选择文本时触发该事件
onStart	当Marquee元素的内容开始反复时触发该事件
onSubmit	传送表单时触发该事件
onUnload	离开网页文件时触发该事件

Chapter
15

创建移动设备
网页和应用程序

近来移动应用开发迅速受到很多公司的关注，他们寻求为现存的产品和应用程序添加移动展现或者"触点"。即便不是所有，大部分移动应用开发框架也都会适应某种现存的"桌面"开发平台。与基于Web的框架不同，业界当前采用jQuery来创建移动Web应用程序。

▌本章技术要点▐

Q：什么是jQuery Mobile?

A： jQuery Mobile是用来添补在移动设备应用中的缺憾项目。它是在基本jQuery框架的基础上提供了一定范围的用户接口和特性，以便于开发人员在移动应用上使用。使用该框架可以节省大量的js代码开发时间。

Q：什么是PhoneGap Build?

A： PhoneGap是一个用基于HTML、CSS和JavaScript的创建移动跨平台移动应用程序的快速开发平台。

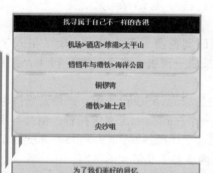

使用jQuery Mobile创建移动设备网页

当前，企业和个人用于开发和发布移动应用程序所使用的技术正在发生变化，最初，开发和发布移动程序的策略是针对每一个主流平台开发独立的本地app，然而，开发团队迅速意识到，维护多个平台所需的花费是非常大的，而且移动团队也会丧失其敏捷性。在将来，移动开发团队只需一次编码，就可以将app部署到所有设备上，这样的开发团队会更具竞争性，而jQueryMobile可以实现这一目标。

关于jQuery Mobile

jQuery Mobile是jQuery在手机上和平板设备上的版本。jQuery Mobile不仅能给主流移动平台带来jQuery核心库，而且能发布一个完整统一的jQuery移动UI框架，支持全球主流的移动平台。jQuery Mobile开发团队说：能开发这个项目，我们非常兴奋。移动Web太需要一个跨浏览器的框架，让开发人员开发出真正的移动Web网站。

现在，主流移动平台上的浏览器功能都赶上了桌面浏览器，因此jQuery团队引入了jQuery Mobile。jQuery Mobile的使命是向所有主流移动浏览器提供一种统一体验，使整个Internet上的内容更加丰富——不管使用哪种查看设备。

jQuery Mobile的目标是在一个统一的UI框架中交付超级JavaScript功能，跨最流行的智能手机和平板电脑设备工作。与jQuery一样，jQuery Mobile是一个在Internet上直接托管、免费可用的开源代码基础。事实上，当jQuery Mobile致力于统一和优化这个代码基时，jQuery核心库受到了极大关注。这种关注充分说明，移动浏览器技术在极短的时间内取得了非常大的发展。

与 jQuery核心库一样，用户的开发计算机上不需要安装任何东西；只需将各种 *.js和*.css文件直接包含到web页面中即可。这样jQuery Mobile的功能就好像被放到了用户的指尖，供用户随时使用。

jQuery Mobile为开发移动应用程序提供了非常简单的用户接口，这种接口的配置是标签驱动的，这意味着我们可以在HTML中建立大量的程序接口而不不需要写一行js代码。jQuery Mobile提供了一些自定义的事件用来探测移动和触摸动作，例如tap（敲击）、tap-and-hold（点击并按住）等。另外，使用一些jQuery Mobile加强的功能时需要参照一下设备浏览器的支持列表。

1. jQuery Mobile的基本特性

jQuery Mobile的基本特性如下：

- 一般简单性：此框架简单易用。页面开发主要使用标签，无需或仅需很少JavaScript。
- 持续增强和优雅降级：尽管jQuery Mobile利用最新的HTML5、CSS3和JavaScript，但并非所有移动设备都提供这样的支持。jQuery Mobile的哲学是同时支持高端和低端设备，比如那些没有 JavaScript支持的设备，尽量提供最好的体验。
- 易于访问：jQuery Mobile在设计时考虑了访问能力，它拥有Accessible Rich Internet Applications（WAI-

△ 多种移动设备

ARIA）支持，以帮助使用辅助技术的残障人士访问web页面。

- 小规模：jQuery Mobile框架的整体大小比较小，JavaScript库12KB，CSS 6KB，还包括一些图标。
- 主题设置：此框架还提供一个主题系统，允许用户提供自己的应用程序样式。

2. jQuery Mobile的浏览器支持

jQuery Mobile在移动设备浏览器支持方面取得了长足的进步，但并非所有移动设备都支持HTML5、CSS 3和JavaScript。这个领域是jQuery Mobile的持续增强和优雅降级支持发挥作用的地方。如前所述，jQuery Mobile同时支持高端和低端设备，比如那些没有JavaScript支持的设备持续增强（Progressive Enhancement）包含以下几个核心原则：

- 所有浏览器都应该能够访问全部基础内容。
- 所有浏览器都应该能够访问全部基础功能。
- 增强的布局由外部链接的CSS提供。
- 增强的行为由外部链接的JavaScript提供。
- 终端用户浏览器偏好应受到尊重。
- 所有基本内容应该（按照设计）在基础设备上进行渲染，而更高级的平台和浏览器将使用额外的、外部链接的JavaScript和CSS 持续增强。

3. jQuery Mobile支持的移动平台

jQuery Mobile目前支持以下移动平台。

- Apple iOS：iPhone、iPod Touch、iPad（所有版本）
- Android：所有设备（所有版本）
- Blackberry Torch（版本 6）
- Palm WebOS Pre、Pixi
- Nokia N900（进程中）

建立jQuery Mobile页面结构

Dreamweaver与jQuery Mobile相集成，可帮助用户快速设计适合大多数移动设备的Web应用程序，同时可使其自身适应设备的各种尺寸。

在Dreamweaver中可以使用jQuery Mobile起始页创建应用程序，或者也可用新的HTML5页开始创建Web应用程序。

1. 使用jQuery Mobile起始页

jQuery Mobile起始页包括HTML、CSS、JavaScript和图像文件，可帮助你开始设计应用程序，具体设计时可使用CDN和你自有服务器上承载的CSS和JavaScript文件，也可使用随Dreamweaver一同安装的文件。

默认情况下，Dreamweaver使用jQuery Mobile CDN。此外，也可使用其它站点（如 Microsoft和Google）CDN的URL。在代码视图中，编辑<link>和<script>标签中指定的CSS和JavaScript文件的服务器位置。

> **TIP** CDN（内容传送网络）是一种计算机网络，其中所含的数据副本分别放置在网络中的多个不同点上。使用CDN的URL创建Web应用程序时，应用程序将使用URL中指定的CSS和JavaScript文件。

安装Dreamweaver时，会将jQuery Mobile文件的副本复制到用户的计算机上。选择jQuery Mobile（本地）起始页时所打开的HTML页会链接到本地CSS、JavaScript和图像文件。

执行"文件>新建"命令，从"新建文档"对话框的分类中选择"启动器模板"，然后在"Mobile起始页"中可以选择"jQuery Mobile（CDN）"、"jQuery Mobile（本地）"和"包含主题的jQuery Mobile（本地）"。

单击"创建"按钮后，就可以创建出jQuery Mobile的页面结构。

◎ "新建文档"对话框

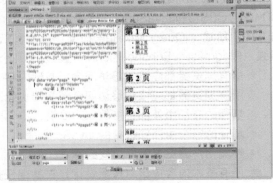
◎ jQuery Mobile的页面结构

2. 使用HTML5页

"jQuery Mobile页面"组件充当所有其它jQuery Mobile组件的容器。在新的使用HTML5的页面中添加"jQuery Mobile页面"组件，也可以创建出jQuery Mobile的页面结构。

> **TIP** 某些jQuery Mobile组件使用HTML5特有的属性。要确保在验证期间符合HTML5规范，请确保选择HTML5作为文档类型。

执行"文件>新建"命令，从"新建文档"对话框的分类中选择"空白页"，页面类型选择"HTML"文档，类型选择"HTML5"，单击"创建"按钮后，Dreamweaver首先创建出空白的HTML5页面。

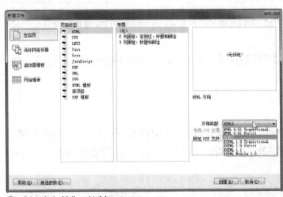
◎ "新建文档"对话框

◎ 空白的HTML5页面

> **TIP** 为了能够广泛地支持设备浏览器，应用JQuery Mobile项目的所有页面都必须是干净的系统化的html页面，以确保良好的兼容性，这些设备在解析css和javascript的过程中，JQuery Mobile应用渐进增强技术将语义化的页面转化成富媒体的浏览体验。而可访问性的问题，比如WAI-ARIA，已经通过框架紧密集成进来，以给屏幕阅读器或者其他辅助设备（主要指手持设备）提供支持。

在"插入"面板中,选择jQuery Mobile,jQuery Mobile组件显示在此面板中。单击"页面"按钮,打开"jQuery Mobile文件"对话框。

△ "插入"面板

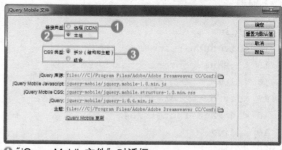

△ "jQuery Mobile文件"对话框

❶ **远程 (CDN)**:如果要连接到承载jQuery Mobile文件的远程CDN服务器,并且尚未配置包含jQuery Mobile文件的站点,则对于jQuery站点使用默认选项。也可选择使用其它CDN服务器。

❷ **本地**:显示Dreamweaver中提供的文件。也可以指定其它包含jQuery Mobile文件的文件夹。

❸ **CSS类型**:选择"组合"选项,使用完全CSS文件,或选择"拆分"选项,使用被拆分成结构和主题组件的CSS文件。

单击"确定"按钮后,在"jQuery Mobile页面"对话框中输入"页面"组件的属性。再次单击"确定"按钮后,就可以创建出jQuery Mobile的页面结构。

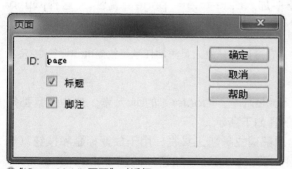

△ "jQuery Mobile页面"对话框

△ jQuery Mobile的页面结构

❓代码解密 jQuery Mobile基本页面结构

大部分jQuery Mobile Web应用程序都要遵循下面的基本模板。

```
01 <!DOCTYPE html>
02 <html>
03 <head>
04 <title>Page Title</title>
05 <link rel="stylesheet" href="http://code.jquery.com/mobile/1.0a1/jquery.mobile-1.0a1.min.css" />
06 <script src="http://code.jquery.com/jquery-1.4.3.min.js"></script>
07 <script src="http://code.jquery.com/mobile/1.0a1/jquery.mobile-1.0a1.min.js"></script>
08 </head>
09 <body>
```

```
10 <div data-role="page">
11 <div data-role="header">
12 <h1>Page Title</h1>
13 </div>
14 <div data-role="content">
15 <p>Page content goes here.</p>
16 </div>
17 <div data-role="footer">
18 <h4>Page Footer</h4>
19 </div>
20 </div>
21 </body>
22 </html>
```

要使用jQuery Mobile，首先需要在开发的界面中包含如下三方面内容。

- CSS文件：jquery.mobile.theme-1.0.min.css、jquery.mobile.structure-1.0.min.css
- jQuery library： jquery-1.6.4.min.js
- jQuery Mobile library：jquery.mobile-1.0a1.min.js

在上面的页面基本模板中，引入这三个元素采用的是jQuery CDN方式，开发人员也可以下载这些文件及主题到自己的服务器上。

页面中的内容都是包装在div标签中并在标签中加入data-role="page"属性。 这样jQuery Mobile就会知道哪些内容需要处理。

> **TIP** data-属性是HTML5新推出的很有趣的一个特性，它可以让开发人员添加任意属性到html标签中,只要添加的属性名有"data-"前缀。

在"page"div中，还可以包含"header"，"content"，"footer"的div元素。这些元素都是可选的，但至少要包含一个"content"div。具体解释如下所示。

<div data-role="header"></div>：在页面的顶部建立导航工具栏，用于放置标题和按钮（典型的至少要放置一个"返回"按钮，用于返回前一页）。通过添加额外的属性data-position="fixed"，可以保证头部始终保持在屏幕的顶部。

<div data-role="content"></div>：包含一些主要内容，例如文本、图像、按钮、列表、表单等。

<div data-role="footer"></div>：在页面的底部建立工具栏，添加一些功能按钮。为了通过添加额外的属性data-position="fixed"，可以保证它始终保持在屏幕的底部。

使用jQuery Mobile组件

jQuery Mobile提供了多种组件，包括列表、布局、表单等多种元素，通过Dreamweaver的"插入"面板可以可视化地插入这些组件。

1. 列表视图

单击"插入"面板"jQuery Mobile"分类下的"列表视图"按钮，将打开"列表视图"对话框，可以插入jQuery Mobile列表。

△ "插入" 面板jQuery Mobile分类

△ "列表视图" 对话框

❓代码解密 jQuery Mobile列表

列表的代码为一个含data-role="listview"属性的无序列表ul。Jquery Mobile会把所有必要的样式（列表项右侧出现一个向右箭头，并使列表与屏幕同宽等）应用在列表上，使其成为易于触摸的控件。当用户点击列表项时，Jquery Mobile会触发该列表项里的第一个链接，通过ajax请求链接的URL地址，在DOM中创建一个新的页面并产生页面转场效果。默认的jQuery Mobile无序列表源代码如下所示。

```
01 <ul data-role="listview">
02 <li><a href="#">页面</a></li>
03 <li><a href="#">页面</a></li>
04 <li><a href="#">页面</a></li>
05 </ul>
```

△ 无序列表效果

通过有序列表ol可以创建数字排序的列表用来表现顺序序列，比如说搜索结果或者电影排行榜时非常有用。当增强效果应用到列表时，Jquery Mobile优先使用CSS的方式给列表添加编号，当浏览器不支持这种方式时，框架会采用JavaScript将编号写入列表中。jQuery Mobile有序列表源代码如下所示。

```
01 <ol data-role="listview">
02 <li><a href="#">页面</a></li>
03 <li><a href="#">页面</a></li>
04 <li><a href="#">页面</a></li>
05 </ol>
```

△ 有序列表效果

列表也可以用来展示没有交互的条目，通常会是一个内嵌的列表。通过有序或者无序列表都可以创建只读列表，列表项内没有链接即可，jQuery Mobile默认将他们的主题样式设置为"c"白色无渐变色，并把字号设置得比可点击的列表项小，以节省空间。jQuery Mobile内嵌列表源代码如下所示。

```
01 <ul data-role="listview" data-
   inset="true">
02 <li><a href="#">页面</a></li>
03 <li><a href="#">页面</a></li>
04 <li><a href="#">页面</a></li>
05 </ul>
```

△ 内嵌列表效果

有时每个列表项会有多个操作，这时拆分按钮用来提供两个独立的可点击的部分：列表项本身和列表项右边的小icon。要创建这种拆分按钮，在<li>插入第二个链接即可，框架会创建一个竖直的分割线，并把链接样式化为一个只有icon的按钮，记得设置title属性以保证可访问性。jQuery Mobile拆分的按钮列表源代码如下所示。

```
01 <ul data-role="listview">
02 <li><a href="#">页面</a><a href="#">
   默认值</a></li>
03 <li><a href="#">页面</a><a href="#">0
   默认值</a></li>
04 <li><a href="#">页面</a><a href="#">
   默认值</a></li>
05 </ul>
```

△ 拆分按钮列表效果

jQuery Mobile支持通过HTML语义化的标签来显示列表项中所需常见的文本格式（比如标题/描述，二级信息，计数等）。jQuery Mobile文本说明和文本气泡列表源代码如下所示。

```
01 <ul data-role="listview">
02 <li><a href="#">
03 <h3>页面</h3>
04 <p>Lorem ipsum</p>
05 </a></li>
...
10 </ul>
```

```
01 <ul data-role="listview">
02 <li><a href="#">页面<span class="ui-
   li-count">1</span></a></li>
03 <li><a href="#">页面<span class="ui-
   li-count">1</span></a></li>
04 <li><a href="#">页面<span class="ui-
   li-count">1</span></a></li>
05 </ul>
```

要添加有层次关系的文本可以使用标题<h3>来强调，用段落文本<p>来减少强调。

将数字用一个元素包裹，并添加ui-li-count的class，放置于列表项内，可以给列表项右侧增加一个计数气泡。

△ 文本说明列表效果

△ 文本气泡列表效果

补充信息（比如日期）可以通过包裹在class="ui-li-aside"的容器中来添加到列表项的右侧。jQuery Mobile补充信息列表源代码如下所示。

```
01 <ul data-role="listview">
02 <li><a href="#">页面
03 <p class="ui-li-aside">侧边</p>
04 </a></li>
05 <li><a href="#">页面
06 <p class="ui-li-aside">侧边</p>
07 </a></li>
...
08 </ul>
```

△ 补充信息列表效果

2. 布局网格

因为屏幕通常都比较窄，所以使用多栏布局的方法在移动设备上是不推荐的方法。但是总有时候会想要把一些小的元素并排放置（比如按钮或导航标签）。

JQuery Mobile框架提供了一种简单的方法构建基于CSS的分栏布局，叫做ui-grid。JQuery Mobile提供了两种预设的配置布局：两列布局（class含有ui-grid-a）和三列布局（class含有ui-grid-b）——几乎可满足需要列布局的任何情况。网格是100%宽的，不可见（没有背景或边框），也没有padding和margin，所以它们不会影响内部元素的样式。

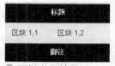

＂布局网格＂对话框

单击"插入"面板"jQuery Mobile"分类下的"布局网格"按钮，打开"布局网格"对话框，可以插入jQuery Mobile布局网格。

❓ 代码解密 jQuery Mobile布局网格

要构建两栏的布局（50/50%），先构建一个父容器，添加一个名字为ui-grid-a的class，内部设置两个字容器，分别给第一个子容器添加class："ui-block-a"，第二个子容器添加class："ui-block-b"。默认的两栏没有样式，并行排列。分栏的class可以应用到任何类型的容器上。jQuery Mobile两栏布局源代码如下所示。

```
01 <div class="ui-grid-a">
02 <div class="ui-block-a">区块 1,1</div>
03 <div class="ui-block-b">区块 1,2</div>
04 </div>
```

△ 两栏布局效果

另一种布局的方式是三栏布局，给父容器添加" class="ui-grid-b"，然后分别给三个字容器添加class="ui-block-a"，" class="ui-block-b"，" class="ui-block-c"。以此类推：如果是4栏布局，则给父容器添加class="ui-grid-c"（2栏为a，3栏为b，4栏为c，5栏为d。。。），子容器分别添加class="ui-block-a"，" class="ui-block-b" "class="ui-block-c"......。jQuery Mobile三栏布局源代码如下所示。

```
01 <div class="ui-grid-b">
02 <div class="ui-block-a">区块 1,1</div>
03 <div class="ui-block-b">区块 1,2</div>
04 <div class="ui-block-c">区块 1,3</div>
05 </div>
```

△ 三栏布局效果

3. 可折叠区块

要创建一个可折叠的区块，先创建一个容器，然后给容器添加data-role="collapsible"属性。容器内直接的标题（h1-h6）子结点，JQuery Mobile会将之表现为可点击的按钮，并在左侧添加一个"＋"按钮，表示是可以展开的。在头部后面可以添加任何想要折叠的html标记。框架会自动把这些标记包裹在一个容器里用以折叠或显示。

单击"插入"面板"jQuery Mobile"分类下的"可折叠区块"按钮，可以插入jQuery Mobile可折叠区块。

？代码解密 jQuery Mobile可折叠区块

　　要构建两栏的布局（50/50%），先构建一个父容器，添加一个class名字为ui-grid-a，内部设置两个字容器，分别给第一个子容器添加class：ui-block-a，第二个子容器添加class：ui-block-b。默认情况下，可折叠容器是展开的，可以通过通过点击头部收缩。给折叠的容器添加data-collapsed="true"的属性，可以设为默认收缩。jQuery Mobile可折叠区块源代码如下所示。

△ 可折叠区块效果

```
01 <div data-role="collapsible-set">
02 <div data-role="collapsible">
03 <h3>标题</h3>
04 <p>内容</p>
05 </div>
06 <div data-role="collapsible" data-
collapsed="true">
07 <h3>标题</h3>
08 <p>内容</p>
09 </div>
...
10 </div>
```

4. 文本

　　文本框和文本域是使用标准的html标记的，jQuery Mobile会让他们变得更吸引人而且易于触摸使用。

　　单击"插入"面板"jQuery Mobile"分类下的"文本"按钮，可以插入jQuery Mobile文本。

？代码解密 jQuery Mobile文本

　　要使用标准字母数字的输入框，给input增加type="text"属性。注意要把label的for属性设为input的id值，使他们能够在语义上相关联。如果在页面内不想看到label的话可以隐藏label。jQuery Mobile文本源代码如下所示。

△ 文本效果

```
01 <div data-role="fieldcontain">
02 <label for="textinput">文本输入:</label>
03 <input type="text" name="textinput" id="textinput" value=""  />
04 </div>
```

5. 密码

　　在jQuery Mobile中，可以使用现存的和新的HTML5输入类型，比如password等。有一些类型会在不同的浏览器中被渲染成不用的样式，比如Chrome会将range输入框渲染成滑动条，所以可以通过把类型转为text来标准化他们的外观（目前只作用于range和search元素）。可以用page插件的选项来配置那些被降级为text的输入框的表现。使用这些特殊类型的输入框的好处是：在智能手机上不同的输入框对应的是不同的触摸键盘。

　　单击"插入"面板"jQuery Mobile"分类下的"密码"按钮，可以插入jQuery Mobile密码。

❓代码解密 jQuery Mobile密码

给input设置type="password"属性，可以设置为密码框，注意要把label的for属性设为input的id值，使他们能够在语义上相关联，并且要用div容器包裹它们，并设定data-role="fieldcontain"属性。jQuery Mobile密码源代码如下所示。

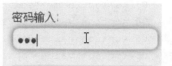

▲ 密码输入效果

```
01 <div data-role="fieldcontain">
02 <label for="passwordinput">密码输入:</label>
03 <input type="password" name="passwordinput" id="passwordinput" value=""  />
04 </div>
```

6. 文本区域

对于多行输入可以使用textarea元素。Jquery Mobile框架会自动加大文本域的高度防止出现滚动条，因为其在移动设备中是很难使用的。

单击"插入"面板"jQuery Mobile"分类下的"文本区域"按钮，可以插入jQuery Mobile文本区域。

❓代码解密 jQuery Mobile文本区域

注意要把label的for属性设为input的id值，使他们能够在语义上相关联，并且要用div容器包裹它们，并设定data-role="fieldcontain"属性。jQuery Mobile文本区域源代码如下所示。

▲ 文本区域效果

```
01 <div data-role="fieldcontain">
02 <label for="textarea">文本区域:</label>
03 <textarea cols="40" rows="8" name="textarea" id="textarea"></textarea>
04 </div>
```

7. 选择

选择摒弃了原生的select元素的样式，原生的select元素被隐藏，并被一个由jQuery Mobile框架自定义样式的按钮和菜单替代。菜单是ARIA的（即Accessible Rich Internet Applications）并且桌面电脑的键盘也是可访问的。当被点击时，手机自带的原生菜单选择器会打开。菜单内某个值被选中后，自定义的选择按钮的值更新为用户选择的那一个。

单击"插入"面板"jQuery Mobile"分类下的"选择"按钮，可以插入jQuery Mobile选择。

❓代码解密 jQuery Mobile选择

要添加这样的选择组件，使用标准的select元素和位于其内的一组option元素。注意要把label的for属性设为select的id值，使它们能够在语义上相关联。把它们包裹在data-role="fieldcontain"的div里面进行分组。框架会自动找到所有的select元素并自动增强为自定义的选择菜单。jQuery Mobile选择源代码如下所示。

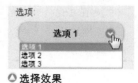

▲ 选择效果

```
01 <div data-role="fieldcontain">
02 <label for="selectmenu" class="select">选项:</label>
03 <select name="selectmenu" id="selectmenu">
04 <option value="option1">选项 1</option>
05 <option value="option2">选项 2</option>
06 <option value="option3">选项 3</option>
07 </select>
08 </div>
```

8. 复选框

复选框用来提供一组选项，可以选中不止一个选项。传统桌面程序的单选按钮组没有对触摸输入的方式进行优化，所以在JQuery Mobile中，label也被样式化为复选按钮，使按钮更长，容易点击，并添加了自定义的一组图标来增强视觉反馈效果。

单击"插入"面板"jQuery Mobile"分类下的"复选框"按钮，打开"复选框"对话框，可以插入jQuery Mobile复选框。

● "复选框"对话框

⑦ 代码解密 jQuery Mobile复选框

要创建一组复选框，为input添加type="checkbox"属性和相应的label即可。注意要把label的for属性设为input的id值，使他们能够在语义上相关联。因为复选按钮使用label元素放置checkbox后，用来显示其文本，推荐把复选按钮组用fieldset容器包裹，并给fieldset容器内增加一个legend元素，用来表示该问题的标题。最后，还需将fieldset包裹在有data-role="controlgroup"属性的div里以便于将该组元素和文本框，选择框等其他表单元素同时设置样式。jQuery Mobile复选框源代码如下所示。

● 复选框效果

```
01 <div data-role="fieldcontain">
02 <fieldset data-role="controlgroup">
03 <legend>选项</legend>
04 <input type="checkbox" name="checkbox1" id="checkbox1_0" class="custom"
   value="" />
05 <label for="checkbox1_0">选项</label>
06 <input type="checkbox" name="checkbox1" id="checkbox1_1" class="custom"
   value="" />
07 <label for="checkbox1_1">选项</label>
...
08 </fieldset>
09 </div>
```

9. 单选按钮

单选按钮和复选按钮都是用标准的html代码写的，但是都被样式化得更容易点击。所看见的控件其实是覆盖在input上的label元素，所以如果图片没有正确加载，仍然可以正常使用控件。在大多数浏览器里，点击label会自动触发在input上的点击，但是我们不得不为部分不支持该特性的移动浏览器中人工去触发该点击。在桌面程序里，键盘和屏幕阅读器也可以使用这些控件。

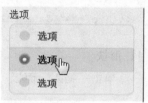

△"单选按钮"对话框

单击"插入"面板"jQuery Mobile"分类下的"单选按钮"按钮，打开"单选按钮"对话框，可以插入jQuery Mobile单选按钮。

? 代码解密 jQuery Mobile单选按钮

和jQuery Mobile复选框的代码类似，只需将原checkbox替换为radio，jQuery Mobile单选按钮源代码如下所示。

△ 单选按钮效果

```
01 <div data-role="fieldcontain">
02 <fieldset data-role="controlgroup">
03 <legend>选项</legend>
04 <input type="radio" name="radio1" id="radio1_0" value="" />
05 <label for="radio1_0">选项</label>
06 <input type="radio" name="radio1" id="radio1_1" value="" />
07 <label for="radio1_1">选项</label>
...
08 </fieldset>
09 </div>
```

10. 按钮

按钮是由标准的HTML的a标签和input元素写成的，然后jQuery Mobile会让它们变得更吸引人而且易于触摸使用。

单击"插入"面板"jQuery Mobile"分类下的"按钮"按钮，打开"按钮"对话框，可以插入jQuery Mobile按钮。

△ "按钮"对话框

> **TIP** JQuery Mobile内建了几套样式系统，给用户定义样式时提供多种选择，在容器内添加一个按钮后，它就会自动应用其容器使用的样式系统，使得按钮和页面看起来协调统一，这方面详细的信息可以参考JQuery Mobile API文档。

代码解密 jQuery Mobile按钮

在page元素的主要block内，可以通过给任意链接加data-role= "button"的属性样式化为按钮。jQuery Mobile会给链接加一些必要的 class来把它表现为按钮。jQuery Mobile普通按钮源代码如下所示。

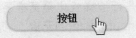

◎ 按钮效果

```
<a href="#" data-role="button">按钮</a>
```

jQuery Mobile框架包含了一组最常用的移动应用程序所需的图标，为了减少下载的大小， jQuery Mobile包含的是白色的图标sprite图片，并自动在图标后添加一个半透明的黑圈以确保在任 何背景色下图片都能够清晰显示。

给链接添加data-icon属性，可以添加按钮的图标。jQuery Mobile 带有图标的按钮源代码如下所示。

◎ 图标按钮效果

```
<a href="#" data-role="button" data-icon="arrow-r">按钮</a>
```

11. 滑块

单击"插入"面板"jQuery Mobile"分类下的"滑块"按钮，可以插入jQuery Mobile滑块。

代码解密 jQuery Mobile滑块

给input的设置一个新的HTML5属性为type="range"，可以给页面添加滑动条组件，并可以指 定它的value值（当前值），min和max属性的值配置滑动条。jQuery Mobile会解析这些属性来配置滑动条。当用户拖动滑动条时，input会 随之更新数值，反之亦然，使用户能够很简单的在表单里提交数值。 注意要把label的for属性设为input的id值，使他们能够在语义上相关 联，并且要用div容器包裹它们，并给它们设定data-role="fieldcontain" 属性。jQuery Mobile滑块源代码如下所示。

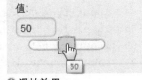

◎ 滑块效果

```
01 <div data-role="fieldcontain">
02 <label for="slider">值:</label>
03 <input type="range" name="slider" id="slider" value="0" min="0" max="100" />
04 </div>
```

12. 翻转切换开关

开关在移动设备上是一个常用的ui元素，用来二元的切换开/关或者输入true/false类型的数据。 用户可以像滑动框一样拖动开关，或者点击开关任意一半进行操作。

单击"插入"面板"jQuery Mobile"分类下的"单选按钮"按钮，可插入jQuery Mobile单选按钮。

代码解密 jQuery Mobile翻转切换开关

创建一个只有两个option的选择菜单就可以构造一个开关了。第一个option会被样式化为 "开"，第二个option会被样式化为"关"，所以需注意代码的书写顺序。注意要将label的for属性设为input的id值，使它们能够在语义上相关联，并且要用div容器包裹它们，并设定data-role="fieldcontain"属性。jQuery Mobile翻转切换开关源代码如下所示。

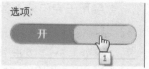

◎ 翻转切换开关效果

```
01 <div data-role="fieldcontain">
02 <label for="flipswitch">选项:</label>
03 <select name="flipswitch" id="flipswitch" data-role="slider">
04 <option value="off">关</option>
05 <option value="on">开</option>
06 </select>
07 </div>
```

13. 更多的文本输入类型

在jQuery mobile中，用户可以使用现存的和新的HTML5输入类型，比如email，tel，number和更多的类型。使用这些特殊类型的输入框的好处是：在智能手机上不同的输入框对应的是不同的触摸键盘。

"插入"面板"jQuery Mobile"分类中包括电子邮件、URL、搜索、数字、时间、日期、日期时间、周、月等。

❓代码解密 jQuery Mobile更多的文本输入类型

电子邮件用于输入包含@符号的电子邮件地址，jQuery Mobile电子邮件源代码如下所示。

```
01 <div data-role="fieldcontain">
02 <label for="email">电子邮件:</label>
03 <input type="email" name="email" id="email" value="" />
04 </div>
```

电子邮件:

◎ 电子邮件效果

Url用于输入链接地址，jQuery Mobile Url源代码如下所示。

```
01 <div data-role="fieldcontain">
02 <label for="url">URL:</label>
03 <input type="url" name="url" id="url" value="" />
04 </div>
```

Url:

◎ Url效果

搜索用于输入搜索内容，提供一个带有搜索图标的文本框，jQuery Mobile 搜索源代码如下所示。

```
01 <div data-role="fieldcontain">
02 <label for="search">搜索:</label>
03 <input type="search" name="search" id="search"
   value="" />
04 </div>
```

搜索:

◎ 搜索效果

数字用于专门输入数字内容，jQuery Mobile数字源代码如下所示。

```
01 <div data-role="fieldcontain">
02 <label for="number">数字:</label>
03 <input type="number" name="number" id="number"
   value="" />
04 </div>
```

数字:

◎ 数字效果

时间用于专门输入时间内容，jQuery Mobile时间源代码如下所示。

```
01 <div data-role="fieldcontain">
02 <label for="time">时间:</label>
03 <input type="time" name="time" id="time" value="" />
04 </div>
```

时间:

◎ 时间效果

日期用于专门输入日期内容，jQuery Mobile日期源代码如下所示。

```
01 <div data-role="fieldcontain">
02 <label for="date">日期:</label>
03 <input type="date" name="date" id="date" value="" />
04 </div>
```

日期:

◎ 日期效果

日期时间用于专门输入日期和时间内容，jQuery Mobile日期时间源代码如下所示。

```
01 <div data-role="fieldcontain">
02 <label for="datetime">DateTime:</label>
03 <input type="datetime" name="datetime" id="datetime"
   value="" />
04 </div>
```

DateTime:

◎ 日期时间效果

周用于专门输入周内容，jQuery Mobile周源代码如下所示。

```
01 <div data-role="fieldcontain">
02 <label for="week">周:</label>
03 <input type="week" name="week" id="week" value="" />
04 </div>
```

周:

◎ 周效果

月用于专门输入月内容，jQuery Mobile月源代码如下所示。

```
01 <div data-role="fieldcontain">
02 <label for="month">月:</label>
03 <input type="month" name="month" id="month" value="" />
04 </div>
```

月:

◎ 月效果

使用jQuery Mobile主题

JQuery Mobile中每一个布局和组件都被设计为一个全新的面向对象的CSS框架，使用户能够给站点和应用程序适用完全统一的视觉设计主题。JQuery Mobile的主题样式系统与JQuery UI的ThemeRoller系统很类似，但是做出了以下几点重要的改进。

- 使用css3来显示圆角，文字、盒阴影和颜色渐变，而不是图片，使得主题文件非常轻量级，减轻了服务器的负担。
- 主体框架包含了几套颜色色板。每一套都包含了可以自由混搭和匹配的头部栏，body，按钮状态。用来构建视觉纹理，创建丰富的设计。

- 开放的主题框架允许用户创建最多6套主题样式，给设计增加近乎无限的多样性。
- 一套简化的图标集，包含了移动设备上大部分需要使用的图标，并且精简到一张图片里，减少了图片大小。

主题系统的关键在于把针对颜色与材质的规则，和针对布局结构的规则（例如padding和尺寸）的定义相分离。这使得主体的颜色和材质在样式表中只需要定义一次，就可以在站点中混合，匹配以及结合，使其得到广泛的使用。

每一套主题样式包括几项全局设置，包括字体阴影，按钮和盒模型的圆角值。另外，主题也包括几套颜色色板，每一个都定义了工具栏，内容区块，按钮、列表项的颜色以及字体的阴影。

JQuery Mobile默认内建了5套主题样式，用（a,b,c,d,e）引用。为了使颜色主题能够保持一直地映射到组件中，遵从的规约是：a主题是视觉上最高级别的主题（黑色），b主题为次级主题（蓝色），c主题为基准主题，在很多情况下是默认使用的，主题d为备用的次级内容主题，主题e为强调用主题。如下表所示。

值	描述
a	默认。黑色背景上的白色文本。
b	蓝色背景上的白色文本／灰色背景上的黑色文本
c	亮灰色背景上的黑色文本
d	白色背景上的黑色文本
e	橙色背景上的黑色文本

默认情况下，JQuery Mobile给所有的头部栏和尾部栏分配的是a主题，因为它们在应用中是视觉优先级最高的。如果要给bar设置一个不同的主题，只需要给头部栏和尾部栏容器增加data-theme属性，然后设定一个主题样式字母即可。如果没有特别指定的话，JQuery Mobile会默认给content分配主题c，使其在视觉上与头部栏区分开来。

要创建新色板，用户可以使用字母表中任何未使用的字母（即 F-Z）。确定了希望使用的字母后，用户可以引用任何现有的色板，为所有页面元素复制和自定义类。

使用Dreamweaver CC新增的"jQuery Mobile色板"面板，可以在jQuery Mobile CSS文件中预览所有色板（主题）。然后使用此面板来应用色板，或从jQuery Mobile Web页的各种元素中删除它们。使用此功能可将色板逐个应用于标题、列表、按钮和其它元素。

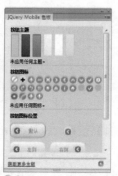

○ jQuery Mobile主题　　　　　　　　○ "jQuery Mobile色板"面板

一旦用户理解了data-theme属性和jQuery Mobile框架所提供的元素，就会发现使用该框架为适合触摸的网站设置主题很简单。增加了data-theme属性后，用户可以分配自定义值和关联的自定义CSS类，能够使用jQuery Mobile框架创建适合触摸的网站。

⊛ Let's go! 创建"找寻属于自己不一样的香港"移动设备网页

原始文件	Sample\无
完成文件	Sample\Ch15\jQueryMobile\index.html
视频教学	Video\Ch15\Unit37\

■ **背景介绍**：现在的互联网已经成为了"移动互联"，用户可以利用无线网卡随时随地上网，利用手机或移动设备浏览网页、下载文件等。下面创建的就是一个利用jQuery Mobile技术制作的移动网页页面。

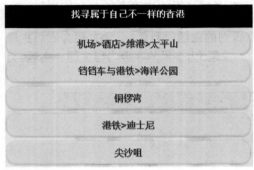

⚪ 页面效果

1. 创建页面结构

1 新建HTML5类型的空白页面，然后打开"插入"面板，单击"jQuery Mobile"分类下的"页面"按钮，打开"jQuery Mobile文件"对话框。在"链接类型"中选择"远程（CDN）"，"CSS类型"中选择"组合"，然后单击"确定"按钮。

2 弹出"页面"对话框，采用默认设置即可，然后单击"确定"按钮。

> **TIP** 这个案例中，页面同时使用了"标题"和"脚注"，因此需要勾选相应的复选框。读者可根据需要自行选择。

⚪ "jQuery Mobile文件"对话框

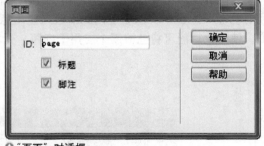

⚪ "页面"对话框

3 切换到代码视图，将原代码<div data-role="page" id="page">进行修改。新代码如下。

```
<div style='background: url("http://www.huxinyu.cn/album _ tengchong/images/paper-
bg.jpg");' id="page1" data-role="page" data-theme="e">
```

这段新代码表示给页面添加了背景图片，并采用了jQuery Mobile中的e样式。回到设计视图后，可以看到页面添加了背景图像。

△ 修改源代码

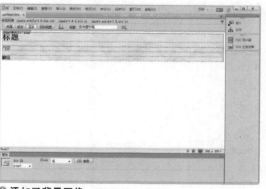
△ 添加了背景图像

2. 添加页面内容

1 切换到"拆分"视图，修改代码如下。

原代码

```
01 <div data-role="header">
02 <h1>标题</h1>
03 </div>
```

新代码

```
01 <div data-role="header" data-theme="a">
02 <h3>找寻属于自己不一样的香港</h3>
03 </div>
```

△ 修改header部分代码

新代码为header头部部分设置了jQuery Mobile中的a样式，并设置了标题字为"找寻属于自己不一样的香港"。

2 下面修改content内容部分的代码。

原代码

```
01 <div data-role="content">内容</div>
```

新代码

```
01 <div  style="padding:  15px;"  data-
   role="content">
02 <h3>旅行行程</h3>
03 </div>
```

新代码为content内容部分增加了15像素的边距，并设置了标题字为"旅行行程"。

3 回到"拆分"视图，将插入点放在"旅行行程"文字后，单击"jQuery Mobile"分类下的"按钮"按钮，打开"按钮"对话框，使用默认设置。单击"确定"按钮，按钮链接就被加入到了页面中。

△ 修改content部分代码

4 页面中添加的代码如下。

```
<a href="#" data-role="button">
按钮
</a>
```

◎ "jQuery Mobile按钮" 对话框

◎ 添加的按钮

5 将按钮的源代码修改为如下代码，为按钮设置jQuery Mobile中的e样式，及淡入淡出效果。

```
01 <a href="#page1" data-role="button"
   data-theme="e" data-transition="fade">
02 机场>酒店>维港>太平山</a>
```

◎ 修改按钮源代码

6 按照同样的方法为页面添加更多的按钮，这些按钮的代码如下。

```
01 <a href="#page1" data-role="button"
   data-theme="e" data-transition="fade">
02 铛铛车与港铁>海洋公园
03 </a>
04 <a href="#page1" data-role="button"
   data-theme="e" data-transition="fade">
05 铜锣湾
06 </a>
07 <a href="#page1" data-role="button"
   data-theme="e" data-transition="fade">
08 港铁>迪士尼
09 </a>
10 <a href="#page1" data-role="button"
   data-theme="e" data-transition="fade">
11 尖沙咀
12 </a>
```

7 将插入点放在按钮后，添加如下源代码，插入Google提供的地图图像。

```
<iframe width="425" height="350"
frameborder="0" scrolling="no"
marginheight="0" marginwidth="0"
src="http://ditu.google.cn/maps?q=%E
9%A6%99%E6%B8%AF&amp;hl=zh-CN&amp;i
e=UTF8&amp;sll=29.113775,110.742188&a
mp;sspn=20.004953,43.286133&amp;brv=
27.1-cfcb28d3 _ 7d169ccb _ 7b913f65 _
cd3b751f _ fa22d089&amp;brcurrent=3,0x3
1508e64e5c642c1:0x951daa7c349f366f,0%3B
5,0,0&amp;hnear=%E9%A6%99%E6%B8%AF&amp
;t=m&amp;hq=&amp;z=13&amp;output=embe
d"></iframe><br />
```

▲ 其他按钮

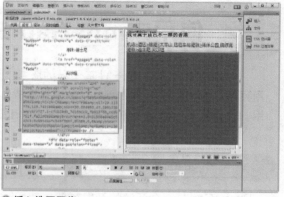

▲ 插入地图图像

09 10 11 12 13 14 15

> **TIP** Google地图是Google提供的一项网络地图搜索服务，以国内来说，覆盖了国内近400个城市、数千个区县。在Google地图里，用户可以查询街道、商场、楼盘的地理位置，也可以找到离自己最近的所有餐馆、学校、银行、公园等。登录http://ditu.google.cn就可以获取免费的地图代码。

B 下面修改footer内容部分的代码。

原代码

```
01 <div data-role="footer">
02 <h4>脚注</h4>
03 </div>
```

新代码

```
01 <div data-role="footer" data-theme="a"
   data-position="fixed">
02 <h4>Copyright 2014 Huxinyu.com</h4>
03 </div>
```

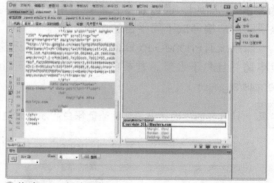

▲ 修改footer部分源代码

新代码为footer脚注部分设置了jQuery Mobile中的a样式，并设置了脚注文字为"Copyright 2014 Huxinyu.com"。

3. 预览页面

执行"文件>预览"命令，就可以看到页面的效果了。如果利用下面一节将要学到的知识，就可以将其打包为包括苹果、安卓等平台下的应用程序了。

▲ 预览效果

UNIT 38 使用PhoneGap Build打包移动应用

PhoneGap Build是一种基于云的服务，使用该服务可以将web应用程序作为本机移动应用程序打包。通过与Dreamweaver进行集成，可以生成应用并在Dreamweaver站点中保存该应用，然后将其上传至云中的PhoneGap Build服务以便打包。

关于PhoneGap Build

PhoneGap是一个开源的开发框架，使用HTML，CSS和JavaScript来构建跨平台的移动应用程序。它使开发者能够利用iPhone，Android，Palm，Symbian，Blackberry，Windows Phone和Beda智能手机的核心功能，包括地理定位，加速器，联系人，声音和振动等。PhoneGap是能够让用户用普通的web技术编写出能够轻松调用API接口和进入应用商店的HTML5应用开发平台，是目前惟一的一个支持7个平台的开源移动框架。

除了在本地编译应用之外，还可以使用PhoneGap提供的云端Build工具进行应用编译。那就是PhoneGap Build，通过它，只需要将用HTML 5写好的应用上传到PhoneGap的云端服务器，它即可以帮助用户编译成不同平台的应用。

如果没有PhoneGap Build服务账户，则无法使用PhoneGap Build和Dreamweaver。帐户可免费申请并且易于设置。若要创建账户，请访问PhoneGap Build网站（https://build.phonegap.com/people/sign_up）。

> **TIP** 只有在通过确认电子邮件验证帐户后才可以使用该帐户。

注册账户后，就可以登录到PhoneGap Build中，随时享受PhoneGap Build的服务了。

◎ 注册PhoneGap Build服务账户

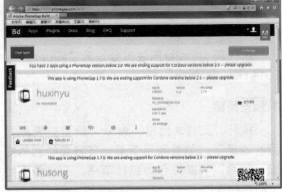
◎ 登录PhoneGap Build服务账户

打包移动应用程序

根据要打包的应用程序的类型以及要在其上面进行测试的设备的不同，在打包应用程序前需要执行多种不同的设置任务才能完成打包。

在Dreamweaver中执行"站点>PhoneGap Build服务>PhoneGap Build设置"命令，打开"PhoneGap Build设置"对话框。

① **Android SDK位置**：如果希望在本地计算机上使用Android模拟器测试Android应用程序，则需要下载并安装Android SDK。在安装Android SDK后，将需要启动Android SDK和AVD管理器，并选择要在计算机上以本地方式使用的Android工具。Dreamweaver 使用在此初始设置期间选择的信息来填充PhoneGap Build服务面板中的Android模拟器设置。

TIP 如果希望使用Android模拟器以本地方式测试应用程序，则应在进行测试前将模拟器按照所需方式独立于Dreamweaver工作。

② **webOS SDK位置**：如果希望在本地计算机上使用webOS模拟器测试webOS应用程序，则需要下载并安装webOS SDK。PhoneGap Build服务设置完成后，就可以开始打包移动应用程序了。

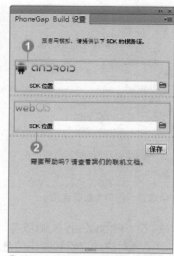

△ "PhoneGap Build设置"对话框

Let's go! 打包"找寻属于自己不一样的香港"移动设备网页为安卓应用

原始文件	Sample\Ch15\Android\index.html
完成文件	Sample\Ch15\Android\android.apk
视频教学	Video\Ch15\Unit38\

■ **背景介绍**：配合Dreamweaver和PhoneGap Build，用户可以将使用Web技术（html/javascript/css）开发好的应用上传，PhoneGap Build会自动将它们编译成不同平台的应用，其支持的平台包括苹果的App Store、Android Market、webOS、Symbian和BlackBerry等。

1 PhoneGap Build仅支持使用HTML、CSS和JavaScipt文件。站点无法包含服务器页，如PHP、CFM或其它类型的基于服务器的页。因此请确认以index.html创建Dreamweaver站点。

△ 创建站点

2 执行"站点>PhoneGap Build 服务>PhoneGap Build服务"命令，打开"PhoneGap Build服务"对话框。使用注册过的用户名和密码登录到PhoneGap Build。

△ 登录PhoneGap Build服务

3 Dreamweaver会显示"未找到此项目的项目设置文件"，选择"创建为新项目"，然后单击"继续"按钮。

4 Dreamweaver将开始从PhoneGap Build网站获取签名密钥的过程。

▲ 选择"创建为新项目"

▲ 获取签名密钥

5 在"PhoneGap Build服务"对话框中，输入移动平台对应的密钥和密码信息，然后单击"继续"按钮。

6 Dreamweaver将ProjectSettings文件添加到站点的根中。此文件非常重要，因为PhoneGap Build服务将使用该文件跟踪应用程序。

▲ 输入移动平台对应的密钥和密码信息

▲ 站点根目录的ProjectSettings文件

> **TIP** 仅Android、iOS和Blackberry需要签名密钥信息。如果输入的信息不正确，则生成失败，并显示一条错误消息，指示输入的密钥或密码不正确。如果未输入任何信息，则iOS生成失败，并显示"需要签名密钥"错误。

7 Dreamweaver还会将config.xml文件添加到站点的根中。通过编辑此文件的内容，定义应用程序的标识。如果不这么做，则所有应用程序将具有相同的默认应用程序名称。这个文件的代码如下。

```
<?xml version="1.0" encoding="UTF-8" ?>
<widget xmlns = "http://www.w3.org/ns/
 widgets"
xmlns:gap = "http://phonegap.com/
ns/1.0"
id        = "com.phonegap.example"
version   = "1.0.0">
<name>PhoneGap Build Application</
name>
```

```
<description>
A simple PhoneGap Build application.
</description>
<author href="https://example.com"
email="you@example.com">
Your Name
</author>
</widget>
```

⑧ 构建完成后，会为用户提供很多选项。可以将应用程序文件下载到计算机，扫描构建的QR代码以将应用程序传输到设备，或者使用模拟器模拟应用程序（仅适用于Android和webOS）。

⑨ 此时登录https://build.phonegap.com/网站，也可以完成上传、打包、下载等工作，以安卓系统为例，单击Download按钮后，可以下载打包好的应用程序。

△ "PhoneGap Build服务" 对话框

△ 下载打包好的应用程序

> **TIP** 如果希望轻松将打包的应用程序传输到设备，则需要使用QR代码阅读器（在使用Dreamweaver打包应用程序时，会在应用打包完成后收到该应用的QR代码，这些代码显示在PhoneGap Build面板中）。各个领域内有很多免费的针各自领域的代码阅读器。

⑩ 下载的安卓应用文件为apk文件，可以直接安装到安卓手机中。

> **TIP** 下载的应用程序文件扩展名如下所示。
> iOS - app.ipa
> Android - app.apk
> BlackBerry - app.jad
> Windows Phone - app.xap
> webOS - app.ipk
> Symbian- app.wgz

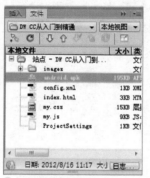
△ 打包文件的具体内容

🗗 DO IT Yourself 练习操作题

1. 制作jQuery Mobile页面一

🕐 限定时间：30分钟

△ jQuery Mobile页面1

△ Dreamweaver制作页面

Step BY Step （步骤提示）

1. 新建HTML5页面。
2. 添加jQuery Mobile元素。

光盘路径

Exercise\Ch15\1\ex1.html

2. 制作jQuery Mobile页面二

⊙ 限定时间：40分钟

◎ jQuery Mobile页面2　　◎ Dreamweaver制作页面

参考网站

● **codiqa**：jQuery Mobile的模拟开发平台，它是一个在线的模拟开发平台，用户可以通过邮箱获取使用权限，让开发者轻松开发手机jQuery APP。

● **ThemeRoller**：jQuery Mobile的主题编辑平台，通过这个平台可以进行高度个性化和品牌化的界面定制。

◎ http://www.codiqa.com/

◎ http://themeroller.jquerymobile.com/

Special page 流行的移动设备及其开发平台

移动设备开发主要通过运行应用的硬件和设备的其他系统约束区别于桌面和Web应用开发，这些约束从平台到平台有微小的变化。

● 苹果iOS

苹果iOS是由苹果公司开发的移动操作系统。苹果公司最早于2007年1月9日的Macworld大会上公布这个系统，最初是设计给iPhone使用的，后来陆续套用到iPod touch、iPad以及Apple TV等产品上。iOS与苹果的Mac OS X操作系统一样，它也是以Darwin为基础的，因此同样属于类Unix的商业操作系统。原本这个系统名为iPhone OS，因为iPad，iPhone，iPod Touch都使用iPhone OS，所以2010WWDC大会上宣布改名为iOS。

苹果官方iOS开发者网站允许开发者下载SDK并开始开发和测试新应用。

◎ Apple苹果

对于应用商店分配新应用也有相关信息。免费的iOS SDK包括Xcode IDE、Open GL ES支持的iPhone模拟器、Interface Builder、Instruments、框架、编译器和Shark分析工具。

● Android安卓

Android开发者的网站提供了Android SDK以及Android平台上开发移动应用的各种工具。SDK旨在为使用Eclipse的人设计，但是这个SDK包括调试、封装以及在模拟器安装应用的其它一些工具。开发者可以通过Android NDK（Android Native开发包）使用C语言或者C++语言来作为

▲ Android安卓

编程语言开发应用程序。同时Google还推出了适合初学者编程使用的Simple语言，该语言类似微软公司的Visual Basic语言。此外，Google公司还推出了Google App Inventor开发工具，该开发工具可以快速地构建应用程序，方便新手开发者。

APK是Android应用的后缀，是AndroidPackage的缩写，即Android安装包(apk)。APK是类似Symbian Sis或Sisx的文件格式。通过将APK文件直接传到Android模拟器或Android手机中执行即可安装。

● Windows Phone

当谈论到移动设备的时候，来自微软的主要操作系统是Windows Phone 8。Windows Phone是微软发布的一款

▲ Windows Mobile

手机操作系统，它将微软旗下的Xbox Live游戏、Xbox Music音乐与独特的视频体验集成至手机中。微软公司于2010年10月11日晚上9点30分正式发布了智能手机操作系统Windows Phone，并将其使用接口称为"Modern"接口。2011年2月，"诺基亚"与微软达成全球战略同盟并深度合作共同研发。2011年9月27日，微软发布Windows Phone 7.5。2012年6月21日，微软正式发布Windows Phone 8，采用和Windows 8相同的Windows NT内核，同时也针对市场的Windows Phone 7.5发布Windows Phone 7.8。现有Windows Phone 7手机都将无法升级至Windows Phone 8。

Windows Phone具有桌面定制、图标拖拽、滑动控制等一系列前卫的操作体验。其主屏幕通过提供类似仪表盘的体验来显示新的电子邮件、短信、未接来电、日历约会等，让人们对重要信息保持时刻更新。它还包括一个增强的触摸屏界面，方便手指操作，以及一个最新版本的IE Mobile浏览器——该浏览器在一项由微软赞助的第三方调查研究中与调研的其它浏览器和手机相比，可以执行指定任务的比例超过48%。很容易看出微软在用户操作体验上所做出的努力，而史蒂夫·鲍尔默也表示："全新的Windows手机把网络、个人电脑和手机的优势集于一身，让人们可以随时随地享受到想要的体验"。

● BlackBerry黑莓

在"911事件"中，美国通信设备几乎全线瘫痪，但美国副总统切尼的手机有黑莓功能，成功地进行了无线互联，能够随时随地接收关于灾难现场的实时信息。之后，在美国掀起了一阵黑莓热潮。美国国会因"911事件"休

▲ BlackBerry黑莓

会期间，就配给每位议员一部"BlackBerry"手机，让议员们用它来处理国事。

随后，这个便携式电子邮件设备很快成为企业高管、咨询顾问和每个华尔街商人的常备电子产品。迄今为止，RIM公司已卖出超过1.15亿台黑莓，占据了近一半的无线商务电子邮件业务市场。

BlackBerry平台支持Java和基于Web的应用。BlackBerry开发者地带提供应用设计者感兴趣的BlackBerry系列设备的搜索资源，包括新的BlackBerry平板电脑。

Part

03

动态页面与
网站维护篇

Chapter

16

动态网页
编程基础

ASP脚本语言是介于HTML、Java、C++和
Visual Basic之间的语言。下面将带领大家进
入ASP的领域。本章从基本的环境配置、数
据库的构建、连接开始，循序渐进地介绍了
Dreamweaver CC提供的强大和方便的动态网
页编程功能，为制作动态编程模块打下基础。

▍本章技术要点

Q：现在主要流行的网页编程技术有哪些？

A： 主要有ASP、PHP、JSP等网页编程技术。

Q：网页编程的流程是怎样的？

A： 安装服务器——在服务器上设置虚拟网页站
点——在本地站点上登录虚拟网页站点的
信息——制作数据库——将数据库连接到
Dreamweaver——开始网页编程。

网页编程的基本概念

网站应用程序是一个包含多个网页的站点，这些网页的部分内容或全部内容都是未确定的。只有当访问者请求网站服务器中的某个网页时，才能确定该网页的最终内容。由于页面最终内容根据访问者操作请求的不同而变化，因此这种页面称为动态页。本节就来介绍一些网页编程的基本概念。

网页编程基础

为了正确理解网页编程，首先要掌握服务器和客户端的概念。

服务器确切地说是服务器用计算机。当制作的网页文件只保存在用户自己的计算机上时，在其他访问者接入到用户的计算机之前，无法看到用户制作的网页。因此用户需要将网页文件上传到谁都可以接入的计算机上，即通过专用线连接网络的计算机。此时，保存网页文件的网络上的计算机称为服务器。将网页文件上传到网站服务器以后，其他访问者就会通过网站服务器，在自己的浏览器上看到该网页文件。此时，用户的计算机或访问网页文件的其他访问者的计算机即是客户端计算机。

这就是说，网络上保存网页文件的计算机称为"网页服务器"，而访问该信息的计算机称为"客户端"。有时也会把用户计算机的浏览器称为"客户端"。但不管怎么样，只要是访问信息的一方即是客户端。

网页文档载入到浏览器中的时候，浏览器就会从文档的第一行开始解析。HTML文档是由浏览器可识别的标签来组成的。因此浏览器在识别字体的大小、图像的位置等一系列相关标签后，再将它们显示在画面上。

此时，若文档中包含一些网页编程因素，就会在处理方法上与上面所讲的方式有所不同。有网页编程因素的网页文件像index .asp或index .php文件一样，在其扩展名上会发生变化。也就是说，在网页服务器上只要通过文件名称，就足以判断出该网页是否插入网页编程因素。例如，在网页服务器上有index.asp文件的时候，如果在客户端上申请index .asp文件，网页服务器就会首先预览该文档。

网页服务器所观察的是客户端计算机的浏览器是否能够正确解析该文档。事实上，浏览器只能理解HTML标签和JavaScript。如果文档中插入了网页编程因素，网站服务器就要对网页编程部分进行处理，使它变成浏览器可理解的HTML标签形式，再把它传送给客户端上。通过这些步骤以后，浏览器就可以在画面上正常显示该内容了。

◐ 具有网页编程源文件的原来的ASP文档

◐ 在网页服务器上处理后，更换为HTML形式的ASP文档

TIP 那些预先约定的相关记号称为"程序设计语言"。通常人们所说的学习编程指的就是学习计算机程序设计语言。程序设计语言除了ASP、PHP、JSP、Java、C语言等以外还有其他很多类型，而且还会不断出现更多的新技术，因此学习程序设计语言并不是一件容易的事情。

编程可以解释为"编写程序"，也就是在计算机上使用预先约定的一些记号，把需要处理的事情按顺序来转告给计算机的过程。尤其是在和网络连接在一起的服务器计算机上，将需要做的事情按照顺序来进行整理就叫作"网页编程"。利用网页编程制作的网页如右图所示。

TIP 在网络中除了HTML或HTM的扩展名文档以外，还会遇到一些ASP或PHP形式的网页。这些网页就是利用网页编程来完成的。

◎ 利用网页编程制作的文件中，其扩展名通常为ASP、PHP等

流行的网页编程技术

1. ASP技术

传统"静态"站点的页面内容由静态HTML构成，无法根据用户的需求和实际情况作出相应的变化。当浏览器通过Internet的HTTP协议向站点的网站服务器申请页面时，站点服务器就会将已设计好的静态HTML文件传送给浏览器。若要更新页面的内容，只能用非在线的手动方式更新HTML的文件数据，这种传统方式对于即时信息和互动信息就无能为力。ASP技术解决的问题是通过网页访问后台数据库信息，所有应用程序都被分割为页面的形式，用户的交互操作是以提交表单等方式来实现的，这样网站站点就具有很强的动态数据发布能力。

ASP（Active Server Pages）是服务器端脚本编写环境，使用它可以创建和运行动态、交互的网站服务器应用程序。使用ASP可以组合HTML页、脚本命令和ActiveX组件以创建交互的网页和基于网站功能强大的应用程序。ASP应用程序很容易开发和修改。

ASP是服务器端的脚本编写环境，用户可用它来创建动态网页或生成功能强大的网页应用程序。ASP页可调用ActiveX组件来执行任务，例如连接到数据库或进行运算等。通过ASP可为网页添加交互内容或用HTML页构成整个网页应用程序，这些应用程序使用HTML页面作为客户的界面。

ASP属于Acti veX技术中的服务器端技术，与常见的在客户端实现动态网页的技术如Javaapplet、ActiveX控件、VBScript、JavaScript等不同，ASP中的命令和Script语句都是由服务器端来解释执行的，执行结果产生动态网页并发送到浏览器，而客户端技术的Script命令则是由浏览器来解释执行的。

利用ASP设计的是动态网页，可接收用户提交的信息并作出反应，数据可随实际情况变化，无需人工参与网页文件的更新即可满足应用需要。当在浏览器上填好表单并提交HTTP 请求时，在站点服务器上执行一个表单所设定的应用程序，而不仅仅是一个简单的HTML文件该应用程序可以分析表单的输入数据，根据不同的数据内容将相应的执行结果或查询数据库的结果集，以HTML的格式传送给浏览器。

数据库的数据可以随时变化，而服务器上执行的应用程序不需要变动，客户端仍然可以得到最新的网页信息。

ASP对网站服务器非常挑剔，只支持微软各种操作系统下的网站服务器（IIS）。Microsoft IIS（Internet Information Server）是允许在公共Intranet或Internet上发布信息的网站服务器，通过使用超文本传输协议（HTTP）传输信息，还可配置IIS以提供文件传输协议（FTP）和gopher服务。FTP服务允许用户从网页节点或到网页节点传送文件。gopher服务为定位文档使用菜单驱动协议，目前HTTP协议已经基本代替了gopher协议。

选择ASP的理由如下。

（1）可以在个人计算机上进行测试

大部分用户使用的都是客户端计算机，而不是服务器计算机。但只要安装IIS或PWS等服务器软件，就可以把个人用计算机设置为服务器的形式。在这种情况下可以用服务器上处理编程文件的方法来处理ASP文档后，再显示在浏览器上。

（2）在国内有很多的使用用户

当然，除了ASP以外还有很多人使用其他语言，但使用ASP的用户还是占很大的比例。

（3）Dreamweaver CC所支持的PHP编程学起来比较难

Dreamweaver CC中也支持PHP的相关功能，但并不像ASP一样可以直接使用，而是在很多部分上都需要直接进行编码。如果不会编程，就很难在Dreamweaver CC中进行PHP编程。

下面以ASP为中心讲述网页程序的动作原理，举例说明一些简单的网页编程，例如网页的公告栏中留言板不能只利用HTML标签来制作。因为HTML文件只能显示我们插入的文本或图像、多媒体等内容，并没有除此以外的其他功能。因此，HTML文件所能完成的也是制作一些插入公告内容的表格等操作。

❓代码解密 ASP源代码介绍

下面说明ASP编程源代码，在这里以最简单的hello.asp文档为例进行讲述。

```
01 <html>
02 <body>
03 <p>简单的ASP范例
04 <% response.write ˝<h1>您好</h1>˝ %>
05 <body>
06 </html>
```

该源文件是由HTML标签<html><body>组成的，但其中的"<%"～"%>"部分即是ASP编程相关的部分。确切地说，ASP本身并不是一种程序设计语言，ASP网页实际上使用到的程序语言也就是HTML和VBScript。由于可以在网页服务器上保存资料，而且在服务器中载入资料后进行处理，因此称为ASP。因此说到ASP编程，可以理解为使用VBScript语言来控制网页服务器动作。

在上传ASP文档的网页服务器计算机上，只要看到hello.asp的文件，就可知道它是一个ASP文档，因此服务器就会注意查看ASP源文件的始点"<%"到底在哪个位置上。

代码前3行是HTML标签，因此可以在浏览器上被直接处理后显示在画面上。当遇到<%的时候，浏览器就会知道ASP源文件开始的事实，因此，会请求在语言编译器上处理后面部分的内容。

语言编译器将传过来的源文件进行处理后，在"<%"～"%>"的位置上以HTML标签形式传达其结果。因此，经过语言编译器的ASP文档从原来的VBScript转换为HTML标签形式后，重新传送到浏览器上，以文本、图像或表格等内容显示给访问者。

> **TIP** ASP源文件必须插入在<% ~ %>之间。微软公司针对Netscape的JavaScript推出的Script语言即是VBScript。ASP只能在Window系列的服务器上使用，因此通常都主要使用VBScript语言。

2. PHP技术

PHP（PHP: Hypertext Preprocessor，超文本预处理器）是一种被广泛应用的开放源代码的多用途脚本语言，它可嵌入到HTML中，尤其适合网页开发。

PHP主要是用于服务端的脚本程序，可以用PHP来完成任何其他的CGI程序能够完成的工作，例如：收集表单数据、生成动态网页或者发送/接收Cookies。但PHP的功能远不局限于此，它是一个基于服务端来创建动态网站的脚本语言，可以用PHP和HTML生成网站页面。当访问者浏览页面时，服务端便执行PHP的命令并将执行结果发送至访问者的浏览器中，工作机制类似于ASP和CoildFusion，PHP和它们不同之处在于，PHP是开放源码且可跨越平台，PHP可以运行在Windows和多种版本的UNIX及其他操作系统中。

使用PHP可以自由地选择操作系统和网站服务器。同时还可以在开发时选择使用面对过程和面对对象或者两者混合的方式来开发。PHP并不局限于输出HTML，它还能被用来动态输出图像、PDF文件甚至 Flash动画，还能够非常简便地输出文本，例如XHTML以及任何其他形式的XML文件。PHP能够自动生成这些文件，在服务端开辟出一块动态内容的缓存，可以直接把它们打印出来，或者将它们存储到文件系统中。

PHP脚本主要应用于如下三个领域。

● 服务端脚本

这是PHP最传统，也是最主要的目标领域。开展这项工作需要具备以下三点：PHP解析器（CGI或者服务器模块）、Web服务器和Web浏览器。需要在运行Web服务器时，安装并配置PHP，然后可以用Web浏览器来访问PHP程序的输出，即浏览服务端的PHP页面。如果只是实验 PHP编程，所有的这些都可以运行在自己家里的电脑中。

● 命令行脚本

可以编写一段PHP脚本，并且不需要任何服务器或者浏览器来运行它，仅仅需要PHP解析器来执行。这种用法对于依赖cron（Unix或者Linux环境）或者Task Scheduler（Windows环境）的日常运行的脚本来说是理想的选择。这些脚本也可以用来处理简单的文本。

● 编写桌面应用程序

对于有着图形界面的桌面应用程序来说，PHP或许不是一种最好的语言，但是如果用户非常精通PHP，并且希望在客户端应用程序中使用PHP的一些高级特性，可以利用PHP-GTK来编写这些程序。用这种方法，还可以编写跨平台的应用程序。PHP-GTK是PHP的一个扩展，在通常发布的PHP包中并不包含它。

在通常情况下，执行PHP需要两样东西：PHP自身、一个Web服务器和一个Web浏览器。若要自己配置服务器和PHP，有两个方法将PHP连接到服务器上。对于很多服务器来说，PHP均有一个直接的模块接口（也叫做SAPI）。这些服务器包括Apache、Microsoft Internet Information Server、Netscape和iPlanet等。其他很多服务器支持ISAPI，即微软的模块接口。如果PHP不能作为模块支持Web服务器，则可以将其作为CGI或FastCGI处理器来使用。这意味着可以使用PHP的CGI可执行程序来处理所有服务器上的PHP文件请求。

如果对PHP命令行脚本感兴趣（例如：在离线状态下，根据传递给脚本的参数，自动生成一些图片或处理一些文本文件），需要命令行可执行程序并不需要服务器和浏览器支持。还可以用PHP的PHP-GTK 扩展来编写桌面图形界面应用程序。这与编写Web页面完全不同，因为无需输出任何HTML，而要管理窗口和窗口中的对象。

❓ 代码解密 PHP源代码介绍

　　PHP的脚本块以"<?php"开始，以"?>"结束。可以把PHP的脚本块放置在文档中的任何位置。下面们提供了一段简单的PHP脚本，它可以向浏览器输出文本Hello World。

```
01 <html>
02 <body>
03 <?php
04 echo "Hello World";
05 ?>
06 <body>
07 </html>
```

　　该源文件是由HTML标签<html><body>来组成的，但其中的<?php ~ ?>部分即是PHP编程相关的部分。PHP中的每个代码行都必须以分号结束。分号是一种分隔符，用于把指令集区分开来。

3. JSP技术

　　JSP（JavaServer Pages）是由Sun Microsystems公司倡导，许多公司参与一起建立的一种动态网页技术标准。该技术为创建显示动态内容的网页页面提供了一个简捷而快速的方法。

　　JSP技术的设计目的是使得构造基于网页的应用程序更加容易和快捷，而这些应用程序能够与各种网站服务器、应用服务器、浏览器和开发工具共同工作。JSP规范是网站服务器、应用服务器、交易系统以及开发工具供应商间广泛合作的结果。在传统的网页HTML文件（*.htm、*.html）中加入Java程序片段（Scriptlet）和JSP标记（tag），就构成了JSP网页（*.jsp）。网站服务器在遇到访问JSP网页的请求时，首先执行其中的程序片段，然后将执行结果以HTML形式返回给访问者。程序片段可以操作数据库、重新定向网页以及发送email等，这就是建立动态网站所需要的功能。所有程序操作都在服务器端执行，网络上传送给客户端的仅是得到的结果，对访问者的浏览器要求最低，可以实现无Plugin、无ActiveX、无Java Applet，甚至无Frame。

　　JSP的技术特点如下。

　　（1）将内容的生成和显示分离

　　使用JSP技术，Web页面开发人员可以使用HTML或者XML标识来设计和格式化最终页面。使用JSP标识或者小脚本来生成页面上的动态内容（内容是根据请求来变化的，例如请求账户信息或者特定的一瓶酒的价格）。生成内容的逻辑被封装在标识和JavaBeans组件中，并且捆绑在小脚本中，所有的脚本在服务器端运行。如果核心逻辑被封装在标识和Beans中，那么其他人如Web管理人员和页面设计者，能够编辑和使用JSP页面，而不影响内容的生成。在服务器端，JSP引擎可解释JSP标识和小脚本，生成所请求的内容（例如，通过访问JavaBeans组件，使用JDBCTM技术访问数据库，或者包含文件），并且将结果以HTML（或者XML）页面的形式发送回浏览器。这有助于作者保护自己的代码，而又保证任何基于HTML的Web浏览器的完全可用性。

　　（2）强调可重用的组件

　　绝大多数JSP页面依赖于可重用的，跨平台的组件（JavaBeans、Enterprise JavaBeansTM组件）来执行应用程序所要求的更为复杂的处理。开发人员能够共享和交换执行普通操作的组件，或者使得这些组件为更多的使用者或者客户团体所使用。基于组件的方法加速了总体开发过程，并且使得各种组织在他们现有的技能和优化结果的开发努力中得到平衡。

　　（3）采用标识简化页面开发

　　Web页面开发人员不一定都是熟悉脚本语言的编程人员。JSP技术封装了许多功能，这些功能是在易用的、与JSP相关的XML标识中进行动态内容生成所需要的。标准的JSP标识能够访问和实例化JavaBeans组件，设置或者检索组件属性，下载Applet，以及执行用其他方法更难于编码和非常耗时的功能。通过开发定制化标识库，JSP技术是可以扩展的。今后，第三方开发人员和其他人员可以为常用功能创建自己的标识库。这使得Web页面开发人员能够使用熟悉的工具和如同标识一样的可执行特定功能的构件来工作。

（4）依靠成熟的Java语言

由于JSP页面的内置脚本语言是基于Java编程语言的，而且所有的JSP页面都被编译成为JavaServlet，JSP页面就具有Java技术的所有好处，包括优良的存储管理和安全性。作为Java平台的一部分，JSP拥有Java编程语言"一次编写，各处运行"的特点。随着越来越多的供应商将JSP支持添加到他们的产品中，用户可以使用自己所选择的服务器和工具，更改工具或服务器而不影响当前的应用。当与Java 2平台，企业版（J2EE）和Enterprise JavaBean技术整合时，JSP页面将提供企业级的扩展性和性能，这对于在虚拟企业中部署基于Web的应用是必需的。

JSP的配置环境如下。

（1）JDK

JDK是整个Java的核心，包括了Java运行环境（Java Runtime Envirnment）、Java工具和Java基础的类库。不论何种Java应用服务器实质都是内置了某个版本的JDK。最主流的JDK是Sun公司发布的JDK，除了Sun之外，还有很多公司和组织都开发了自己的JDK，例如IBM公司开发的JDK、BEA公司的Jrocket、GNU组织开发的JDK等。其中IBM的JDK包含的JVM（Java Virtual Machine）运行效率要比Sun JDK包含的JVM高出许多。而专门运行在x86平台的Jrocket在服务端运行效率也要比Sun JDK好很多。JSP是基于Java技术的，所以配置JSP环境之前必须要安装JDK。

（2）Tomcat服务器

Tomcat是Apache组织下Jakarta项目下的一个子项目。Tomcat严格意义上并不是一个真正的App Server，它只是一个可以支持运行Serlvet/JSP的Web容器，不过Tomcat也扩展了一些AppServer的功能，如JNDI、数据库连接池、用户事务处理等。Tomcat被非常广泛地应用在中小规模的Java Web应用中。

（3）JDBC驱动程序

JDBC是Java的开发者——Sun公司制定的Java数据库连接（Java Data Base Connectivity）技术的简称，是为各种常用数据库提供无缝联接的技术。JDBC在Web和Internet应用程序中的作用和ODBC在Windows系列平台应用程序中的作用类似。ODBC（OpenData Base Connectivity），称为开放式数据库互联技术，是由Microsoft公司倡导并得到业界普遍响应的一门数据库连接技术。JDBC与ODBC很类似。JDBC现在可以连接的数据库包括xbase、Oracle、Sybase、Aceess以及Paradox等。

❓ 代码解密 JSP源代码介绍

JSP的脚本块以"<%"开始，以"%>"结束。可以把JSP的脚本块放置在文档中的任何位置。下面们提供了一段简单的JSP脚本，它可以向浏览器输出当前日期和时间。

```
01 <html>
02 <body>
03 <H3>Today is:
04 <%= new java.util.Date() %>
05 </H3>
```

```
06 <body>
07 </html>
```

- JSP的编译器指示是针对JSP引擎。它们并不会直接产生任何看得见的输出，相反的，它们是在告诉引擎如何处理其他的JSP网页。它们永远包含在 <%@ ?%>卷标里。
- JSP声明让用户定义网页层的变量，来储存信息或定义支持的函式，让JSP网页的其余部分能够使用。如果用户发现自己有太多的程序代码，最好将它们放在不同的Java类别里，可以在<%! ?%>卷标里找到声明。
- JSP里有表达式，评估表达式的结果可以转换成字符串并且直接使用在输出网页上。JSP运算是包含在<%= ?%> 卷标里。
- JSP程序代码片段或小型指令文件是包含在<% ?%>卷标里。当网络服务器接受这段请求时，这段Java程序代码会执行。

网页编程的流程

如果读者尚未接触网页编程，就以ASP程序为例，首先简单了解一下程序的制作过程。

1. 安装服务器

大部分用户都使用Windows系列的操作系统。我们通常使用的计算机虽然都不是服务器计算机，但为了测试ASP程序，要把计算机设置为服务器形式。在Windows 7中打开控制面板，选择"程序和功能"，然后选择"打开或关闭Windows功能"，在对话框中安装IIS（Internet 信息服务），即可直接运行ASP程序。

IIS（Internet Information Server）是一种网页服务组件，其中包括网站服务器、FTP服务器、NNTP服务器和SMTP服务器，分别用于网页浏览、文件传输、新闻服务和邮件发送等方面，它使在网络（包括互联网和局域网）上发布信息成为一件很容易的事。

安装完成后，还必须验证一下运行是否正常，可以打开IE浏览器，在地址栏中输入http://127.0.0.1或是http://localhost，回车后弹出IIS页面，则表示安装成功并能正常运行IIS了。

△ 勾选Internet信息服务

△ IIS页面

2. 在服务器上设置虚拟网页站点

打开Windows的控制面板，选择"管理工具"，打开"Internet信息服务（IIS）管理器"，为了将系统的一个文件夹用作网页服务器的站点形式，设置虚拟网页站点。

3. 在本地站点上登录虚拟网页站点的信息

在为了上传网页文件而创建的本地站点上登录虚拟网页站点。由于要使用到数据库，因此与HTML文件的制作不同，还要设置服务器类型和接入方法。

◎ 设置虚拟网页站点

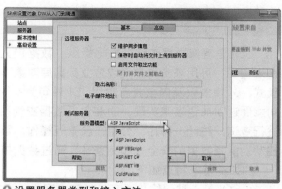

◎ 设置服务器类型和接入方法

4. 制作数据库

网页编程中数据库是基础，最先需要制作的即是数据库。个人电脑中最快最容易制作数据库的工具即是Access软件。使用该软件，可以制作预先策划好的数据库。这样制作的数据库最后通过ODBC连接，识别为可使用在Windows上的数据库。

5. 将数据库连接到Dreamweaver CC

为了在Dreamweaver CC中识别预先制作的数据库，将数据库连接到Dreamweaver CC中。经过此过程，就可以随意使用数据库记录或域。

◎ 利用Access制作数据库

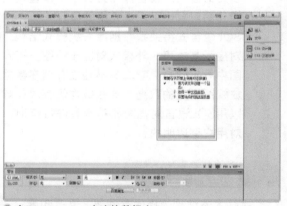

◎ 在Dreamweaver中连接数据库

> **TIP** 此处是在Windows 7系统下演示相关的安装方法，其他系统下的安装方法基本相似，如果读者使用别的操作系统，可以举一反三自己尝试安装。

使用SQL语言

UNIT 40

SQL（Structured Query Language，结构化查询语言）是一种介于关系代数与关系演算之间的语言，其功能包括查询、操纵、定义和控制四个方面，是一个通用的功能极强的关系数据库标准语言。

关于SQL查询

SQL语言集数据查询、数据操纵、数据定义和数据控制功能于一体。数据定义功能通过DDL语言来实现，可用来支持定义或建立数据库对象（如表、索引、序列、视图等），定义关系数据库的模式、外模式以及内模式。常用DDL语句为不同形式的CREATE、ALTER、 DROP命令。数据操纵功能通过DML语言来实现。DML包括数据查询和数据更新两种语句，数据查询指对数据库中的数据进行查询、统计、排序、分组、检索等操作。数据更新指对数据的更新、删除、修改等操作。数据控制功能指数据的安全性和完整性，通过数据控制语句DCL来实现。

SQL的基本特点如下。

- SQL是一种一体化语言，具有内容多、语言简洁、易学易用的特点。
- SQL是一种高度非过程化的语言。用户只需提出"做什么"就可以得到预期的结果，至于"怎么做"则由RDBMS完成，并且其处理过程对用户是隐藏的。

SQL语言既可交互式使用，也可以以嵌入形式使用。前者主要用于数据库管理者等数据库用户，其允许用户直接对DBMS发出SQL命令，受到运行后的结果，或者主要嵌入（C、C++）等宿主语言中，被程序员用来开发数据库应用程序。而在两种不同的使用方式下，SQL语言的语法结构基本上是一致的。这种以统一的语法结构提供两种不同的使用方式的作法，为用户提供了极大的灵活性与方便性。

- SQL语言采用集合操作方式，不仅查找结果可以是元组的集合，而且一次插入、删除、更新操作的对象也可以是元组的集合。
- SQL语言支持关系数据库三级模式结构。数据库三级模式指：内模式对应于存储文件、模式对应于基本表、外模式对应于视图。基本表是本身独立存在的表，视图是从基本表或其他视图中导出的表，它本身不独立存储在数据库中，也就是说数据库中只存放视图的定义而不存放视图对应的数据，这些数据仍存放在导出视图的基本表中，因此视图是一个虚表。用户可以用SQL语言对视图和基本表进行查询。在用户眼中，视图和基本表都是关系，而存储文件对用户是透明的。

SQL基本表操作

对基本表结构的操作有创建、修改和删除三种形式。

1. 定义基本表

定义基本表的语法结构如下。

```
CREATE TABLE <表名>
(<列名><数据类型>  [列级完整性约束条件]
[,<列名><数据类型>  [列级完整性约束条件]...]
[,<表级完整性约束条件>]);
```

- 表名：所要定义的基本表的名字。
- 列名：表由一个或多个属性（列）组成。建表的同时通常需要定义列信息及每列所使用的数据类型，列名在表内必须为惟一的。
- 数据类型：定义表的各个列（属性）时需指明其数据类型和长度，不同的数据库系统支持的数据类型不完全相同，应根据实际使用的DBMS来确定。
- 列级完整性约束条件：只应用到一个列的完整性约束条件。

- 表级完整性约束条件：应用到多个列的完整性约束条件。

2. 修改基本表

修改基本表的语法结构如下。

```
ALTER TABLE <表名>
[ADD <新列名><数据类型>[完整性约束]]
[DROP<完整性约束名><完整性约束名>]
[MODIFY<列名> <数据类型>];
```

- ADD子句：用于增加新列，同时指明增加新列的数据类型和完整性约束条件。
- DROP子句：用于删除指定的完整性约束条件。
- MODIFY子句：用于修改原有的列定义。

3. 删除基本表

删除基本表的语法结构如下。

```
ALTER TABLE   基本表名 DROP 属性名 [CASCADE|RESTRICT];
```

SQL查询功能

SQL中最经常使用的是从数据库中获取数据。从数据库中获取数据称为查询数据库，查询数据库通过SELECT语句完成。

在SELECT语句中共有五种子句，其中SELECT和FROM语句为必选子句，而WHERE、GROUP BY、ORDER BY子句为任选子句。

```
SELECT 目标表的列名或列表达式序列
FROM 基本表和 (或) 视图序列
         [WHERE 行条件表达式]
         [GROUP BY 列名序列[HAVING 组条件表达式] ]
         [ORDER BY 列名 [ASCDESC]…]
```

- SELECT子句：指明要检索的结果集的目标列。目标列可以是直接从数据源中数据投影得到的字段，也可以是与字段相关的表达式或数据统计的函数表达式、常量。如果使用了两个基本表（或视图）中相同的列名，要在列名前面加表名限定，即使用 "〈表名〉.〈列名〉" 。
- FROM子句：指明从哪（几）个表（视图）中进行数据检索。表（视图）间用 "." 进行分隔，如果查询使用的基本表或视图不在当前数据库中，还需要在表或视图前加上数据库名加以说明，即使用 "数据库名.表名" 的形式表示。
- WHERE子句（行条件子句）：通过条件表达式指明返回FROM子句中给出的列必须满足的标准。DBMS在处理语句时，以原组为单位，逐个考察每个原组是否满足条件，将不满足条件的原组过滤掉。
- GROUP BY子句（分组子句）：对满足WHERE子句的行指明按照SELECT子句中所选择的某个（几个）列值对整个结果集分组。GROUP BY子句使得同组的元组集中在一起，也使数据能够分组进行统计。
- HAVING子句（分组条件子句）：GROUP BY子句后可以带上HAVING条件子句组表达组选择条件，组选择条件为带有函数的条件表达式，它决定着整个组记录的取舍条件。

- ORDER BY（排序子句）：对查询返回的结果集进行排序。查询结果集可按多个排序列进行排序。每个排序列后面可跟一个排序请求。ORDER BY子句仅对检索的数据显示有影响，不改变表中行内部顺序。

SQL更新功能

SQL中数据更新功能包括插入数据、修改数据和删除数据3种语句。

1. 插入数据

INSERT语句用于插入单个元组，其语法结构如下。

```
INSERT INTO <表名>[(<属性列1>[,<属性列2>…]) VALUES(<常量1>[,<常量2>]…);
```

其中新记录属性列1的值为常量1，属性列2的值为常量2，依次类推。如果某些属性列在INTO子句中没有出现，则新记录在这些列上将取空值（NULL）。但需要注意，在表定义时说明了NOT NULL的属性列不能取空值，否则会出错。如果INTO子句中没有指明任何列名，则新插入的记录必须在每个属性列上均有值。

2. 修改数据

UPDATE语句用于修改数据，其语法结构如下。

```
UPDATE <表名> SET<列名>:<表达式>[,<列名>=<表达式>]… [WHERE <条件> ];
```

UPDATE语句的功能是修改指定表中满足WHERE子句条件的元组。其中SET子句用于指定修改方法，即用<表达式>的值取代相应的属性列值。如果省略WHERE子句，则表示要修改表中的所有元组。

3. 删除数据

DELETE语句用于删除数据，其语法结构如下。

```
DELETE FROM<表名>
```

DELETE语句的功能是从指定表当中删除满足WHERE子句条件的所有元组。如果省略WHERE子句，表示删除表中全部元组，但表的定义仍存在。也就是说，删除的是表中的数据，而不是表的定义。

知识拓展 SQL语言的发展

SQL语言是1974年提出的，由于它具有功能丰富、使用方式灵活、语言简洁易学等突出优点，在计算机工业界和计算机用户中倍受欢迎。1987年10月，美国国家标准局（ANSI）的数据库委员会批准了SQL作为关系数据库语言的美国标准。1987年7月国际标准化组织（ISO）将其采纳为国际标准。这个标准也称为SQL87。随着SQL标准化工作的不断进行，相继出现了SQL89、SQL2（1992）和SQL3（1993）。其中SQL92标准分为基本级、标准级和完全级，目前主流的主据库也仅仅达到基本级的要求。当SQL成为国际标准后，对数据库以外的领域也产生很大影响，不少软件产品将SQL语言的数据查询功能与图形功能、软件工程工具、软件开发工具、人工智能程序结合起来。

创建数据库

UNIT 41

做好了ASP编程的准备工作后，可以针对流行的ASP动态网站模块进行设计了，会员注册页面时会出现交互性的动态页面，因此首先需要创建数据库。

网页编程的出发点——数据库

网页编程的基本就是数据库。数据库（Database）正如其名称，指的就是集合数据的地方。它为了更加容易区分各种数据，按一定的形式来保存。下面举个简单的例子。

以会员制来运营的网站服务器上有会员数据库。因此，加入会员时，输入必要的项目，并单击"加入会员"相关按钮，就在数据库上保存了输入的相关内容。数据库通常都是用表格的形式来保存信息。将各个会员的信息合并为一称为记录，而名字或联系方式等项目则称为域。

这样保存的信息通过编程也可能利用在搜索当中。例如，想寻找某个会员时，可以通过编写一种程序，在数据库上一个一个查询记录，寻找姓名域为该会员的人。

因此，若想通过网页编程来创建文档，首先要制作数据库。也就是决定需要哪些域，以及在每个域上插入什么内容等。

1. Access数据库

Access数据库管理系统是Microsoft Office套件的重要组成部分，适用于小型商务活动，用以存贮和管理商务活动所需要的数据。Access不仅是一个数据库，而且它具有强大的数据管理功能，它可以方便地利用各种数据源，生成窗体（表单），查询，报表和应用程序等。

制作数据库的时候，有时也会利用Access软件。当然，除了Access以外还有很多软件，但刚接触ASP或运营规模不太大的网页时，利用Access软件就已足够了。

Access数据库的主要特点如下。

○ 制作数据库时使用的Access软件

- 存储方式单一：Access管理的对象有表、查询、窗体、报表、页、宏和模块，以上对象都存放在后缀为（.mdb）的数据库文件中，便于用户的操作和管理。
- 面向对象：Access是一个面向对象的开发工具，利用面向对象的方式将数据库系统中的各种功能对象化，将数据库管理的各种功能封装在各类对象中。它将一个应用系统当作是由一系列对象组成的，对每个对象它都定义一组方法和属性，以定义该对象的行为，用户还可以按需要给对象扩展方法和属性。通过对象的方法、属性完成数据库的操作和管理，极大地简化了用户的开发工作。同时，这种基于面向对象的开发方式，使得开发应用程序更为简便。
- 界面友好、易操作：Access是一个可视化工具，其风格与Windows完全一样，用户想要生成对象并应用时，只要使用鼠标进行拖放即可，非常直观方便。系统还提供了表生成器、查询生成器、报表设计器以及数据库向导、表向导、查询向导、窗体向导、报表向导等工具，使得操作非常简便，容易使用和掌握。

- 集成环境、可处理多种数据信息：Access基于Windows操作系统下的集成开发环境，该环境集成了各种向导和生成器工具，极大地提高了开发人员的工作效率，使得建立数据库、创建表、设计用户界面、设计数据查询、报表打印等都可以方便有序地进行。
- 支持ODBC（Open Data Base Connectivity、开发数据库互连）：利用Access强大的DDE（动态数据交换）和OLE（对象的联接和嵌入）特性，可以在一个数据表中嵌入位图、声音、Excel表格、Word文档，还可以建立动态的数据库报表和窗体等。Access还可以将程序应用于网络，并与网络上的动态数据相连接。利用数据库访问页对象生成HTML文件，轻松构建Internet/Intranet的应用。

2. SQL Server数据库

SQL Server是由Microsoft开发和推广的关系数据库管理系统（DBMS），它最初是由Microsoft、Sybase和Ashton-Tate三家公司共同开发的，并于1988年推出了第一个OS/2版本。SQL Server近年来不断更新版本，1997年Microsoft推出了SQL Server 7.5版本，1998年SQL Server 7.0版本和用户见面，SQL Server 2000是Microsoft公司于2000年推出的版本。

SQL Server 2000数据库在Windows XP系统下仅支持客户端软件，无法运行服务器组件，建议选择Windows Server系统安装SQL Server 2000数据库。SQL Server 2000数据库中要确保拥有sa用户，密码为空，并设置sa用户服务器为系统管理员。

SQL Server数据库的特点如下。

- 实现真正的客户机/服务器体系结构。
- 图形化用户界面使系统管理和数据库管理更加直观、简单。
- 丰富的编程接口工具，为用户进行程序设计提供了更大的选择余地。
- SQL Server与Windows NT完全集成，利用了NT的许多功能，如发送和接受消息、管理登录安全性等。SQL Server也可以很好地与Microsoft Office产品集成。
- 具有很好的伸缩性，可在运行Windows 95/98/XP的膝上型电脑或运行Windows 2000/2003的大型处理器等多种平台中使用。
- 对Web技术的支持，使用户能够很容易地将数据库中的数据发布到Web页面上。
- SQL Server提供了数据仓库功能，这个功能只在Oracle和其他更昂贵的DBMS中才提供。

3. MySQL数据库

MySQL是一个开放源码的小型关系型数据库管理系统，开发者为瑞典MySQL AB公司。目前MySQL被广泛地应用在Internet上的中小型网站中。由于其体积小、速度快、总体拥有成本低，尤其是开放了源码，许多中小型网站为了降低网站成本而选择了MySQL作为网站数据库。MySQL数据库的特点如下。

- 使用C和C++编写，并使用了多种编译器进行测试，保证源代码的可移植性。
- 支持AIX、FreeBSD、HP-UX、Linux、Mac OS、Novell Netware、OpenBSD、OS/2 Wrap、Solaris、Windows等多种操作系统。
- 为多种编程语言提供了API。这些编程语言包括C、C++、Eiffel、Java、Perl、PHP、Python、Ruby和Tcl等。
- 支持多线程，充分利用CPU资源。
- 优化的SQL查询算法，有效地提高查询速度。
- 既能够作为一个单独的应用程序应用在客户端服务器网络环境中，也能够作为一个库而嵌入到其他的软件中。

- 提供多语言支持，常见的编码如中文的GB 2312、BIG5，日文的Shift_JIS等都可以用作数据表名和数据列名。
- 提供TCP/IP、ODBC和JDBC等多种数据库链接途径。
- 提供用于管理、检查、优化数据库操作的管理工具。
- 可以处理拥有上千万条记录的大型数据库。

创建会员管理数据库

数据库，即存放数据的仓库，其建立在计算机存储设备上，数据按一定格式存放。数据库是长期存储在计算机内部，有组织的、可共享的数据集合，为满足某一部门中多个用户多种应用的需要，按照一定的数据模型在计算机系统中组织、存储和使用的互相联系的数据集合。

在生活中表示实体间联系的最自然的途径就是二维表格。表格是同类实体的各种属性的集合，在数学上把这种二维表格叫作关系。二维表格的表头，即表格的格式是关系内容的框架，这种框架叫作模式。关系由许多同类的实体所组成，每个实体对应于表中的一行，叫作一个元组。表中的每一列表示同一属性，叫作域。

关系数据模型是应用最广泛的一种数据模型，它具有以下优点。

- 能够以简单、灵活的方式表达现实世界中各种实体及其相互间关系，使用与维护也很方便。关系模型通过规范化的关系为用护提供一种简单的用户逻辑结构。所谓规范化，实质上就是使概念单一化，一个关系只描述一个概念，如果多于一个概念，就要将其分开来。
- 关系模型具有严密的数学基础和操作代数基础（如关系代数、关系演算等），可将关系分开，或将两个关系合并，使数据的操纵具有高度的灵活性。
- 在关系数据模型中，数据间的关系具有对称性，因此关系之间的寻找在正反两个方向上难度程度是一样的，而在其他模型如层次模型中从根节点出发寻找叶子的过程非常容易，相反的过程则很困难。

在网站中申请注册会员时，需要使用数据库保存并管理所输入的信息。下面将使用Access制作有关会员注册申请的数据库，先查看数据库的结构后再开始制作。Mymembers 数据库的结构如下。

字　段	说　明	数据类型	必要属性
num	顺序	自动编号	自动
name	名称	文本	必填
Id	ID	文本	必填
Password	密码	文本	必填
Email	电子邮件	文本	必填

Guest数据库的结构如下。

字　段	说　明	数据类型	必要属性
num	顺序	自动编号	自动
name	名称	文本	必填
Email	电子邮件	文本	必填
Home	主页	文本	必填
Message	信息	文本	必填

🏃 Let's go! 创建Mymembers和Guest数据库

原始文件	无
完成文件	Sample\Ch16\site\mymembers.mdb，guest.mdb
视频教学	Video\Ch16\Unit47\

■ **背景介绍**：Access数据库提供了方便友好的操作界面，即使没有接触过数据库的用户也不必担心，使用Access数据库如同使用Word和Excel一样便捷。在制作下面的会员注册前，将光盘提供site文件夹拷贝到"C:\Inetpub\wwwroot"目录下。

1. 创建Mymembers数据库

1️⃣ 启动Access程序。执行"文件＞新建"命令，单击右侧"文件名"旁边的文件夹图标，选择数据库保存的位置，将文件名设为"mymembers.mdb"，保存类型设为"Microsoft Access数据库（2000格式）（*.mdb）"。

2️⃣ 单击"确定"按钮，然后单击"空数据库"图标。

△ 设置数据库名称

△ 新建空数据库

3️⃣ 在"表1"对象上点击鼠标右键，从弹出菜单中选择"设计视图"。

4️⃣ 在第一行中输入num后，按下Enter键，把数据类型设为"自动编号"。

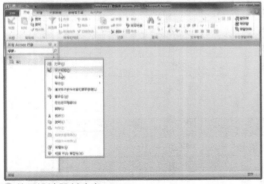
△ 使用设计器创建表

△ 设置数据num

5️⃣ 在第2行中输入name后，按下Enter键，在"字段属性"中设置"必需"为"是"，设置"允许空字符串"为"否"。

6️⃣ 在第3行中输入id后，按下Enter键，在"字段属性"中设置"必需"为"是"，设置"允许空字符串"为"否"。

◢ 设置数据name

◢ 设置数据id

7 在第4行中输入password后，按下Enter键，在"字段属性"中设置"必需"为"是"，设置"允许空字符串"为"否"。

8 在第5行中输入email后，按下Enter键，在"字段属性"中设置"必需"为"是"，设置"允许空字符串"为"否"。

◢ 设置数据password

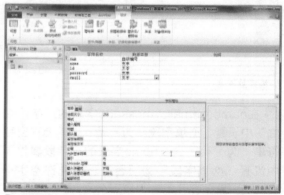

◢ 设置数据email

9 关闭"表1"，然后在左侧"表1"对象上点击鼠标右键，从弹出菜单中选择"重命名"，然后将其命名为join_table。

TIP 在建立数据库的时候，需要为每张表指定一个主键，所谓主键就是能够惟一标识表中某一行的属性或属性组，一个表只能有一个主键，但可以有多个候选索引。因为主键可以惟一标识某一行记录，所以可以确保执行数据更新、删除的时候不会出现错误。默认情况下，Access将num第一行字段设置为主键。

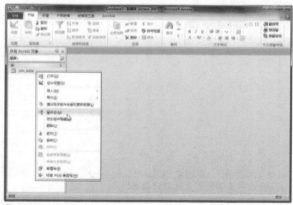

◢ 重命名表

2. 创建guest数据库

1 执行"文件 > 新建"命令，单击右侧"文件名"旁边的文件夹图标，选择数据库保存的位置，将文件名设为"guest.mdb"，保存类型设为"Microsoft Access数据库（2000格式）(*.mdb)"。然后单击"空数据库"图标。

△ 创建数据库

2 在"表1"对象上点击鼠标右键，从弹出菜单中选择"设计视图"。接下来要定义"姓名"、"邮箱"、"留言"三项为必填项，而"家庭"一项可以不填。输入num字段，设置"数据类型"为"自动编号"，然后输入name、email、home、message等字段，"数据类型"均设为"文本"。

△ 输入各种字段

3 在name、email、message字段的"字段属性"中设置"必填字段"为"是"，"允许空字符串"为"否"。在home字段的"字段属性"中设置"必填字段"为"否"，"允许空字符串"为"是"。

△ 设置必填字段和允许空字符串

4 关闭"表1"，然后在左侧"表1"对象上点击鼠标右键，从弹出菜单中选择"重命名"，然后将其命名为guest，然后退出Access。

△ 重命名表

> **TIP** Access 2010包含一系列易于使用的自定义工具，为开发数据库管理解决方案提供了一个内容丰富的平台。使用Access 2010，用户不必是数据库专家也能充分利用信息。Access 2010增加了一些新的模板和设计工具，增强了一些常用的模板和工具，从而帮助用户轻松创建功能强大而可靠的数据库。

DO IT Yourself　练习操作题

1. 制作user数据库

⊙ 限定时间：15分钟

请使用已经学过的创建数据库知识创建如下所示结构的Access数据库。

字　　段	说　　明	数据类型	必要属性
num	顺序	自动编号	自动
name	名称	文本	必填
Password	密码	文本	必填
Email	电子邮件	文本	必填
Address	地址	文本	必填

Step BY Step（步骤提示）

通过Access制作数据库。

光盘路径

Exercise\Ch16\1\user.mdb

2. 制作student数据库

⊙ 限定时间：15分钟

请使用已经学过的使用创建数据库知识创建如下所示结构的Access数据库。

字　　段	说　　明	数据类型	必要属性
num	顺序	自动编号	自动
name	名称	文本	必填
Id	ID	文本	必填
Address	地址	文本	必填
Message	信息	文本	必填

Step BY Step（步骤提示）

通过Access制作数据库。

光盘路径

Exercise\Ch16\2\student.mdb

参考网站

● **美商方策**：美商方策是一间位于台北的品牌顾问公司，界面大气而且艺术性强，整个网站技术上通过 Dreamweaver CC 的"网页编程"实现。

● **翼起来飞Young**：一个为年轻手机用户所定制的网页，页面中充满了年轻的气息，页面左侧的会员登录界面从外观上看起来很酷。技术上通过Dreamweaver CC的"网页编程"实现。

⚓ http://ddg.com.tw/　　　　　　⚓ http://www.f-young.cn/main.action

ADO被用于从网页访问数据库。ADO连接对象用来创建到某个数据源的开放连接。通过此连接，用户可以对此数据库进行访问和操作。

1. Command对象

ADO Command对象用于执行面向数据库的一次简单查询。此查询可执行诸如创建、添加、取回、删除或更新记录等动作。如果该查询用于取回数据，此数据将以一个RecordSet对象返回。这意味着被取回的数据能够被RecordSet对象的属性、集合、方法或事件进行操作。Command对象的主要特性是有能力使用存储查询和带有参数的存储过程。

2. Connection对象

ADO Connection对象用于创建一个到达某个数据源的开放连接。通过此连接，用户可以对一个数据库进行访问和操作。如果需要多次访问某个数据库，用户应当使用Connection对象来建立一个连接。用户也可以经由一个Command或Recordset对象传递一个连接字符串来创建某个连接。不过，此类连接仅仅适合一次具体的简单的查询。

3. Error对象

ADO Error对象包含与单个操作（涉及提供者）有关的数据访问错误的详细信息。

ADO会因每次错误产生一个Error对象。每个Error对象包含具体错误的详细信息，且Error对象被存储在Errors集合中。要访问这些错误，就必须引用某个具体的连接。

4. Field 对象

ADO Field对象包含有关Recordset对象中某一列的信息。Recordset中的每一列对应一个Field对象。

5. Parameter 对象

ADO Parameter对象可提供有关被用于存储过程或查询中的一个单个参数的信息。

Parameter对象在其被创建时被添加到Parameters集合。Parameters集合与一个具体的Command对象相关联，Command对象使用此集合在存储过程和查询内外传递参数。

参数被用来创建参数化的命令。这些命令（在它们已被定义和存储之后）使用参数在命令执行前来改变命令的某些细节。例如，SQL SELECT语句可使用参数定义 WHERE子句的匹配条件，而使用另一个参数来定义SORT BY子句的列的名称。

6. Property 对象

ADO对象有两种类型的属性：内置属性和动态属性。内置属性是在ADO中实现并立即可用于任何新对象的属性，此时使用MyObject.Property语法。它们不会作为Property对象出现在对象的Properties集合中，因此，虽然可以更改它们的值，但无法更改它们的特性。ADO Property对象表示ADO对象的动态特性，这种动态特性是被provider定义的。

7. Recordset 对象

ADO Recordset对象用于容纳一个来自数据库表的记录集。一个Recordset对象由记录和列（字段）组成。在ADO中，此对象是最重要且最常用于对数据库的数据进行操作的对象。

Chapter
17

动态编程
模块制作

可以使用Dreamweaver CC轻松地将数据库与Web应用程序相连接，当这个桥梁搭载完毕后，需要使用Web应用程序操作数据库内的数据，这就需要对动态资源进行添加和设置，从而制作出具有常用动态功能的各种模块。

本章技术要点

Q：在Dreamweaver CC中制作注册页要包含哪些内容？

A： Dreamweaver CC中的注册页由以下构造块组成：存储有关用户登录信息的数据库表、使用户可以选择用户名和密码的HTML表单、用于更新站点用户数据库表的"插入记录"服务器行为、用于确保用户输入的用户名没有被其他用户使用的"检查新用户名"服务器行为。

Q：如何制作用户留言系统？

A： 用户留言系统相对复杂一些，需要先制作相关页面，包括留言页面、显示留言页面等，然后制作留言页面导航。其中，需要定义重复区域，为记录集分页，定义显示区域等。

使用数据源

当使用Dreamweaver CC制作网页应用程序的时候，连接数据源是非常重要的环节，使用Dreamweaver CC可以非常便捷地操作使用数据库。本节介绍如何应用Dreamweaver CC连接数据库和定义数据源。

连接数据库

我们平时在处理一些数据事务的时候，比如是用Excel来管理一些收入支出数据，首先要先准备好相应的数据文件，接着找到并打开文件，最后才可以进行相应的操作。这和我们做带数据库的网站一样，首先要准备好相应的数据库，然后让程序（这里指ASP）去找到要处理的数据库，再打开它并进行处理（如添加、修改、删除数据等）。

虽然在系统环境下，数据库软件可以对数据库进行操作，但在网页环境下，无法操作数据库应用软件，这时就需要将网页应用程序连接到数据库，并使用SQL操作数据库。

在学习配置ODBC数据源之前，先了解一下ODBC是什么。

ODBC（Open Database Connectivity，开放数据库互连）是微软公司开放服务结构（WOSA，Windows Open Services Architecture）中有关数据库的一个组成部分，它建立了一组规范，并提供了一组对数据库访问的标准API（应用程序编程接口）。这些API利用SQL来完成其大部分任务。ODBC本身也提供了对SQL语言的支持，用户可以直接将SQL语句送给ODBC。

一个基于ODBC的应用程序对数据库的操作不依赖任何DBMS，不直接与DBMS打交道，所有的数据库操作由对应的DBMS的ODBC驱动程序完成。也就是说，不论是FoxPro、Access还是Oracle数据库，均可用ODBC API进行访问，因而ODBC的最大优点是能以统一的方式处理所有的数据库。ODBC的功能不但强大，而且配置ODBC数据源也非常简单。

动态网页在调用数据库数据前，必须要创建数据库连接，创建数据库连接后，动态网页才知道数据库的位置和连接方式。存储在数据库中的数据通常有其专有的格式，在动态网页与数据库之间存在一个软件接口，以允许动态网页和数据库之间互相通信，常见的接口有ODBC、OLEDB和JDBC三种。

ODBC、OLEDB和JDBC接口由数据库驱动程序实现，当动态网页与数据库进行通信时，动态网页是通过驱动程序的中间作用实现通信的。数据库驱动程序是特定于数据库的，驱动程序由诸如Microsoft和Oracle等数据库供应商编写，也可由第三方软件供应商编写。

定义数据源

网页应用程序的信息需要一个数据源提供支持，将数据显示在网页上之前，需要先从该数据库源提取这些数据。在Dreamweaver CC中，这些数据源可以是数据库文件或XML文件以及其他任何可以操作的数据。

记录集是数据库查询的结果，使用Dreamweaver CC可以更容易地连接到数据库并创建从中提取动态内容的记录集，它会提取请求的特定信息，并允许在指定页面内显示该信息。根据包含在数据库中的信息和要显示的内容来定义记录集。

⚡ Let's go! 安装动态扩展、定义测试服务器、IIS服务器、连接数据库与绑定数据源

原始文件	Sample\Ch17\site
完成文件	Sample\Ch17\site
视频教学	Video\Ch17\Unit42\

■ **背景介绍**：Dreamweaver CC在默认安装下，不包含动态数据库方面的内容，因此，对于常规的用户来说，首先需要安装动态扩展。接下来才能完成Dreamweaver CC中测试服务器的定义工作、在Dreamweaver CC中导入数据库。另外，IIS服务器作为Windows 7操作系统的一部分，默认情况下，IIS服务器的根目录是C:\Inetpub，但本章的站点并不在这个目录下，要把站点所在的文件夹设置为IIS服务器根目录下的文件夹。新建的数据库要和网页连接起来，还要通过系统数据源，将数据库添加到系统数据源DSN中。使用DSN连接数据库是最常见的数据库连接方式，只要是通过ODBC定义过的数据源，均可以被程序调用。

1. 安装动态扩展

1 打开"我的电脑"，进入到Dreamweaver CC的安装目录，默认为C:\Program Files\Adobe\Adobe Dreamweaver CC\confi guration\Disabled-Features，找到其中的Deprecated_ServerBehaviors-Panel_Support.zxp文件。

△ 进入Dreamweaver CC的安装目录

2 双击这个文件，系统将自动打开Adobe Extension Manager CC，准备这个扩展插件的安装过程。

△ 安装扩展

3 稍等片刻，Adobe Extension Manager CC会弹出许可提示，单击"接受"按钮。

△ 接受许可

TIP 使用Adobe Extension Manager，可以在许多Adobe应用程序中轻松便捷地安装和删除扩展，并查找关于已安装的扩展的信息。它还提供了导航到Adobe Exchange站点的便捷方式，可以在这个站点上找到更多扩展，获得与扩展有关的信息，并评估已使用的扩展。

4 安装完成后，Deprecated_ServerBehaviors Panel_Support这个插件会出现在Adobe Extension Manager CC界面中。这样，Dreamweaver CC就扩展了动态数据库方面的相关内容。

△ 扩展安装完成

2. 定义测试服务器

1 选择"站点>管理站点"命令，打开"管理站点"对话框，然后单击"新建站点"按钮。

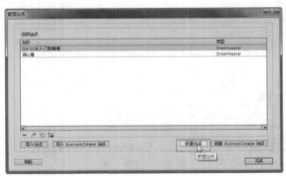
△ 新建站点

2 打开"站点设置对象"对话框，在"站点名称"中输入Site，指定网站的本地路径为光盘文件夹中的Sample\Ch17\site\。

△ 输入站点名称与指定路径

3 单击左侧"服务器"选项，然后单击"添加新服务器"按钮"。

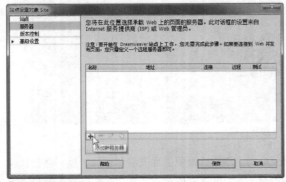
△ 添加新服务器

4 选择"高级"选项，然后在"服务器模型"下拉列表中选择ASP VBScript选项。

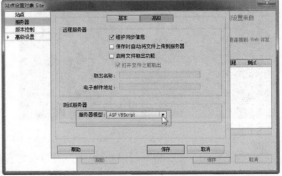
△ 选择服务器技术

5 选择"基本"选项,在"连接方法"下拉列表中选择"本地/网络",在"服务器文件夹"中指定服务器路径,在Web URL文本框中输入"http://localhost/",然后单击"保存"按钮。

⬖ 设置服务器

6 回到"站点设置对象"对话框,可以看到,建立的服务器已经出现在对话框中,接下来单击"保存"按钮。

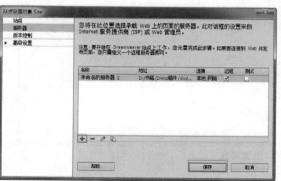

⬖ 保存设置

3. 定义IIS服务器

1 在Windows 7中打开控制面板。

7 再次单击"站点定义"面板中的"完成"按钮,站点设置即完成。

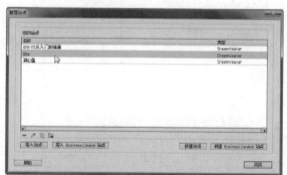

⬖ 完成设置

⬖ 控制面板

2 在"控制面板"窗口中选择"管理工具"图标,打开"管理工具"窗口。

⬖ "管理工具"窗口

3 打开"Internet信息服务(IIS)管理器"窗口,在左侧树状结构中显示"网站"项目。

⬖ 显示默认网站

4 在"默认网站"项目上单击鼠标右键，在弹出菜单中执行"添加网站"命令。

△ 设置属性

5 在弹出的对话框中的"物理路径"项填写站点根目录的路径，"网站名称"填写为site。

△ 定义主目录

4. 连接数据库

6 单击"确定"按钮，IIS服务器的根目录就变为设置的路径。这样，在Dreamweaver中就可以使用HTTP协议访问网页了。

△ 设置完成

1 回到"管理工具"窗口，双击"数据源（ODBC）"，打开ODBC数据源管理器。

△ ODBC数据源管理器

2 切换到"驱动程序"选项卡，从图中可以看到，Microsoft Access的驱动程序已经安装。

△ "驱动程序"选项卡

3 切换到"系统DSN"选项卡，单击"添加"按钮。

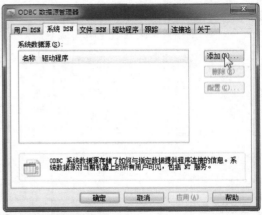
△ ODBC数据源管理器

TIP 这个步骤的目的是查看是否安装了Microsoft Access的数据库驱动，只有安装了驱动，才能够将数据库添加到系统数据源中。通常，在Microsoft Office默认安装情况下，都会安装Microsoft Access的数据库驱动。

4️⃣ 打开 " 创建新数据源" 对话框，选择 "Microsoft Access Driver（*.mdb）" 选项，单击"完成"按钮。

5️⃣ 设置"数据源名"为guest，"说明"为"留言簿"，单击"选择"按钮。

🔵 创建新的数据源

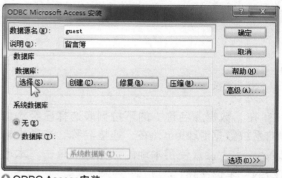

🔵 ODBC Access安装

6️⃣ 首先选择找到数据库文件位置，然后选择"guest.mdb"，单击"确定"按钮。

7️⃣ 查看数据库位置正确后，单击"确定"按钮，"系统数据源"中就增加了guest数据源。然后按照同样的方法配置mymembers数据源。

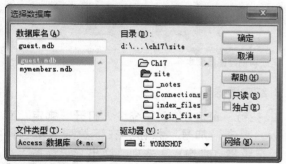

🔵 选择数据库

🔵 设置系统DSN

TIP 不管在什么系统下，安装过程都大同小异，由于现在用户一般都喜欢用Windows 7操作系统，所以笔者在这里也选择Windows 7来演示相关的安装方法，如果读者没有使用Windows 7，可以参考这个过程自己进行尝试。

5. 添加数据源

1️⃣ 进入到Dreamweaver CC中，执行"窗口>数据库"命令，打开"数据库"面板。

2️⃣ 单击"数据库"面板上的加号按钮，在弹出列表中选择"数据源名称（DSN）"选项。

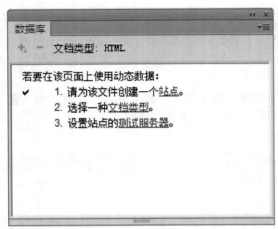

◎ 数据库面板

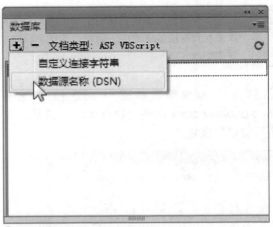

◎ 添加数据源名称

3 在"数据源名称"的下拉列表选择已经添加的系统数据源guest。在"连接名称"选项中输入guest。设置使用本地的数据源，单击"本地DSN"单选按钮。

4 设定完毕后，单击"测试"按钮。如果在弹出窗口中文本为"成功创建连接脚本"，说明数据源创建成功。

◎ 设置数据源

◎ 成功创建连接脚本

5 单击"确定"按钮，数据源就出现在了"数据库"面板上。然后按照同样的方法添加mymembers数据源。

6. 绑定数据

1 执行"窗口>绑定"命令，打开"绑定"面板。单击"加号"按钮，在下拉列表中选择"记录集（查询）"选项，弹出"记录集"对

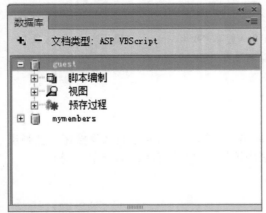

◎ 数据源添加完成

◎ 添加记录集

2 "连接"项显示的是已经导入到Dreamweaver CC中的数据源，这里选择guest，其他选项使用默认值即可。

3 单击"测试"按钮，会弹出窗口显示表中记录的内容，说明设置正确。单击"确定"按钮结束导入表的设置。导入表的各个字段的名称会显示在"绑定"面板上。然后按照同样的方法绑定mymembers数据源。

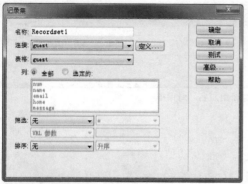

△ 设置记录集参数

△ 设置完成

制作注册系统

使用Dreamweaver CC可以轻松地将数据库与网页应用程序相连接，当这个桥梁搭载完毕后，需要使用网页应用程序操作数据库内的数据，这就需要对动态资源进行添加和设置。注册系统就是典型的网页应用程序之一。

插入记录表单

注册页由以下构造块组成：存储有关用户登录信息的数据库表、使用户可以选择用户名和密码的HTML表单、用于更新站点用户数据库表的"插入记录"服务器行为、用于确保用户输入的用户名没有被其他用户使用的"检查新用户名"服务器行为。

在Dreamweaver CC中执行"窗口>服务器行为"命令，打开"服务器行为"面板。单击"+"按钮，在下拉列表中选择"插入记录"选项，弹出"插入记录"对话框。可以迅速插入数据库中的记录。

1 连接：选择一个与数据库的连接。

2 插入到表格：选择应向其插入记录的数据库表格。

3 插入后，转到：输入将记录插入表格后要打开的页面，或单击"浏览"按钮查找文件。

4 获取值自：指定数据的来源。

5 表单元素：指定要包括在指定数据的来源。插入页面的HTML表单上的表单对象。

6 列：每个表单对象应该更新数据库表格中的哪些列。

7 提交为：选择数据库表格接受的数据格式。

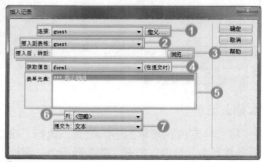

△ "插入记录"对话框

TIP 默认情况下，Dreamweaver为数据库表格中的每个列创建一个表单对象。如果数据库为创建的每个新记录都自动生成惟一键ID，则需删除对应于该列的表单对象。方法是在列表中将其选中然后单击减号按钮，这样就避免了表单的用户输入已存在的ID值的风险。

检查新用户名

在"服务器行为"面板中，单击"+"按钮并从下拉列表中选择"用户身份验证>检查新用户名"选项，可以打开"检查新用户名"对话框。

① **用户名字段**：选择访问者用来输入用户名的表单文本字段。

② **如果已存在，则转到**：指定在数据库表中找到匹配的用户名时所打开的页。

⌃"检查新用户名"对话框

⚡ Let's go! 在"东易日盛装饰"页面中制作会员注册项目

原始文件	Sample\Ch17\site\member.asp
完成文件	Sample\Ch17\site\member-end.asp
视频教学	Video\Ch17\Unit43\

图示					
浏览器	IE	Chrome	Firefox	Opera	Apple Safari
是否支持	◎	◎	◎	◎	◎

◎完全支持　□部分支持　※不支持

■ **背景介绍**：前面已经介绍了在Dreamweaver CC中创建动态站点并连接数据库的方法，下面将介绍制作会员注册页面后连接数据库的方法。

⌃ 制作会员注册前的文档

⌃ 制作会员注册后的文档

1. 插入记录

① 将光标定位在表单的中间位置，执行"窗口>服务器行为"命令，打开"服务器行为"面板，单击"加号"按钮，从菜单中选择"插入记录"。

② 在对话框中的"连接"中选择mymembers选项，在"插入到表格"中选择join_table选项。

△ 插入记录表单向导

△ 设置插入记录表单

③ 在"插入后，转到"后面单击"浏览"按钮，选择"joinok.asp"文件。

④ 在"获取值自"中选择form1，然后设置不同的"列"的"提交为"的值，然后单击"确定"按钮。

△ 选择joinok.asp

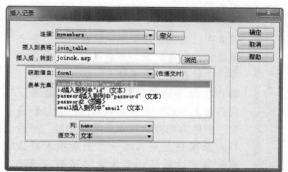

△ 删除字段

2. 检查会员重复

① 单击"会员注册"按钮，打开"服务器行为"面板。单击"+"按钮，在下拉列表中选择"用户身份验证>检查新用户名"选项。

> **TIP** 会员数量增加到一定程度时，会出现想使用相同ID的用户，但是ID是区分各个会员的一种身份证，是不能重复的。会员注册ID时，如果是已经注册的ID，则需要通知用户该ID已被注册。

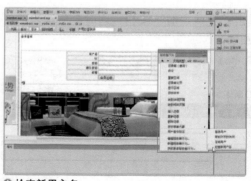

△ 检查新用户名

② 在"用户名字段"选择ID选项，在"如果已存在，则转到"中选择"joinerror.asp"文件。

③ 单击"确定"按钮后，在"服务器行为"面板中出现了新的行为。

> **TIP** 在会员注册时，可以提示用户没有输入或错误输入的项目以及输入的ID是否已注册，这可以通过Check Form插件来实现确认功能，读者可从互联网上搜索此插件并安装使用。

○ 设置"检查新用户名"对话框

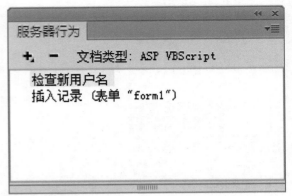

○ 添加的行为

3. 在浏览器中确认

1 保存页面，按下F12键预览页面，在文本框中输入内容。

> **TIP** 读者在注册成为某个网站的会员时，首先需要填写信息表单，然后通过Web应用程序提交并在数据库中插入一条相关记录。制作会员注册项目最基本的思路是通过用户注册界面，在其中填写用户信息后提交，程序首先会验证信息是否完整，然后再判断用户名是否唯一，最后插入数据库并转到注册成功或失败的页面。使用Dreamweaver的插入记录的方法，可以轻松制作出具有会员注册功能的页面。

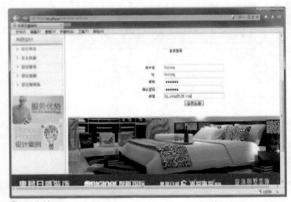

○ 预览效果

2 单击"会员注册"按钮，这时会显示注册成功的画面。

3 打开mymembers数据库文件后，双击join_table表。

○ 注册成功

○ 打开数据库文件

4 可以看到刚才输入的内容已经储存在数据库表当中了。

5 回到注册页面，使用前面输入过的ID注册，单击"会员注册"按钮，这时页面会自动跳转到注册错误的页面。

▲ 数据库表

▲ 跳转到注册错误的页面

制作登录注销系统

登录和注销系统由以下构造块组成：注册用户的数据库表、使用户可以输入用户名和密码的HTML表单、确保输入的用户名和密码有效的"登录用户"服务器行为。当用户成功登录后，将创建一个包含其用户名的会话变量。当用户退出站点时，可以使用"注销用户"服务器行为来清除该会话变量并将用户重定向到另一页。

登录用户

通过"插入记录"可以快速完成会员注册的功能，而用户需要在登录页中添加"登录用户"服务器行为以确保用户输入的用户名和密码有效。当用户单击登录页上的"提交"按钮时，"登录用户"服务器行为将对用户输入的值和注册用户的值进行比较，如果这些值匹配，该服务器行为会打开一个页（通常是站点的欢迎屏幕），如果这些值不匹配，则该服务器行为将会打开另一页（通常是提示用户登录尝试失败的页）。当用户成功登录时，将为该用户创建一个包含其用户名的会话变量。

在"服务器行为"面板中，单击"+"按钮并从下拉列表中选择"用户身份验证> 登录用户"选项，可以打开"登录用户"对话框。

❶ **从表单获取输入**：指定访问者在输入用户名和密码时所使用的表单和表单对象。

❷ **使用连接验证**：指定包含所有注册用户的用户名和密码的数据库表格和列。该服务器行为将对访问者在登录页上输入的用户名及密码和这些列中的值进行比较。

❸ **如果登录成功，转到**：指定在登录过程成功时所打开的页。所指定的页通常是站点的起始页。

❹ **如果登录失败，转到**：指定在登录过程失败时所打开的页。所指定的页通常会提示用户登录过程已失败，并且让用户重试。

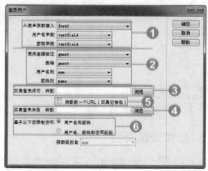

▲ "登录用户"对话框

⑤ **转到前一个URL**：如果要让用户在试图访问受限页时前进到登录页，并且在登录后返回到该受限页，请选择此选项。

⑥ **基于以下项限制访问**：指定是仅根据用户名和密码还是同时根据授权级别来授予对该页的访问权。

注销用户

在"服务器行为"面板中，单击"+"按钮并从弹出列表中选择"用户身份验证>注销用户"选项，可以打开"注销用户"对话框。

① **在以下情况下注销**：选择是单击链接还是页面载入情况下注销。

② **在完成后，转到**：设置完成后转到的页。

△ "注销用户"对话框

🦅 Let's go! 在"东易日盛装饰"页面中制作登录注销项目

原始文件	Sample\Ch17\site\login.asp，loginok.asp
完成文件	Sample\Ch17\site\login-end.asp，loginok-end.asp
视频教学	Video\Ch17\Unit44\

图示	ⓔ	ⓖ	ⓕ	Ⓞ	ⓢ
浏览器	IE	Chrome	Firefox	Opera	Apple Safari
是否支持	◎	◎	◎	◎	◎
◎完全支持　　□部分支持　　※不支持					

■ **背景介绍**：注册为会员后要进行登录，如果想实现登录功能，则需要制作登录文档、登录成功时显示的文档、登录失败时显示的文档等三个网页文档。

△ 制作登录注销前的文档

△ 制作登录注销后的文档

1. 制作登录页面

1️⃣ 打开"login.asp"文件，为页面中的"注册会员"文字添加到"member-end.asp"文件的链接。

2️⃣ 单击"登录"按钮，在"服务器行为"面板中单击"+"按钮，选择"用户身份验证>登录用户"选项。

◎ 选择文字后添加链接

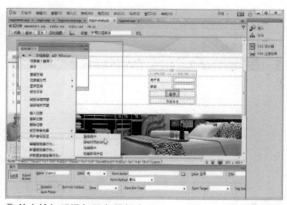

◎ 单击按钮后添加服务器行为

3 在弹出对话框的"使用连接验证"中选择mymembers选项。在"用户名列"中选择name选项，在"密码列"中选择password选项，在"如果登录成功，转到"中选择"loginok.asp"文件（图中演示为"loginok-end.asp"文件），在"如果登录失败，转到"中选择"loginerror.asp"文件。

4 单击"确定"按钮后，在"服务器行为"面板中出现了新的行为。

> **TIP** 利用服务器行为的"登录用户"行为可以方便地制作登录文档，登录成功时跳转到成功页面，否则跳转到其他页面。

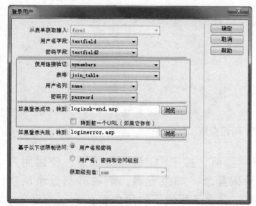

◎ 设置"登录用户"对话框

◎ 添加的行为

5 保存页面，按下F12键预览页面，输入用户名和密码后，单击"登录"按钮。如果正确，则跳转到登录成功的页面；如果错误，则跳转到登录失败的页面。

> **TIP** 登录成功后需要显示欢迎词或者显示会员用户名，因此需要阶段变量，阶段变量可以简单地理解为发给各个访问者的会员信息集。登录后给各个会员分发包含会员信息的集合，会员可以在登录的网站中自由使用这些会员信息。

◎ 预览效果

制登录成功的页面

登录失败的页面

2. 制作登录成功页面的会员用户名显示功能

1 打开"loginok.asp"页面,打开"绑定"面板,单击"+"按钮,选择"阶段变量"选项。

2 在"名称"中输入MM_Username,然后单击"确定"按钮。

绑定阶段变量

设置"阶段变量"对话框

3 将MM_Username从"绑定"面板拖拽到页面"欢迎你"文字的后面。

4 保存页面,按下F12键预览页面,使用用户名和密码登录,如果正确,则跳转到登录成功的页面,并显示所使用的用户名。

使用MM_Username

预览效果

3. 制作注销功能

1 选择页面中的"注销"文字，在"服务器行为"面板中单击"+"按钮，选择"用户身份验证>注销用户"选项。

> **TIP** 如果在退出网页时不注销而保留注册状态，就很可能会被其他人盗用权限，而且注销后可以清除分配的内存空间。因此访问者离开网站时需要进行注销操作。利用"注销用户"服务器行为，可以方便地设置该功能。

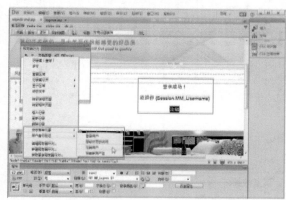
△ 添加"注销用户"行为

2 在打开的对话框中单击"在完成后，转到"的"浏览"按钮，选择"login.asp"文件。

△ 选择login.asp文件

3 单击"确定"按钮后，即设置完成，再次单击"确定"按钮。

△ 对话框设置完成

4 在"服务器行为"面板中出现了新的行为。

> **TIP** "服务器行为"面板是编辑网页程序时的重要面板，网页编程会使用到制作普通网页文档时不使用的几个面板，因此需要打开并整理所需面板。网页程序的编辑工作中需要使用如下面板："数据库"面板、"绑定"面板、"服务器行为"面板等。
> 到现在为止，已经制作了会员加入、注册、注销、重复ID确认等项目模块，下面就可以制作留言簿这样的项目模块了。

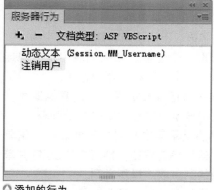
△ 添加的行为

5 保存页面，按下F12键预览页面，单击"注销"后，返回最初的登录界面。

◉ 预览效果

◉ 单击"注销"后返回登录界面

制作用户留言系统

用户留言系统稍微复杂一些，用户留言的各个项目要对应到输出的页面中。针对多条留言，要能够设置前后翻页显示。针对留言的具体内容，要能够实现查看详细信息的功能。

绑定记录集

记录集是数据库查询的结果，使用Dreamweaver CC可以更容易地连接到数据库并创建从中提取动态内容的记录集，它提取请求的特定信息，并允许在指定页面内显示该信息。根据包含在数据库中的信息和要显示的内容来定义记录集。

在"绑定"面板中，单击"+"按钮，选择"记录集"选项，打开"记录集"对话框。

❶ **名称**：输入记录集的名称。通常的做法是在记录集名称前添加前缀rs，以将其与代码中的其他对象名称区分开，例如rsPressReleases、注意记录集名称只能包含字母、数字和下划线字符，不能使用特殊字符或空格。

❷ **连接**：选取一个连接。如果列表中未出现连接，请单击"定义"按钮创建连接。

❸ **表格**：选取为记录集提供数据的数据库表。下拉列表中显示指定数据库中的所有表。

❹ **列**：若要使记录集中只包括某些表列，请单击"选定的"单选按钮，然后按住Ctrl键并单击列表中的列，以选择所需列。

❺ **筛选**：选择只包括表的某些记录。

❻ **排序**：选取要作为排序依据的列，然后指定是按升序还是降序排列。

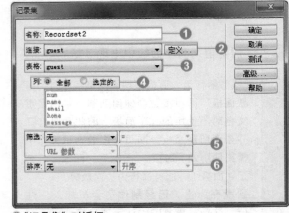

◉ "记录集"对话框

> **TIP** 单击"测试"按钮可以连接到数据库并创建数据源实例。在定义的站点内，可以将记录集从一个页面复制到另一个页面。在"绑定"面板或"服务器行为"面板中选择记录集。右击该记录集并从弹出菜单中选择"复制"命令。打开想要向其复制记录集的页面，然后右击"绑定"面板或"服务器行为"面板，并从弹出菜单中选择"粘贴"命令即可。

定义重复区域

到目前为止，输出数据库记录集时遇到一个问题，就是每次仅仅输出数据表内的第一条记录，无法显示表内所有数据。为了解决这个问题，Dreamweaver CC提供"重复区域"的服务器行为，它既能显示一条记录，也可以显示多条记录，而且"绑定"面板提供了记录集的统计功能，当有多条记录的显示时可以创建计数器。

如果要在一个页面上显示多条记录，必须指定一个包含动态内容的选择区域作为重复区域，任何选择区域都能转变为重复区域，如表格、表格的行，或者一系列的表格行，甚至字母、文字也可被指定。

在"服务器行为"面板中，单击"+"按钮并从下拉列表中选择"重复区域"选项，打开"重复区域"对话框。

△ "重复区域"对话框

❶ **记录集**：选择要显示的记录集名称。

❷ **显示**：设置显示记录的数量。

定义记录集分页

一般情况下，如果记录集的记录数量较少，在一个页面中显示所有记录更便于阅读，若记录集中的记录数目庞大，仍然在一个页面中显示所有记录就会造成很多问题，如HTML文档数据过多无法下载，或需要查找相关记录时费时费力等。对于一般网站应用来说，这种方法是不可行的，此时就需要对记录集进行分页。Dreamweaver CC提供的"记录集分页"服务器行为，正是一组将当前页面和目标页面的记录集信息整理成URL地址参数的代码，可以轻松地完成记录集分页工作。

在"服务器行为"面板中，单击"+"按钮并从下拉列表中选择"记录集分页"选项，根据需要选择要移到的记录。用户可以分别选择"移至第一条记录"、"移至前一条记录"、"移至后一条记录"、"移至最后一条记录"和"移至特定记录"。除了"移至特定记录"外，其他对话框的说明如下。

△ "移至第一条记录"对话框

❶ **链接**：创建要移到记录的链接。

❷ **记录集**：选择要显示的记录集名称。

可以添加一个可在记录集中查找特定记录的服务器行为，以便在页面上显示此记录数据。

❶ **移至以下内容中的记录**：选择为该页定义的记录集。

❷ **其中的列**：选择包含由另一个页传递的值的列。例如，如果另一个页传递一个记录ID号，则选择包含记录ID号的列。

❸ **匹配URL参数**：输入另一个页所传递的URL参数的名称。例如，如果另一个页用于打开详细页的URL是id=43，则在"匹配URL参数"框中输入ID。

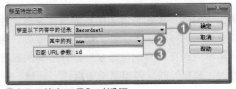

TIP 可以用Web表单或超文本链接来从用户处收集信息，将信息存储在服务器的内存中，然后根据用户的输入用这些信息来创建动态响应。收集信息最常用的工具是HTML表单和超文本链接。

◐ "移至特定记录"对话框

　　浏览器下次请求该页面时，该服务器行为将读取另一个页所传递的URL参数中的记录ID，并移动到记录集中的指定记录。

定义显示区域

　　在使用分页代码时可以发现一个问题，当记录处于第一条时，"第一页"与"前一页"链接不会起任何作用，当记录处于最后一条时，"下一页"与"最后一页"链接也不会起任何作用，若可以隐藏无效的导航链接，程序会看起来更人性化。Dreamweaver CC提供的"显示区域"服务器行为的作用正是显示有效信息和隐藏无效信息。

◐ 定义显示区域

定义详细信息页

　　Dreamweaver CC提供的"详细信息页"服务器行为，可以帮助将本页记录集的信息传送到其他目标页，目标页接受传递值可以显示完整的记录集信息。在"服务器行为"面板中，单击"+"按钮并从下拉列表中选择"转到详细页面"选项，打开"转到详细页面"对话框。

❶ 详细信息页：单击"浏览"按钮查找详细页。
❷ 传递URL参数：指定参数的名称。
❸ 记录集、列：选择记录集和列，以指定要传递到删除页的值。通常情况下，该值对于记录是惟一的。
❹ 传递现有参数：选择传递URL参数或表单参数。如果希望传递的参数直接从使用GET方法的HTML表单获得，或者列在该页的URL中，就勾选"URL 参数"复选框；如果希望传递的参数直接从使用POST方法的HTML表单获得，就勾选"表单参数"复选框。

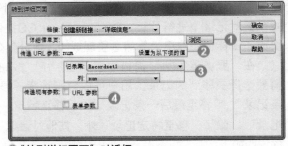

◐ "转到详细页面"对话框

定义相关信息页

　　Dreamweaver CC的"相关信息页"服务器行为与"详细信息页"服务器行为相似，它们的使用方法基本相同，但"相关信息页"服务器行为的定义和使用更便捷，不过若需要在页面间传递详细参数，还需要使用"详细信息页"服务器行为。

在"服务器行为"面板中，单击"+"按钮并从下拉列表中选择"转到详细页面"选项，打开"转到相关页面"对话框。

❶ **链接**：设置链接内容。

❷ **相关页**：单击"浏览"按钮并定位详细页。

❸ **传递现有参数**：选择传递URL参数或表单参数复选框。

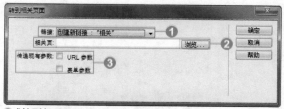

△ "转到相关页面"对话框

Let's go! 在"东易日盛装饰"页面中制作留言簿项目

原始文件	Sample\Ch17\site\guest.asp
完成文件	Sample\Ch17\site\guest-end.asp
视频教学	Video\Ch17\Unit45\

图 示					
浏览器	IE	Chrome	Firefox	Opera	Apple Safari
是否支持	◎	◎	◎	◎	◎

◎完全支持　　□部分支持　　※不支持

■ **背景介绍**：如果不能查看留言簿中输入的内容，则不能叫留言簿，下面利用记录集从数据库中提取必要的数据后，把这些数据自由地应用到网页文档中，制作留言簿项目。

△ 制作留言簿前的文档

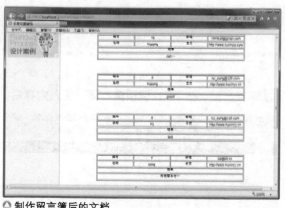

△ 制作留言簿后的文档

1. 制作留言页面

❶ 将光标定位在中间表单的位置，执行"窗口>服务器行为"命令，打开"服务器行为"面板，单击"+"按钮，从菜单中选择"插入记录"。

❷ 在对话框中的"连接"中选择guest选项，在"插入到表格"中选择guest选项。

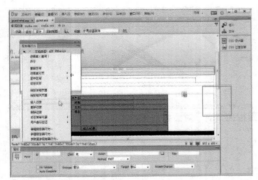

△ 插入记录表单向导

△ 设置"插入记录"对话框

3 在"插入后，转到"后单击"浏览"按钮，选择guestok.asp文件。

4 在"获取值自"中选择form1，然后设置不同的"列"的"提交为"的值，然后单击"确定"按钮。

△ 选择"guestok.asp"

△ 删除num

5 保存页面，按下F12键预览页面，输入内容后，单击"插入记录"按钮，会显示加入成功的页面。

△ 预览效果

△ 加入成功的页面

6 打开数据库文件后，双击guest表。可以看到，输入的内容已经储存在数据库表当中了。

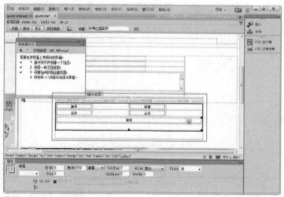

◎ 数据库文件

◎ Guest表

2. 制作显示留言页面

1 制作好显示留言的表格部分。

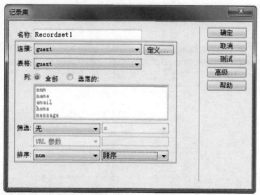

◎ 显示留言的表格

2 打开"绑定"面板，单击"+"按钮，选择"记录集（查询）"选项。

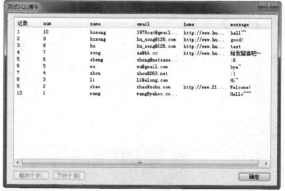

◎ 绑定记录集

3 在对话框中将"连接"设为guest选项，"排序"中选择num，降序选项。

◎ 设置"记录集"对话框

4 单击"测试"按钮后，单击"确定"按钮关闭窗口。

◎ 测试窗口

5 在"绑定"面板中出现了记录集，选择num，将其拖拽到表格中显示编号的单元格内。

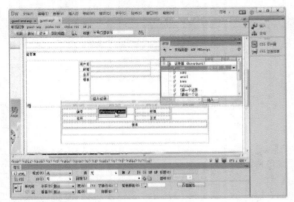

◎ 使用记录集

7 选择整个表格后，在"服务器行为"面板中单击"+"按钮，然后选择"重复区域"选项。

◎ 添加"重复区域"行为

9 单击"确定"按钮后，在表格边框上显示"重复"文字。在表格后按一次Enter键，使记录之间有一定间隔。

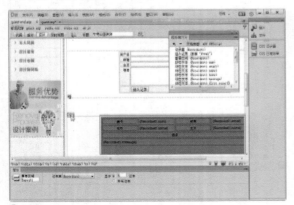

◎ 调整间隔

6 按照同样的方法，将其他的记录拖拽到相应的表格内部。

◎ 使用其他的记录集

8 将"记录集"设为Recordset1，单击"显示"中的"记录"单选按钮，设置数值为5。

◎ 设置"记录集"对话框

10 保存页面，按下F12键预览页面，输入多条留言后，留言会显示在页面下方。

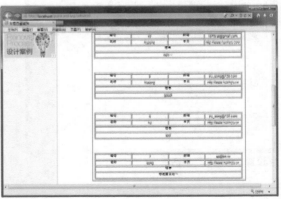

◎ 预览效果

3. 制作显示留言页面导航

1 将插入点放在重复区域下方，输入"记录"、"到"、"总共"等文字，然后将"绑定"面板的"[第一个记录索引]"拖拽到"记录"文字后。

> **TIP** 如果用户是一位精通ColdFusion、Java-Script、VBScript或PHP的开发人员，则可以编写自己的服务器行为。

绑定"[第一个记录索引]"记录

2 将"绑定"面板的"[最后一个记录索引]"拖拽到"到"文字后。

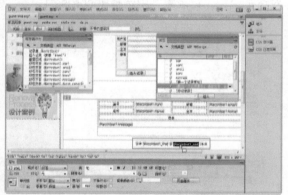

绑定"[最后一个记录索引]"记录

3 将"绑定"面板的"[总记录数]"拖拽到"总共"文字后。

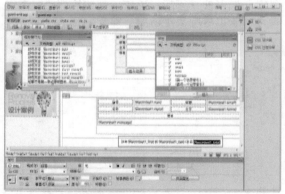

绑定"[总记录数]"记录

4 在这段文字后插入一个1行4列的表格，用于放置记录集导航链接。

插入表格

5 将插入点定位在第一个单元格内，在第1个单元格区域内输入"第一页"，然后选中"第一页"文字，打开"服务器行为"面板，单击加号按钮，选择"记录集分页>移至第一条记录"命令。

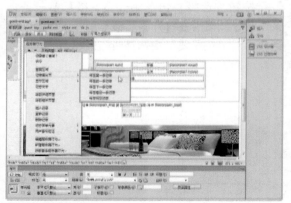

添加服务器行为

⑥ 在打开的"移至第一条记录"对话框中，"记录集"中选择Recordset1。

TIP 创建服务器行为的步骤如下。

- 编写一个或多个执行所需动作的代码块。
- 指定代码块在页面的HTML代码内的插入位置。
- 如果服务器行为要求为参数指定值，则创建一个对话框，为使用该行为的Web开发人员提供一个适当的值。
- 在将该服务器行为提供给他人使用之前，对其进行测试。

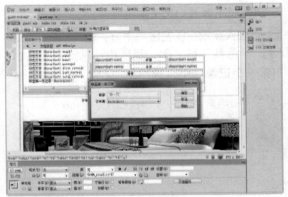
△ 设置"移至第一条记录"对话框

⑦ 选中"第一页"文字，打开"服务器行为"面板，单击加号按钮，选择"显示区域>如果不是第一条记录则显示区域"命令。

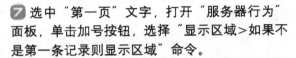

△ 添加服务器行为

⑧ 在打开的"如果不是第一条记录则显示区域"对话框中，"记录集"中选择Recordset1。

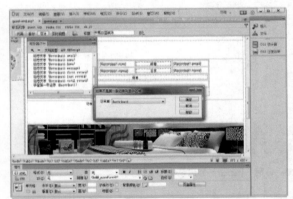
△ 设置"如果不是第一条记录则显示区域"对话框

⑨ 将插入点定位在第2个单元格内，在第2个单元格区域内输入"前一页"，然后选中"前一页"文字，打开"服务器行为"面板，单击"+"按钮，选择"记录集分页>移至前一条记录"命令。然后在打开的"移至前一条记录"对话框中，"记录集"中选择Recordset1。

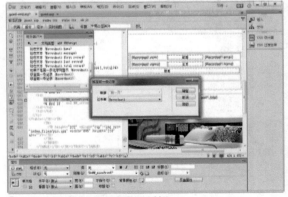
△ 设置"移至前一条记录"对话框

10 选中"前一页"文字，打开"服务器行为"面板，单击"+"按钮，选择"显示区域>如果不是第一条记录则显示区域"命令。在打开的"如果不是第一条记录则显示区域"对话框中，"记录集"中选择Recordset1。

△ 设置"如果不是第一条记录则显示区域"对话框

12 选中"下一页"文字，打开"服务器行为"面板，单击"+"按钮，选择"显示区域>如果不是最后一条记录则显示区域"命令。在打开的"如果不是最后一条记录则显示区域"对话框中，"记录集"中选择Recordset1。

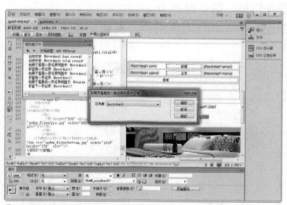

△ 设置"如果不是最后一条记录则显示区域"对话框

14 选中"最后一页"文字，打开"服务器行为"面板，单击"+"按钮，选择"显示区域>如果不是最后一条记录则显示区域"命令。在打开的"如果不是最后一条记录则显示区域"对话框中，"记录集"中选择Recordset1。

11 在第3个单元格区域内输入"下一页"，然后选中"下一页"文字，打开"服务器行为"面板，单击"+"按钮，选择"记录集分页>移至下一条记录"命令。然后在打开的"移至下一条记录"对话框中，"记录集"中选择Recordset1。

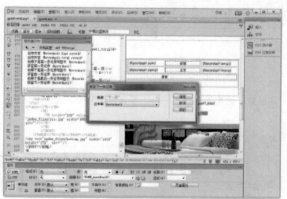

△ 设置"移至下一条记录"对话框

13 在第4个单元格区域内输入"最后一页"，然后选中"最后一页"文字，打开"服务器行为"面板，单击"+"按钮，选择"记录集分页>移至最后一条记录"命令。然后在打开的"移至最后一条记录"对话框中，"记录集"中选择Recordset1。

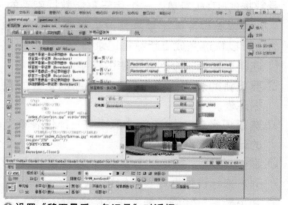

△ 设置"移至最后一条记录"对话框

15 保存页面，按下F12键预览页面，输入多条留言后，页面下方会显示分页导航。

> **TIP**
> 每次访问者在留言簿中留言后，都会留有显示新留言的空间。这是由于在Dreamweaver CC中指定了重复区域，指定为重复区域的部分具有灰色的边框，并且会重复灰色边框内的所有内容和功能。

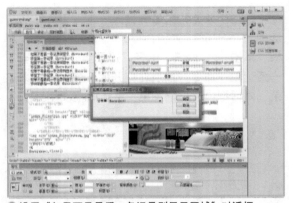

▲ 设置"如果不是最后一条记录则显示区域"对话框

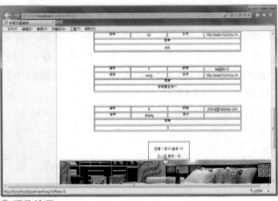

▲ 预览效果

制作后台维护系统

　　网页应用程序可以显示动态资源后，还面临一个问题，若需要删除或修改资源时，必须打开数据库应用程序操作，这在一定程度上造成网页应用程序的局限性。Dreamweaver CC当然没有忽略这个重要的问题，使用该软件不但可以轻松地显示动态资源，还能对数据记录进行操作。

更新记录

　　更新页具有三个构造块：一个用于从数据库表中检索记录的过滤记录集、一个允许用户修改记录数据的HTML表单、一个用于更新数据库表的"更新记录"服务器行为。

　　可以通过更新记录集修改数据库内的信息，Dreamweaver CC提供的"更新记录"服务器行为，可以快速完成更新数据记录。

❶ **连接**：选择一个到数据库的连接。

❷ **要更新的表格**：选择包含要更新的记录的数据库表。

❸ **选取记录自**：指定包含显示在HTML表单上的记录的记录集。

❹ **唯一键列**：选择一个键列（通常是记录ID列）来标识数据库表中的记录。

❺ **在更新后，转到**：输入在表格中更新记录后将要打开的页，或单击"浏览"按钮查找文件。

❻ **获取值自**：从下拉列表中选择一个表单。

▲ "更新记录"对话框

❼ **列**：指定要向其中插入记录的数据库列，选择将插入记录的表单对象，然后从"提交为"下拉列表中为该表单对象选择数据类型。

删除记录

　　数据库使用一段时间后，必然会产生大量无效数据和过期数据，若不及时删除这些记录，将

严重影响数据库性能。使用Dreamweaver CC的
"删除记录"服务器行为，可轻松制作删除数
据程序。

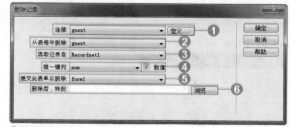

▲ "删除记录"对话框

❶ **连接**：选择一个到该数据库的连接。

❷ **从表格中删除**：选择包含要删除的记录的数据库表格。

❸ **选取记录自**：指定包含要删除的记录的记录集。

❹ **唯一键列**：选择一个键列（通常是记录ID列）来标识数据库表中的记录。

❺ **提交此表单以删除**：指定具有将删除命令发送到服务器的"提交"按钮的HTML表单。

❻ **删除后，转到**：指定从数据库表格删除该记录之后将打开的页。

Let's go! 在 "东易日盛装饰" 页面中制作会员注册项目

原始文件	Sample\Ch17\site\update.asp, updateok.asp, delete.asp, deleteok.asp
完成文件	Sample\Ch17\site\update-end.asp, delete-end.asp
视频教学	Video\Ch17\Unit46\

图示					
浏览器	IE	Chrome	Firefox	Opera	Apple Safari
是否支持	◎	◎	◎	◎	◎
◎完全支持 □部分支持 ※不支持					

■ **背景介绍**：通过后台管理对数据库信息进行维护操作，不仅避免了网页应用程序的局限性，而且为网站管理人员提供了便捷的界面管理功能。

▲ 制作信息维护前的文档

▲ 制作信息维护后的文档

1. 制作更新记录页面

❶ 打开"update.asp"文件，将光标定位在中间的位置，然后选择"窗口>绑定"命令，打开"绑定"面板，单击"+"按钮，在弹出列表中选择"记录集"选项。

❷ 在打开的"记录集"对话框中，设置"名称"为"Recordset1"，在"连接"下拉列表选择mymembers，在"表格"下拉列表选择join_table，最后单击"确定"按钮。

● Dreamweaver CC中文版从入门到精通

◬ 绑定记录集

◬ "记录集"对话框

❸ 这时在"绑定"面板中出现了绑定的记录集，然后打开前面章节制作好的"member.asp"页面。

❹ 选择"member.asp"页面中插入数据记录的表单<form>标签，将表单粘贴到"update.asp"页面中，并修改按钮标签为"更新记录"。

◬ "绑定"面板中的记录集

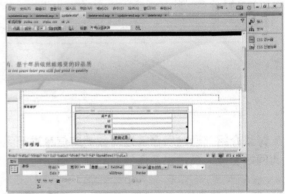
◬ 粘贴表单并更改按钮标签

❺ 将"确认密码"所在的行删除，然后打开"绑定"面板，将数据集内元素绑定到相应表单文本框中，然后将插入点放在表单下方。

❻ 在这个表格后插入一个1行4列的表格，用于放置记录集导航链接。

◬ 绑定数据到文本框

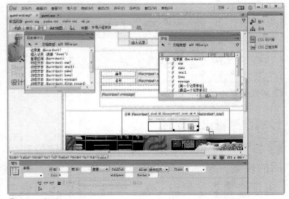
◬ 插入表格

7️⃣ 将插入点定位在第一个单元格内，在第1个单元格区域内输入"第一页"，然后选中"第一页"文字，打开"服务器行为"面板，单击"+"按钮，选择"记录集分页>移至第一条记录"命令。在打开的"移至第一条记录"对话框中，"记录集"中选择Recordset1。

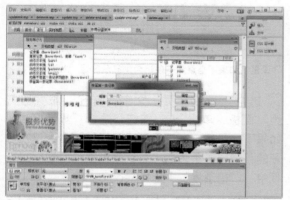

△ 设置"移至第一条记录"对话框

9️⃣ 将插入点定位在第2个单元格内，在第2个单元格区域内输入"前一页"，然后选中"前一页"文字，打开"服务器行为"面板，单击"+"按钮，选择"记录集分页>移至前一条记录"命令。然后在打开的"移至前一条记录"对话框中，"记录集"中选择Recordset1。

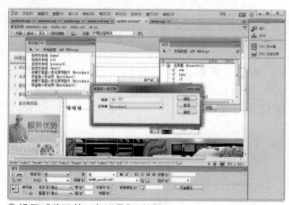

△ 设置"移至前一条记录"对话框

1️⃣1️⃣ 在第3个单元格区域内输入"下一页"，然后选中"下一页"文字，打开"服务器行为"面板，单击"+"按钮，选择"记录集分页>移至下一条记录"命令。然后在打开的"移至下一条记录"对话框中，"记录集"中选择Recordset1。

8️⃣ 选中"第一页"文字，打开"服务器行为"面板，单击"+"按钮，选择"显示区域>如果不是第一条记录则显示区域"命令。在打开的"如果不是第一条记录则显示区域"对话框中，"记录集"中选择Recordset1。

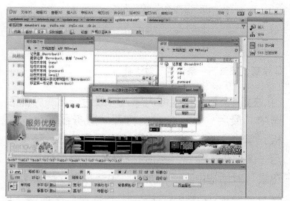

△ 设置"如果不是第一条记录则显示区域"对话框

1️⃣0️⃣ 选中"前一页"文字，打开"服务器行为"面板，单击"+"按钮，选择"显示区域>如果不是第一条记录则显示区域"命令。在打开的"如果不是第一条记录则显示区域"对话框中，"记录集"中选择Recordset1。

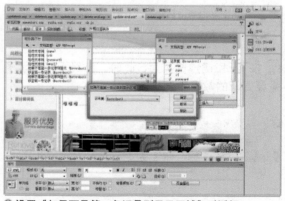

△ 设置"如果不是第一条记录则显示区域"对话框

1️⃣2️⃣ 选中"下一页"文字，打开"服务器行为"面板，单击"+"按钮，选择"显示区域>如果不是最后一条记录则显示区域"命令。在打开的"如果不是最后一条记录则显示区域"对话框中，"记录集"中选择Recordset1。

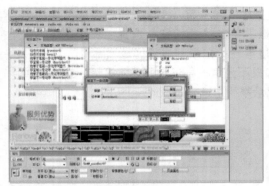

◎ 设置"移至下一条记录"对话框

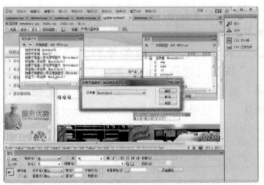

◎ 设置"如果不是最后一条记录则显示区域"对话框

13 在第4个单元格区域内输入"最后一页",然后选中"最后一页"文字,打开"服务器行为"面板,单击"+"按钮,选择"记录集分页>移至最后一条记录"命令。然后在打开的"移至最后一条记录"对话框中,"记录集"中选择Recordset1。

14 选中"最后一页"文字,打开"服务器行为"面板,单击"+"按钮,选择"显示区域>如果不是最后一条记录则显示区域"命令。在打开的"如果不是最后一条记录则显示区域"对话框中,"记录集"中选择Recordset1。

◎ 设置"移至最后一条记录"对话框

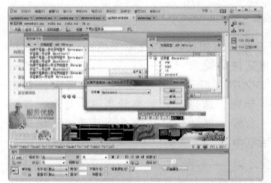

◎ 设置"如果不是最后一条记录则显示区域"对话框

15 按下F12键预览页面,此时,已经正确显示了需要更新的数据和导航条。

16 单击"更新记录"按钮,打开"服务器行为"面板,单击"+"按钮,选择列表中的"更新记录"选项。

◎ 预览效果

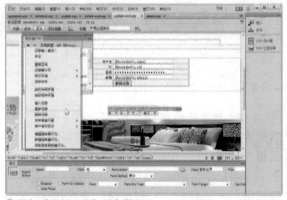

◎ 添加"更新记录"服务器行为

TIP 创建自定义服务器行为的步骤如下。首先编写一个或多个执行所需动作的代码块，然后指定代码块在页面的HTML代码内的插入位置。如果服务器行为要求为参数指定值，则创建一个对话框，为使用该行为的Web开发人员提供一个适当的值。需要注意的是，在将该服务器行为提供给他人使用之前，最好对其进行测试。

17 打开"更新记录"对话框，选择"连接"下拉列表中mymembers选项，"要更新的表格"下拉列表中jointable选项，然后选择"惟一键列"下拉列表中num，在"插入后，转到"文本框中输入"updateok.asp"，最后完成"表单元素"的设置。

18 单击"确定"按钮后，"更新记录"功能即完成。

TIP 在源代码中，首先设置更新记录所需变量，根据在"更新记录"对话框中的设置值与URL提交参数，进行判断并设置所需变量。然后这部分代码实现插入SQL代码和执行的功能。根据提交表单值组成一个SQL UPDATE语句，执行这个语句后跳转回指定页面。

△ "更新记录"对话框

△ 添加了"更新记录"服务器行为的页面

19 按下F12键预览页面，输入更新内容后，单击"更新记录"按钮，会显示信息更新成功的页面。

△ 输入更新的内容

△ 更新成功的页面

20 打开mymembers数据库文件后，双击join_table表。可以看到，更新的内容已经储存在数据库表当中了。

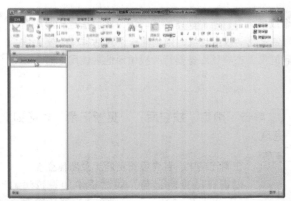

◎ 数据库文件

◎ Join_table表

2. 制作删除记录页面

1 打开"delete.asp"文件，将光标定位在中间的位置，选择"窗口>绑定"命令，打开"绑定"面板，单击"+"按钮，在列表中选择"记录集"选项。

2 在打开的"记录集"对话框中将"名称"设置为Recordset1，选择"连接"下拉列表中的mymembers，"表格"下拉列表中的join_table，最后单击"确定"按钮，完成添加记录集。

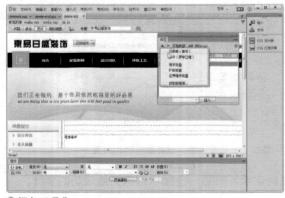

◎ 添加记录集

◎ "记录集"对话框

3 插入一个2行4列，宽度为500像素，单元格间距为2的表格。在表格第一行分别输入行名ID、用户名、邮箱和操作，再将光标放入第2行第4列内，插入一个表单元素。

TIP Dreamweaver提供了一组内置的服务器行为，使用户能够方便地向站点添加动态功能。用户可以扩展Dreamweaver功能，方法是创建满足开发需要的服务器行为，或者从Dreamweaver Exchange Web站点获取服务器行为。

◎ 插入表格和表单

4 单击"插入"面板"表单"分类中的"隐藏域"图标，然后在属性面板中单击"绑定到动态源"按钮。

⬦ 插入隐藏域

6 单击"插入"面板"表单"分类中的"按钮"图标，插入一个"删除记录"的提交按钮。

⬦ 插入按钮

8 在打开的"删除记录"对话框中首先选择"连接"下拉列表中mymembers选项，再选择"从表格中删除"下拉列表中join_table，最后选择"惟一键列"下拉列表中num，之后在"删除后，转到"文本框中输入"deleteok.asp"，并单击"确定"按钮。

9 添加"删除记录"服务器行为后。可以看到，Dreamweaver CC在表单中自动增加了另两个隐藏域。

5 打开"动态数据"对话框，选择"域"为"记录集（Recordset1）"中的ID，单击"确定"按钮。

⬦ "动态数据"对话框

7 打开"服务器行为"面板，单击"+"按钮，选择列表中的"删除记录"选项。

⬦ 添加"删除记录"服务器行为

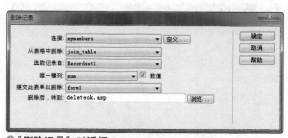
⬦ "删除记录"对话框

10 选中表格第2行，然后打开"服务器行为"面板，单击"+"按钮，在列表中选择"重复区域"选项。

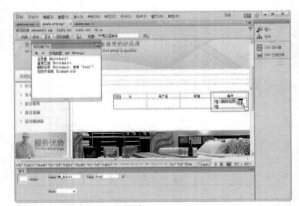

△ 自动增加了另两个隐藏域

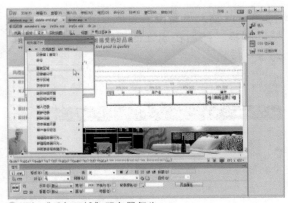

△ 添加"重复区域"服务器行为

11 选择"重复区域"对话框中的"显示"区域中"所有记录"单选按钮，再单击"确定"按钮。

12 打开"绑定"面板，将数据集内元素绑定到相应单元格中。

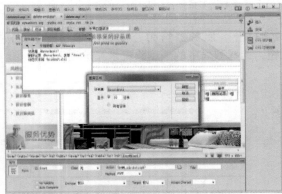

△ "重复区域"对话框

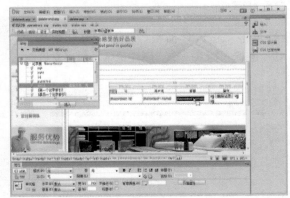

△ 绑定记录集

13 按下F12键预览页面，在需要删除的记录行后，单击"删除记录"按钮，记录立即被删除。

14 打开mymembers数据库文件后，双击join_table表。可以看到，删除的内容已经不存在了。

△ 预览效果

△ 记录被删除

DO IT Yourself　练习操作题

1. 制作注册会员模块

ⓥ 限定时间：40分钟

请使用已经学过的使用动态资源知识为页面中加入注册会员模块。

△ 注册会员页面

△ 注册成功页面

2. 制作登录模块

ⓥ 限定时间：40分钟

请使用已经学过的使用动态资源知识为页面中加入登录模块效果。

△ 登录页面

△ 登录成功页面

Step BY Step （步骤提示）

1. 通过Access制作数据库。
2. 通过"绑定"面板绑定数据源。
3. 通过"服务器行为"面板添加服务器行为。

光盘路径

Exercise\Ch17\1\member.asp

Step BY Step （步骤提示）

1. 通过Access制作数据库。
2. 通过"绑定"面板绑定数据源。
3. 通过"服务器行为"面板添加服务器行为。

光盘路径

Exercise\Ch17\2\login.asp

参考网站

● **Apple在线商店**：包含一个典型的登录注销系统，外观时尚，延续了Apple一贯风格，技术上通过"使用数据源与动态资源"实现。

△ http://store.apple.com/cn

● **搜狐微博注册**：流行的微博技术网站，使用了典型的会员注册系统。技术上通过Dreamweaver的"使用数据源与动态资源"实现。

△ http://t.sohu.com/reg/reg.jsp

Special page ASP编程中的常见问题

1. 为什么ASP文件总不解释执行？

在IIS服务器上没有给ASP文件以脚本解释的权限，所以ASP文件没有被Web服务器作为脚本代码进行解释执行，而被当成一般页面文件了。建议在Web发布目录中建立一个ASP目录，把所有ASP文件存放在此目录下，为ASP目录赋予脚本解释权限。

2. 为什么在使用Response.Redirect的时候出现以下错误"标题错误，已将HTTP标题写入用户端浏览器，对任何HTTP的标题所作的修改必须在写入页内容之前"？

Response.Redirect可以将网页转移至另外的网页上，使用的语法结构是这样的：Response.Redirect网址，其中网址可以是相对地址或绝对地址，但在IIS4.0使用与在IIS5.0以上版本使用有所不同。在IIS4.0转移网页须在任何数据都未输出至客户端浏览器之前进行，否则会发生错误。这里所谓的数据包括HTML的卷标，例如：＜HTML＞，＜BODY＞等，而在IIS5.0以上版本中已有所改进，在IIS5.0以上版本的默认情况下缓冲区是开启的，这样的错误不再产生。在Response对象中有一Buffer属性，该属性可以设置网站在处理ASP之后是否马上将数据传送到客户端，但设置该属性也必须在传送任何数据给客户端之前。为保险起见，无论采用何种ASP运行平台，在页面的开始写上＜ % Response.Buffer=True %＞，将缓冲区设置为开启，这样的错误就不会发生了。

3. 缓冲输出对于网页传输有没有影响？

在比较大的Web页中，第一部分在浏览器中出现可能会有一些延迟，但是加载整个Web页的速度比不用缓冲要快。

4. 在ASP脚本中写了很多的注释，这会不会影响服务器处理ASP文件的速度？

在编写程序的过程中，作注释是良好的习惯。经国外技术人员测试，带有过多注释的ASP文件整体性能仅仅会下降0.1%，也就是说在实际应用中基本上不会感觉到服务器的性能有所下降。

5. 需不需要在每个ASP文件的开头使用＜ % @LANGUAGE=VBScript % ＞？

在每个ASP文件的开头使用＜ % @LANGUAGE=VBScript %＞代码是用来通知服务器现在使用VBScript来编写程序，但因为ASP的预设程序语言是VBScript，因此忽略这样代码也可以正常运行，但如果程序的脚本语言是JavaScrip，就需要在程序第一行指明所用的脚本语言。

6. 有没有必要在每一个ASP文件中使用"Option Explicit"？

在实际应用中，VBScript变量的概念已经模糊了，允许直接使用变量，而不用Dim声明变量，但这并不是一个好习惯，容易造成程序错误，因为可能重复定义一个变量。可以在程序中使用Option Explicit语句，这样在使用一个变量的时候，必须先声明它，如果使用了没有经过声明的变量运行时，程序就会出错。实践证明，ASP文件中使用"Option Explicit"可以使得程序出错机会降到最低，并且会大大提升整体性能。

7. 在ASP页面中既可以使用VBScript，也可以使用Jscript，混合使用脚本引擎好吗？

虽然在ASP页面中既可以使用VBScript，也可以使用JScript。但是在同一个页面上同时使用JScript和VBScript则是不可取的。因为服务器必须实例化并尝试缓存两个（而不是一个）脚本引擎，这在一定程度上增加了系统负担。因此，从性能上考虑，不应在同一页面中混用多种脚本引擎。

Chapter
18

网站维护
与上传

Dreamweaver CC的功能不仅体现在制作网页上，更是一个管理网站的工具。它又不同于普通的FTP上传软件，其对网站的管理更加科学、全面。由于站点管理是制作、维护网站过程中非常重要的工作，无论用户制作哪类站点，都会使用站点管理操作。本章讲解的就是这些必须掌握的内容。其中有些内容更是要重点掌握，比如远程站点与本地站点建立连接、文件的登记与隔离、站点的测试、设计便签的应用等。

| 本章技术要点 |

Q：**构建远端站点前需在本地站点做哪些工作?**

A：先对站点进行完整测试，还应利用浏览器预览站点中网页，以找出其他可能存在的问题。

Q：**什么文件可以使用设计备注功能?**

A：普通的HTML文档、模版、ActiveX控件、图片文件、Flash动画、Shockwave电影等。

测试本地站点

在真正构建远端站点之前，应该在本地对站点进行完整的测试，包括检测站点在各种浏览器中的兼容性、站点中是否存在错误和断裂的链接等，还应该利用浏览器预览站点中的网页，找出其他可能存在的问题。

检查链接错误

如果网页中存在错误链接，这种情况是很难察觉的。采用常规的方法，只有打开网页，单击链接时才可能发现错误。而Dreamweaver CC可以帮助设计者快速检查站点中网页的链接，避免出现链接错误。

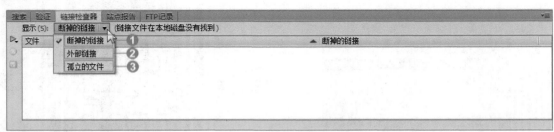

△ 链接检查器

❶ 断掉的链接：检查文档中是否存在断开的链接，这是默认选项。

❷ 外部链接：检查文档中的外部链接是否有效。

❸ 孤立的文件：检查站点中是否存在孤立文件。所谓孤立文件，就是没有任何链接引用的文件。该选项只在检查整个站点链接的操作中才有效。

> **TIP** 检测网站中是否包含断开的链接也是站点测试的一个重要项目。Dreamweaver CC允许用户检测一个页面、部分站点或整个站点的链接。

创建站点报告

Dreamweaver CC能够自动检测网站内部的网页文件，生成关于文件信息、HTML代码信息的报告，便于网站设计者对网页文件进行修改。执行"站点>报告"命令，可以设置要报告的内容。

❶ 报告在：设置生成站点报告的范围，可以是当前文档、整个当前本地站点、站点中的已选文件或文件夹。

❷ 取出者：报告取出者的信息。

❸ 设计备注：报告设计备注中的信息。

❹ 最近修改的项目：报告最近修改了哪些项目。

❺ 可合并嵌套字体标签：显示可合并的文字修饰符。

❻ 没有替换文本：将报告没有添加可替换的文字的图像<img>对象。

❼ 多余的嵌套标签：站点报告中将会显示网页中多余的嵌套符号。

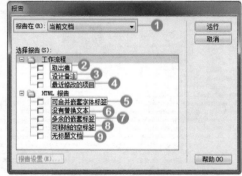

△ "站点报告"对话框

⑧ **可移除的空标签**：报告中会显示空的可删除的HTML标签。

⑨ **无标题文档**：软件会报告没有设定标题的网页。

使用设计备注

设计备注给站点管理注入了新的活力。当站点中的文件越来越多时，准确了解文件中的内容和文件的含义就显得非常重要了，而利用设计备注可以对整个站点或某一文件夹甚至是某一文件增加附注信息，这样就可以时刻跟踪、管理每一个文件，了解文件的开发信息、安全信息、状态信息等。

> **TIP** 实际上，保存在设计备注中的设计信息是以文件的形式存在的，这些文件都保存在一个叫做"_notes"的文件夹中，文件的扩展名是".mno"。使用记事本等文本编辑软件打开这类文件，可以看到用户记录的设计信息。

Dreamweaver CC能够支持多种文件类型使用设计备注保存设计信息，像普通的HTML文档、模板、图片文件、Flash 动画等都可以使用设计备注功能。在"站点"面板中选中要设置设计备注的文件，单击鼠标右键，在弹出的菜单中执行"设计备注"命令，就可以打开"设计备注"对话框。

> **TIP** 添加了设计备注的文件，在"文件"面板的"备注"栏中有设计备注的图标。可以单击此图标，对设计备注进行重新编辑。

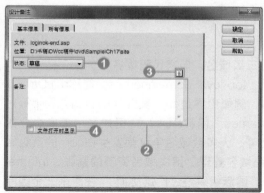

△ 设计备注"基本信息"选项卡

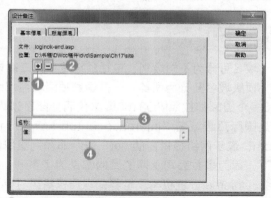

△ 设计备注"所有信息"选项卡

① **状态**：选择当前文件的状态，如"草稿"、"最终版"等选项。

② **备注**：输入说明文字。

③ **日期**：可以插入当前的日期。

④ **文件打开时显示**：勾选该复选框，可以在打开文件时显示此文件的设计备注。

① **+**：将这一对值添加到"信息"窗口中。

② **-**：选中相应的键值，单击该按钮，可以删除信息。

③ **名称**：输入关键字。

④ **值**：输入关键字对应的取值。

> **TIP** 对网站中某一类型的文件或某些文件夹还可以使用遮盖功能，可以在上传或下载的时候排除这一类型的文件和这些文件夹。对于一些较大的压缩文件，如果不希望每次都上传，也可以遮盖这些类型的文件。默认情况下，网站的遮盖都处于激活状态。如果关闭遮盖后再激活网站遮盖，方法如下：在站点管理器下，切换到要激活遮盖的网站。选择"站点>遮盖>启用遮盖"命令即可。

网站上线的完整流程

如果已经完成本地站点的制作，则可以连接到远程服务器以便进行上传及维护工作。除了上传网站外，一个网站上线的完整流程还包括域名注册、购买主机空间、域名解析、网站备案等。

域名注册

域名注册是Internet中用于解决地址对应问题的一种方法。域名注册遵循先申请先注册原则，管理机构对申请人提出的域名是否违反了第三方的权利不进行任何实质审查。每个域名都是独一无二的，不可重复。因此在网络上，域名是一种相对有限的资源，它的价值将随着注册企业的增多而逐步为人们所重视。

域名注册早期很多都不是实时注册的，直接提交域名注册查询都是实时结算、实时注册成功。这种实时性主要是应对越来越严重的域名抢注现象。域名注册的所有者都是以域名注册提交人填写域名订单的信息为准的，成功24小时后，即可在国际（ICANN）、国内（CNNIC）管理机构查询whois信息（whois信息就是域名所有者等信息）。

域名的级别

域名可分为不同级别，包括顶级域名、二级域名、三级域名、国家代码域名等。

顶级域名又分为两类，一是国家顶级域名（national top-level domainnames，简称nTLDs），200多个国家都按照ISO3166国家代码分配了顶级域名，例如中国是cn，美国是us，日本是jp等；二是国际顶级域名（international top-level domain names，简称iTDs），例如表示工商企业的.Com，表示网络提供商的.net，表示非盈利组织的.org等。大多数域名争议都发生在com的顶级域名下，因为多数公司上网的目的都是为了赢利。为加强域名管理，解决域名资源的紧张，Internet协会、Internet分址机构及世界知识产权组织（WIPO）等国际组织经过广泛协商，在原来三个国际通用顶级域名：（com）的基础上，新增加了7个国际通用顶级域名：firm（公司企业）、store（销售公司或企业）、Web（突出WWW活动的单位）、arts（突出文化、娱乐活动的单位）、rec（突出消遣、娱乐活动的单位）、info（提供信息服务的单位）、nom（个人），并在世界范围内选择新的注册机构来受理域名注册申请。

二级域名是指顶级域名之下的域名，在国际顶级域名下，它是指域名注册人的网上名称，例如ibm，yahoo，microsoft等。在国家顶级域名下，它是表示注册企业类别的符号，例如com，edu，gov，net等。

我国在国际互联网络信息中心（Inter NIC）正式注册并运行的顶级域名是CN，这也是我国的一级域名。在顶级域名之下，我国的二级域名又分为类别域名和行政区域名两类。类别域名共6个，包括用于科研机构的ac；用于工商金融企业的com；用于教育机构的edu；用于政府部门的gov；用于互联网络信息中心和运行中心的net；用于非盈利组织的org。而行政区域名有34个，分别对应于我国各省、自治区和直辖市。

三级域名用字母（A~Z，a~z，大小写等）、数字（0~9）和连接符（-）组成，各级域名之间用实点（.）连接，三级域名的长度不能超过20个字符。如无特殊原因，建议采用申请人的英文名（或者缩写）或者汉语拼音名（或者缩写）作为三级域名，以保持域名的清晰性和简洁性。

国家代码域名由两个字母组成，如.cn、.uk、.de和.jp称为国家代码顶级域名（ccTLDs），其中.cn是中国专用的顶级域名，其注册归CNNIC管理，以.cn结尾的二级域名我们简称为国内域名。注册国家代码顶级域名下的二级域名的规则和政策与不同的国家的政策有关。注册时应咨询域名注册机构，问清相关的注册条件及与注册相关的条款。某些域名注册商除了提供以.com、.net和.org结尾的域名注册服务之外，还提供国家代码顶级域名的注册。ICANN并没有特别授权注册商提供国家代码顶级域名的注册服务。

域名的申请步骤

域名的申请步骤如下。

（1）准备申请资料。com域名无需提供身份证、营业执照等资料，cn域名已开放个人申请注册，所以申请者需要提供身份证或企业营业执照。

（2）寻找域名注册网站。由于.com、.cn域名等不同后缀均属于不同注册管理机构所管理，如要注册不同后缀域名则需要从注册管理机构寻找经过其授权的顶级域名注册服务机构。如com域名的管理机构为ICANN，cn域名的管理机构为CNNIC（中国互联网络信息中心）。若注册商已经通过ICANN、CNNIC双重认证，则无需分别到其他注册服务机构申请域名。

（3）查询域名。在域名注册查询网站注册用户名成功后并查询域名，选择您要注册的域名，并点击注册。

（4）正式申请。查到想要注册的域名，并且确认域名为可申请的状态后，提交注册，并缴纳年费。

（5）申请成功。正式申请成功后，即可开始进入DNS解析管理、设置解析记录等操作。

◎ 知名的域名注册网站

📖 知识拓展　更好地使用搜索引擎

为了能更好地使用搜索引擎，下面以google搜索引擎为例来说明使用搜索引擎时的一些简单的技巧。

1. 关键字的排列顺序

在搜索引擎里可以同时输入多个关键字，以缩小搜索的范围，这些关键字之间只需要用空格隔开即可。例如我们需要下载一些Dreamwever CC的插件，那就可以在搜索引擎里输入这样的关键字："插件dreamweaver"，其实这样出现的结果并不尽人意。那么可以尝试一下把关键词位置调换一下："dreamweaver插件"，这样出现的结果就会好很多。

2. 站内搜索

如果想在某个网站内搜索信息，例如想在蓝色理想网站内查找关于插件的文章，则输入如下的关键字（后半部分为网站地址，中间使用site: 将它和关键字隔开），"插件site:www.blueidea.com"。

google还提供了一个免费使用的站内查询代码，只要将相关代码拷贝至网页中，就可以使网站具有站内搜索功能，详细内容可以查看这里：

http://www.google.com/intl/zh-CN/searchcode.html

关于google的其他使用方法技巧可以查看"google大全"，网址是：

http://www.google.cn/intl/zh-CN/about/。

或者访问google中国的博客，也有很多使用搜索引擎的技巧。网址是：

http://googlechinablog.com

虚拟主机

虚拟主机是使用特殊的软硬件技术，把一台真实的物理电脑主机分割成多个的逻辑存储单元，每个单元都没有物理实体，但是每一个物理单元都能像真实的物理主机一样在网络上工作，具有单独的IP地址（或共享的IP地址）以及完整的Internet服务器功能。

虚拟主机的关键技术在于，即使在同一台硬件、同一个操作系统上，运行着为多个用户打开不同的服务器程式，也互不干扰。而各个用户拥有自己的一部分系统资源（IP地址、文档存储空间、内存、CPU时间等）。虚拟主机之间完全独立。在外界看来，每一台虚拟主机和一台单独的主机的表现完全相同。所以这种被虚拟化的逻辑主机被形象地称为"虚拟主机"。

一台服务器上的不同虚拟主机是各自独立的，并由用户自行管理。但一台服务器主机只能够支持一定数量的虚拟主机，当超过这个数量时，用户将会感到性能急剧下降。

虚拟主机技术是互联网服务器采用的节省服务器硬件成本的技术，虚拟主机技术主要应用于HTTP服务，将一台服务器的某项或者全部服务内容逻辑划分为多个服务单位，对外表现为多个服务器，从而充分利用服务器硬件资源。如果划分是系统级别的，则称为虚拟服务器。

虚拟主机技术上连有近亿台的计算机，这些计算机不管它们是什么机型、运行什么操作系统、使用什么软件，都可以归结为两大类：客户机和服务器。

客户机是访问别人信息的机器。通过邮电局或别的ISP拨号上网时，电脑就被临时分配了一个IP地址，利用这个临时身份证，就可以在Internet的海洋里获取信息，网络断线后，电脑就脱离了Internet，IP地址也被收回。

服务器则是提供信息让别人访问的机器，通常又称为主机。由于人们任何时候都可能访问到它，因此作为主机必须每时每刻都连接在Internet上，拥有自己永久的IP地址。因此不仅要设置专用的电脑硬件，还要租用昂贵的数据专线，再加上各种维护费用如房租、人工、电费等等，决不是好承受的，为此，人们开发了虚拟主机技术。

选择虚拟主机提供商

选择一个优秀的虚拟主机提供商，是拥有稳定和快速虚拟主机的前提条件。业内人士认为，虚拟主机的性能主要和以下几方面有关。

虚拟主机作为网络服务，最重要的就是系统的稳定性。稳定性左右着虚拟主机的在线率，直接关系到网站是否能够被访问的问题。虚拟主机性能的好坏又取决于服务器的配置及所使用操作系统，软件本身因素之外还一定程度下和机房所处的外界环境有关。带宽是速度的保证，服务器的速度取决于带宽。而带宽指的是虚拟主机连接到每台服务器上的带宽，很多服务商在宣传时经常只宣传连接入机房的带宽值，却没有说明每台服务器的可用带宽。作为消费者应该格外小心。而作为影响服务器稳定的外在因素而言，机房的温度、湿度、人为管控也显得格外重要，这就与服务商机房的管理维护成本投入有关。大的服务商他的机房内的温度、湿度、人为管控极其严格，这就减少了服务器不稳定率。所以一般所谓的品牌主机的价格都是比较高的，这部分价格就是主机商用来维护机房的，所以也是情理之中。

虚拟主机技术使得在一台物理服务器上创建多个站点成为可能，虚拟主机的确降低了企业上网建站的费用，但凡事都有个限度。根据经验来看，当一台虚拟主机上的站点大约超过一定数量（200个）以后，服务器的性能将明显下降，如果其中某些站点还要提供数据库查询服务，则服务器性能下降更为剧烈，有些国际著名的大型虚拟主机提供商甚至将每台服务器上的用户数量强行限制在100个以内。更有一些服务商为了吸引客户，居然敢把一个几十元的虚拟主机标注成数百人同时在线，更有甚者能够说不限制任何资源。这样的承诺大家可想而知，一台物理服务器最多能支持的同时在线人数一般是2000~3000人同时并发，一台普通服务器的成本在1万元/年左右，仔细想想，服务商为了赚回成本，要放多少个这样的站点在服务器上运行，这样的服务器能用吗？

企业或个人利用虚拟主机将站点建立在别人的服务器上，有时像把孩子寄养在别人家里，虽然有吃有喝，可担心还是难免的。作为虚拟主机提供商应该充分理解用户的感受，同时提供及时的应急处理和相关的技术解答和服务，更应以雄厚的技术基础和超凡的责任心做好虚拟主机站点的建设和维护，以及与之相关的增值服务。事实上提供虚拟主机服务是有相当高的技术门槛的，据业内人士介绍，虚拟主机服务提供者除了必须掌控各种操作系统及相关操作系统的管理、优化，并具备在这些操作系统上进行系统级及应用级研发的能力（比如各种web服务器，邮件服务器，DNS服务器，负载均衡等），还必须具备广域网、局域网等网络管理能力（比如理解路由、交换等原理），以及电脑硬件的管理及配置数据库处理能力等。如果虚拟主机服务商没有专业的技术队伍提供如上所述的技术支持，则虚拟主机服务商不但只能提供贫乏的服务，而且服务的稳定性也无从确保。

通常一个虚拟主机能够架设上百至千个网站。如果一个虚拟主机的网站数量很多，他就应该拥有更多的CPU、内存和使用服务器阵列，在一个主机上架设了尽可能多的网站，而虚拟主机服务器却没有提示，造成客户的网站在虚拟主机的速度受阻。所以，最好的办法就是找寻一家有信誉的大虚拟主机提供商，他们的每个虚拟主机服务器是有网站承载个数限制的。但这个一般都是不公开的。当然如果对网站有很高的速度和控制要求，最终的解决方案就是购买自己独立的服务器。

知名的虚拟主机网站

主机托管

主机托管（英文：colocation），也称主机代管，指的是客户将自己的互联网服务器放到互联网服务供应商ISP（互联网服务提供商）所设立的机房，每月支付必要费用，由ISP代为管理维护，而客户从远端连线服务器进行操作的一种服务方式。

客户对设备拥有所有权和配置权，并可要求预留足够的扩展空间。 主机托管摆脱了虚拟主机受软硬件资源的限制，能够提供高性能的处理能力，同时有效降低维护费用和机房设备投入、线路租用等高额费用，非常适合中小企业的服务器需求。

主机托管适用于大空间、大流量业务的网站服务，或者是有个性化需求，对安全性要求较高的客户。托管主机是作为虚拟主机的高端产品出现的，它是一台独立的包含操作系统环境、拥有独立IP并联网的服务器。它为互联网高端用户提供了更为宽松的使用环境，满足企业级用户各种不同的需求。主机托管用户可以自己设置硬盘，创造几十G以上的空间，而虚拟主机空间则相对狭小，主机托管业务主要是针对ICP和企业用户，他们有能力管理自己的服务器，提供诸如WEB、EMAIL、数据库等服务。但是他们需要借助IDC提升网络性能，而不必建设自己的高速骨干网的连接。

与虚拟主机相比，托管主机限制较少，用户可以自己完成各种所需的环境配置和个性化应用的安装。因为都是独享，所以不存在资源受影响的情况，而且安全可靠。

但是用户成本与其所享受的高端服务是成正比的，托管主机的价格（托管费用）相比虚拟主机要高得多。除此以外，托管主机对用户的技术要求也很高，企业需要配备专门的技术人员来维护和管理托管主机，因此，托管主机的普及程度要远远落后于虚拟主机，多数中小企业难以接受其较高的价格以及维护和管理所带来的高成本。

▲ 知名的主机托管网站

文件上传

在将文件从本地计算机上传到服务器上时，Dreamweaver CC会使本地站点和远端站点保持相同的结构，如果需要的目录在Internet 服务器上不存在，则在传输文件之前，Dreamweaver CC会自动创建它。

如果要连接到远程服务器，只需打开站点管理窗口，单击工具栏上的按钮 。

❶ **上传**：将文件上传到远端站点。

❷ **下载**：将文件从远端站点下载到本地。

网站的页面制作完毕，相关的信息也检查完毕，并且连接到远程服务器后，即可开始上传站点。

用户可以选择将整个站点上传到服务器上或是只将部分内容上传到服务器上。一般来说，第一次上传需要将整个站点上传，然后在更新站点时，只需要上传被更新的文件就可以了。

▲ 连接到远端服务器

在多人共同维护站点的情况下，必须设置流水化的操作过程，确保同一时刻，只能由一个维护人员对网页进行修改，这就可以利用Dreamweaver CC中的存回和取出功能。

取出就是将当前文件的权限归属自己所有，使其只供自己编辑。被取出的文件对别人来说是只读的。

在激活了站点的存回和取出功能之后，就可以在站点窗口中对文件进行存回和取出操作。在站点窗口中选中要取出的文件，执行"站点 > 取出"命令，或直接单击站点窗口上的取出按钮，或者单击鼠标右键，执行"取出"命令，即可将文件取出，供自己独立编辑。如果选中的文件中引用了其他文件的内容，会出现提示对话框，提示用户选择是否要将这些引用文件也取出。

所谓存回，同取出操作正好相反，它表明放弃对文件权限的控制。在对文件存回之后，别人可以编辑它。

在存回文件时，实际上是放弃了对文件的编辑权力，也就是说，如果存回一份文件，则不能再编辑它，直至它被别人存回为止，被存回的文件对于自己来说是只读的。

在站点窗口中选中要存回的文件，执行"站点 > 存回"命令，或直接单击站点窗口上的"存回"按钮，即可将之存回，将文件留给别人编辑。

> **TIP** 如果一份文件既没有被取出，也没有被存回，则该文件处于不被保护的状态，多个用户可以同时打开对它进行编辑，这可能会导致不可预料的结果。

域名解析

域名解析是把域名指向网站空间IP，让人们通过注册的域名可以方便地访问到网站一种服务。IP地址是网络上标识站点的数字地址，为了方便记忆，采用域名来代替IP地址标识站点地址。域名解析就是域名到IP地址的转换过程。域名的解析工作由DNS服务器完成。

域名解析也叫域名指向、服务器设置、域名配置以及反向IP登记等。说得简单点就是将好记的域名解析成IP，服务由DNS服务器完成，是把域名解析到一个IP地址，然后在此IP地址的主机上将一个子目录与域名绑定。

当应用过程需要将一个主机域名映射为IP地址时，就调用域名解析函数，解析函数将待转换的域名放在DNS请求中，以UDP报文方式发给本地域名服务器。本地的域名服务器查到域名后，将对应的IP地址放在应答报文中返回。同时域名服务器还必须具有连向其他服务器的信息以支持不能解析时的转发。若域名服务器不能回答该请求，则此域名服务器就暂成为DNS中的另一个客户，向根域名服务器发出请求解析，根域名服务器一定能找到下面的所有二级域名的域名服务器，这样以此类推，一直向下解析，直到查询到所请求的域名。

常用的域名解析类型

常用的域名解析类型包括A记录解析、cname记录解析、mx记录解析等。

● A记录解析：记录类型选择"A"；记录值填写空间商提供的主机IP地址，MX优先级不需要设置，TTL设置默认的3600即可。

● CNAME记录解析：CNAME类型解析设置的方法和A记录类型基本是一样的，其中将记录类型修改为"CNAME"，并且记录值填写服务器主机地址即可。

● MX记录解析：MX记录解析是做邮箱解析使用的。记录类型选择MX，线路类型选择通用或者同时添加三条线路类型为电信、网通、教育网的记录，记录值填写邮局商提供的服务器IP地址或别名地址，TTL设置默认的3600即可，MX优先级填写邮局提供商要求的数据，或是默认10，有多条MX记录的时候，优先级要设置不一样的数据。

TIP 通用顶级域名解析一般是2小时内生效，国家顶级域名解析一般在24小时内生效。

网站备案

网站备案是根据国家法律法规需要网站的所有者向国家有关部门申请的备案，主要有ICP备案和公安局备案。非经营性网站备案（Internet Content Provider Registration Record），指中华人民共和国境内信息服务互联网站所需进行的备案登记作业。2005年2月8日，中华人民共和国信息产业部部长王绪东签发《非经营性互联网信息服务备案管理办法》，并于3月20日正式实施。该办法要求从事非经营性互联网信息服务的网站进行备案登记，否则将予以关站、罚款等处理。为配合这一需要，信息产业部建立了统一的备案工作网站，接受符合办法规定的网站负责人的备案登记。

网站备案的目的就是为了防止在网上从事非法的网站经营活动，打击不良互联网信息的传播，如果网站不备案的话，很有可能被查处以后关停。非经营性网站自主备案是不收任何手续费的，所以建议读者可以自行到备案官方网站去备案。

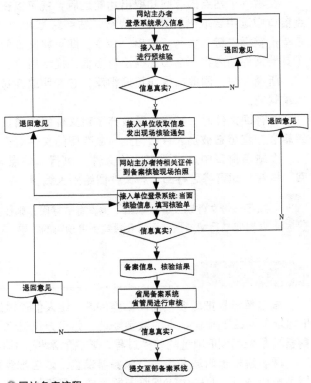

◎ 网站备案流程

DO IT Yourself 练习操作题

购买虚拟主机

⊙ 限定时间：15分钟

请使用已经学过的虚拟主机知识在虚拟主机提供商处购买虚拟主机空间。

Step BY Step （步骤提示）

1. 登录虚拟主机提供商网站。
2. 购买虚拟主机空间。

◎ 虚拟主机提供商网站

◎ 购买虚拟主机空间

参考网站

● **e动网**：国内较早提供虚拟主机产品的企业之一，在上海有着较大的知名度。该公司主营IDC租用托管业务，同时也是APNIC成员。

● **中国数据**：拥有南京机房骨干接点网的托管服务商，在北京、上海、福州、广东等地成立分公司，并提供VPS主机等特色业务，网络资源较为丰富。

⌂ http://www.edong.com/

⌂ http://www.zgsj.com/

Special page 使用CuteFTP上传网站

CuteFTP是使用相当广泛的FTP类软件，它的版本很多，如果只是用它来上传网页，各个版本的差别并不大。我们这里使用的版本是CuteFTP 5.0中文版。

单击工具栏上的"站点管理器"按钮，在对话框中新建站点，依次输入站点标签、FTP主机地址、FTP站点用户名称、FTP站点密码等。

新建的FTP站点名称会出现在左侧空白处，如果有多个FTP站点，重复上面的操作即可。

双击左侧的FTP站点名称，就可以与该站点建立链接。链接成功后右侧的下面为链接服务器的命令及当前的状态；上面为服务器端的内容；左侧将变为本地计算机的目录。

从左侧的本地文件目录中选择需要上传的文件或文件夹，拖动到右侧的相应位置即可实现上传。一般情况下，需要将html文件及图片等放到服务器端的www或html文件夹中，具体存放方式需咨询该空间的提供者。

文件上传完后，打开浏览器进行测试。如果上传的是首页文件（index.htm或default.htm），直接在浏览器的地址栏内输入网址就可以；如果上传的是其他页面，在地址栏内需要输入网址和完整的文件名，如上传文件为test.htm，输入http://www.yourname.com/test.htm。

⌂ 软件界面

⌂ "新建站点"对话框

Part
04
综合案例篇

Chapter
19

制作个人
网站页面

本范例介绍的是个人网站的制作过程，本章主要介绍其中几个页面的完整制作过程，强调在网站制作中的如下几方面内容，一是基本元素的插入，二是表格排版，这是所有网站制作的核心。这是一个小型的网站，并不要求读者完整地制作出所有页面，但可借鉴本范例所提供的制作思路。

本章技术要点

Q：如何在排版时将绝对高度的表格和相对高度的表格结合起来应用？

A：当表格高度过大时，可考虑拆分表格，要注意将拆分后的表格高度设为相等。这样，页面的排版效果没变，但明显加快了页面打开的速度。这时大表格要设置绝对高度，小表格设置为相对高度。

Q：本网站的许多页面从技术上讲都是相似的，可以采用哪些方法进行制作？

A：可以采用Dreamweaver CC中的模板或库项目制作，也可以将制作好的页面在当前位置复制一个，然后改名并修改其中不同的内容。

构筑个人网站特色

在网络科技发展迅速的今天，每天都有大量的个人网站出现在互联网上，如何使你的网站成为个性化、特色鲜明的佼佼者？下面从网站风格、网站内容和网站功能等方面阐述突显个人网站特色的作用和具体做法。

网站风格

一个网站无论大小，要想在浩瀚的网络世界里站得住脚，网站的特色是建站者必须考虑的问题。

打开一个个人网站，给我们视觉最初刺激的是整个网站的风格。在心理学上，初次见面时所形成的对人、事物的印象称为"首因效应"。"首因效应"容易使访问者产生一种先入为主的心理定势。由此可见，第一印象起着非常重要的作用。个人网站的风格可从美术风格方面下工夫，网站除了主色调外，还有一些图片、动画等元素，给访问者强烈的视觉冲击力。

美术设计要体现出网站的风格，但整个网站不宜太过花哨，过多的颜色、小动画、小插图不但会使人眼花缭乱，还会影响整个网站的浏览速度。形式是为了更好地渲染内容，风格要与网站的主题相协调，才能给访问者一种身临其境的感受。

网站内容

如果说网站的风格是吸引访问者第一次浏览网站的原因，那么吸引他们再次访问该网站的因素就是网站的内容。内容是整个网站的灵魂，它的定位非常重要，是决定网站生命力的首要因素。

网站内容的定位要考虑的因素有很多，如针对的人群、网站的类型、网站提供的信息等。针对的人群，即网站的访问者主要是哪些人群。应根据访问者不同，设计不同的版块，满足主要人群的需求。网站的类型很多，有专门作为搜索引擎的网站，有专门作为游戏、娱乐的网站，有产品展示、销售的网站，有资料库形式的网站。网站提供的信息有的是静态的，有的是动态的，有的只供浏览，有的可以留言发表评论。

从针对的人群、网站的类型、网站提供的信息等方面入手，给网站的内容定位，就可以打造出有针对性、个性化的栏目。作为个人网站，在确定主体内容时，立足点宜小不宜大，从小问题入手，把内容深化、扩大，切忌贪心，东拼西凑只会让个人网站失去自己的特色。

网站功能

要保证网站的特色，网站的功能是不可忽视的问题。访问速度慢、查找不方便、内容无更新等方面，都是访问者难以接受的问题。

有些个人网站为了增强美工效果，使用了过多的动画特效、高清晰度的图片、背景音乐。这些元素会大大降低网站的浏览速度，整个网页可能几分钟还显示不出来。因此，我们要适当地使用这些元素，去掉不必要的动画特效、图片、音乐，加快网页的加载速度。

刚开始建站时，要把各个栏目划分清楚，在信息更新时更要严格区分不同的栏目、不同的层次。对于可能归属多个栏目、层次的信息，最好能在归属的多个栏目中得到链接，方便访问者阅读相关的信息。网站的种种功能，是网站特色的强有力保障。网站的功能要从内容出发，充分为访问者提供人性化的服务，才能使访问者喜欢该网站。

UNIT 50 制作"湖心鱼"网站

下面要制作的是一个个人网站，网站有多个内页页面，这里主要讲解的是首页和其中几个内页栏目的制作过程，读者重点掌握的是页面的排版、库项目的制作以及行为特效的添加。

原始文件	无
完成文件	Sample\Ch19
视频教学	Video\Ch19\Unit50\

图 示					
浏览器	IE	Chrome	Firefox	Opera	Apple Safari
是否支持	◎	◎	◎	◎	◎

◎完全支持　　□部分支持　　※不支持

△ 制作完成的页面一

△ 制作完成的页面二

搭建站点

1️⃣ 首先使用Dreamweaver搭建站点，分别建立images和newimages、myhome、travel、album_xianggang共5个文件夹，分别用来存放图像、"家"栏目内容、"游"栏目内容和"香港游记"栏目内容（Library文件夹为Dreamweaver制作库项目时自动生成的）。

2️⃣ 网站共分为6个一级页面，分别是index.html、book.html、fond.html、music.html、myhome.html、travel.html，分别对应首页、栏目"书"、栏目"资"、栏目"音"、栏目"家"和栏目"游"。

△ 站点结构

△ 一级页面

3 网站还有多个二级页面，分别位于myhome文件夹、travel文件夹和album_xianggang文件夹下，对应"家"栏目、"游"栏目和"香港游记"内容下的子页面。其中的images文件夹对应放置这两个栏目中的图片文件。

4 网站根目录下的style2.css样式表文件用于除这首页页面外其他所有一级栏目页的样式。

△ 二级页面

△ 样式表文件

制作首页

1. 排版首页index.html

1 建立index.html文件，执行"修改>页面属性"命令，打开"页面属性"对话框，选择"跟踪图像"类别，设置跟踪图像为tracimg.jpg，透明度为50%。

2 选择"页面属性"对话框的"外观（CSS）"类别，设置"左边距"和"上边距"为0，"背景图像"为newimages/bg.gif。

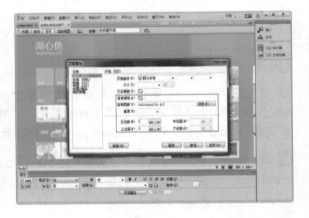

△ 设置页面属性

3 单击"确定"按钮后，tracimg.jpg作为跟踪图像在Dreamweaver的窗口中可见，newimages/bg.gif作为背景图像在浏览器窗口中可见。

▲ Dreamweaver窗口可见的跟踪图像

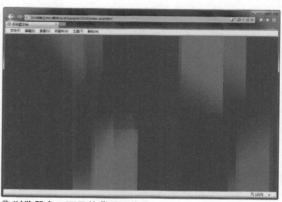

▲ 浏览器窗口可见的背景图像

4 将插入点放置在页面正文处，在"插入"面板中的"常用"分类中单击"Div"按钮，将"插入Div"对话框中的ID设置为logo。

5 单击"确定"按钮后，这个Div标签被插入到了页面，并显示出"此处显示id "logo"的内容"文字。

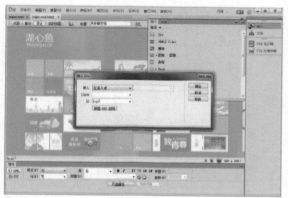

▲ 插入Div

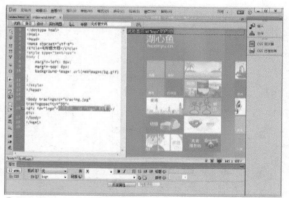

▲ 插入的Div

6 在"CSS设计器"中的"源"选择<style>，在"选择器"窗口中建立一个名为#logo的样式，设置这个样式的宽度、高度、距左、距顶和位置属性。在页面的头部的<style>和</style>标签对内将形成如下代码。

```
#logo {
height: 57px;
width: 104px;
left: 72px;
top: 24px;
position: absolute;
}
```

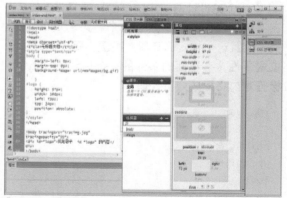

▲ 设置#logo样式

7 样式设置完成后，这个Div区块就被放置到了跟踪图像中"湖心鱼"logo的位置上。

8 删除"此处显示id "logo"的内容"文字，然后插入newimages/logo.jpg图片文件。

⬦ 样式设置完成的div区块

⬦ 插入图片文件

9 将插入点放置在插入的<Div>标签对后，在"插入"面板中的"常用"分类中单击"Div"按钮，将"插入Div"对话框中的ID设置为dalian。

10 单击"确定"按钮后，这个Div标签被插入到了页面，并显示出"此处显示ID "dalian"的内容"文字。

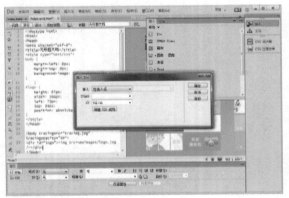

⬦ 插入Div

⬦ 插入的Div

11 在"CSS设计器"中的"源"选择<style>，在"选择器"窗口中建立一个名为#dalian的样式，设置这个样式的宽度、高度、距左、距顶和位置属性。在页面的头部的<style>和</style>标签对内将形成如下代码。

```
#dalian
{
height:66px;
width:66px;
left: 75px;
top: 128px;
position: absolute;}
```

12 样式设置完成后，这个Div区块就被放置到了跟踪图像中"大连"图片的位置上。

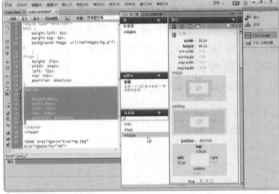

⬦ 设置#dalian样式

13 删除"此处显示id "logo"的内容"文字，然后插入newimages/logo.jpg图片文件，并添加到travel/travel_dalian.html的链接。

△ 样式设置完成的Div区块

△ 插入图片文件并设置连接

⑭ 按照同样的方法，建立更多的Div区块，用来放置不同的图片文件，直至将整个页面的排版完成。下面的工作就是设置页面的CSS样式和脚本特效了。

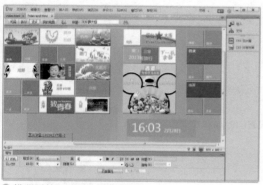

△ 排版后的Dreamweaver画面

△ 排版后的浏览器画面

TIP 从Dreamweaver窗口和浏览器窗口的预览画面可以看到，页面右下角的日期时间不做排版，后面用脚本实现。而且，页面中所有图片都带有一个粗线边框，这需要后续使用CSS进行调整。

2. 设置CSS样式表

① 在"CSS设计器"中的"源"选择<style>，在"选择器"窗口中建立一个名为img的样式，设置这个样式的边框属性。在页面的头部的<style>和</style>标签对内将形成右边代码。

② 从Dreamweaver窗口可以看到，页面中的所有图片的粗线边框被去除了，整体效果更加美观了。

```
img {border:0}
```

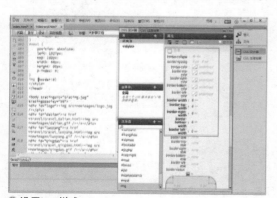

△ 设置img样式

△ 去除了边框的图片

3 下面为页面下方的ICP备案号文字链接设置样式，首先设置的是默认链接样式。在"CSS设计器"中的"源"选择<style>，在"选择器"窗口中建立一个名为a:link的样式，设置这个样式的文本属性，包括字号、颜色和文字修饰等。在页面的头部的<style>和</style>标签对内将形成如下代码。

```
a:link {font-size:9pt; color:white;
text-decoration:none;}
```

△ 设置a:link样式

5 接下来设置的是访问过后的链接样式。在"CSS设计器"中的"源"选择<style>，在"选择器"窗口中建立一个名为a:visited的样式，同样设置这个样式的几个文本属性，在页面的头部的<style>和</style>标签对内将形成如下代码。

```
a:visited {font-size:9pt; color:white;
text-decoration:none;}
```

6 接下来设置的是鼠标上滚到图像链接上方的样式。在"CSS设计器"中的"源"选择<style>，在"选择器"窗口中建立一个名为a:hover img的样式，添加多个其他属性，在页面的头部的<style>和</style>标签对内将形成如下代码。

```
a:hover img{-moz-opacity:0.8; filter:alp
ha(opacity=80);cursor:hand; border:0;}
```

4 接下来设置的是鼠标上滚的链接样式。在"CSS设计器"中的"源"选择<style>，在"选择器"窗口中建立一个名为a:hover的样式，设置这个样式的文本属性，包括字号、颜色和文字修饰等。在页面的头部的<style>和</style>标签对内将形成如下代码。

```
a:hover {font-size:9pt; color:white;
text-decoration:none;}
```

△ 设置a:hover样式

△ 设置a:visited样式

△ 设置a:hover img样式

7 以上几个样式设置完成后，按下F12键在浏览器中预览，当鼠标移动到图像上方时，将产生半透明的效果。

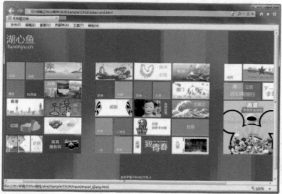

△ 预览效果

2 在如下图所示的对话框中的"文件/URL"文本框中设置到style.css文件的链接，设置"添加为"为"链接"。

> **TIP** 从Dreamweaver窗口和浏览器窗口的预览画面可以看到，页面右下角的日期时间不做排版，后面用脚本实现。而且，页面中所有图片都带有一个粗线边框，这需要后续使用CSS进行调整。

△ 插入的Div

4 单击"确定"按钮后，在页面上方应显示3个Div区块，并分别显示三段文字内容。

3. 添加脚本

1 下面制作页面中的实时日期和时间效果。将插入点放置在页面下方版权文字的前面，在插入面板中的"常用"分类中单击"Div"按钮，将"插入Div"对话框中的ID设置为time。

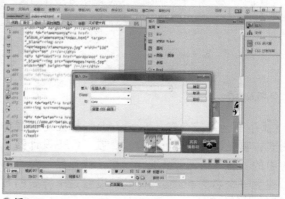

△ 插入Div

3 删除"此处显示id "time"的内容"文字，然后将插入点放置在这个<div>标签对的后面，在插入面板中的"常用"分类中单击"Div"按钮，将"插入Div"对话框中的ID设置为txt。然后重复相似的操作，将插入点放置在这个<div>标签对的后面，在插入面板中的"常用"分类中单击"Div"按钮，将"插入Div"对话框中的ID设置为dtxt。

△ 插入Div

5 删除Div区块的3段文字内容，此时的源代码只剩3个空<div></div>标签对。

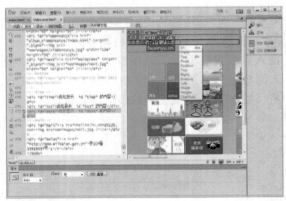

△ 插入的Div

△ 源代码中的空<div>标签对

6 下面为这三个空<div></div>标签对设置样式，首先设置的是time样式。在"CSS设计器"中的"源"选择<style>，在"选择器"窗口中建立一个名为#time的样式，设置这个样式的布局和背景属性，在页面的头部的<style>和</style>标签对内将形成如下代码。

```
#time
{
left: 900px;
top: 500px;
position: absolute;
background-color: #0a572c;
width:278px;
height:75px;
}
```

△ Time布局属性

7 设置完成后，名为time的Div区块出现在了页面右下角的位置上，并显示了深绿色的背景效果。

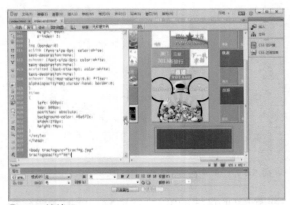

△ Div区块效果

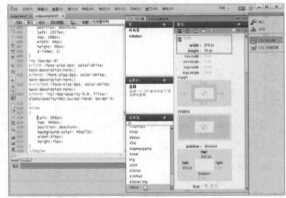

△ Time背景属性

8 在"CSS设计器"中的"源"选择<style>，在"选择器"窗口中建立一个名为#txt的样式，设置这个样式的布局和文本属性，在页面的头部的<style>和</style>标签对内将形成如下代码。

```
#txt
{
left: 920px;
top: 500px;
position: absolute;
```

```
font-size:50px;
font-family:"Segoe UI";
color:#fff;
width:278px;
}
```

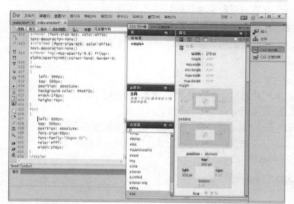

🔺 Txt布局属性

🔺 Txt文本属性

9 在〝CSS设计器〞中的〝源〞选择<style>，在〝选择器〞窗口中建立一个名为#dtxt的样式，设置这个样式的布局和文本属性，在页面的头部的<style>和</style>标签对内将形成如下代码。

```
#dtxt
{
left: 1050px;
top: 535px;
position: absolute;
```

```
font-size:18px;
font-family:"微软雅黑";
color:#fff;
width:278px;
}
```

🔺 dtxt布局属性

🔺 Dtxt文本属性

10 进入到代码视图，将插入点定位在<head>标签内，输入如下JavaScript脚本代码，实现对日期时间的调用。

```
01 <script type="text/javascript">    ▶ 声明脚本开始
02 function startTime()               ▶ 声明startTime函数
03 {
04 var today=new Date()              ▶ 声明today变量，新建日期对象实例
```

```
05 var h=today.getHours()            ▶ 声明h变量，获取日期对象的小时数
06 var m=today.getMinutes()          ▶ 声明m变量，获取日期对象的分钟数
07 var s=today.getSeconds()          ▶ 声明s变量，获取日期对象的秒数
08 var y=today.getYear()             ▶ 声明y变量，获取日期对象的年数
09 var mo=today.getMonth()+1         ▶ 声明mo变量，获取日期对象的月数
10 var d=today.getDate()             ▶ 声明d变量，获取日期对象的日期数
11 var j=today.getDay()              ▶ 声明j变量，获取日期对象的星期数
12 m=checkTime(m)                    ▶ 分别对m、s、d变量使用checkTime函数，在小于10的数值前补0
13 s=checkTime(s)
14 d=checkTime(d)
15 document.getElementById('txt').innerHTML=h+":"+m   ▶ 在txt元素位置使用h、m变量
16 t=setTimeout('startTime()',500)   ▶ 声明t变量，调用startTime函数
17 document.getElementById('dtxt').innerHTML=mo+"月"+d+"日"  ▶ 在dtxt元素位置使用mo、d变量
18 document.getElementById('ytxt').innerHTML=y+"年"   ▶ 在ytxt元素位置使用y变量
19 }
20 function checkTime(i)             ▶ 声明checkTime函数
21 {
22 if (i<9)                          ▶ 如果变量i小于9则在变量i前补0
23 {i="0" + i}                       ▶ 返回i值
24 return i
25 }
26 </script>                         ▶ 声明脚本结束
```

11 将<body>语句修改为如下代码，调用定义好的JavaScript函数。

```
<body tracingsrc="tracimg.
jpg" tracingopacity="50"
onload="startTime();">
```

12 回到设计视图，选择页面的<body>标签，然后打开"行为"面板，单击加号按钮，从快捷菜单中选择"打开浏览器窗口"命令。

⬢ 修改代码

⬢ 添加行为

13 在弹出的"打开浏览器窗口"对话框中，设置"要显示的URL"为http://huxinyu.cn/wordpress/，窗口宽度为1024，窗口高度为768，勾选全部属性，并设置"窗口名称"为adwin。

14 单击"确定"按钮后，在行为面板中设置事件为onload，表示当页面载入时打开新浏览器窗口。

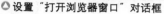

△ 设置"打开浏览器窗口"对话框

△ 设置事件

15 设置页面标题为"湖心鱼"后，按下F12键预览页面，就可以看到首页和弹出窗口页面的效果了。

△ 首页效果

△ 弹出窗口效果

制作一级栏目页

1. 排版栏目页myhome.html

1 新建myhome.html文件，单击"插入"面板"常用"分类下的"表格"按钮，在打开的"表格"对话框中设置"行数"为1，"列"为3，"表格宽度"为1000像素，其他设置均为0的表格。

2 单击"确定"按钮后，一个3列1行的表格即插入到了页面，在属性面板中将第1列的宽度设置为259，第3列的宽度设置为61，并将每一列的"垂直"设为"顶端"。

△ 设置"表格"对话框

△ 插入的表格及属性设置

3 将插入点放在第1列中，单击"插入"面板"常用"分类下的"表格"按钮，插入一个2行3列，宽度为72%的表格。

⬙ 设置"表格"对话框

4 单击"确定"按钮后，一个2行3列的表格即插入到了页面，将第1行的3个单元格合并，第2行每一列的"宽度"依次为31%、56%、13%，每一列的"垂直"设为"顶端"。

⬙ 插入的表格及属性设置

5 将插入点放在第1行中，插入"images/left_01.jpg"图片文件，并在属性面板中设置"替换"为">>>湖心鱼"，"链接"为"index.html"。

⬙ 插入图片并设置属性

6 将插入点放在第2行第1列，插入"images/left_03.jpg"图片文件。

⬙ 插入图片

7 将插入点放在第2行第2列，单击"插入"面板"常用"分类下的"表格"按钮，插入一个11行1列，宽度为100%的表格，并依次在由上至下的单元格中插入"images/left_04.jpg"、"images/left_06.jpg"、"images/left_07.jpg"、"images/left_09.jpg"、"images/left_08.jpg"、"images/fond.jpg"、"images/left_10.jpg"、"images/guestbook.jpg"图片文件。第11个单元格插入"images/tblog.gif"图片文件。

8 由上至下为图片设置链接和"替换"属性，链接依次为myhome.html、travel.html、book.html、music.html、http://www.huxinyu.com/fpv/index.asp、fond.html、http://www.huxinyu.com/wordpress/、http://www.huxinyu.com/guestbook/index.asp；"替换"依次为">>>我家"、">>>出游"、">>>图书"、">>>音乐"、">>>图集"、">>>资金"、">>>博客"、">>>留言"。并将到"http://www.huxinyu.com/fpv/index.asp"的的链接的"目标"属性设置为_blank。

▲ 插入表格及图片

▲ 设置图片属性

9 将插入点放在大表格的第2列中，单击"插入"面板"常用"分类下的"表格"按钮，插入一个3行1列，宽度为703像素的表格。

10 在最上面的空行中插入"images/myhome_02.jpg"图像。

▲ 插入嵌套表格

▲ 继续插入嵌套表格并设置属性

11 将插入点放在图像下面的空白单元格中，在属性面板中设置"垂直"为"顶端"，然后单击"插入"面板"常用"分类下的"表格"按钮，插入一个2行3列，宽度为703像素的表格。

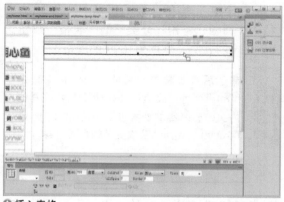

▲ 插入表格

12 设置第1行第1列的宽度为6，第3列的宽度为10，然后修改第1行第1列的源代码为<td width="6" height="514" background="images/line_03.jpg"></td>，第3列的源代码为<tdwidth="10" background="images/line_05.jpg"></td>，设置这两个单元格的背景图像效果。

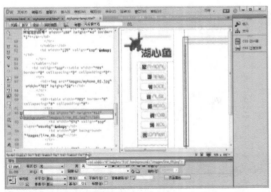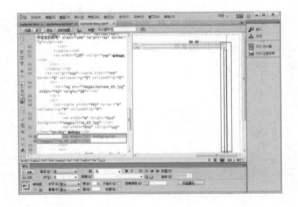

● 设置第1行单元格效果

13 在第2行第1列中插入"images/line2_03.jpg"图片，第2行第3列中插入"images/line2_06.jpg"图片。然后修改第2行第2列的源代码为<tdbackground="images/line2_05.jpg"></td>，设置这个单元格的背景图像效果。

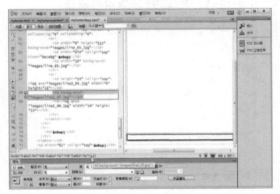

● 设置第2行单元格效果

14 将插入点放在中间的空白单元格中，在属性面板中设置"垂直"为"顶端"，然后单击"插入"面板"常用"分类下的"表格"按钮，插入一个2行2列，宽度为100%的表格。

● 插入表格

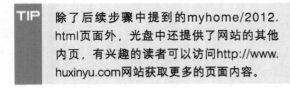

TIP
除了后续步骤中提到的myhome/2012.html页面外，光盘中还提供了网站的其他内页，有兴趣的读者可以访问http://www.huxinyu.com网站获取更多的页面内容。

15 设置第1列的单元格的"水平"为"居中对齐"，"垂直"为"居中"，然后在第1行第1列中插入"images/main.jpg"图片，在第2行第1列中插入"images/myhome_10.jpg"图片。

16 在images/myhome_10.jpg图片上绘制图像映射，使从"二零零六"到"二零一二"七段文字链接到七个不同的地址上，分别为myhome文件夹下的2006.html、2007.html、2008.html、2009.html、2010.html、2011.html、2012.html。

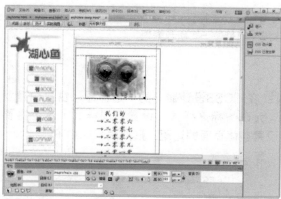

△ 插入图片

△ 设置图像映射

17 将第2列的两个单元格合并，按照光盘中提供的源文件输入正文内容。然后在页面最下方的单元格中输入版权文字。

 TIP 放置版权内容的表格可以嵌套在右侧表格内部，也可以独立成为一个居中的表格。

18 在版权文字中制作到作者二人的电子邮件链接，分别为mailto:blueapple_hui@sina.com、mailto:hu_song@126.com，至此，首页的排版工作基本完成了。

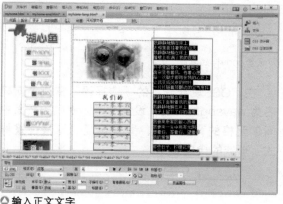

△ 输入正文文字

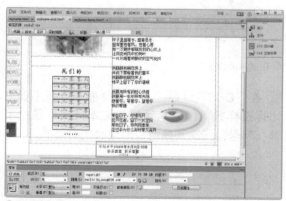

△ 输入版权文字

19 为便于版权文字内容的更新，选中底部的版权文字，打开"资源"面板，单击"新建库项目"按钮，将其命名为copyright。

20 选中左侧的导航菜单所在的表格，打开"资源"面板，单击"新建库项目"按钮，将其命名为nav。

△ 制作库项目

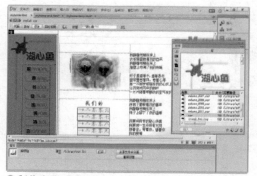

△ 制作库项目

Dreamweaver CC中文版从入门到精通

TIP 将导航菜单添加为库项目，是考虑到左侧的栏目有可能不会进行更新，增加或删减栏目，更改栏目链接等，而这个部分是其他页面必备的项目，制作成库项目便于更新与管理。

2. 制作栏目页样式style2.css

① 下面编写CSS样式表，完成页面的样式设置。打开"CSS设计器"，在"源"窗口中单击"+"按钮，从快捷菜单中选择"创建新的CSS文件"，在打开的"创建新的CSS文件"对话框中，输入样式表的名称style2.css。

② 在"CSS设计器"的"选择器"窗口中建立<body>标签样式，设置布局样式，这里主要设置整体页面的边距，形成的代码如下。

```
01 body {
02    margin: 0px;
03 }
```

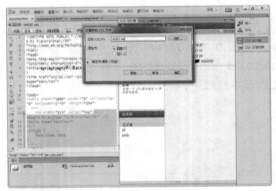
△ 创建新的CSS文件

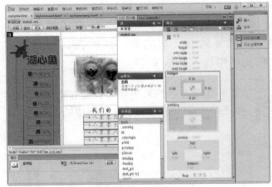
△ 设置body样式属性

③ 在"CSS设计器"的"选择器"窗口中建立td标签样式，设置单元格的文本样式，包括字体、字号、行高及颜色，形成的代码如下。

```
01 .updt {
02 font-family: "黑体";
03 font-size: 10pt;
04 color: #0d2850;
05 font-weight: bold;
06 }
```

④ 在"CSS设计器"的"选择器"窗口中新建名为.wavebg的样式，设置myhome.html页面中间单元格的背景图像、背景重复、背景位置样式，形成的代码如下。

```
01 .wavebg {
02 background-image: url(images/
myhome _ 14.jpg);
03 background-repeat: no-repeat;
04 background-position: right bottom;
05 }
```

△ 设置td样式属性

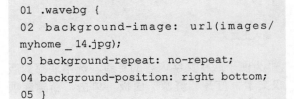
△ 创建新的CSS文件

⑤ 在 "CSS设计器" 的 "选择器" 窗口中新建名为.copyright的样式，设置版权文字的文本样式，形成如下代码。

⑥ 在 "CSS设计器" 的 "选择器" 窗口中依次新建名为a:link、a:visited和a:hover的样式，这段代码分别定义了默认链接、访问过后链接和鼠标上滚链接，形成如下代码。

⚠ 设置.copyright样式属性

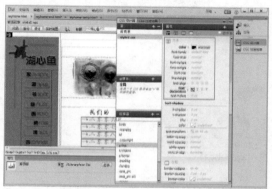
⚠ 设置A:link样式属性

⚠ 设置A:visited样式属性

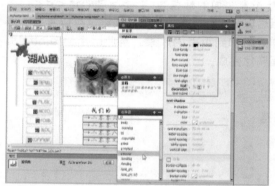
⚠ 设置A:hover样式属性

```
01 .copyright {
02 font-family: "宋体";
03 color: #2f589a;
04 font-size: 12px;
05 letter-spacing: 3px;
06 }
```

▶ 设置字体为宋体
▶ 设置颜色为#2f589a
▶ 设置字号为12px
▶ 设置字母间距为3px

```
01 a:link {
02 color: #000000;
03 text-decoration: none;
04 }
05 a:visited {
06 color: #336699;
07 text-decoration: none;
08 }
09 a:hover {
10 color: #000000;
11 text-decoration: underline;
12 }
```

▶ 设置默认链接
▶ 设置颜色为#000000
▶ 设置文字修饰为无

▶ 设置访问过后链接
▶ 设置颜色为#336699
▶ 设置文字修饰为无

▶ 设置鼠标上滚链接
▶ 设置颜色为#000000

▶ 设置文字修饰为下划线

7 回到myhome.html页面，选中内容所在的单元格，在属性面板中将"类"设置为wavebg。

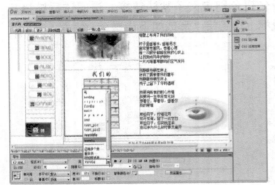
△ 应用.wavebg样式

9 设置页面的标题为"＞＞＞湖心鱼＜＜＜"，然后保存页面，按下F12键预览，可以看到CSS样式附加到页面的效果。至此myhome.html页面制作完成。

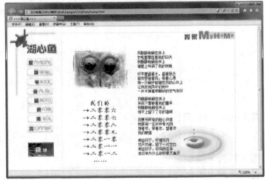
△ 预览效果

2 在中间表格的第1行中单击鼠标右键，在快捷菜单中选择"表格>插入行"命令，插入一个3行3列的表格，然后将所插入第2行的3个单元格合并。

△ 插入的表格

8 选中版权文字所在的Div区块，在属性面板中将"Class"设置为copyright。

△ 应用.copyright样式

3. 制作travel.html栏目页

1 将myhome.html页面另存为travel.html，并删除myhome.html页面特有的内容。

△ 删除特有的内容

3 将插入点放在这个表格外侧的单元格中，在属性面板的"类"中将wavebg改为"无"，去掉原有背景。

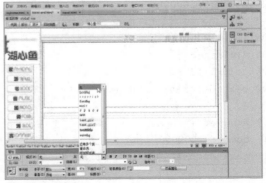
△ 设置单元格类

4 将插入点放在第1行的空白单元格中，在属性面板中设置"垂直"为"顶端"，"水平"为"居中对齐"，然后单击"插入"面板"常用"分类下的"表格"按钮，插入一个2行1列，宽度为100%的表格，然后设置这个表格单元格的"水平"仍为"居中对齐"，在第1行中插入"images/travel_07.jpg"图片文件，在第2行中依次插入"images/travel_10.jpg"、"images/travel_11.jpg"图片文件。

5 依次为这3张图片绘制图像映射，以第一张图片为例，图片中的7个旅游景点分别映射到"travel"文件夹下的"travel_lijiang.htm"、"travel_chengdu.html、"travel_jiuzhaigou.html"、"travel_sanya.html"、"travel_hangzhou.html"、"travel_yangshuo.html"、"travel_xianggang.html"，并依次设置"替换"属性为">>>>丽江"、">>>>成都"、">>>>九寨沟"、">>>>三亚"、">>>>杭州"、">>>>阳朔"、">>>>香港"。

▲ 插入表格及图片文件

▲ 制作图像映射

6 按照相同的方法，为第2行中的两张图片制作到各个地区页面的链接，由于页面较多，在此不一一列出，可参考光盘中源文件自行添加。

 TIP
有兴趣的读者可以访问http://www.huxinyu.com网站获取其他页面内容。

7 将插入点放在下面的空白单元格中，插入"images/travel_13_2.jpg"图片文件，然后打开"行为"面板，添加"交换图像"行为，在打开的"交换图像"对话框中设置"设定原始档为"为"images/travel_13.jpg"。

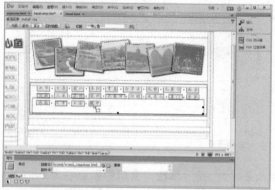

▲ 继续制作图像映射

▲ 设置"交换图像"对话框

8 单击"确定"按钮后，"交换图像"行为即加入到了页面，最后，选中最上方的图片，将其源文件修改为"images/travel_03.jpg"。

9 至此，travel.html页面制作完成，按下F12键预览页面，可以看到页面的交换图像效果。

◎ 修改图片文件源文件

◎ 预览效果

TIP 交换图像效果通过JavaScript脚本实现，有兴趣的读者可以参考光盘文件源代码。

4. 制作book.html栏目页

❶ 将myhome.html页面另存为book.html，并删除myhome.html页面特有的内容。将插入点放在空白的单元格中，然后单击"插入"面板"常用"分类下的"表格"按钮插入一个2行3列，宽度为100%的表格。

❷ 将第1、3列的单元格合并，从左至右依次插入"images/book_07.jpg"、"images/book_08.jpg"、"images/book_09.jpg"图片文件。在第2列的第2行中单击"插入"面板中"表格"按钮，插入一个7行3列，宽度为100%的表格。设置第1列宽度为6%，在第2、3列的奇数行中由上至下、由左至右插入"images/book_13. jpg"、"images/book_16.jpg"、"images/book_19.jpg"、"images/book_25.jpg"、"images/book_14.jpg"、"images/book_17.jpg"、"images/book_20.jpg"文件，并设置链接。

◎ 插入表格

◎ 插入表格及图片文件

❸ 打开"CSS设计器"面板，在"源"窗口中选择style2.css，在"属性"窗口中新建名为.bookbg的样式，设置book.html页面中间单元格的背景图像、背景重复、背景位置样式，代码如下。

❹ 然后回到book.html页面，选中内容所在的单元格，在属性面板中将"类"设置为bookbg。

▲ .bookbg规则的背景样式

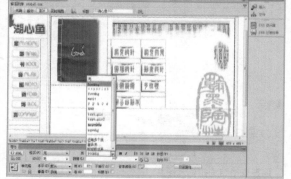

▲ 设置类

```
01  .bookbg {
02  background-image: url(images/book _ 23.jpg);
03  background-repeat: no-repeat;
04  background-position: right bottom;
05  }
```

⑤ 最后，选中最上方的图片，将其源文件修改为 "images/book.jpg"。

⑥ 至此，book.html页面制作完成，按下F12键预览页面，可以看到页面的效果。

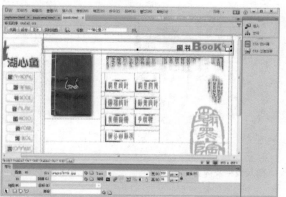

▲ 修改图片源文件

▲ 预览效果

TIP 由于篇幅有限，图片的具体路径及链接地址请读者参考光盘中的源文件。和前面叙述的制作过程相同，光盘中并未提供这个栏目更深层次的内页，有兴趣的读者可以访问http://www.huxinyu.com网站获取其他页面内容。

5. 制作music.html栏目页

① 将myhome.html页面另存为music.html，并删除myhome.html页面特有的内容。将中间的2行3列的单元格的第2行单元格全部合并，并删除内容，然后插入 "images/music_23.jpg" 图片。

② 进入拆分视图，调整第1行第1列的单元格代码如下，修改其宽度和背景图像。

```
<td  width="246"  height="514"
valign="top"background="images/
music _ 05.jpg">
</td>
```

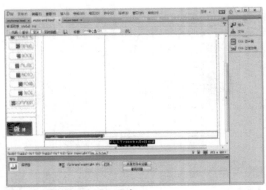

△ 调整表格结构并插入图片

△ 调整单元格代码

> **TIP** 这个单元格上面的单元格中要实现的是使用背景图像和该图像拼接成无缝的效果，因此设计图像时要考虑到这一点。

③ 回到设计视图，在这个单元格中插入一个2行1列，宽度为90%的表格，在属性面板中设置"对齐"为"居中对齐"，然后在表格的第2行中输入文字并创建链接。

④ 在右侧的空白单元格中插入一个5行2列，宽度为406像素的表格，并在表格的奇数行中插入相关图片，并设置链接。

△ 插入表格及内容

△ 插入表格及内容

⑤ 最后，选中最上方的图片，将其源文件修改为"images/music_03.jpg"。

⑥ 至此，music.html页面制作完成，按下F12键预览页面，可以看到页面的效果。

△ 修改图片源文件

△ 预览效果

6. 制作fond.html栏目页

1 将myhome.html页面另存为fond.html，并删除myhome.html页面特有的内容。然后插入一个5行2列，宽度为80%的表格，在属性面板中设置"Align"为"居中对齐"，并将除第4行外的单元格合并，将第1行和最后1行的高度分别设为53和35。

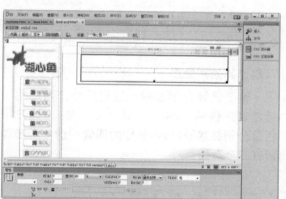

⬥ 插入表格结构

3 打开"CSS设计器"面板，在"源"窗口中选择style2.css，在"属性"窗口中新建名为.fondbg的样式，设置fond.html页面中间单元格的背景图像、背景重复、背景位置样式，代码如下。

```
01  .fondbg {
02  background-image: url(images/
    fond _ 07.jpg);
03  background-repeat: no-repeat;
04  background-position: bottom;
05  }
```

4 然后回到fond.html页面，选中内容所在的单元格，在属性面板中将"类"设置为fondbg，背景图片即加入到了单元格底部。

2 在第2行和第4行右侧的单元格中输入标题及正文，读者可参考光盘中的源文件自行完成。选中内容所在的单元格，在属性面板中将"类"设置为下面要设置的fondbg样式。

⬥ 输入标题及正文

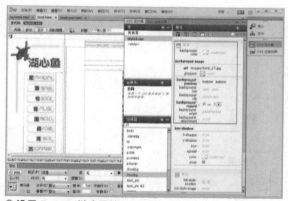

⬥ 设置.Fondbg样式属性

5 最后，选中最上方的图片，将其源文件修改为"images/fond_03.jpg"。

▲ 加入的背景图片

▲ 修改图片源文件

7. 制作其他栏目页

除了已经介绍过的一级栏目外，网站的一级栏目还包括"图"、"博"和"言"，这三个栏目分别链接到Flash制作的图像相册、博客和留言三个页面。

⑥ 至此，fond.html页面制作完成，按下F12键预览页面效果。

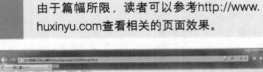

由于篇幅所限，读者可以参考http://www.huxinyu.com查看相关的页面效果。

▲ 预览效果

▲ "图"栏目页面

▲ "博"栏目页面

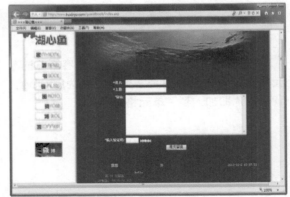

▲ "言"栏目页面

制作二级页面

1. 制作myhome/2012.html页

1 前面提到过，本例大多个一级页面都包含到二级页面的链接。由于篇幅所限，本例之讲解其中"家"、"游"两个栏目的二级页面制作，而由于二级页面数量实在太过庞杂，这里只介绍这两个栏目中二级页面的大致情况和制作思路。将myhome.html另存为myhome文件夹下的2012.html文件，并删除myhome.html页面特有的内容。

△ 删除特有的内容

3 在表格的第2行和第3行分别插入1行4列，宽度为98%的表格，并在表格中插入images文件夹下的多张图片文件，输入文字并制作到相关页面的链接。

△ 制作表格及图像和文字

2 插入一个3行1列，宽度为98%的表格，在第1行依次插入"images/2010_2.jpg"和"images/2012.jpg"图像文件，并使用热点制作图像映射链接，指向myhome文件夹下的"2006.html"、"2007.html"、"2008.html"、"2009.html"、"2010.html"、"2011.html"、"2012.html"等多个页面。

△ 插入图像并制作图像映射链接

4 在表格后插入"images/2012bg.jpg"图像文件，并使其居右对齐。

△ 插入图像

5 按照同样的方法制作更多的这个栏目中的二级页面，这里不再介绍其制作方法。因为页面内容虽然不同，但制作方法确实大同小异的。Style2.css文件中未曾提到的内容也都是为这些二级页面设置的具体样式。读者可以自行尝试制作自己的网页。下图是栏目中的2012.html、2011.html和2010.html页面，供读者参考。

⬡ 2012.html页面效果

⬡ 2011.html页面效果

⬡ 2010.html页面效果

6 对于2011.html页面中的链接，网站制作了再下一级的页面文件，实现每个小图像的具体内容页面。以2011nanluoguxiang.html页面为例，使用了如下的<iframe>内联框架代码制作页面。

```
<iframe src="http://www.huxinyu.cn/sBlog/photoalbum4/index.asp" width="670"
height="600" frameborder="0" scrolling="auto">
</iframe>
```

其他链接页面也都采用大致相同的方法，制作更多的子页页面。这些页面不再一一赘述，读者可参考光盘源文件自行完成。

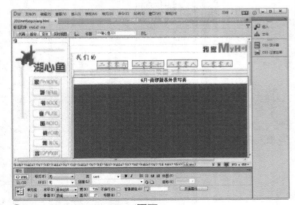

⬡ 2011nanluoguxiang.html页面

⬡ 2011nanluoguxiang.html页面预览效果

2. 制作travel栏目子页

1 在travel文件夹下，包括大量的"出游"栏目的子页页面，travel_yangshuo.html就是其中的一个页面。页面中使用了专门针对不同出游地点设计的标题图片，以及相关的内容文字链接。

△ 制作travel_xianggang.html页面

△ travel_xianggang.html页面预览效果

2 travel_yangshuo.html页面每一段的文字链接都指向了具体的内容页面，在这些页面中，使用相同的排版结构，排版了大量的文字和图像信息。下图展示的是其中的一个travel_yangshuo_content.html页面，制作技术并不复杂，读者可参考光盘内的具体文件。

△ 制作travel_yangshuo_content.html页面

△ travel_yangshuo_content.html页面预览效果

3 为了体现网站的主流技术，较新的游记页面采用了全新的Div+CSS结构，而且这些页面也不再存放于travel目录，体现和travel目录下页面的区别。例如站点根目录下的album_xianggang文件夹。

4 在album_xianggang文件夹下，index.html作为"找寻属于自己不一样的香港"专题栏目的首页面，使用了多个Div区块划分页面。

△ album_xianggang文件夹

△ index.html页面

5 为了较便捷地讲解这个页面的Div结构，下面列出了这个页面和Div结构相关的源代码。

```
01 <div class="pos">                                          ▶ 声明div区块pos
02 <div class="contents">                                     ▶ 声明div区块contents
03 <h1>找寻属于自己不一样的香港</h1>                             ▶ 声明一级标题文字
04 <div class="content">                                      ▶ 声明div区块content
05 <div id="listSmall" class="listImg listSmall">        ▶ 声明div区块listImg listSmall
06 <h2><span class="png">2013年11月24日-11月30日</span></h2>  ▶ 声明二级标题文字
07 <div class=content>                                        ▶ 声明div区块content
08 <iframe src="day1.html" width=990 height=500 scrolling="auto"
   allowtransparency="true" name="content _ window" frameborder="0"
   marginwidth="15" marginheight="15"></iframe>
                                   ▶ 声明内联框架,引用day1.html文件,定义内联框架宽度为
990,高度为500,自动出现滚动条,内联框架边框为0,边缘宽度和边缘高度为15,允许内联框架透明
09 </div>
10 </div>
11 <div class="bottom"><h2 align="center"><span class="png">|</span></h2>
                                                              ▶ 声明div区块bottom
12 <div class="copyRight">                                    ▶ 声明div区块copyright
13 <p>Copyright &copy; 2006-2014 -  <a href="http://www.huxinyu.cn" target="_
   blank">HuXinyu.cn</a> <a href="http://www.huxinyu.com" target="_blank">HuXinyu.
   com</a></p>                                                ▶ 声明版权文字内容和链接
14 </div>
15 <h6 class="png"></h6>                                      ▶ 声明六级标题文字
16 </div>
17 </div>
18 </div>
19 <div class="sliderBar">                                    ▶ 声明div区块sliderBar
20 <div class="download">                                     ▶ 声明div区块download
21 <h2>行程</h2>                                               ▶ 声明二级标题文字
22 <ul class="charges">                                       ▶ 声明类为charges的无序列表
23 <a href="day1.html" target="content _ window" class="all">·Day 1</a>
                                                ▶ 声明无序列表的第一项文字及链接
24 <a href="day2.html" target="content _ window" class="all">·Day 2</a>
                                                ▶ 声明无序列表的第二项文字及链接
25 <a href="day3.html" target="content _ window" class="all">·Day 3</a>
                                                ▶ 声明无序列表的第三项文字及链接
26 <a href="day4.html" target="content _ window" class="all">·Day 4</a>
                                                ▶ 声明无序列表的第四项文字及链接
27 <a href="day5.html" target="content _ window" class="all">·Day 5</a>
                                                ▶ 声明无序列表的第五项文字及链接
28 <a href="day6.html" target="content _ window" class="all">·Day 6</a>
                                                ▶ 声明无序列表的第六项文字及链接
29 <a href="day7.html" target="content _ window" class="all">·Day 7</a>
                                                ▶ 声明无序列表的第七项文字及链接
30 </ul>
31 <ul>                                                       ▶ 声明无序列表
32 <li>时间: 2013/11/24-11/30</li>                            ▶ 声明无序列表的第一项文字
```

33	`<li>`人物: 宾宾、宝宝、湖水` `	▶ 声明无序列表的第二项文字
	地点: 香港`</li>`	
34	`</ul>`	
35	`</div> <div id="about" class="about png">`	▶ 声明div区块about png
36	`<div class="stickers png"></div>`	▶ 声明div区块stickers png
37	`<h2> </h2>`	▶ 声明空白的二级标题文字
38	`<h3 class="png"> </h3>`	▶ 声明类为png的三级标题文字
39	`<p align="left"> `	▶ 声明文字段落
40	旅行的美好 ` `	
41	溢满如沿石水流过青池边, 水细长流 ` `	
42	最玄妙莫过于每个人都可以拥有属于自己不一样的香港 ` `	
43	每个人都可以难忘他路过的十字路口和刹那回眸` `	
44	尽数斑斑航迹 ` `	
45	属于自己的那些百感交集任谁也夺它不走` `	
46	任时光匆匆, 岁月留痕 ` `	
47	也不能消磨它刹那间的芳华`</p>`	
48	`<h2> </h2>`	▶ 声明空白的二级标题文字
49	`</div>`	
50	`</div>`	
51	`</div>`	

6 在页面中引用的main.css文件, 定义了整体页面Div结构的布局样式, 由于代码过多, 不再本书正文中列出, 读者可以参考光盘源文件查看具体的源代码。

⬆ Main.css文件

7 在album_xianggang这个文件夹下, 除了index.html页面, 还包括7个内容页面, 用于index.html页面中内联框架的内容。默认的内联框架内容是day1.html页面。

⬆ 制作Day1.html页面

⬆ Day1.html页面预览效果

⑧ index.html页面中的不同栏目链接到了不同的栏目页面，包括day2.html、day3.html、day4.html、day5.html、day6.html、day7.html等。这些页面都在同一个指定的内联框架中打开。

△ 内联框架中打开的不同页面

⑨ http://huxinyu.cn/album_tengchong/index.html页面也是"出游"栏目其中的一个页面。该页面仍然使用和album_xianggang栏目相同的布局结构，在内容部分插入了图像文件和文字链接，链接到该栏目的具体内容页面。

△ http://huxinyu.cn/album_tengchong/index.html页面

TIP 网站中其他的页面不再介绍具体的制作方法了，请读者参考光盘文件，根据这个个人网站的制作情况，总结出该网站的制作方法和技巧。更多的网站内容还请访问http://www.huxinyu.com网站获取其他页面内容。

DO IT Yourself 练习操作题

1. 排版网页一

⊙ 限定时间：60分钟

请使用已经学过的知识为如下网页页面进行排版。

△ 网页页面

△ Dreamweaver中的制作

Step BY Step （步骤提示）

1. 选择"修改>页面属性"命令设置页面属性。
2. 进行排版布局。
3. 插入页面元素。
4. 设置CSS样式。

光盘路径

Exercise\Ch19\1\ex1.htm

2. 排版网页二

限定时间：120分钟

请使用已经学过的知识制作如下网页页面。

△ 网页页面

△ Dreamweaver中的制作

Step BY Step（步骤提示）

1. 选择"修改>页面属性"命令设置页面属性。
2. 进行排版布局。
3. 插入页面元素。
4. 设置CSS样式。

光盘路径

Exercise\Ch19\2\ex2.htm

参考网站

• **thinkvitamin**：为网络设计师、程序员和IT从业者提供资源的站点，50000个订阅者就很好的展示了这个网站的实力。

• **Snook**：Jonathan Snook是著名图形设计师、程序员、作家及演讲家，在他的Blog中，为所有设计师准备了非常多的知识。

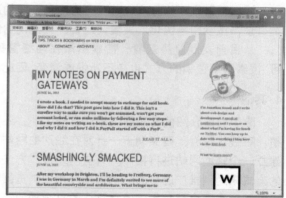

△ http://thinkvitamin.com/

△ http://snook.ca/

Special page 更好地宣传个人网站

在现如今的网络时代，每天都有千万个新站点推出，个人网站再有特色，假如人迹罕至，必会埋没了创建网站者的努力和信心。因此，应该积极宣传自己的网站，可采取将网站登记到搜索引擎上、在网站排行榜上登记、进行友情链接等方式。网站建设是一个不断尝试的过程，只有把你的网站放置于茫茫网海中，才能检验出网站特色的真正价值。

1. 交换链接

很多网站的首页底端都有其他网站的链接或单独开辟一个栏目推荐一些相关网站。这种方式可以使访问者获得更多的信息，同时也可以扩大该网站的知名度。这种链接的形式通常采用文字或88×31大小的图片。

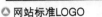 网站标准LOGO

2. 编写文件头信息

首先要根据个人网站的内容编写合适的文件头信息，这是供搜索引擎查找的关键字。因此最好保证网站的首页内容包含有最关键的文字，例如网站创建者名字或网站的名称等，这样可以更容易被搜索到。

3. 在搜索引擎上登录

虽然搜索引擎可以自动搜索网站，不过手动注册一下，可以让别人更迅速地搜索到创建者的网站。还有一点需要提醒的是，网站中某些复杂程序中的文字有可能不会被某些搜索引擎搜索到，例如，框架页面里的文字、放在层里的文字、图片上的文字等，所以要尽量将那些最关键的文字使用简单的HTML方式排版。

搜索引擎推广的方法又可以分为多种不同的形式，常见的有：登录免费分类目录、登录付费分类目录、搜索引擎优化、关键词广告、关键词竞价排名、网页内容定位广告等。

从目前发展趋势来看，搜索引擎在网络营销中的地位依然重要，并且受到越来越多用户的认可，搜索引擎营销的方式也在不断发展演变，因此应根据环境的变化选择搜索引擎营销的合适方式。

4. 其他

除了前面介绍的常用网站推广方法之外，还有许多专用性、临时性的网站推广方法，如有奖竞猜、在线优惠卷、有奖调查、针对在线购物网站推广的比较购物和购物搜索引擎等，有些甚至采用建立一个辅助网站进行推广。有些网站推广方法可能别出心裁，有些网站则可能采用有一定强迫性的方式来达到推广的目的，例如修改用户浏览器默认首页设置、自动加入收藏夹，甚至在用户电脑上安装病毒程序等，真正值得推广的是合理的、文明的网站推广方法，应拒绝和反对带有强制性、破坏性的网站推广手段。

Chapter

20

制作企业网站页面

本案例是一个典型的企业网站，建立一个使用HTML基本技术、DIV与CSS层叠样式表以及JavaScript脚本的综合性网站。内容涉及到网站的搭建、页面的排版、样式的设置、脚本的编写等。希望读者通过这个范例的学习能够举一反三，提高网页制作水平。

▌本章技术要点▐

Q：本实例主要体现了哪些重要技术？

A：体现了HTML基本技术、DIV+CSS应用、JavaScript脚本应用等几部分重要技术。

Q：制作本网站大致的顺序是什么？

A：在制作网站页面前，首先要确定在网页中提供的信息内容，然后准备网页的素材，接着设计页面的结构，添加页面的样式，最后应用网站的脚本。

企业网站的分类与特点

企业需不需要网站？几乎所有有远见的企业家都会毫不犹豫地说：当然需要！但一个不容忽视的问题是，许多企业仅仅停留在"有网站"的阶段，他们并没有意识到一个界面粗糙、内容单一、流程混乱、安全性差的网站，会给访问者留下极差的感觉，严重破坏企业的形象。

企业网站的分类

企业网站主要是为了方便外界了解企业、树立良好企业形象并适当提供一定服务的网站。根据行业差别，以及企业的建站目的和主要目标群体的不同，大致可以把企业网站分为如下类型。

（1）基本信息型：主要面向客户、业界人士或者普通访问者，以介绍企业的基本资料、帮助树立企业形象为主，也可以适当提供行业内的新闻或者知识信息。

◎ 基本信息型企业网站

（2）电子商务型：主要面向供应商、客户或者企业产品（服务）的消费群体，以提供某种直属于企业业务范围的服务或交易，或者为业务服务。这样的网站可以说是正处于电子商务化的一个中间阶段，由于行业特色和企业投入的深度广度的不同，其电子商务化程度可能处于比较初级的服务支持、提供产品列表等，也可能处于比较高级的网上支付的某一阶段。

◎ 电子商务型企业网站

　　（3）多媒体广告型：主要面向客户或者企业产品（服务）的消费群体，以宣传企业的核心品牌形象或者主要产品（服务）为主。这种类型网站无论从目的上还是实际表现手法上相对于普通网站而言更像一个平面广告或者电视广告。

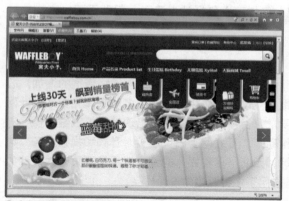

⚠ 多媒体广告型企业网站

企业网站的设计特点

　　企业网站设计是网页设计者以所能获取的技术和艺术经验为基础，依照设计目的和要求自觉地对网页的构成元素进行艺术规划的创造性思维活动。从表面上看，它不过是关于网页版式编排的技巧与方法，而实际上，它不仅是一种技能，更是艺术与技术的高度统一。

1. 交互性与持续性

　　网页不同于传统媒体之处，就在于信息的动态更新和即时交互性。即时交互性是网页成为热点的主要原因，也是网页设计时必须考虑的问题。传统媒体（如广播、电视节目、报刊杂志等）都以线性方式提供信息，即按照信息提供者的感觉、体验和事先确定的格式来传播。而在网页环境下，人们不再是一个传统媒体方式的被动接受者，而是以一个主动参与者的身份加入到信息的加工处理和发布之中。这种持续的交互，使网页艺术设计不像印刷品设计那样，发表之后就意味着不能再更改。网页设计人员必须根据网站各个阶段的经营目标，配合网站不同时期的经营策略，以及用户的反馈信息，经常地对网页进行调整和修改。例如，为了保持访问者对网站的新鲜感，很多大型网站总是定期或不定期地进行改版，这就需要设计者在保持网站视觉形象一贯性的基础上，不断创作出新的网页设计作品。

2. 多维性

　　多维性源于超级链接，主要体现在网页设计中对导航的设计上。由于超级链接的出现，网页的组织结构更加丰富，访问者可以在各种主题之间自由跳转，从而打破了以前人们接收信息的线性方式。例如，可将页面的组织结构分为序列结构、层次结构、网状结构、复合结构等。但页面之间的关系过于复杂，不仅给访问者检索和查找信息增加了难度，也给设计者带来了更大的困难。为了让访问者在网页上迅速找到所需的信息，设计者必须考虑快捷而完善的导航设计。

　　印刷品中导航问题不是那么突出，如果一个句子在页尾突然终止，读者会很自然地翻到下一页查找剩余部分，为了帮助读者找到他们要找的信息，出版物提供了目录、索引或脚注。如果文章从期刊中的一页跳到后面的非顺序页时，读者会看到类似于"续68页"这样的指引语句。然而，在网页设计中，这些导航技术无法完全适合于网页导航。在替访问者考虑得很周到的网页中，导航提供了足够的、不同角度的链接，帮助访问者在网页的各个部分之间跳转，并告知访问者现在所在的位置、当前页面和其他页面之间的关系等。而且，每页都有一个返回主页的按钮或链接，如果页面是按层次结构组织的，通常还有一个返回上级页面的链接。对于网页设计者来说，面对的不是按顺序排列的印刷页面，而是自由分散的网页，因此必须考虑更多的问题，如怎样构建合理的页面组织结构，让访问者对设计者提供的巨量信息感到有条理，怎样建立包括站点索引、帮助页面、查询功能在内的导航系统等。

3. 多种媒体的综合性

目前网页中使用的多媒体视听元素主要有文字、图像、声音、视频等，随着网络带宽的增加、芯片处理速度的提高以及跨平台的多媒体文件格式的推广，设计者必将综合运用多种媒体元素来设计网页，以满足访问者对网络信息传输质量提出的更高要求。目前国内网页已经出现了模拟三维的操作界面，在数据压缩技术的改进和流（Stream）技术的推动下，互联网上出现了实时音频和视频服务，典型的有在线音乐、在线广播、网上电影、网上直播等。因此，多种媒体的综合运用是网页艺术设计的特点之一，是未来的发展方向，下面的网站页面就是应用了多种媒体的设计作品。

⚙ 多媒体网页

4. 技术与艺术结合的紧密性

设计是主观和客观共同作用的结果，是在自由和不自由之间进行的，设计者不能超越自身已有经验和所处环境提供的客观条件限制，优秀设计者正是在掌握客观规律的基础上实现了想象和创造的自由发挥。网络技术主要表现为客观因素，艺术创意主要表现为主观因素，网页设计者应该积极主动地掌握现有的各种网络技术规律，注重技术和艺术紧密结合，这样才能发挥技术之长，实现艺术想象，满足访问者对网页信息的高质量需求。

例如，访问者欣赏一段音乐或电影，以前必须先将这段音乐或电影下载到本地机器，然后使用相应的程序来播放，由于音频或视频文件都比较大，需要较长的下载时间。流（Stream）技术出现后，网页设计者充分、巧妙地应用此技术，让访问者在下载过程中就可以欣赏这段音乐或电影，实现了实时网上视频直播服务和在线欣赏音乐服务，这无疑增强了页面传播信息的表现力和感染力。

网络技术与艺术创意的紧密结合，使网页设计由平面设计扩展到立体设计，由纯粹的视觉艺术扩展到空间听觉艺术，网页效果不再近似于书籍或报刊杂志等印刷媒体，而更接近于电影或电视的观赏效果。技术发展促进了技术与艺术的紧密结合，把访问者带入一个真正现实中的虚拟世界。

在实际应用中，很多网站往往不能简单地归为某一种类型，无论是建站目的还是表现形式都可能涵盖了两种或两种以上类型。对于这种企业网站，可以按上述类型的区别划分为不同的部分，每一个部分都基本上可以认为是一个较为完整的网站类型。

UNIT 52 制作"周生生珠宝"网站

　　下面要制作的是一个典型的企业网站，网站共有五个栏目，页面的排版使用当下最流行的DIV+CSS来实现，页面中的特效使用JavaScript 实现。

原始文件	无
完成文件	Sample\Ch20
视频教学	Video\Ch20\Unit52\

图 示	⬤	⬤	⬤	O	⬤
浏览器	IE	Chrome	Firefox	Opera	Apple Safari
是否支持	◎	◎	◎	◎	◎

◎完全支持　　□部分支持　　※不支持

▲ 制作完成的页面一

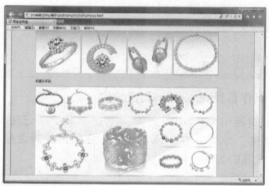

▲ 制作完成的页面二

搭建站点

1 首先，使用Dreamweaver搭建一个站点，分别建立images、styles、scripts共三个文件夹，分别用来存放图像、样式表和脚本。网站共分为五个页面，分别是index.html、live.html、about.html、contact.html和photos.html。

2 所有的图片已经制作完成，将其放置在images文件夹下。images文件夹中的photos文件夹则存放了"炫美珠宝"这个栏目的照片文件。

▲ 站点结构　　　　　　　　　　▲ 图像文件夹

3 在scripts文件夹下建立多个脚本文件，分别命名为about.js、contact.js、global.js、home.js、live.js、photos.js（scripts文件夹中的其他文件为Dreamweaver制作页面时生成的脚本文件）。

4 在styles文件夹下建立多个样式表文件，分别命名为basic.css、color.css、layout.css和typography.css，分别用于基本样式、色彩样式、版式样式和印刷样式。

△ 脚本文件夹

△ 样式文件夹

制作页面结构

1. 制作首页index.html页面结构

1 新建index.html文件，单击"插入"面板"结构"分类中的"Div"按钮，在弹出的对话框中设置ID为header。

2 然后单击"确定"按钮，Div区块即插入到了页面中，并在标签内显示"此处显示id"header"的内容"文字。

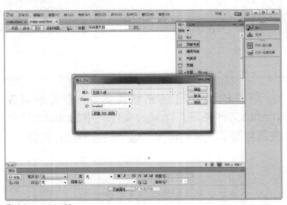
△ 插入Div标签

△ 插入的Div区块

3 删除标签内的文字，然后插入images文件夹下的"logo_large.png"图像文件，并在属性面板中将图像的"宽"设置为320，"高"设置为150。

> **TIP** 这是一张透明的png图像，目的是显示出这个位置的背景图像。

4 进入拆分视图，将插入点放在</div>标签的后面，单击"插入"面板"结构"分类中的"Div"按钮，在弹出的对话框中设置ID为navigation。

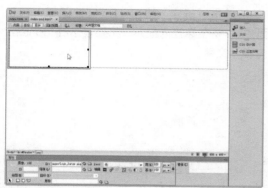

△ 插入图像并设置属性

△ 插入Div标签

5 然后单击"确定"按钮，Div区块即插入到了页面中，并在标签内显示"此处显示id "navigation"的内容"文字。

6 删除标签内的文字，然后在这个标签的可视化视图中，制作一个无序列表，包括"回到首页"、"关于我们"、"炫美珠宝"、"分店信息"、"在线咨询"共五项。

△ 插入的Div区块

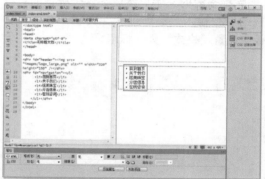

△ 制作无序列表

7 为每一个无序列表的文字制作链接，分别指向index.html、about.html、photos.html、live.html、contact.html这五个页面，参考源代码如下。

```
01 <div id="navigation">
02 <ul>
03 <li><a href="index.html">回到首页</
   a></li>
04 <li><a href="about.html">关于我们</
   a></li>
05 <li><a href="photos.html">炫美珠宝</
   a></li>
06 <li><a href="live.html">分店信息</
   a></li>
07 <li><a href="contact.html">在线咨询
   </a></li>
08 </ul>
09 </div>
```

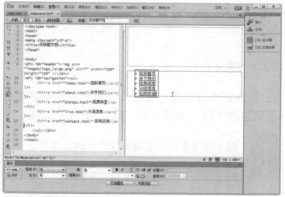

△ 制作链接

⑧ 进入拆分视图，将插入点放在</div>标签的后面，单击"插入"面板"结构"分类中的"Div"按钮，在弹出的对话框中设置ID为content。

⑨ 然后单击"确定"按钮，Div区块即插入到了页面中，并在标签内显示"此处显示id "content"的内容"文字。

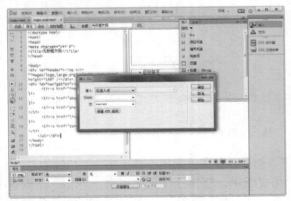

△ 插入Div标签

△ 插入的Div区块

⑩ 删除标签内的文字，然后在这个标记的可视化视图中，输入"品牌理念"文字，并在属性面板中设置"格式"为"标题1"。

⑪ 然后输入正文文字，并为正文文字中的"关于我们"、"炫美珠宝"、"详细信息"、"在线咨询"制作链接，分别指向about.html、photos.html、live.html、contact.html这四个页面。

△ 输入标题文字

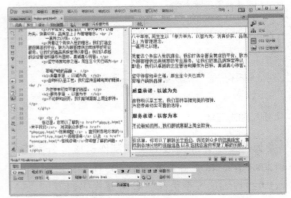

△ 输入段落文字并制作链接

⑫ 进入到拆分视图，在正文文字的源代码后输入下面这段代码，添加一个"ID"为intro的段落。

 TIP 这个段落是用于引用特效图片的段落标记，intro在后面的脚本中详细定义。

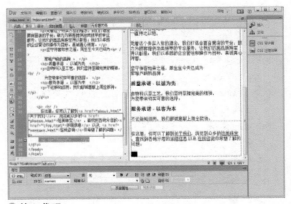

△ 输入代码

13 将插入点放在</div>标签的后面,单击"插入"面板"结构"分类中的"Div"按钮,在弹出的对话框中设置ID为copyright。

△ 插入Div标签

14 然后单击"确定"按钮,Div区块即插入到了页面中,并在标签内显示"此处显示id "copyright"的内容"文字。

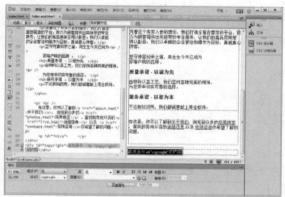
△ 插入的Div区块

15 删除标签内的文字,然后输入版权文字,并在属性面板中设置"格式"为"段落"。至此,首页的页面结构制作完成。

> TIP 这里仅仅制作完成的是页面结构,后面的步骤将继续制作页面样式。

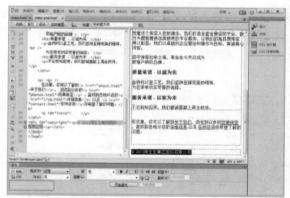
△ 输入段落文字

2. 制作网站其他页面结构

1 将首页依次保存为about.html、photos.html、live.html、contact.html,然后打开about.html文件,将Div content区块内的标题字"品牌理念"改为"关于我们"。然后输入一段正文文字后,制作一个无序列表,包括"售后服务"、"礼宾服务"两项,修改源代码<ul>标签为<ul id="internalnav">。并为无序列表的文字制作链接,分别指向#jay、#domsters这两个锚点。源代码如下。

```
01 <ul id="internalnav">
02 <li><a href="#jay">售后服务</a></li>
03 <li><a  href="#domsters">礼宾服务</a></li>
04 </ul>
```

△ 修改Div content区块内的文字并制作列表

2 将插入点放在</ul>标签的后面，单击"插入"面板"结构"分类中的"Div"按钮，在弹出的对话框中设置ID为jay，Class为section。

▲ 插入Div标签

4 删除标签内的文字，然后输入"专业工艺 细心护理"文字，并在属性面板中设置"格式"为"标题3"。然后输入正文文字。

▲ 输入标题和段落文字

6 然后单击"确定"按钮，Div区块即插入到了页面中，并在标签内显示"此处显示class "section" id "domsters" 的内容"文字。删除标签内的文字，然后输入"升华体验 远超您想"文字，并在属性面板中设置"格式"为"标题3"。然后输入正文文字，并在属性面板中设置"格式"为"段落"，输入几段目录文字，并在属性面板中设置为"无序列表"。

3 然后单击"确定"按钮，Div区块即插入到页面中，并在标签内显示"此处显示 class "section" id "jay" 的内容"文字。

▲ 插入的Div区块

5 将插入点放在</div>标签的后面，单击"插入"面板"结构"分类中的"插入Div标签"按钮，在弹出的对话框中设置ID为domsters，Class为section。

▲ 插入Div标签

▲ 输入标题和段落文字

7 打开contact.html页面，将Div content区块内的标题字"品牌理念"改为"在线咨询"，然后将插入点放在</h1>标签的后面，删除后面的正文文字后，单击"插入"面板"表单"分类中的"表单"按钮，插入一个表单，然后在属性面板中将action设置为#，method设置为post。

8 然后将插入点放在</form>标签的前面，单击"插入"面板"表单"分类中的"域集"按钮，在弹出的"域集"对话框中不作任何设置，直接单击"确定"按钮。

△ 修改文字并插入表单

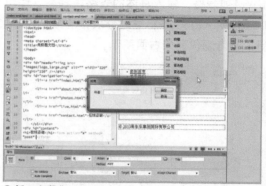

△ 插入字段集

9 下面制作具体表单内容，共分为3个段落："姓名："、"邮箱："和"咨询："。每个段落中的文字使用<label>标签作出声明，参考源代码如下。

```
01 <label for="name">姓名:</label>
02 <label for="email">邮箱:</label>
03 <label for="message">咨询:</label>
```

10 然后分别为"姓名："、"邮箱："插入文本域，为"咨询"：插入文本区域，依次设置文本域的id为name、email，文本区域的name为message，value属性依次为"填写你的姓名"、"填写你的邮件地址"和"写下你的咨询问题"，class属性依次为required、emailrequired、required。然后在段落后插入一个提交按钮，将value属性设置为"咨询"。

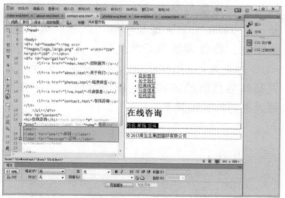

△ 声明标签

△ 制作表单内容

11 至此，表单内容的参考源代码如下。

```
01 <input type="text" id="name" name="name" value="填写你的姓名" class="required" />
02 <input type="text" id="email" name="email" value="填写你的邮件地址" class="email
   required" />
03 <textarea cols="45" rows="7" id="message" name="message" class="required">写下你的
```

```
咨询问题</textarea>
04   <input type="submit" value="咨询" />
```

⓬ 打开live.html页面，将Div content区块内的标题字"品牌理念"改为"分店信息"，然后将插入点放在</h1>标签的后面，插入一个完整的10行4列表格，输入具体的表格内容后，使用<thead>和<tbody>标签区分表格的第1行和其他行，参考源代码如右面所示。

```
01   <table>
02   <thead>
03   <tr>
04   <th>分店</th>
05   <th>营业时间</th>
06   <th>地址</th>
07   <th>电话</th>
08   </tr>
09   </thead>
10   <tbody>
11   <tr>
12   <td>北京(新世界千姿)店</td>
13   <td>09:00AM - 09:00PM</td>
14   <td>中国北京市顺义区新顺南大街18号北京新世
        界千姿百货一层  (101300)</td>
15   <td>(86)  010 8146 0380</td>
16   </tr>
     ......
17   </tbody>
18   </table>
```

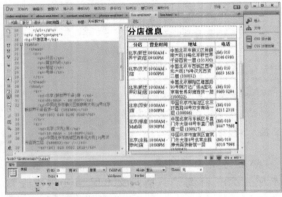
◑ 输入标题字并插入表格

⓭ 打开photos.html页面，将Div content区块内的标题字"品牌理念"改为"炫美珠宝"，输入"钻石及首饰的唯美魅力令人深醉不已，只因每件珠宝都诉说着瑰丽动人的故事，成就永恒印记"正文文字后，将插入点放在源代码中这段正文文字的后面，依次插入"images/photos/thumbnail_01.jpg"、"images/photos/thumbnail_02.jpg"、"images/photos/thumbnail_03.jpg"、"images/photos/thumbnail_04.jpg"共四张图片文件，设置"替换"属性依次为"戒指"、"项链及吊坠"、"耳环"、"手镯及手链"。

⓮ 依次为这四张缩略图像制作到"images/photos/01.jpg"、"images/photos/02.jpg"、"images/photos/03.jpg"、"images/photos/04.jpg"这四个大图像的链接，设置<a>链接标签的title属性依次为"戒指"、"项链及吊坠"、"耳环"、"手镯及手链"。然后选中这4张图像，将其设置为无序列表，并修改源代码<ul>标签为<ul id="imagegallery">。至此，首页和其他页面的结构已经制作完成，接下来就可以进行样式设置了。

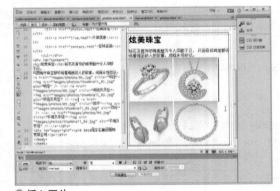
◑ 插入图片

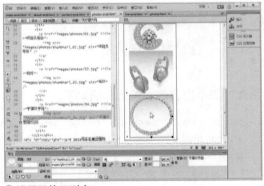
◑ 设置链接及列表

制作页面样式

1. 编写控制版式样式layout.css

1 下面编写CSS样式表，完成页面的样式设置。建立layout.css文件，在"CSS设计器"中的"源"选择layout.css，在"选择器"窗口中建立一个名为"*"的样式，设置"布局"的"margin"和"padding"为0。在layout.css中将形成如下代码。

```
01 * {
02 padding: 0;
03 margin: 0;
04 }
```

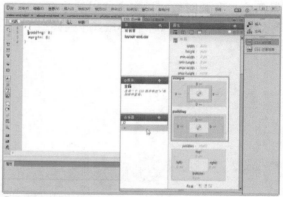

△ 设置*规则的样式

2 在"选择器"窗口中建立一个名为body的样式，这里主要设置整体页面的布局、背景图片以及背景图片的排布方式，形成的代码如下。

△ Body规则的背景样式

△ Body规则的背景样式

```
01 body {
02 margin: 1em 10%;                                    ▶ 空间距离为上下1em, 左右10%
03 background-image: url(../images/background.gif);
                                                        ▶ 背景图像为../images/background.gif
04 background-attachment: fixed;                       ▶ 背景固定为固定不动
05 background-position: top left;                      ▶ 背景位置为居左上
06 background-repeat: repeat-x;                        ▶ 背景重复为沿x轴横向重复
07 max-width: 80em;                                    ▶ 最大宽度为80em
08 }
```

3 在"选择器"窗口中建立一个名为#header的样式，设置背景、边框和布局样式。这段代码用于设置页面主体导航的位置样式，包括背景图像、背景图像的排布方式以及边框、边距等效果。在layout.css中将形成如下代码。

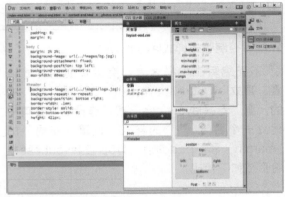

△ #header规则的布局样式

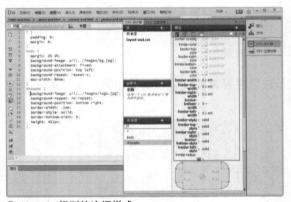

△ #header规则的边框样式

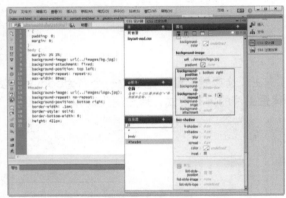

△ #header规则的背景样式

```
01  #header {
02  background-image: url(../images/logo.jpg);
03  background-repeat: no-repeat;
04  background-position: bottom right;
05  border-width: .1em;
06  border-style: solid;
07  border-bottom-width: 0;
08  height: 250px;
09  }
```

▶ 背景图像为../images/logo.jpg
▶ 背景重复为不重复
▶ 背景位置为居右下
▶ 边框宽度为1em
▶ 边框样式为实线
▶ 边框底部宽度为0
▶ 方框高度为250px

4 在"选择器"窗口中建立一个名为#navigation的样式，按照图中所示设置背景、边框和布局样式。这段代码用于设置页面主体导航的位置样式，包括背景图像、背景图像的排布方式以及边框、边距等效果。在layout.css中将形成如下代码。

△ #navigation规则的布局样式

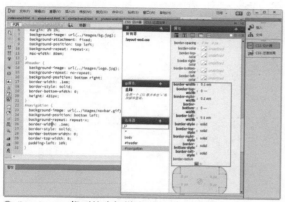

△ #navigation规则的边框样式　　　　　　　　△ #navigation规则的背景样式

```
01 #navigation {
02 background-image: url(../images/navbar.gif);      ► 背景图像为../images/navbar.gif
03 background-position: bottom left;                  ► 背景位置为居左下
04 background-repeat: repeat-x;                       ► 背景重复为沿x轴横向重复
05 border-width: .1em;                                ► 边框宽度为1em
06 border-style: solid;                               ► 边框样式为实线
07 border-bottom-width: 0;                            ► 边框底部宽度为0
08 border-top-width: 0;                               ► 边框顶部宽度为0
09 padding-left: 10%;                                 ► 左侧边距为10%
10 }
```

5 在"选择器"窗口中建立一个名为#navigation ul的样式，按照图中所示设置边框和布局样式。这段代码用于设置页面主体导航中无序列表的位置样式。在layout.css中将形成如下代码。

```
01 #navigation ul {
02 width: 100%;                      ► 方框宽度为100%
03 overflow: hidden;                 ► 溢出部分为隐藏
04 border-left-width: .1em;          ► 左侧边框宽度为1em
05 border-left-style: solid;         ► 左侧边框样式为实线
06 }
```

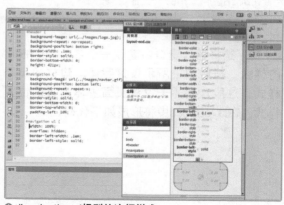

△ #navigation ul规则的布局样式　　　　　　　△ #navigation ul规则的边框样式

6 在"选择器"窗口中建立一个名为#navig-
ation li的样式，按照图中所示设置区块样式，这
段代码用于设置页面主体导航中无序列表中列
表元素的位置样式为内联样式。在layout.css
中将形成如下代码。

```
01 #navigation li {
02 display: inline;
03 }
```

⬦ #navigation li规则的区块样式

7 列表元素中存在链接，在"选择器"窗口中建立一个名为#navigation li a的样式，按照图中所示设
置布局、边框样式，这段代码用于设置列表元素中的链接样式。在layout.css中将形成如下代码。

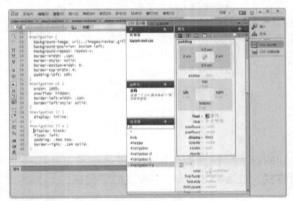

⬦ #navigation li a规则的布局样式

⬦ #navigation li a规则的边框样式

```
01 #navigation li a {
02 display: block;
03 float: left;
04 padding: .5em 2em;
05 border-right: .1em solid;
06 }
```

▶ 显示为块
▶ 浮动居左
▶ 上下填充距离为0.5em,左右填充距离为2em
▶ 右边框宽度为0.1em,样式为实线

8 在"选择器"窗口中建立一个名为#content
的样式，按照图中所示设置字体、边框和布局
样式，这段代码用于设置页面主体内容的位置
样式。在layout.css中将形成如下代码。

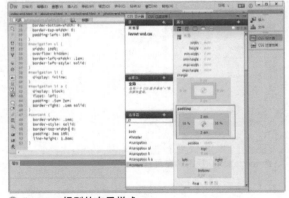

⬦ #content规则的布局样式

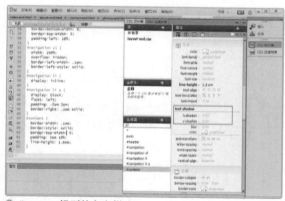

▲ #content规则的文字样式

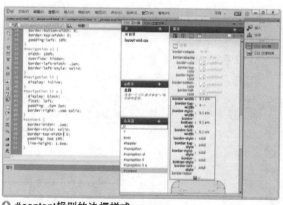

▲ #content规则的边框样式

```
01 #content {
02 border-width: .1em;
03 border-style: solid;
04 border-top-width: 0;
05 padding: 2em 10%;
06 line-height: 1.8em;
07 }
```

▶ 边框宽度为0.1em
▶ 边框样式为实线
▶ 顶部边框宽度为0
▶ 上下填充距离为2em，左右填充距离为10%
▶ 行高为1.8em

9 在"选择器"窗口中建立一个名为#copyright的样式，按照图中所示设置布局样式，这段代码用于设置页面版权内容的高度为50px。在layout.css中将形成如下代码。

```
01 #copyright {
02 height:50px;
03 }
```

10 在"选择器"窗口中建立一个名为#copyrigh-tp的样式，按照图中所示设置布局样式，这段代码设置用于页面版权段落内容的文本居中对齐。在layout.css中将形成如下代码。

```
01 #copyright p
02 text-align:center;
03 }
```

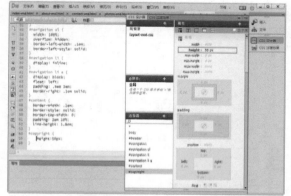

▲ #copyright规则的布局样式

▲ #copyright p规则的布局样式

11 在"选择器"窗口中建立一个名为#content img的样式，按照图中所示设置边框样式，这段代码用于设置页面主体内容中图像的边框为实线，0.1em宽。在layout.css中将形成如下代码。

12 在炫彩珠宝栏目中，含有单击小图时在下方打开大图的功能，下面在"选择器"窗口中建立的#placeholder样式就是设置大图的宽度和高度，在layout.css中将形成如下代码。

```
01 #content img {
02 border-width: .1em;
03 border-style: solid;
04 }
```

△ #content img规则的边框样式

🔢 "炫彩珠宝"栏目中的缩略图是按照无序列表排列的，下面在"选择器"窗口中建立的#imagegallery li样式设置无序列表为行内显示，在layout.css中将形成如下代码。

```
01 #imagegallery li {
02 display: inline;
03 }
```

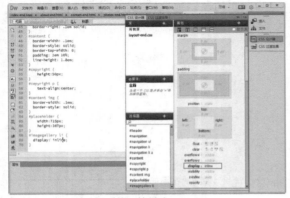

△ #imagegallery li规则的区块样式

```
01 #placeholder {
02 width:715px;
03 height:367px;
04 }
```

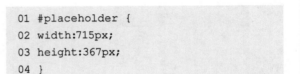

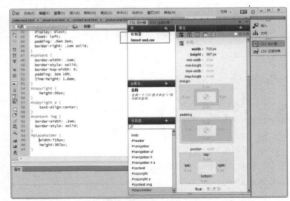

△ #placeholder规则的方框样式

🔢 在首页页面中的正文文字下方，有一个显示图像幻灯的特效，下面在"选择器"窗口中建立的#slideshow样式设置显示图像的宽度为750px、高度为635px，位置为相对，溢出部分为隐藏，在layout.css中将形成如下代码。

```
01 #slideshow {
02 width: 750px;
03 height: 635px;
04 position: relative;
05 overflow: hidden;
06 }
```

△ #slideshow规则的定位样式

🔢 下面设置图像幻灯特效边框的样式，在"选择器"窗口中建立img#frame样式，在layout.css中将形成如下代码。

```
01 img#frame {
02 position: absolute;
03 top: 0;
04 left: 0;
05 z-index: 99;
06 border-width: 0;
07 }
```

▶ 位置为绝对
▶ 距顶部0
▶ 距左侧0
▶ z轴为99
▶ 边框宽度为0

⬠ img#frame规则的布局样式

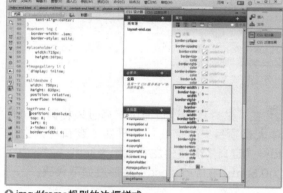

⬠ img#frame规则的边框样式

16 下面设置图像幻灯特效预览的样式，在"选择器"窗口中建立img#preview样式，设置位置为绝对，边框宽度为0。在layout.css中将形成如下代码。

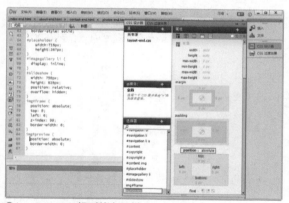

⬠ img#preview规则的布局样式

⬠ img#preview规则的边框样式

```
01 img#preview {
02 position: absolute;
03 border-width: 0;
04 }
```

▶ 位置为绝对
▶ 边框宽度为0

17 下面分别在"选择器"窗口中建立label标签和fieldset域集的标签样式，设置label的显示为块，fieldset的边框为0，在layout.css中将形成如下代码。

```
01 label {
02 display: block;
03 }
```

```
01 fieldset {
02 border: 0;
03 }
```

● Dreamweaver CC中文版从入门到精通

▲ Label规则的区块样式

▲ Fieldset规则的边框样式

2. 编写控制色彩样式的color.css

🔢 在"炫彩珠宝"页面中，通过表格列出了具体大事项目，下面在"选择器"窗口中建立的td样式定义了表格的左右边距为3em，上下边距为0.5em。在layout.css中将形成如下代码。

```
01 td {
02 padding: .5em 3em;
03 }
```

1️⃣ 建立color.css文件，在"CSS设计器"中的"源"选择color.css，在"选择器"窗口中建立一个名为body的样式，按照图中所示设置文本样式，指定文字颜色为#fb5。在color.css中形成如下代码。

```
01 body {
02 color: #fb5;
03 }
```

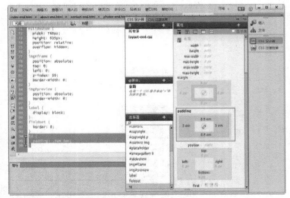

▲ Td规则的布局样式

▲ Body规则的文本样式

2️⃣ 下面定义链接的4种状态样式的颜色，这段代码分别定义了默认链接、访问过后链接、鼠标上滚链接和正在激活状态链接。在color.css中形成如下代码。

 以下几项的CSS设置方法基本类似，限于篇幅限制，不再给出设置图片，读者可自行参考光盘中已经完成的文件。

```
01 a:link {
02 color: #445;
03 background-color: #eb6;
04 }
05 a:visited {
```

▶ 设置默认链接
▶ 设置前景色为#445
▶ 设置背景色为#eb6

▶ 设置访问过后链接

```
06 color: #345;                                    ▶ 设置前景色为#345
07 background-color: #eb6;                          ▶ 设置背景色为#eb6
08 }
09 a:hover {                                        ▶ 设置鼠标上滚链接
10 color: #667;                                     ▶ 设置前景色为#667
11 background-color: #fb5;                          ▶ 设置背景色为#fb5
12 }
13 a:active {                                       ▶ 设置激活状态链接
14 color: #778;                                     ▶ 设置前景色为#778
15 background-color: #ec8;                          ▶ 设置背景色为#ec8
16 }
```

③ 下面定义页面头部、导航、内容、版权4部分的前景色、背景色、边框色。在color.css中形成如下代码。

```
01 #header {                                        ▶ 设置#header区块
02 color: #ec8;                                     ▶ 设置前景色为#ec8
03 background-color: #334;                          ▶ 设置背景色为#334
04 border-color: #667;                              ▶ 设置边框色为#667
05 }
06 #navigation {                                    ▶ 设置#navigation区块
07 color: #455;                                     ▶ 设置前景色为#455
08 background-color: #789;                          ▶ 设置背景色为#789
09 border-color: #667;                              ▶ 设置边框色为#667
10 }
11 #content {                                       ▶ 设置#content区块
12 color: #223;                                     ▶ 设置前景色为#223
13 background-color: #cbdeed;                        ▶ 设置背景色为#cbdeed
14 border-color: #667;                              ▶ 设置边框色为#667
15 }
16 #copyright {                                     ▶ 设置#copyright区块
17 background-color:#2A9FFF;                        ▶ 设置背景色为#2A9FFF
18 }
```

④ 下面定义导航区块中列表、链接和当前栏目链接的前景色、背景色、边框色。在color.css中形成如下代码。

```
01 #navigation ul {                                 ▶ 设置#navigation区块中的无序列表
02 border-color: #99a;                              ▶ 设置边框色为#99a
03 }
04 #navigation a:link,#navigation a:visited {
                                                    ▶ 设置#navigation区块中的默认链接和访问后链接
05 color: #eef;                                     ▶ 设置前景色为#eef
06 background-color: transparent;                   ▶ 设置背景色为透明
07 border-color: #99a;                              ▶ 设置边框色为#99a
08 }
09 #navigation a:hover {                            ▶ 设置#navigation区块中的鼠标上滚链接
10 color: #445;                                     ▶ 设置前景色为#445
```

```
11 background-color: #eb6;                    ► 设置背景色为#eb6
12 }
13 #navigation a:active {                      ► 设置#navigation区块中的激活状态链接
14 color: #667;                               ► 设置前景色为#667
15 background-color: #ec8;                     ► 设置背景色为#ec8
16 }
17 #navigation a.here:link,#navigation a.here:visited,#navigation a.here:hover,
   #navigation a.here:active {                ► 设置#navigation区块中处于当前栏目页面的4种链接状态
18 color: #eef;                               ► 设置前景色为#eef
19 background-color: #799;                     ► 设置背景色为#799
20 }
```

5 下面定义内容区块中图像的边框颜色，在color.css中形成如右所示代码。

```
01 #content img {
02 border-color: #ba9;
03 }
```

6 下面定义版权区块中段落的前景色为白色，在color.css中形成如下所示代码。

```
01 #copyright p{
02 color: #FFF;
03 }
```

7 下面定义"炫彩珠宝"页面中添加了链接的缩略图的背景颜色为透明。在color.css中形成如下所示代码。

```
01 #imagegallery a {
02 background-color: transparent;
03 }
```

8 下面定义"分店信息"页面中的表头、行和单元格、奇数行和单元格、高亮行和单元格的前景色和背景色。在color.css中形成如下代码。

```
01 th {                                        ► 设置表格表头
02 color: #edc;                               ► 设置前景色为#edc
03 background-color: #455;                     ► 设置背景色为#455
04 }
05 tr td {                                     ► 设置表格行和单元格
06 color: #223;                               ► 设置前景色为#223
07 background-color: #eb6;                     ► 设置背景色为#eb6
08 }
09 tr.odd td {                                 ► 设置表格奇数行和单元格
10 color: #223;                               ► 设置前景色为#223
11 background-color: #ec8;                     ► 设置背景色为#ec8
12 }
13 tr.highlight td {                           ► 设置表格高亮行和单元格
14 color: #223;                               ► 设置前景色为#223
15 background-color: #cba;                     ► 设置背景色为#cba
16 }
```

3. 编写控制印刷样式的typography.css

1 首先设置整体的body标记样式，在typography.css中形成如下代码。

```
01 body {
02 font-size: 76%;                                      ▶ 字号为76%
03 font-family: "Helvetica","Arial",sans-serif;
                                                        ▶ 字体依次为"Helvetica","Arial",sans-serif
04 }
05 body * {
06 font-size: 1em;                                      ▶ 字号为1em
07 }
```

2 设置链接的a标记样式，在typography.css中形成如下代码。

```
01 a {
02 font-weight: bold;                                   ▶ 设置字体加粗
03 text-decoration: none;                               ▶ 设置文字修饰为无
04 }
```

3 设置导航和导航中链接a标记的样式，在typography.css中形成如下代码。

```
01 #navigation {
02 font-family: "Lucida Grande","Helvetica","Arial",sans-serif;
                    ▶ 设置字体依次为"Lucida Grande","Helvetica","Arial",sans-serif
03 }
04 #navigation a {
05 text-decoration: none;                               ▶ 设置文字修饰为无
06 font-weight: bold;                                   ▶ 设置字体加粗
07 }
```

4 设置内容部分和内容段落标记的样式，在typography.css中形成如下代码。

```
01 #content {
02 line-height: 1.8em;                                  ▶ 设置行高为1.8em
03 }
04 #content p {
05 margin: 1em 0;                                        ▶ 设置上下边距为1em，左右边距为0
06 }
```

5 设置版权部分和版权段落标记的样式，在typography.css中形成如下代码。

```
01 #copyright {
02 line-height: 1.8em;                                  ▶ 设置设置行高为1.8em
03 }
04 #copyright p {
05 margin: 1em 0;                                        ▶ 设置上下边距为1em，左右边距为0
06 }
```

6 设置标题1和标题2文字的样式，在typography.css中形成如下代码。

```
01 h1 {
02 font: 2.4em normal;                                  ▶ 设置字体为普通，字号为2.4em
```

```
03 }
04 h2 {
05 font: 1.8em normal;          ▶ 设置字体为普通，字号为1.8em
06 margin-top: 1em;             ▶ 设置顶部空白为1em
07 }
```

7 设置"炫彩珠宝"页面中的图像缩略图列表项的样式类型为无，在typography.css中形成下边所示代码。

```
01 #imagegallery li {
02 list-style-type: none;
03 }
```

8 设置"在线咨询"页面中的文本区域的字体，在typography.css中形成下边所示代码。

```
01 textarea {
02 font-family: "Helvetica","Arial",
   sans-serif;
03 }
```

4. 编写basic.css文件

编写如下代码。

```
01 @import url(layout.css);
02 @import url(color.css)
03 @import url(typography.css);
```

这段代码意味着将刚才定义的3个样式表文件集成导入到basic.css文件中。

应用页面样式

1 下面在几个页面中应用建立好的CSS文件，回到index.html页面，进入拆分视图，将插入点定位在</head>之前，然后单击"CSS设计器"面板中"源"窗口的加号按钮，然后选择"附加现有的CSS文件"命令。

△ 定位插入点并链接外部样式表

2 在如下图所示的对话框中的"文件/URL"中设置到styles文件夹的basic.css文件链接的，在"添加为"区域中选择"链接"选项，设置"媒体"为srceen。

△ 设置"使用现有的CSS文件"对话框

TIP 这些添加的样式都要经过事先的规划，然后再设置时就会方便很多。

3 单击"确定"按钮后，如下代码即加入到了页面中。

```
<link href="styles/basic.css" rel="stylesheet" type="text/css" media="screen">
```

△ 加入的代码

4 设置页面的标题为"周生生珠宝"，然后保存首页，按下F12键预览页面，可以看到CSS样式附加到页面的效果。

△ 预览效果

5 分别进入about.html、contact.html、live.html和photos.html页面，使用相同的方法链接到styles文件夹的basic.css文件。即在这4个页面中都添加如下代码。并设置页面的标题为"周生生珠宝"。

```
<link href="styles/basic.css" rel="stylesheet" type="text/css" media="screen">
```

△ 加入的代码

6 到这里，页面的排版和样式都已经设置好，下面就将进入到网站的最后一个阶段——脚本的制作并应用。按下F12键预览页面，可以看到CSS样式附加到页面的效果。

△ About.html预览效果

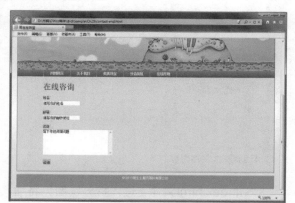

△ Contact.html预览效果

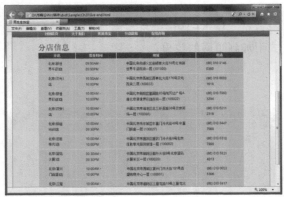

△ Live.html预览效果

△ Photos.html预览效果

制作并应用页面脚本

1. 制作并应用首页脚本

1 首先制作global.js文件，这个脚本文件为全网站页面使用的公用脚本。在其中分别声明addLoadEvent()函数，用于控制页面载入；声明insertAfter()函数，控制新元素在目标元素后的插入；声明addClass()函数，控制新元素的名称和值；声明highlightPage()函数，控制导航栏的链接文本。

> **TIP** 从本节开始，由于篇幅所限和脚本代码过多，无法在书中列出所提到文件的源代码，光盘文件中有全部的源代码。请读者边查阅光盘文件边参考案例的讲解。

2 首页包含一个图像滚动的幻灯效果，这通过home.js脚本文件来实现。其中，声明moveElement()函数，控制移动元素的时间、左侧位置、顶部位置。函数中判断elem元素的左侧和顶部位置，将其分别设置为0，判断元素的坐标位置，计算出不同情况下元素移动到的目标位置。然后声明prepareSlideshow()函数，准备幻灯片展示。其中，将"frame.gif"图片设置为幻灯片的边框图像，载入"slideshow.gif"图片作为幻灯片图像。根据鼠标上滚到的链接的不同，将"slideshow.gif"图像移动到不同的坐标位置。

△ Global.js脚本文件内容

△ Home.js脚本文件内容

3 回到index.html文件，进入拆分视图，将插入点定位在</head>之前，单击"插入"面板"常用"分类中的"脚本"按钮，在打开的对话框中选择scripts/global.js，然后单击"确定"按钮。

4 然后按照同样的方法，再次单击"插入"面板"常用"分类中的"脚本"按钮，在打开的对话框中设置"源"为scripts/home.js，将这个js文件也添加到首页中。

△ 设置"选择文件"对话框

△ 设置"选择文件"对话框

5 这时查看页面的源代码，增加了如下两段代码，表明对两个脚本文件的引用。

```
<script type="text/javascript"
src="scripts/global.js"></script>
<script type="text/javascript"
src="scripts/home.js"></script>
```

△ 查看源代码

6 保存页面，按下F12键进行预览，可以看到脚本定制的特殊效果，页面中会出现图像，随着选择栏目的不同图像发生变化。

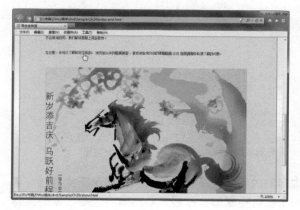

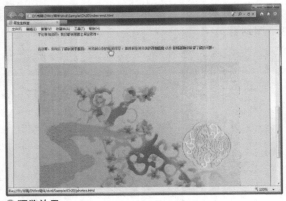

△ 预览效果

2. 制作并应用about.html脚本

1 在about.html页面中，包含一个单击栏目名
称，打开栏目正文的效果，这通过about.js脚本
文件来实现。其中，分别声明showSection()函
数，判断元素的显示和隐藏；声明prepareIn-
ternalnav()函数，实现单击正文中任何一个链接
时，显示内容。

TIP 详细的脚本内容请读者参考光盘源文件，自
行分析脚本中的JavaScript语句。网站所有
的脚本文件都通过<script>代码的方式引入
到页面，非常便于脚本的编辑与修改。

△ About.js脚本内容

2 回到about.html文件，进入拆分视图，将插
入点定位在</head>之前，将这个js文件和
global.js文件添加到页面中，形成如下代码。

```
01 <script type="text/javascript"
src="scripts/global.js"></script>
02 <script type="text/javascript"
src="scripts/about.js"></script>
```

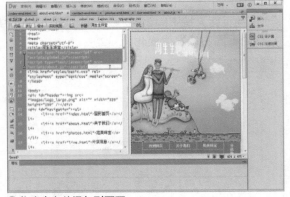

△ 将脚本文件添加到页面

3 保存页面，按下F12键进行预览，可以看到脚本定制的特殊效果。默认页面不显示正文内容，单
击栏目标题后，将在下方显示具体内容。单击另一个栏目标题后，已经显示的内容隐藏，新的内容
再次显示在同样的位置上。

▲ 预览效果

3. 制作并应用live.html脚本

1 在live.html页面中，需要根据鼠标的上滚动作设置表格的外观。这通过live.js脚本文件来实现。其中，分别声明stripeTables()函数，使用odd变量控制表格的外观；声明highlightRows()函数，这个脚本将产生鼠标上滚表格高亮显示的效果；声明displayAbbreviations()函数，依据CSS样式表中定义的不同id判断表格的不同显示情况。

2 回到live.html文件，进入拆分视图，将插入点定位在</head>之前，按照相同的方法将这个js文件和global.js文件添加到页面中，形成如下代码。

```
01 <script type="text/javascript"
src="scripts/global.js"></script>
02 <script type="text/javascript"
src="scripts/live.js"></script>
```

▲ Live.js脚本内容

▲ 将脚本文件添加到页面

3 保存页面，按下F12键进行预览，可以看到脚本定制的特殊效果。默认显示的表格的奇数和偶数行颜色不同，当鼠标上滚到内容表格的上方时，会高亮显示该行的色彩。

▲ 预览效果

4. 制作并应用contact.html脚本

1 在contact.html页面中，需要检测表单提交的合法性。这通过contact.js脚本文件来实现。其中，分别声明focusLabels()函数，检测单击后是否聚焦于文本框；声明resetFields()函数，判断表单提交后，文本域内容是否为空，以及鼠标从文本域失去焦点后，文本域内容是否为空；声明validateForm()函数，专门用来检测表单。具体内容包括：当文本域的填写内容为空时，弹出提示；当Email文本域的填写内容不是邮件地址格式时，弹出提示。另外，声明isFilled()函数，判断文本域是否已输入内容；声

△ Contact.js脚本内容

明isEmail()函数，判断Email文本域是否已输入电子邮件地址格式的内容；声明prepareForms()函数，控制resetFields()和validateForm()函数被调用的情况。

2 回到contact.html文件，进入拆分视图，将插入点定位在</head>之前，按照相同的方法将这个js文件和global.js文件添加到页面中，形成如下代码。

```
01 <script type="text/javascript"
   src="scripts/global.js"></script>
01 <script type="text/javascript"
   src="scripts/contact.js"></script>
```

TIP 这种效果也可以通过Dreamweaver提供的"检查表单"行为实现。

△ 将脚本文件添加到页面

3 保存页面，按下F12键进行预览，可以看到脚本定制的特殊效果。当表单填写不完全时，会弹出相关提示信息。

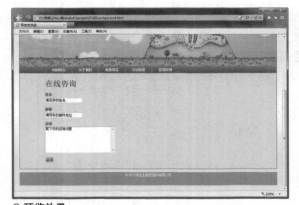

△ 预览效果

5. 制作并应用photos.html脚本

1 在photos.html页面中，需要实现单击缩略图，在下方的固定位置显示大图像的效果。这通过photos.js脚本文件来实现。其中，分别声明showPic()函数，设置显示图像的源文件、标题、文字等；声明preparePlaceholder()函数，用来控制显示大图像之前 "placeholder.gif" 图像的显示；声明prepareGallery()函数，从数组中调取不同的大图像来显示。

2 回到photos.html文件，进入拆分视图，将插入点定位在</head>之前，按照相同的方法将这个js文件和global.js文件添加到页面中，形成如下代码。

```
01 <script type="text/javascript"
   src="scripts/global.js"></script>
02 <script type="text/javascript"
   src="scripts/photos.js"></script>
```

⬤ Photos.js脚本内容

⬤ 将脚本文件添加到页面

> **TIP** 综合来看，本章建立了一个使用HTML基本技术、DIV与CSS层叠样式表以及JavaScript脚本的综合性网站，内容涉及到网站的搭建、制作页面结构与样式、脚本的制作与应用等。希望读者能够举一反三，更好的制作出漂亮的企业网站。

3 保存页面，按下F12键预览，可以看到脚本定制的特殊效果。单击图像后，在固定位置显示出相关的大图。

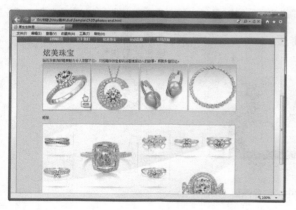

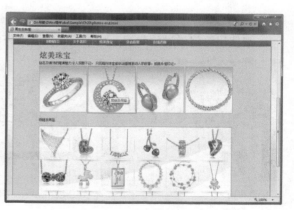

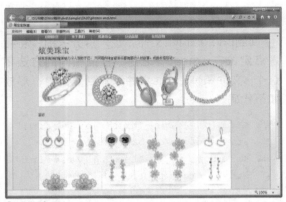 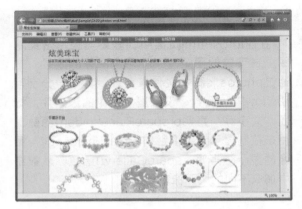

◎ 预览效果

🔲 至此，整体网站制作完成。

DO IT Yourself 练习操作题

1. 排版网页一

⊙ 限定时间：120分钟

请使用已经学过的知识为如下网页页面进行排版。

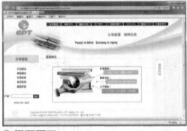 

◎ 网页页面 　　　　◎ Dreamweaver CC中的制作画面

Step BY Step （步骤提示）

1. 选择"修改>页面属性"命令设置页面属性。
2. 进行排版布局。
3. 插入页面元素。
4. 设置CSS样式。

光盘路径

Exercise\Ch20\1\ex1.htm

2. 排版网页二

⊙ 限定时间：120分钟

请使用已经学过的知识为如下网页页面进行排版。

◎ 网页页面 　　　　◎ Dreamweaver CC中的制作画面

Step BY Step （步骤提示）

1. 选择"修改>页面属性"命令设置页面属性。
2. 进行排版布局。
3. 插入页面元素。
4. 设置CSS样式。

光盘路径

Exercise\Ch20\2\ex2.htm

参考网站

• **形色主义**：创立于1997年，是国内为数不多的老牌专业影像网站之一，致力于提高国内影像后期技术，提供国际流行资讯、最新创作理念。技术上通过Dreamweaver CC的综合技术实现。

• **中国青年出版社**：中国青年出版总社组建于2003年12月，是中国惟一的以青年为主要读者对象的普及读物出版社。技术上通过Dreamweaver CC的综合技术实现。

http://www.swcool.com/html/

http://www.cyp.com.cn/

Special page 企业网站的建站原则

在实际应用中，很多网站往往不能简单地归为某一种类型，无论是建站目的还是表现形式都可能涵盖了两种或两种以上类型。对于这种企业网站，可以按上述类型的区别划分为不同的部分，每一个部分都基本上可以认为是一个较为完整的网站类型。无论是哪种类型的企业网站，在创建时都要遵循下列原则。

1. 目的性——必须有明确合理的建站目的和目标群体

任何一个网站，必须首先具有明确的目的和目标群体。网站是面对客户、供应商、消费者还是全部？主要目的是为了介绍企业、宣传某种产品还是为了试验电子商务？如果目的不是惟一的，还应该清楚地列出不同目的的轻重关系。网站创建包括类型的选择、内容功能的筹备、界面设计等各个方面都受到目的性的直接影响，因此目的性是一切原则的基础。

建站的目的应该是经过成熟考虑的，包含几大要素：目的应该是定义明确的，而不是笼统地说要做一个平台、要搞电子商务，应该清楚主要希望谁来浏览，具体要做到哪些内容，提供怎样的服务，达到什么效果，在当前的资源环境下能够实现的，而不能脱离了自身的人力、物力、互联网基础以及整个外部环境等因素盲目制订目标，尤其是对外部环境的考量通常容易被忽略，结果只能成为美好的一厢情愿。如果目标比较庞大，应该充分考虑各部分的轻重关系和实现的难易度，想要一步登天的做法通常会导致投入过大且缺少头绪，不如分清主次循序渐进。在充分考虑了目的和目标群体的特点以后，再来选择建站类型，并相应地安排适当的信息内容和功能服务。

2. 专业性——信息内容应该充分展现企业的专业特性

对外介绍企业自身，最主要的目的是向外界介绍企业的业务范围、性质和实力，从而创造更多的商机。应该完整无误地表述企业的业务范围（产品、服务）及主次关系；应该齐备地介绍企业的地址、性质、联系方式；提供企业的年度报表将有助于浏览者了解企业的经营状况、方针和实力，如果是上市企业，提供企业的股票市值或者专门财经网站的链接将有助于浏览者了解企业的实力。

3. 实用性——功能服务应该切合实际需求

网站提供的功能服务应该是切合访问者实际需求的且符合企业特点的。例如网上银行提供免费电子邮件和个人主页空间，既不符合访问者对网上银行网站的需求也不是银行的优势，这样的功能服务提供不但会削弱访问者对网站的整体印象，还浪费了企业的资源投入，有弊无利。

网站提供的功能服务必须保证质量，这包括：每个服务必须有定义清晰的流程，每个步骤需要什么条件、产生什么结果、由谁来操作、如何实现等都应该是清晰无误的；实现功能服务的程序必须是正确的、能够及时响应的、能够应付预想的同时请求服务数峰值的；需要人工操作的功能服务应该设有常备人员和相应责权制度；用户操作的每一个步骤（无论正确与否）完成后应该被提示当前处于什么状态；当功能较多的时候应该清楚地定义相互之间的轻重关系，并在界面上和服务响应上加以体现。

4. 艺术性——网页创作本身已经成了一种独特的艺术

要达到网站吸引眼球的目的，要结合界面设计的相关原理，形成一种独特的艺术，这要求企业网站的设计应该具备以下特点：遵循基本的图形设计原则，符合基本美学原理和排版原则；对于主题和次要对象的处理符合排版原理；全站的设计作为一个整体，应该具有整体的一致性；整体视觉效果特点鲜明，整体设计应该很好地体现企业CI，整体风格同企业形象相符合，适于目标对象。

附 录

附录一 HTML4/5语法手册

HTML4/5标签

标 签	描 述	HTML4	HTML5
<!--...-->	定义注释	✓	✓
<!DOCTYPE>	定义文档类型	✓	✓
<a>	定义超链接	✓	✓
<abbr>	定义缩写	✓	✓
<acronym>	定义首字母缩写	✓	
<address>	定义地址元素	✓	✓
<applet>	定义applet小程序	✓	
<area>	定义图像映射中的区域	✓	✓
<article>	定义文章		✓
<aside>	定义页面内容之外的内容		✓
<audio>	定义声音内容		✓
<b>	定义粗体文本	✓	✓
<base>	定义所有链接的基准URL	✓	✓
<basefont>	定义基准字体	✓	
<bdo>	定义文本显示的方向	✓	✓
<big>	定义大号文本	✓	
<blockquote>	定义长的引用	✓	✓
<body>	定义body元素	✓	✓
 	插入换行符	✓	✓
<button>	定义按钮	✓	✓
<canvas>	定义图形		✓
<caption>	定义表格标题	✓	✓
<center>	定义居中的文本	✓	
<cite>	定义引用	✓	✓
<code>	定义计算机代码文本	✓	✓
<col>	定义表格列的属性	✓	✓
<colgroup>	定义表格列的分组	✓	✓
<command>	定义命令按钮		✓
<datagrid>	定义树列表中的数据		✓
<datalist>	定义下拉列表		✓
<datatemplate>	定义数据模板		✓
<dd>	定义定义列表的描述	✓	✓
<del>	定义删除文本	✓	✓
<details>	定义元素的细节		✓
<dialog>	定义对话（会话）		✓
<dir>	定义目录列表	✓	
<div>	定义文档中的一个部分	✓	✓
<dfn>	定义定义列表项目	✓	✓
<dl>	定义定义列表	✓	✓
<dt>	定义定义列表的项目	✓	✓

标　签	描　述	HTML4	HTML5
<em>	定义强调文本	✓	✓
<embed>	定义外部交互内容或插件	✓	✓
<event-source>	为服务器发送的事件定义目标		✓
<fieldset>	定义字段集		✓
<figure>	定义媒介内容的分组，以及它们的标题		✓
<font>	定义文本的字体、尺寸和颜色	✓	
<footer>	定义小节或页面的页脚		✓
<form>	定义表单	✓	✓
<frame>	定义子框架	✓	
<frameset>	定义框架集	✓	
<h1> ~ <h6>	定义标题1到标题6	✓	✓
<head>	定义关于文档头部的信息	✓	✓
<header>	定义小节或页面的页眉		✓
<hr>	定义水平线	✓	✓
<html>	定义html文档	✓	✓
<i>	定义斜体文本	✓	✓
<iframe>	定义内联框架	✓	✓
<img>	定义图像	✓	✓
<input>	定义输入域	✓	✓
<ins>	定义插入文本	✓	✓
<isindex>	定义单行的输入域	✓	
<kbd>	定义键盘文本	✓	✓
<label>	定义表单控件的标注	✓	✓
<legend>	定义字段集中的标题	✓	✓
<li>	定义列表的项目	✓	✓
<link>	定义资源引用	✓	✓
<m>	定义有记号的文本		✓
<map>	定义图像映射	✓	✓
<menu>	定义菜单列表	✓	✓
<meta>	定义元信息	✓	✓
<meter>	定义预定义范围内的度量		✓
<nav>	定义导航链接		✓
<nest>	定义数据模板中的嵌套点		✓
<noframes>	定义不支持框架部分	✓	
<noscript>	定义不支持脚本部分	✓	
<object>	定义嵌入对象	✓	✓
<ol>	定义有序列表	✓	✓
<optgroup>	定义选项组	✓	✓
<option>	定义下拉列表中的选项	✓	✓
<output>	定义输出的一些类型		✓
<p>	定义段落	✓	✓
<param>	为对象定义参数	✓	✓
<pre>	定义预格式化文本	✓	✓
<progress>	定义任何类型的任务的进度		✓
<q>	定义短的引用	✓	✓
<rule>	为升级模板定义规则		✓
<s>	定义加删除线的文本	✓	

标　签	描　述	HTML4	HTML5
`<samp>`	定义样本计算机代码	✓	✓
`<script>`	定义脚本	✓	✓
`<section>`	定义小节		✓
`<select>`	定义可选列表	✓	✓
`<small>`	定义小号文本	✓	✓
`<source>`	定义媒介源		✓
`<span>`	定义文档中的小节	✓	✓
`<strike>`	定义加删除线的文本	✓	
`<strong>`	定义强调文本	✓	✓
`<style>`	定义样式定义	✓	✓
`<sub>`	定义上标文本	✓	✓
`<sup>`	定义下标文本	✓	✓
`<table>`	定义表格	✓	✓
`<tbody>`	定义表格的主体	✓	✓
`<td>`	定义表格单元	✓	✓
`<textarea>`	定义文本区域	✓	✓
`<tfoot>`	定义表格的脚注	✓	✓
`<th>`	定义表头	✓	✓
`<thead>`	定义表格的头部	✓	✓
`<time>`	定义日期/时间		✓
`<title>`	定义文档的标题	✓	✓
`<tr>`	定义表格行	✓	✓
`<tt>`	定义打字机文本	✓	
`<u>`	定义下划线文本	✓	
`<ul>`	定义无序列表	✓	✓
`<var>`	定义变量	✓	
`<video>`	定义视频		✓
`<xmp>`	定义预格式文本	✓	✓

HTML4/5属性

属　性	值	描　述
accesskey	character	规定访问元素的键盘快捷键
class	classname	规定元素的类名（用于规定样式表中的类）
contenteditable	true false	规定是否允许用户编辑内容
contextmenu	menu_id	规定元素的上下文菜单
data-yourvalue	value	创作者定义的属性 HTML文档的创作者可以定义他们自己的属性 必须以 "data-" 开头
dir	ltr rtl	规定元素中内容的文本方向
draggable	true false auto	规定是否允许用户拖动元素

属　性	值	描　述
hidden	hidden	规定该元素是无关的。被隐藏的元素不会显示
id	id	规定元素的唯一ID
item	empty url	用于组合元素
itemprop	url group value	用于组合项目
lang	language_code	规定元素中内容的语言代码。语言代码参考手册
spellcheck	true false	规定是否必须对元素进行拼写或语法检查
style	style_definition	规定元素的行内样式
subject	id	规定元素对应的项目
tabindex	number	规定元素的tab键控制次序
title	text	规定有关元素的额外信息

HTML5事件

Window事件属性

属　性	值	描　述
onafterprint	script	在打印文档之后运行脚本
onbeforeprint	script	在文档打印之前运行脚本
onbeforeonload	script	在文档加载之前运行脚本
onblur	script	当窗口失去焦点时运行脚本
onerror	script	当错误发生时运行脚本
onfocus	script	当窗口获得焦点时运行脚本
onhaschange	script	当文档改变时运行脚本
onload	script	当文档加载时运行脚本
onmessage	script	当触发消息时运行脚本
onoffline	script	当文档离线时运行脚本
ononline	script	当文档上线时运行脚本
onpagehide	script	当窗口隐藏时运行脚本
onpageshow	script	当窗口可见时运行脚本
onpopstate	script	当窗口历史记录改变时运行脚本
onredo	script	当文档执行再执行操作（redo）时运行脚本
onresize	script	当调整窗口大小时运行脚本
onstorage	script	当文档加载加载时运行脚本
onundo	script	当Web Storage区域更新时（存储空间中的数据发生变化时）
onunload	script	当用户离开文档时运行脚本

表单事件

属　性	值	描　述
onblur	script	当元素失去焦点时运行脚本
onchange	script	当元素改变时运行脚本
oncontextmenu	script	当触发上下文菜单时运行脚本

属　性	值	描　述
onfocus	script	当元素获得焦点时运行脚本
onformchange	script	当表单改变时运行脚本
onforminput	script	当表单获得用户输入时运行脚本
oninput	script	当元素获得用户输入时运行脚本
oninvalid	script	当元素无效时运行脚本
onreset	script	当表单重置时运行脚本
onselect	script	当选取元素时运行脚本
onsubmit	script	当提交表单时运行脚本

键盘事件

属　性	值	描　述
onkeydown	script	当按下按键时运行脚本
onkeypress	script	当按下并松开按键时运行脚本
onkeyup	script	当松开按键时运行脚本

鼠标事件

属　性	值	描　述
onclick	script	当单击鼠标时运行脚本
ondblclick	script	当双击鼠标时运行脚本
ondrag	script	当拖动元素时运行脚本
ondragend	script	当拖动操作结束时运行脚本
ondragenter	script	当元素被拖动至有效的拖放目标时运行脚本
ondragleave	script	当元素离开有效拖放目标时运行脚本
ondragover	script	当元素被拖动至有效拖放目标上方时运行脚本
ondragstart	script	当拖动操作开始时运行脚本
ondrop	script	当被拖动元素正在被拖放时运行脚本
onmousedown	script	当按下鼠标按钮时运行脚本
onmousemove	script	当鼠标指针移动时运行脚本
onmouseout	script	当鼠标指针移出元素时运行脚本
onmouseover	script	当鼠标指针移至元素之上时运行脚本
onmouseup	script	当松开鼠标按钮时运行脚本
onmousewheel	script	当转动鼠标滚轮时运行脚本
onscroll	script	当滚动元素滚动元素的滚动条时运行脚本

媒介事件

属　性	值	描　述
onabort	script	当发生中止事件时运行脚本
oncanplay	script	当媒介能够开始播放但可能因缓冲而需要停止时运行脚本
oncanplaythrough	script	当媒介能够无需因缓冲而停止即可播放至结尾时运行脚本
ondurationchange	script	当媒介长度改变时运行脚本
onemptied	script	当媒介资源元素突然为空时（网络错误、加载错误等）运行脚本
onended	script	当媒介已抵达结尾时运行脚本
onerror	script	当在元素加载期间发生错误时运行脚本
onloadeddata	script	当加载媒介数据时运行脚本

属　性	值	描　述
onloadedmetadata	script	当媒介元素的持续时间以及其他媒介数据已加载时运行脚本
onloadstart	script	当浏览器开始加载媒介数据时运行脚本
onpause	script	当媒介数据暂停时运行脚本
onplay	script	当媒介数据将要开始播放时运行脚本
onplaying	script	当媒介数据已开始播放时运行脚本
onprogress	script	当浏览器正在取媒介数据时运行脚本
onratechange	script	当媒介数据的播放速率改变时运行脚本
onreadystatechange	script	当就绪状态（ready-state）改变时运行脚本
onseeked	script	当媒介元素的定位属性 [1] 不再为真且定位已结束时运行脚本
onseeking	script	当媒介元素的定位属性为真且定位已开始时运行脚本
onstalled	script	当取回媒介数据过程中（延迟）存在错误时运行脚本
onsuspend	script	当浏览器已在取媒介数据但在取回整个媒介文件之前停止时运行脚本
ontimeupdate	script	当媒介改变其播放位置时运行脚本
onvolumechange	script	当媒介改变音量亦或当音量被设置为静音时运行脚本
onwaiting	script	当媒介已停止播放但打算继续播放时运行脚本

HTML5视频/音频

HTML5视频/音频方法

方　法	描　述
addTextTrack()	向音频/视频添加新的文本轨道
canPlayType()	检测浏览器是否能播放指定的音频/视频类型
load()	重新加载音频/视频元素
play()	开始播放音频/视频
pause()	暂停当前播放的音频/视频

HTML5视频/音频属性

属　性	描　述
audioTracks	返回表示可用音轨的AudioTrackList对象
autoplay	设置或返回是否在加载完成后随即播放音频/视频
buffered	返回表示音频/视频已缓冲部分的TimeRanges对象
controller	返回表示音频/视频当前媒体控制器的MediaController对象
controls	设置或返回音频/视频是否显示控件（比如播放/暂停等）
crossOrigin	设置或返回音频/视频的CORS设置
currentSrc	返回当前音频/视频的URL
currentTime	设置或返回音频/视频中的当前播放位置（以秒计）
defaultMuted	设置或返回音频/视频默认是否静音
defaultPlaybackRate	设置或返回音频/视频的默认播放速度
duration	返回当前音频/视频的长度（以秒计）
ended	返回音频/视频的播放是否已结束
error	返回表示音频/视频错误状态的MediaError对象
loop	设置或返回音频/视频是否应在结束时重新播放
mediaGroup	设置或返回音频/视频所属的组合（用于连接多个音频/视频元素）

属　性	描　述
muted	设置或返回音频/视频是否静音
networkState	返回音频/视频的当前网络状态
paused	设置或返回音频/视频是否暂停
playbackRate	设置或返回音频/视频播放的速度
played	返回表示音频/视频已播放部分的TimeRanges对象
preload	设置或返回音频/视频是否应该在页面加载后进行加载
readyState	返回音频/视频当前的就绪状态
seekable	返回表示音频/视频可寻址部分的TimeRanges对象
seeking	返回用户是否正在音频/视频中进行查找
src	设置或返回音频/视频元素的当前来源
startDate	返回表示当前时间偏移的Date对象
textTracks	返回表示可用文本轨道的TextTrackList对象
videoTracks	返回表示可用视频轨道的VideoTrackList对象
volume	设置或返回音频/视频的音量

HTML5视频/音频事件

方　法	描　述
abort	当音频/视频的加载已放弃时
canplay	当浏览器可以播放音频/视频时
canplaythrough	当浏览器可在不因缓冲而停顿的情况下进行播放时
durationchange	当音频/视频的时长已更改时
emptied	当目前的播放列表为空时
ended	当目前的播放列表已结束时
error	当在音频/视频加载期间发生错误时
loadeddata	当浏览器已加载音频/视频的当前帧时
loadedmetadata	当浏览器已加载音频/视频的元数据时
loadstart	当浏览器开始查找音频/视频时
pause	当音频/视频已暂停时
play	当音频/视频已开始或不再暂停时
playing	当音频/视频在已因缓冲而暂停或停止后已就绪时
progress	当浏览器正在下载音频/视频时
ratechange	当音频/视频的播放速度已更改时
seeked	当用户已移动/跳跃到音频/视频中的新位置时
seeking	当用户开始移动/跳跃到音频/视频中的新位置时
stalled	当浏览器尝试获取媒体数据，但数据不可用时
suspend	当浏览器刻意不获取媒体数据时
timeupdate	当目前的播放位置已更改时
volumechange	当音量已更改时
waiting	当视频由于需要缓冲下一帧而停止

HTML5画布

颜色、样式和阴影

属　性	描　述
fillStyle	设置或返回用于填充绘画的颜色、渐变或模式
strokeStyle	设置或返回用于笔触的颜色、渐变或模式
shadowColor	设置或返回用于阴影的颜色
shadowBlur	设置或返回用于阴影的模糊级别
shadowOffsetX	设置或返回阴影距形状的水平距离
shadowOffsetY	设置或返回阴影距形状的垂直距离

方　法	描　述
createLinearGradient()	创建线性渐变（用在画布内容上）
createPattern()	在指定的方向上重复指定的元素
createRadialGradient()	创建放射状/环形的渐变（用在画布内容上）
addColorStop()	规定渐变对象中的颜色和停止位置

线条样式

属　性	描　述
lineCap	设置或返回线条的结束端点样式
lineJoin	设置或返回两条线相交时，所创建的拐角类型
lineWidth	设置或返回当前的线条宽度
miterLimit	设置或返回最大斜接长度

矩形

方　法	描　述
rect()	创建矩形
fillRect()	绘制"被填充"的矩形
strokeRect()	绘制矩形（无填充）
clearRect()	在给定的矩形内清除指定的像素

路径

方　法	描　述
fill()	填充当前绘图（路径）
stroke()	绘制已定义的路径
beginPath()	起始一条路径或重置当前路径
moveTo()	把路径移动到画布中的指定点，不创建线条
closePath()	创建从当前点回到起始点的路径
lineTo()	添加一个新点，然后在画布中创建从该点到最后指定点的线条
clip()	从原始画布剪切任意形状和尺寸的区域
quadraticCurveTo()	创建二次贝塞尔曲线
bezierCurveTo()	创建三次方贝塞尔曲线
arc()	创建弧/曲线（用于创建圆形或部分圆）
arcTo()	创建两切线之间的弧/曲线
isPointInPath()	如果指定的点位于当前路径中，则返回true，否则返回false

转换

方　法	描　述
scale()	缩放当前绘图至更大或更小
rotate()	旋转当前绘图
translate()	重新映射画布上的 (0,0) 位置
transform()	替换绘图的当前转换矩阵
setTransform()	将当前转换重置为单位矩阵，然后运行transform()

文本

属　性	描　述
font	设置或返回文本内容的当前字体属性
textAlign	设置或返回文本内容的当前对齐方式
textBaseline	设置或返回在绘制文本时使用的当前文本基线
方　法	描　述
fillText()	在画布上绘制"被填充的"文本
strokeText()	在画布上绘制文本（无填充）
measureText()	返回包含指定文本宽度的对象

图像绘制

方　法	描　述
drawImage()	向画布上绘制图像、画布或视频

像素操作

属　性	描　述
width	返回ImageData对象的宽度
height	返回ImageData对象的高度
data	返回一个对象，其包含指定的ImageData对象的图像数据
方　法	描　述
createImageData()	创建新的、空白的ImageData对象
getImageData()	返回ImageData对象，该对象为画布上指定的矩形复制像素数据
putImageData()	把图像数据（从指定的ImageData对象）放回画布上

合成

属　性	描　述
globalAlpha	设置或返回绘图的当前alpha或透明值
globalCompositeOperation	设置或返回新图像如何绘制到已有的图像上

其他

方　法	描　述
save()	保存当前环境的状态
restore()	返回之前保存过的路径状态和属性

HTML5表单

Form标签属性

属 性	描 述
action	定义一个URL。当点击提交按钮时，向这个URL发送数据
data	供自动插入数据
replace	定义表单提交时所做的事情
accept	处理该表单的服务器可正确处理的内容类型列表（用逗号分隔）
accept-charset	表单数据可能的字符集列表（逗号分隔），默认值是"unknown"
enctype	用于对表单内容进行编码的MIME类型
method	用于向action URL发送数据的HTTP方法，默认是get
name	为表单定义一个惟一的名称，不支持，用id代替
target	在何处打开目标 URL

Input标签属性

属 性	值	描 述
accept	list_of_mime_types	一个逗号分隔的MIME类型列表，指示文件传输的MIME类型，注释：仅可与type="file" 配合使用
alt	text	定义图像的替代文本，注释：仅可与type="image"配合使用
autocomplete		自动完成
autofocus	true false	当页面加载时，使输入字段获得焦点 注释：type="hidden" 时，无法使用
disabled	true false	当input元素首次加载时禁用此元素，这样用户就无法在其中写文本或选定它，注释：不能与 type="hidden" 一同使用
form	true false	定义输入字段属于一个或多个表单
inputmode	inputmode	定义预期的输入类型
list	id of a datalist	引用datalist元素，如果定义，则一个下拉列表可用于向输入字段插入值
max	number	输入字段的最大值
maxlength	number	定义文本域中所允许的字符最大数目
min	number	输入字段的最小值
name	field_name	为input元素定义惟一的名称
pattern		定义图案
readonly	readonly	指示是否可修改该字段的值
replace	text	定义当表单提交时如何处理该输入字段
required	true false	定义输入字段的值是否是必需的 当使用下列类型时无法使用：hidden, image, button, submit, reset
size	number_of_char	定义input元素的大小，不再支持
src	URL	定义要显示的图像的URL 仅用于 type="image" 时
step		定义步数
template	template	定义一个或多个模板

属 性	值	描 述
type	button checkbox date datetime datetime-local email file hidden image month number password radio range reset submit text time url week	指示input元素的类型 默认值是 "text" 注释：该属性不是必需的。但是我们认为应该使用它
value	value	对于按钮、重置按钮和确认按钮：定义按钮上的文本 对于图像按钮：定义传递向某个脚本的此域的符号结果 对于复选框和单选按钮：定义input元素被点击时的结果 对于隐藏域、密码域以及文本域：定义元素的默认值

Select标签属性

属 性	值	描 述
autofocus	true false	在页面加载时使这个select字段获得焦点
data	url	供自动插入数据
disabled	true false	当该属性为true时，会禁用该菜单
form	true false	定义select字段所属的一个或多个表单
multiple	true false	当该属性为true时，规定可一次选定多个项目
name	unique_name	定义下拉列表的惟一标识符
size	number	定义菜单中可见项目的数目，不支持

Option标签属性

属 性	值	描 述
disabled	disabled	规定此选项应在首次加载时被禁用
label	text	定义当使用<optgroup>时所使用的标注
selected	selected	规定选项（在首次显示在列表中时）表现为选中状态
value	text	定义送往服务器的选项值

Optgroup标签属性

属 性	值	描 述
label	text_label	定义选项组的标注
disabled	disabled	在其首次加载时，禁用该选项组

Fieldset标签属性

属　性	值	描　述
disabled	true	false	定义fieldset是否可见
form	true	false	定义该fieldset所属的一个或多个表单

Label标签属性

属　性	值	描　述
for	id_of_another_field	定义label针对哪个表单元素。设置为表单元素的id。如果此属性未被规定，那么label会关联其内容

Textarea标签属性

属　性	值	描　述
autofocus	true false	在页面加载时，使这个textarea获得焦点
cols	number	规定文本区内可见的列数
disabled	true false	当此文本区首次加载时禁用此文本区
form	true false	定义该textarea所属的一个或多个表单
inputmode	inputmode	定义该textarea所期望的输入类型
name	name_of_textarea	为此文本区规定的一个名称
readonly	true false	指示用户无法修改文本区内的内容
required	true false	定义为了提交该表单，该textarea的值是否是必需的
rows	number	规定文本区内可见的行数

Button标签属性

属　性	值	描　述
autofocusNew	autofocus	如果设置，则当页面加载后使按钮获得焦点
disabled	disabled	禁用按钮
formNew	form_name	规定按钮属于哪个表单
formactionNew	url	规定当提交表单时向何处提交表单数据。覆盖表单的action属性
formenctypeNew	见注释	规定如何在表单数据发送到服务器之前如何进行编码。覆盖表单的enctype属性
formmethodNew	delete get post put	规定如何发送表单数据，覆盖表单的method属性
formnovalidateNew	formnovalidate	如果设置，指示是否在提交时验证表单。覆盖表单的novalidate属性
formtargetNew	_blank _self _parent _top framename	规定在何处打开action中的URL。覆盖表单的target属性
name	button_name	规定按钮的名称
type	button reset submit	定义按钮的类型
value	some_value	规定按钮的初始值。可由脚本进行修改

HTML5特殊符号码

特殊符号	符号码	特殊符号	符号码
"	&quot;	;	&#59;
&	&amp;	<	&#60;
<	&lt;	=	&#61;
>	&gt;	>	&#62;
©	&copy;	?	&#63;
®	&reg;	[	&#91;
±	&plusmn;	\	&#92;
×	&times;	]	&#93;
§	&sect;	^	&#94;
¢	&cent;	_	&#95;
¥	&yen;	`	&#96;
•	&middot	{	&#123;
€	&euro;			&#124;
£	&pound;	}	&#125;
™	&trade;	~	&#126;
:	&#58;		

附录二 CSS语法手册与CSS3效果代码集

CSS1/2/3属性

动画属性

属 性	描 述	CSS
@keyframes	规定动画	3
animation	所有动画属性的简写属性，除了animation-play-state属性	3
animation-name	规定@keyframes动画的名称	3
animation-duration	规定动画完成一个周期所花费的秒或毫秒	3
animation-timing-function	规定动画的速度曲线	3
animation-delay	规定动画何时开始	3
animation-iteration-count	规定动画被播放的次数	3
animation-direction	规定动画是否在下一周期逆向地播放	3
animation-play-state	规定动画是否正在运行或暂停	3
animation-fill-mode	规定对象动画时间之外的状态	3

背景属性

属 性	描 述	CSS
background	在一个声明中设置所有的背景属性	1
background-attachment	设置背景图像是否固定或者随着页面的其余部分滚动	1
background-color	设置元素的背景颜色	1
background-image	设置元素的背景图像	1
background-position	设置背景图像的开始位置	1
background-repeat	设置是否及如何重复背景图像	1
background-clip	规定背景的绘制区域	3
background-origin	规定背景图片的定位区域	3
background-size	规定背景图片的尺寸	3

边框属性

属 性	描 述	CSS
border	在一个声明中设置所有的边框属性	1
border-bottom	在一个声明中设置所有的下边框属性	1
border-bottom-color	设置下边框的颜色	2
border-bottom-style	设置下边框的样式	2
border-bottom-width	设置下边框的宽度	1
border-color	设置四条边框的颜色	1
border-left	在一个声明中设置所有的左边框属性	1
border-left-color	设置左边框的颜色	2
border-left-style	设置左边框的样式	2
border-left-width	设置左边框的宽度	1
border-right	在一个声明中设置所有的右边框属性	1
border-right-color	设置右边框的颜色	2
border-right-style	设置右边框的样式	2
border-right-width	设置右边框的宽度	1

属　性	描　述	CSS
border-style	设置四条边框的样式	1
border-top	在一个声明中设置所有的上边框属性	1
border-top-color	设置上边框的颜色	2
border-top-style	设置上边框的样式	2
border-top-width	设置上边框的宽度	1
border-width	设置四条边框的宽度	1
outline	在一个声明中设置所有的轮廓属性	2
outline-color	设置轮廓的颜色	2
outline-style	设置轮廓的样式	2
outline-width	设置轮廓的宽度	2
border-bottom-left-radius	定义边框左下角的形状	3
border-bottom-right-radius	定义边框右下角的形状	3
border-image	简写属性，设置所有border-image-*属性	3
border-image-outset	规定边框图像区域超出边框的量	3
border-image-repeat	图像边框是否应平铺(repeated)、铺满(rounded)或拉伸(stretched)	3
border-image-slice	规定图像边框的向内偏移	3
border-image-source	规定用作边框的图片	3
border-image-width	规定图片边框的宽度	3
border-radius	简写属性，设置所有四个border-*-radius属性	3
border-top-left-radius	定义边框左上角的形状	3
border-top-right-radius	定义边框右下角的形状	3
box-shadow	向方框添加一个或多个阴影	3

容器属性

属　性	描　述	CSS
overflow-x	如果内容溢出了元素内容区域，是否对内容的左/右边缘进行裁剪	3
overflow-y	如果内容溢出了元素内容区域，是否对内容的上/下边缘进行裁剪	3
overflow-style	规定溢出元素的首选滚动方法	3
rotation	围绕由rotation-point属性定义的点对元素进行旋转	3
rotation-point	定义距离上左边框边缘的偏移点	3

颜色属性

属　性	描　述	CSS
color-profile	允许使用源的颜色配置文件的默认以外的规范	3
opacity	规定书签的级别	3
rendering-intent	允许使用颜色配置文件渲染意图的默认以外的规范	3

页面媒体内容属性

属　性	描　述	CSS
bookmark-label	规定书签的标记	3
bookmark-level	规定书签的级别	3
bookmark-target	规定书签链接的目标	3
float-offset	将元素放在float属性通常放置的位置的相反方向	3
hyphenate-after	规定连字单词中连字符之后的最小字符数	3
hyphenate-before	规定连字单词中连字符之前的最小字符数	3

属　性	描　述	CSS
hyphenate-character	规定当发生断字时显示的字符串	3
hyphenate-lines	指示元素中连续断字连线的最大数	3
hyphenate-resource	规定帮助浏览器确定断字点的外部资源（逗号分隔的列表）	3
hyphens	设置如何对单词进行拆分，以改善段落的布局	3
image-resolution	规定图像的正确分辨率	3
marks	向文档添加裁切标记或十字标记	3

尺寸属性

属　性	描　述	CSS
height	设置元素高度	1
max-height	设置元素的最大高度	2
max-width	设置元素的最大宽度	2
min-height	设置元素的最小高度	2
min-width	设置元素的最小宽度	2
width	设置元素的宽度	1

可伸缩框属性

属　性	描　述	CSS
box-align	规定如何对齐框的子元素	3
box-direction	规定框的子元素的显示方向	3
box-flex	规定框的子元素是否可伸缩	3
box-flex-group	将可伸缩元素分配到柔性分组	3
box-lines	规定当超出父元素框的空间时，是否换行显示	3
box-ordinal-group	规定框的子元素的显示次序	3
box-orient	规定框的子元素是否应水平或垂直排列	3
box-pack	规定水平框中的水平位置或者垂直框中的垂直位置	3

字体属性

属　性	描　述	CSS
font	在一个声明中设置所有字体属性	1
font-family	规定文本的字体系列	1
font-size	规定文本的字体尺寸	1
font-size-adjust	为元素规定aspect值	2
font-stretch	收缩或拉伸当前的字体系列	2
font-style	规定文本的字体样式	1
font-variant	规定是否以小型大写字母的字体显示文本	1
font-weight	规定字体的粗细	1

内容生成属性

属　性	描　述	CSS
content	与:before以及:after伪元素配合使用，来插入生成内容	2
counter-increment	递增或递减一个或多个计数器	2
counter-reset	创建或重置一个或多个计数器	2
quotes	设置嵌套引用的引号类型	2

（续表）

属　性	描　述	CSS
crop	允许被替换元素仅仅是对象的矩形区域，而不是整个对象	3
move-to	从流中删除元素，然后在文档中后面的点上重新插入	3
page-policy	确定元素基于页面的occurrence应用于计数器还是字符串值	3

网格属性

属　性	描　述	CSS
grid-columns	规定网格中每个列的宽度	3
grid-rows	规定网格中每个列的高度	3

超链接属性

属　性	描　述	CSS
target	简写属性，设置target-name、target-new以及target-position属性	3
target-name	规定在何处打开链接（链接的目标）	3
target-new	规定目标链接在新窗口还是在已有窗口的新标签页中打开	3
target-position	规定在何处放置新的目标链接	3

列表属性

属　性	描　述	CSS
list-style	在一个声明中设置所有的列表属性	1
list-style-image	将图像设置为列表项标记	1
list-style-position	设置列表项标记的放置位置	1
list-style-type	设置列表项标记的类型	1

外边距属性

属　性	描　述	CSS
margin	在一个声明中设置所有外边距属性	1
margin-bottom	设置元素的下外边距	1
margin-left	设置元素的左外边距	1
margin-right	设置元素的右外边距	1
margin-top	设置元素的上外边距	1

移动属性

属　性	描　述	CSS
marquee-direction	设置移动内容的方向	3
marquee-play-count	设置内容移动多少次	3
marquee-speed	设置内容滚动得多快	3
marquee-style	设置移动内容的样式	3

多列属性

属　性	描　述	CSS
column-count	规定元素应该被分隔的列数	3
column-fill	规定如何填充列	3
column-gap	规定列之间的间隔	3

516

属　性	描　述	CSS
column-rule	设置所有column-rule-*属性的简写属性	3
column-rule-color	规定列之间规则的颜色	3
column-rule-style	规定列之间规则的样式	3
column-rule-width	规定列之间规则的宽度	3
column-span	规定元素应该横跨的列数	3
column-width	规定列的宽度	3
columns	规定设置column-width和column-count的简写属性	3

内边距属性

属　性	描　述	CSS
padding	在一个声明中设置所有内边距属性	1
padding-bottom	设置元素的下内边距	1
padding-left	设置元素的左内边距	1
padding-right	设置元素的右内边距	1
padding-top	设置元素的上内边距	1

页面媒体属性

属　性	描　述	CSS
fit	示意如何对width和height属性均不是auto的被替换元素进行缩放	3
fit-position	定义盒内对象的对齐方式	3
image-orientation	规定用户代理应用于图像的顺时针方向旋转	3
page	规定元素应该被显示的页面特定类型	3
size	规定页面内容包含框的尺寸和方向	3

定位属性

属　性	描　述	CSS
bottom	设置定位元素下外边距边界与其包含块下边界之间的偏移	2
clear	规定元素的哪一侧不允许其他浮动元素	1
clip	剪裁绝对定位元素	2
cursor	规定要显示的光标的类型（形状）	2
display	规定元素应该生成的框的类型	1
float	规定框是否应该浮动	1
left	设置定位元素左外边距边界与其包含块左边界之间的偏移	2
overflow	规定当内容溢出元素框时发生的事情	2
position	规定元素的定位类型	2
right	设置定位元素右外边距边界与其包含块右边界之间的偏移	2
top	设置定位元素的上外边距边界与其包含块上边界之间的偏移	2
vertical-align	设置元素的垂直对齐方式	1
visibility	规定元素是否可见	2
z-index	设置元素的堆叠顺序	2

打印属性

属　性	描　述	CSS
orphans	设置当元素内部发生分页时必须在页面底部保留的最少行数	2
page-break-after	设置元素后的分页行为	2

属　性	描　述	CSS
page-break-before	设置元素前的分页行为	2
page-break-inside	设置元素内部的分页行为	2
widows	设置当元素内部发生分页时必须在页面顶部保留的最少行数	2

表格属性

属　性	描　述	CSS
border-collapse	规定是否合并表格边框	2
border-spacing	规定相邻单元格边框之间的距离	2
caption-side	规定表格标题的位置	2
empty-cells	规定是否显示表格中的空单元格上的边框和背景	2
table-layout	设置用于表格的布局算法	2

文本属性

属　性	描　述	CSS
color	设置文本的颜色	1
direction	规定文本的方向/书写方向	2
letter-spacing	设置字符间距	1
line-height	设置行高	1
text-align	规定文本的水平对齐方式	1
text-decoration	规定添加到文本的装饰效果	1
text-indent	规定文本块首行的缩进	1
text-shadow	规定添加到文本的阴影效果	2
text-transform	控制文本的大小写	1
unicode-bidi	设置文本方向	2
white-space	规定如何处理元素中的空白	1
word-spacing	设置单词间距	1
hanging-punctuation	规定标点字符是否位于线框之外	3
punctuation-trim	规定是否对标点字符进行修剪	3
text-align-last	设置如何对齐最后一行或紧挨着强制换行符之前的行	3
text-emphasis	向元素的文本应用重点标记以及重点标记的前景色	3
text-justify	规定当text-align设置为 "justify" 时所使用的对齐方法	3
text-outline	规定文本的轮廓	3
text-overflow	规定当文本溢出包含元素时发生的事情	3
text-shadow	向文本添加阴影	3
text-wrap	规定文本的换行规则	3
word-break	规定非中日韩文本的换行规则	3
word-wrap	允许对长的不可分割的单词进行分割并换行到下一行	3

2D/3D转换属性

属　性	描　述	CSS
transform	向元素应用2D或3D转换	3
transform-origin	允许你改变被转换元素的位置	3
transform-style	规定被嵌套元素如何在3D空间中显示	3
perspective	规定3D元素的透视效果	3
perspective-origin	规定3D元素的底部位置	3
backface-visibility	定义元素在不面对屏幕时是否可见	3

过渡属性

属 性	描 述	CSS
transition	简写属性，用于在一个属性中设置四个过渡属性	3
transition-property	规定应用过渡的CSS属性的名称	3
transition-duration	定义过渡效果花费的时间	3
transition-timing-function	规定过渡效果的时间曲线	3
transition-delay	规定过渡效果何时开始	3

用户界面属性

属 性	描 述	CSS
appearance	允许您将元素设置为标准用户界面元素的外观	3
box-sizing	允许您以确切的方式定义适应某个区域的具体内容	3
icon	为创作者提供使用图标化等价物来设置元素样式的能力	3
nav-down	规定在使用arrow-down导航键时向何处导航	3
nav-index	设置元素的tab键控制次序	3
nav-left	规定在使用arrow-left导航键时向何处导航	3
nav-right	规定在使用arrow-right导航键时向何处导航	3
nav-up	规定在使用arrow-up导航键时向何处导航	3
outline-offset	对轮廓进行偏移，并在超出边框边缘的位置绘制轮廓	3
resize	规定是否可由用户对元素的尺寸进行调整	3

CSS1/2/3选择器

选择器	例子	例子描述	CSS
.class	.intro	选择class="intro"的所有元素	1
#id	#firstname	选择id="firstname"的所有元素	1
*	*	选择所有元素	2
element	p	选择所有<p>元素	1
element,element	div,p	选择所有<div>元素和所有<p>元素	1
element element	div p	选择<div>元素内部的所有<p>元素	1
element>element	div>p	选择父元素为<div>元素的所有<p>元素	2
element+element	div+p	选择紧接在<div>元素之后的所有<p>元素	2
[attribute]	[target]	选择带有target属性所有元素	2
[attribute=value]	[target=_blank]	选择target="_blank"的所有元素	2
[attribute~=value]	[title~=flower]	选择title属性包含单词 "flower" 的所有元素	2
[attribute|=value]	[lang|=en]	选择lang属性值以 "en" 开头的所有元素	2
:link	a:link	选择所有未被访问的链接	1
:visited	a:visited	选择所有已被访问的链接	1
:active	a:active	选择活动链接	1
:hover	a:hover	选择鼠标指针位于其上的链接	1
:focus	input:focus	选择获得焦点的input元素	2
:first-letter	p:first-letter	选择每个<p>元素的首字母	1
:first-line	p:first-line	选择每个<p>元素的首行	1
:first-child	p:first-child	选择属于父元素的第一个子元素的每个<p>元素	2
:before	p:before	在每个<p>元素的内容之前插入内容	2
:after	p:after	在每个<p>元素的内容之后插入内容	2
:lang(language)	p:lang(it)	选择带有以 "it" 开头的lang属性值的每个<p>元素	2
element1~element2	p~ul	选择前面有<p>元素的每个<ul>元素	3

选择器	例子	例子描述	CSS
[attribute^=value]	a[src^="https"]	选择其src属性值以 "https" 开头的每个<a>元素	3
[attribute$=value]	a[src$=".pdf"]	选择其src属性以 ".pdf" 结尾的所有<a>元素	3
[attribute*=value]	a[src*="abc"]	选择其src属性中包含 "abc" 子串的每个<a>元素	3
:first-of-type	p:first-of-type	选择属于其父元素的首个<p>元素的每个<p>元素	3
:last-of-type	p:last-of-type	选择属于其父元素的最后<p>元素的每个<p>元素	3
:only-of-type	p:only-of-type	选择属于其父元素唯一的<p>元素的每个<p>元素	3
:only-child	p:only-child	选择属于其父元素的唯一子元素的每个<p>元素	3
:nth-child(n)	p:nth-child(2)	选择属于其父元素的第二个子元素的每个<p>元素	3
:nth-last-child(n)	p:nth-last-child(2)	同上，从最后一个子元素开始计数	3
:nth-of-type(n)	p:nth-of-type(2)	选择属于其父元素第二个<p>元素的每个<p>元素	3
:nth-last-of-type(n)	p:nth-last-of-type(2)	同上，但是从最后一个子元素开始计数	3
:last-child	p:last-child	选择属于其父元素最后一个子元素每个<p>元素	3
:root	:root	选择文档的根元素	3
:empty	p:empty	选择没有子元素的每个<p>元素（包括文本节点）	3
:target	#news:target	选择当前活动的#news元素	3
:enabled	input:enabled	选择每个启用的<input>元素	3
:disabled	input:disabled	选择每个禁用的<input>元素	3
:checked	input:checked	选择每个被选中的<input>元素	3
:not(selector)	:not(p)	选择非<p>元素的每个元素	3
::selection	::selection	选择被用户选取的元素部分	3

CSS单位

尺寸单位

单 位	描 述
%	百分比
in	英寸
cm	厘米
mm	毫米
em	1em等于当前的字体尺寸，2em等于当前字体尺寸的两倍。例如，如果某元素以12pt显示，那么2em是24pt。在CSS中，em是非常有用的单位，因为它可以自动适应用户所使用的字体
ex	一个ex是一个字体的x-height（x-height通常是字体尺寸的一半）
pt	磅（1pt 等于1/72英寸）
pc	12点活字（1pc 等于12点）
px	像素（计算机屏幕上的一个点）

颜色单位

单 位	描 述
（颜色名）	颜色名称（比如 red）
rgb(x,x,x)	RGB 值（比如 rgb(255,0,0)）
rgb(x%, x%, x%)	RGB 百分比值（比如 rgb(100%,0%,0%)）
#rrggbb	十六进制数（比如 #ff0000）

Radial-gradient径向渐变属性值

颜色名	十六进制颜色值	颜色名	十六进制颜色值	颜色名	十六进制颜色值
Black	#000000	DodgerBlue	#1E90FF	DimGray	#696969
Navy	#000080	LightSeaGreen	#20B2AA	DimGrey	#696969
DarkBlue	#00008B	ForestGreen	#228B22	SlateBlue	#6A5ACD
MediumBlue	#0000CD	SeaGreen	#2E8B57	OliveDrab	#6B8E23
Blue	#0000FF	DarkSlateGray	#2F4F4F	SlateGray	#708090
DarkGreen	#006400	LimeGreen	#32CD32	LightSlateGray	#778899
Green	#008000	MediumSeaGreen	#3CB371	MediumSlateBlue	#7B68EE
Teal	#008080	Turquoise	#40E0D0	LawnGreen	#7CFC00
DarkCyan	#008B8B	RoyalBlue	#4169E1	Chartreuse	#7FFF00
DeepSkyBlue	#00BFFF	SteelBlue	#4682B4	Aquamarine	#7FFFD4
DarkTurquoise	#00CED1	DarkSlateBlue	#483D8B	Maroon	#800000
MediumSpringGreen	#00FA9A	MediumTurquoise	#48D1CC	Purple	#800080
Lime	#00FF00	Indigo	#4B0082	Olive	#808000
SpringGreen	#00FF7F	DarkOliveGreen	#556B2F	Gray	#808080
Aqua	#00FFFF	CadetBlue	#5F9EA0	SkyBlue	#87CEEB
Cyan	#00FFFF	CornflowerBlue	#6495ED	LightSkyBlue	#87CEFA
MidnightBlue	#191970	MediumAquaMarine	#66CDAA	BlueViolet	#8A2BE2
DarkRed	#8B0000	Thistle	#D8BFD8	Fuchsia	#FF00FF
DarkMagenta	#8B008B	Orchid	#DA70D6	Magenta	#FF00FF
SaddleBrown	#8B4513	GoldenRod	#DAA520	DeepPink	#FF1493
DarkSeaGreen	#8FBC8F	PaleVioletRed	#DB7093	OrangeRed	#FF4500
LightGreen	#90EE90	Crimson	#DC143C	Tomato	#FF6347
MediumPurple	#9370DB	Gainsboro	#DCDCDC	HotPink	#FF69B4
DarkViolet	#9400D3	Plum	#DDA0DD	Coral	#FF7F50
PaleGreen	#98FB98	BurlyWood	#DEB887	Darkorange	#FF8C00
DarkOrchid	#9932CC	LightCyan	#E0FFFF	LightSalmon	#FFA07A
YellowGreen	#9ACD32	Lavender	#E6E6FA	Orange	#FFA500
Sienna	#A0522D	DarkSalmon	#E9967A	LightPink	#FFB6C1
Brown	#A52A2A	Violet	#EE82EE	Pink	#FFC0CB
DarkGray	#A9A9A9	PaleGoldenRod	#EEE8AA	Gold	#FFD700
LightBlue	#ADD8E6	LightCoral	#F08080	PeachPuff	#FFDAB9
GreenYellow	#ADFF2F	Khaki	#F0E68C	NavajoWhite	#FFDEAD
PaleTurquoise	#AFEEEE	AliceBlue	#F0F8FF	Moccasin	#FFE4B5
LightSteelBlue	#B0C4DE	HoneyDew	#F0FFF0	Bisque	#FFE4C4
PowderBlue	#B0E0E6	Azure	#F0FFFF	MistyRose	#FFE4E1
FireBrick	#B22222	SandyBrown	#F4A460	BlanchedAlmond	#FFEBCD
DarkGoldenRod	#B8860B	Wheat	#F5DEB3	PapayaWhip	#FFEFD5
MediumOrchid	#BA55D3	Beige	#F5F5DC	LavenderBlush	#FFF0F5
RosyBrown	#BC8F8F	WhiteSmoke	#F5F5F5	SeaShell	#FFF5EE
DarkKhaki	#BDB76B	MintCream	#F5FFFA	Cornsilk	#FFF8DC
Silver	#C0C0C0	GhostWhite	#F8F8FF	LemonChiffon	#FFFACD
MediumVioletRed	#C71585	Salmon	#FA8072	FloralWhite	#FFFAF0
IndianRed	#CD5C5C	AntiqueWhite	#FAEBD7	Snow	#FFFAFA
Peru	#CD853F	Linen	#FAF0E6	Yellow	#FFFF00
Chocolate	#D2691E	LightGoldenRodYellow	#FAFAD2	LightYellow	#FFFFE0
Tan	#D2B48C	OldLace	#FDF5E6	Ivory	#FFFFF0
LightGray	#D3D3D3	Red	#FF0000	White	#FFFFFF

CSS3效果代码集

　　前端是网站和Web应用所呈现给用户最直接的东西，前端的好坏直接影响用户的体验和好感。尽管如此，用户也不必为前端设计绞尽脑汁，因为有大量可重用的效果和代码来帮助用户完成这一设计。下面所介绍的这些效果都已经托管在CodePen（http://www.codepen.io/）网站上，用户可随时浏览代码和预览效果，并可以根据实际所需直观地进行修改。这些源自于国外知名CSS网站的特效很有代表性，非常具有参考价值，由于这些特效的代码非常复杂，限于篇幅，不能在附录中列出具体代码，但每一个特效均可以查看源代码网页，并拷贝代码进行应用。

----

1. 网站提示向导

　　网址：http://codepen.io/yoannhel/pen/pntHc

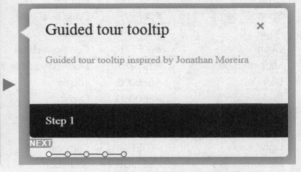

⬤ 网站提示向导

2. 文本动画

　　网址：http://codepen.io/yoannhel/pen/sJpDj

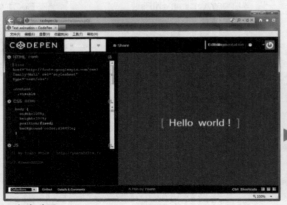

⬤ 文本动画

3. 控制台UI

　　网址：http://codepen.io/yoannhel/pen/vmBKa

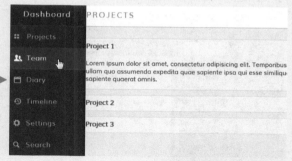

◊ 控制台UI

4. CSS3模仿的Apple官网导航

网址: http://codepen.io/JustAnotherCoder/pen/iorft

◊ CSS3模仿的Apple官网导航

5. 加载动画1

网址: http://codepen.io/JustAnotherCoder/pen/elotL

◊ 加载动画1

6. 加载动画2

网址: http://codepen.io/jabranr/pen/GLFjv

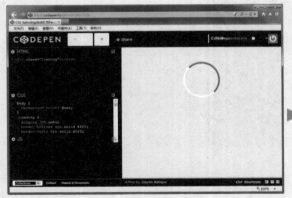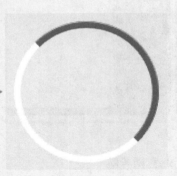

◎ 加载动画2

7. 提交按钮动画

网址: http://codepen.io/karlerikjonatan/pen/Ebdgh

◎ 提交按钮动画

8. 面包屑导航组件

网址: http://codepen.io/vergun/pen/bvien

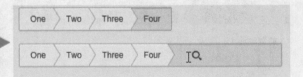

◎ 面包屑导航组件

9. 彩虹导航菜单

网址：http://codepen.io/joni/pen/fFcGo

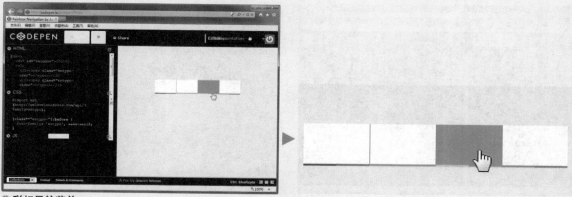

⚪ 彩虹导航菜单

10. 价格表

网址：http://codepen.io/palimadra/pen/Eblvo

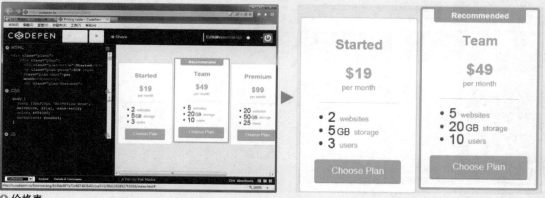

⚪ 价格表

11. 平滑折叠菜单效果

网址：http://codepen.io/jlalovi/pen/skeud

⚪ 平滑折叠菜单效果

12. 音量调节钮

网址：http://codepen.io/jon-walstedt/pen/qbjEu

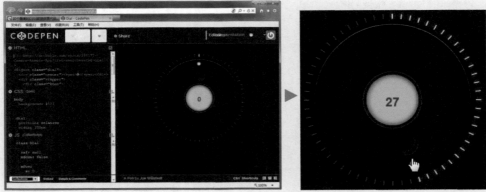

⬥ 音量调节钮

13. 选项卡式的电子名片

网址：http://codepen.io/Kseso/pen/JDFto

⬥ 选项卡式的电子名片

14. 自定义复选框和单选按钮

网址：http://codepen.io/ElmahdiMahmoud/pen/JFejy

⬥ 自定义复选框和单选按钮

15. 列表/网格视图切换器

网址: http://codepen.io/WhiteWolfWizard/pen/nBDKo

⚠ 列表/网格视图切换器

16. 电子名片

网址: http://codepen.io/TimRuby/pen/zJLFj

⚠ 电子名片

17. 视差滚动布局

网址: http://codepen.io/cwrigh13/pen/Geqtn

⚠ 视差滚动布局

18. CSS图书动画

网址：http://codepen.io/fivera/pen/rHigj

⬦ CSS图书动画

19. 可排序的任务清单

网址：http://codepen.io/larrygeams/pen/sutec

⬦ 可排序的任务清单

20. CSS3绘制的树枝

网址：http://codepen.io/terorama/pen/rtmyJ

⬦ CSS3绘制的树枝

21. 简单的博客编辑器

网址: http://codepen.io/rikardlegge/pen/DctHG

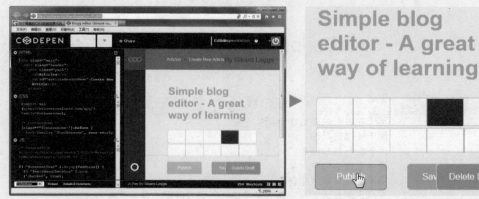

⚫ 简单的博客编辑器

22. 登录表单

网址: http://codepen.io/berdejitendra/pen/KxmvD

⚫ 登录表单

23. HTML5/CSS3打造的指标滑块

网址: http://codepen.io/bamf/pen/gqzcl

⚫ HTML5/CSS3打造的指标滑块

附录三 JavaScript语法手册与特效代码集

JavaScript常见语法

JavaScript对象

对　象	描　述
Array	用于在单个的变量中存储多个值
Date	用于处理日期和时间
Math	用于执行数学任务
Number	原始数值的包装对象
String	用于处理文本（字符串）
RegExp	表示正则表达式，它是对字符串执行模式匹配的强大工具

Array对象属性

属　性	描　述
constructor	返回对创建此对象的数组函数的引用
length	设置或返回数组中元素的数目
prototype	使用户可以向对象添加属性和方法

Array对象方法

方　法	描　述
concat()	连接两个或更多的数组，并返回结果
join()	把数组的所有元素放入一个字符串，元素通过指定的分隔符进行分隔
pop()	删除并返回数组的最后一个元素
push()	向数组的末尾添加一个或更多元素，并返回新的长度
reverse()	颠倒数组中元素的顺序
shift()	删除并返回数组的第一个元素
slice()	从某个已有的数组返回选定的元素
sort()	对数组的元素进行排序
splice()	删除元素，并向数组添加新元素
toSource()	返回该对象的源代码
toString()	把数组转换为字符串，并返回结果
toLocaleString()	把数组转换为本地数组，并返回结果
unshift()	向数组的开头添加一个或更多元素，并返回新的长度
valueOf()	返回数组对象的原始值

Boolean对象属性

属　性	描　述
constructor	返回对创建此对象的Boolean函数的引用
prototype	向对象添加属性和方法

Boolean对象方法

方　法	描　述
toSource()	返回该对象的源代码
toString()	把逻辑值转换为字符串，并返回结果
valueOf()	返回Boolean对象的原始值

Date对象属性

属　性	描　述
constructor	返回对创建此对象的Date函数的引用
prototype	使用户可以向对象添加属性和方法

Boolean对象方法

方　法	描　述
date()	返回当日的日期和时间
getDate()	从Date对象返回一个月中的某一天（1～31）
getDay()	从Date对象返回一周中的某一天（0～6）
getMonth()	从Date对象返回月份（0～11）
getFullYear()	从Date对象以四位数字返回年份
getYear()	请使用getFullYear()方法代替
getHours()	返回Date对象的小时（0～23）
getMinutes()	返回Date对象的分钟（0～59）
getSeconds()	返回Date对象的秒数（0～59）
getMilliseconds()	返回Date对象的毫秒（0～999）
getTime()	返回1970年1月1日至今的毫秒数
getTimezoneOffset()	返回本地时间与格林威治标准时间（GMT）的分钟差
getUTCDate()	根据世界时从Date对象返回月中的一天（1～31）
getUTCDay()	根据世界时从Date对象返回周中的一天（0～6）
getUTCMonth()	根据世界时从Date对象返回月份（0～11）
getUTCFullYear()	根据世界时从Date对象返回四位数的年份
getUTCHours()	根据世界时返回Date对象的小时（0～23）
getUTCMinutes()	根据世界时返回Date对象的分钟（0～59）
getUTCSeconds()	根据世界时返回Date对象的秒钟（0～59）
getUTCMilliseconds()	根据世界时返回Date 对象的毫秒（0～999）
parse()	返回1970年1月1日午夜到指定日期（字符串）的毫秒数
setDate()	设置Date对象中月的某一天（1～31）
setMonth()	设置Date对象中月份（0～11）
setFullYear()	设置Date对象中的年份（四位数字）
setYear()	请使用setFullYear()方法代替
setHours()	设置Date对象中的小时（0～23）
setMinutes()	设置Date对象中的分钟（0～59）
setSeconds()	设置Date对象中的秒钟（0～59）
setMilliseconds()	设置Date对象中的毫秒（0～999）
setTime()	以毫秒设置Date对象
setUTCDate()	根据世界时设置Date对象中月份的一天（1～31）
setUTCMonth()	根据世界时设置Date对象中的月份（0～11）
setUTCFullYear()	根据世界时设置Date对象中的年份（四位数字）
setUTCHours()	根据世界时设置Date对象中的小时（0～23）
setUTCMinutes()	根据世界时设置Date对象中的分钟（0～59）
setUTCSeconds()	根据世界时设置Date对象中的秒钟（0～59）
setUTCMilliseconds()	根据世界时设置Date对象中的毫秒（0～999）
toSource()	返回该对象的源代码
toString()	把Date对象转换为字符串
toTimeString()	把Date对象的时间部分转换为字符串
toDateString()	把Date对象的日期部分转换为字符串
toGMTString()	请使用toUTCString()方法代替
toUTCString()	根据世界时，把Date对象转换为字符串
toLocaleString()	根据本地时间格式，把Date对象转换为字符串
toLocaleTimeString()	根据本地时间格式，把Date对象的时间部分转换为字符串
toLocaleDateString()	根据本地时间格式，把Date对象的日期部分转换为字符串
UTC()	根据世界时返回1997年1月1日到指定日期的毫秒数
valueOf()	返回Date对象的原始值

Math对象属性

属　性	描　述
E	返回算术常量e，即自然对数的底数（约等于2.718）
LN2	返回2的自然对数（约等于0.693）
LN10	返回10的自然对数（约等于2.302）
LOG2E	返回以2为底的e的对数（约等于1.414）
LOG10E	返回以10为底的e的对数（约等于0.434）
PI	返回圆周率（约等于3.14159）
SQRT1_2	返回返回2的平方根的倒数（约等于0.707）
SQRT2	返回2的平方根（约等于1.414）

Math对象方法

方　法	描　述
abs(x)	返回数的绝对值
acos(x)	返回数的反余弦值
asin(x)	返回数的反正弦值
atan(x)	以介于-PI/2与PI/2弧度之间的数值来返回x的反正切值
atan2(y,x)	返回从x轴到点 (x,y) 的角度（介于-PI/2与PI/2弧度之间）
ceil(x)	对数进行上舍入
cos(x)	返回数的余弦
exp(x)	返回e的指数
floor(x)	对数进行下舍入
log(x)	返回数的自然对数（底为e）
max(x,y)	返回x和y中的最高值
min(x,y)	返回x和y中的最低值
pow(x,y)	返回x的y次幂
random()	返回0 ~ 1之间的随机数
round(x)	把数四舍五入为最接近的整数
sin(x)	返回数的正弦
sqrt(x)	返回数的平方根
tan(x)	返回角的正切
toSource()	返回该对象的源代码
valueOf()	返回Math对象的原始值

Number对象属性

属　性	描　述
constructor	返回对创建此对象的Number函数的引用
MAX_VALUE	可表示的最大的数
MIN_VALUE	可表示的最小的数
NaN	非数字值
NEGATIVE_INFINITY	负无穷大，溢出时返回该值
POSITIVE_INFINITY	正无穷大，溢出时返回该值
prototype	使用户可以向对象添加属性和方法

Number对象方法

方　法	描　述
toString	把数字转换为字符串，使用指定的基数
toLocaleString	把数字转换为字符串，使用本地数字格式顺序
toFixed	把数字转换为字符串，结果的小数点后有指定位数的数字
toExponential	把对象的值转换为指数计数法
toPrecision	把数字格式化为指定的长度
valueOf	返回一个Number对象的基本数字值

String对象属性

属 性	描 述
constructor	对创建该对象的函数的引用
length	字符串的长度

String对象方法

方 法	描 述
anchor()	创建HTML锚
big()	用大号字体显示字符串
blink()	显示闪动字符串
bold()	使用粗体显示字符串
charAt()	返回在指定位置的字符
charCodeAt()	返回在指定的位置的字符的Unicode编码
concat()	连接字符串
fixed()	以打字机文本显示字符串
fontcolor()	使用指定的颜色来显示字符串
fontsize()	使用指定的尺寸来显示字符串
fromCharCode()	从字符编码创建一个字符串
indexOf()	检索字符串
italics()	使用斜体显示字符串
lastIndexOf()	从后向前搜索字符串
link()	将字符串显示为链接
localeCompare()	用本地特定的顺序来比较两个字符串
match()	找到一个或多个正在表达式的匹配
replace()	替换与正则表达式匹配的子串
search()	检索与正则表达式相匹配的值
slice()	提取字符串的片断，并在新的字符串中返回被提取的部分
small()	使用小字号来显示字符串
split()	把字符串分割为字符串数组
strike()	使用删除线来显示字符串
sub()	把字符串显示为下标
substr()	从起始索引号提取字符串中指定数目的字符
substring()	提取字符串中两个指定的索引号之间的字符
sup()	把字符串显示为上标
toLocaleLowerCase()	把字符串转换为小写
toLocaleUpperCase()	把字符串转换为大写
toLowerCase()	把字符串转换为小写
toUpperCase()	把字符串转换为大写
toSource()	代表对象的源代码
toString()	返回字符串
valueOf()	返回某个字符串对象的原始值

RegExp对象属性

属 性	描 述
global	RegExp对象是否具有标志g
ignoreCase	RegExp对象是否具有标志i
lastIndex	一个整数，标示开始下一次匹配的字符位置
multiline	RegExp对象是否具有标志m
source	正则表达式的源文本

RegExp对象方法

方 法	描 述
compile	编译正则表达式
exec	检索字符串中指定的值。返回找到的值，并确定其位置
test	检索字符串中指定的值。返回true或false

Browser对象

对 象	描 述
Window	表示浏览器中打开的窗口
Navigator	包含有关浏览器的信息
Screen	包含有关客户端显示屏幕的信息
History	包含用户（在浏览器窗口中）访问过的URL
Location	包含有关当前URL的信息

Window对象属性

属 性	描 述
closed	返回窗口是否已被关闭
defaultStatus	设置或返回窗口状态栏中的默认文本
document	对Document对象的只读引用，请参阅Document对象
history	对History对象的只读引用，请参数History对象
innerheight	返回窗口的文档显示区的高度
innerwidth	返回窗口的文档显示区的宽度
length	设置或返回窗口中的框架数量
location	用于窗口或框架的Location对象，请参阅Location对象
name	设置或返回窗口的名称
Navigator	对Navigator对象的只读引用，请参数Navigator对象
opener	返回对创建此窗口的窗口的引用
outerheight	返回窗口的外部高度
outerwidth	返回窗口的外部宽度
pageXOffset	设置或返回当前页面相对于窗口显示区左上角的X位置
pageYOffset	设置或返回当前页面相对于窗口显示区左上角的Y位置
parent	返回父窗口
Screen	对Screen对象的只读引用，请参数Screen对象
self	返回对当前窗口的引用，等价于Window属性
status	设置窗口状态栏的文本
top	返回最顶层的先辈窗口
window	window属性等价于self属性，它包含了对窗口自身的引用
screenLeft，screenTop，screenX，screenY	只读整数。声明了窗口的左上角在屏幕上的的x坐标和y坐标。IE、Safari和Opera支持screenLeft和screenTop，而Firefox和Safari支持screenX和screenY

Window对象方法

方 法	描 述
alert()	显示带有一段消息和一个确认按钮的警告框
blur()	把键盘焦点从顶层窗口移开
clearInterval()	取消由setInterval()设置的timeout
clearTimeout()	取消由setTimeout()方法设置的timeout
close()	关闭浏览器窗口
confirm()	显示带有一段消息以及确认按钮和取消按钮的对话框
createPopup()	创建一个pop-up窗口

方　法	描　述
focus()	把键盘焦点给予一个窗口
moveBy()	可相对窗口的当前坐标把它移动指定的像素
moveTo()	把窗口的左上角移动到一个指定的坐标
open()	打开一个新的浏览器窗口或查找一个已命名的窗口
print()	打印当前窗口的内容
prompt()	显示可提示用户输入的对话框
resizeBy()	按照指定的像素调整窗口的大小
resizeTo()	把窗口的大小调整到指定的宽度和高度
scrollBy()	按照指定的像素值来滚动内容
scrollTo()	把内容滚动到指定的坐标
setInterval()	按照指定的周期（以毫秒计）来调用函数或计算表达式
setTimeout()	在指定的毫秒数后调用函数或计算表达式

Navigator对象属性

属　性	描　述
appCodeName	返回浏览器的代码名
appMinorVersion	返回浏览器的次级版本
appName	返回浏览器的名称
appVersion	返回浏览器的平台和版本信息
browserLanguage	返回当前浏览器的语言
cookieEnabled	返回指明浏览器中是否启用cookie的布尔值
cpuClass	返回浏览器系统的CPU等级
onLine	返回指明系统是否处于脱机模式的布尔值
platform	返回运行浏览器的操作系统平台
systemLanguage	返回OS使用的默认语言
userAgent	返回由客户机发送服务器的user-agent头部的值
userLanguage	返回OS的自然语言设置

Navigator对象方法

方　法	描　述
javaEnabled()	规定浏览器是否启用Java
taintEnabled()	规定浏览器是否启用数据污点 (data tainting)

Screen对象属性

属　性	描　述
availHeight	返回显示屏幕的高度（除 Windows任务栏之外）
availWidth	返回显示屏幕的宽度（除 Windows任务栏之外）
bufferDepth	设置或返回调色板的比特深度
colorDepth	返回目标设备或缓冲器上的调色板的比特深度
deviceXDPI	返回显示屏幕的每英寸水平点数
deviceYDPI	返回显示屏幕的每英寸垂直点数
fontSmoothingEnabled	返回用户是否在显示控制面板中启用了字体平滑
height	返回显示屏幕的高度
logicalXDPI	返回显示屏幕每英寸的水平方向的常规点数
logicalYDPI	返回显示屏幕每英寸的垂直方向的常规点数
pixelDepth	返回显示屏幕的颜色分辨率（比特每像素）
updateInterval	设置或返回屏幕的刷新率
width	返回显示器屏幕的宽度

History对象属性

属　性	描　述
length	返回浏览器历史列表中的URL数量

History对象方法

方　法	描　述
back()	加载history列表中的前一个URL
forward()	加载history列表中的下一个URL
go()	加载history列表中的某个具体页面

Location对象属性

属　性	描　述
hash	设置或返回从井号 (#) 开始的URL（锚）
host	设置或返回主机名和当前URL的端口号
hostname	设置或返回当前URL的主机名
href	设置或返回完整的URL
pathname	设置或返回当前URL的路径部分
port	设置或返回当前URL的端口号
protocol	设置或返回当前URL的协议
search	设置或返回从问号 (?) 开始的URL（查询部分）

Location对象方法

方　法	描　述
assign()	加载新的文档
reload()	重新加载当前文档
replace()	用新的文档替换当前文档

JavaScript函数

函　数	描　述
decodeURI()	解码某个编码的URI
decodeURIComponent()	解码一个编码的URI组件
encodeURI()	把字符串编码为URI
encodeURIComponent()	把字符串编码为URI组件
escape()	对字符串进行编码
eval()	计算JavaScript字符串，并把它作为脚本代码来执行
getClass()	返回一个JavaObject的JavaClass
isFinite()	检查某个值是否为有穷大的数
isNaN()	检查某个值是否是数字
Number()	把对象的值转换为数字
parseFloat()	解析一个字符串并返回一个浮点数
parseInt()	解析一个字符串并返回一个整数
String()	把对象的值转换为字符串
unescape()	对由escape()编码的字符串进行解码

JavaScript常用事件

事　件	描　述
onClick	当用户单击鼠标按钮时，产生的事件

事　件	描　述
onDblClick	当用户双击鼠标按钮时，产生的事件
onChange	当文本框的内容改变的时候，发生的事件
onFocus	当光标落在文本框中的时候，发生的事件
onLoad	当当前的网页被显示的时候，发生的事件
onUnLoad	当当前的网页被关闭的时候，发生的事件
onBlur	当光标离开文本框中的时候，发生的事件
onMouseOver	当鼠标移动到页面元素上方时发生的事件
onMouseOut	当鼠标离开页面元素上方时发生的事件
onAbort	当页面上图像没完全下载时，访问者单击浏览器上停止按钮的事件
onAfterUpdate	页面特定数据元素完成更新的事件
onBeforeUpdate	页面特定数据元素被改变且失去焦点的事件
onBounce	移动的Marquee文字到达移动区域边界的事件
onError	页面或页面图像下载出错事件
onFinish	移动的Marquee文字完成一次移动的事件
onHelp	访问者单击浏览器上帮助按钮的事件
onKeyDown	访问者按下键盘一个或几个键的事件
OnKeyPress	访问者按下键盘一个或几个键后且松开的事件
onKeyUp	访问者按下键盘一个或几个键后松开的事件
onMouseDown	访问者按下鼠标按钮的事件
onMouseMove	访问者鼠标在某页面元素范围内移动的事件
onMouseUp	访问者松开鼠标按钮的事件
onMove	窗口或窗框被移动的事件
onReadyStateChange	特定页面元素状态被改变的事件
onReset	页面上表单元素的值被重置的事件
onResize	访问者改变窗口或窗框大小的事件
onScroll	访问者使用滚动条的事件
onStart	Marquee文字开始移动的事件
onSubmit	页面上表单被提交的事件

JavaScript特效代码集

下面收集了12个分类成百上千个JavaScript特效代码，包括时间日期、鼠标事件、状态栏特效、文本特效、窗口特效等各方面效果。这些特效的代码非常多，但限于篇幅，不能在附录中列出所有代码，但每一个特效均可以登录下面提供的网址查看对应的源文件，供读者下载代码并参考。

网址：http://www.huxinyu.com/dwcc/javascript/index.htm

----

1. 时间日期类

时间日期类特效包括类似日期、时间、倒计时、万年历、数字钟、月历表等效果，如下图所示。

◔ 时间日期类效果

2. 鼠标事件类

鼠标事件类特效包括类似跟随鼠标的图形、有趣的鼠标形状、禁止鼠标右键和鼠标跟踪等效果，如下图所示。

◔ 鼠标事件类特效

3. 状态栏特效

状态栏特效包括类似状态栏跑马灯、闪烁状态栏和状态栏变化信息等效果，如下图所示。

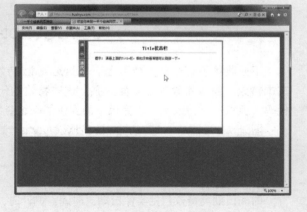

◔ 状态栏特效

4. 页面效果类

页面效果类特效包括类似自动变化背景、随机背景图案、动态背景和水印背景等效果，如下图所示。

🔺 页面效果类特效

5. 图形图像类

图形图像类特效包括类似图形淡出淡隐、随机图形、变化图形和晃动的图形等效果，如下图所示。

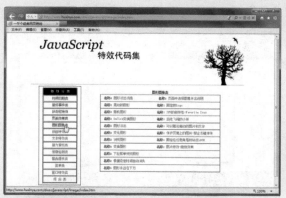 

🔺 图形图像类特效

6. 按钮特效类

按钮特效类包括类似前进后退VB按钮、屏幕滚动按钮、加入收藏夹和查看源代码等效果，如下图所示。

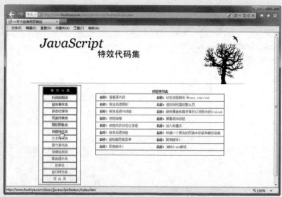 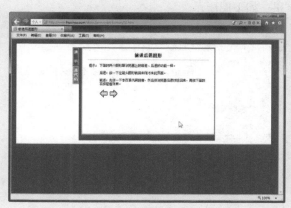

🔺 按钮特效类

7. 文本特效类

文本特效类包括类似随机文本、变色文本、跳舞的文字、弹跳的文本和霓虹灯文字等效果，如下图所示。

文本特效类

8. 智力游戏类

智力游戏类特效包括类似涂格子、围棋死活和五子棋等效果，如下图所示。

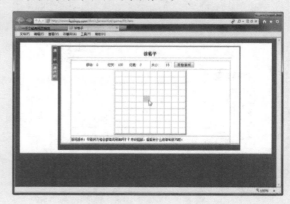

智力游戏类

9. 信息检测类

信息检测类特效包括类似系统信息检测、记录浏览次数、检测屏幕分辨率和页面字符查询等效果，如下图所示。

信息检测类

10. 警告提示类

警告提示类特效包括类似警告按钮、图形警告注释和停留时间警告等效果，如下图所示。

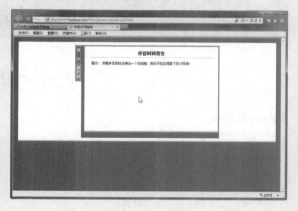

◆ 警告提示类

11. 菜单类

菜单类特效包括类似按钮式下拉菜单、酷毙的浮动菜单和树形折叠式文件夹菜单等效果，如下图所示。

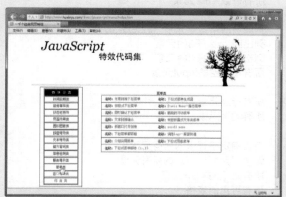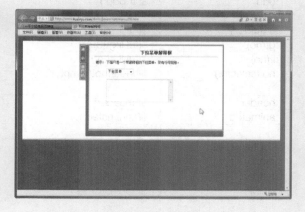

◆ 菜单类

12. 窗口特效类

窗口特效类包括类似关闭窗口、弹出窗口生成器、窗口自动最大化和自动滚屏等效果，如下图所示。

◆ 窗口特效类

附录四 jQuery、jQuery Mobile语法手册与特效插件集

jQuery语法手册

jQuery选择器

选择器	实例	选取
*	$("*")	所有元素
#id	$("#lastname")	id="lastname" 的元素
.class	$(".intro")	所有class="intro" 的元素
element	$("p")	所有 <p>元素
.class.class	$(".intro.demo")	所有class="intro" 且class="demo" 的元素
:first	$("p:first")	第一个<p>元素
:last	$("p:last")	最后一个<p>元素
:even	$("tr:even")	所有偶数<tr>元素
:odd	$("tr:odd")	所有奇数<tr>元素
:eq(index)	$("ul li:eq(3)")	列表中的第四个元素 （index从0开始）
:gt(no)	$("ul li:gt(3)")	列出index大于3的元素
:lt(no)	$("ul li:lt(3)")	列出index小于3的元素
:not(selector)	$("input:not(:empty)")	所有不为空的input元素
:header	$(":header")	所有标题元素 <h1> - <h6>
:animated	$(":animated")	所有动画元素
:contains(text)	$(":contains('W3School')")	包含指定字符串的所有元素
:empty	$(":empty")	无子 （元素） 节点的所有元素
:hidden	$("p:hidden")	所有隐藏的<p>元素
:visible	$("table:visible")	所有可见的表格
s1,s2,s3	$("th,td,.intro")	所有带有匹配选择的元素
[attribute]	$("[href]")	所有带有href属性的元素
[attribute=value]	$("[href='#']")	所有href属性的值等于 "#" 的元素
[attribute!=value]	$("[href!='#']")	所有href属性的值不等于 "#" 的元素
[attribute$=value]	$("[href$='.jpg']")	所有href属性的值包含以 ".jpg" 结尾的元素
:input	$(":input")	所有 <input>元素
:text	$(":text")	所有type="text"的<input>元素
:password	$(":password")	所有type="password"的<input>元素
:radio	$(":radio")	所有type="radio"的<input>元素
:checkbox	$(":checkbox")	所有type="checkbox"的<input>元素
:submit	$(":submit")	所有type="submit"的<input>元素
:reset	$(":reset")	所有type="reset"的<input>元素
:button	$(":button")	所有type="button"的<input>元素
:image	$(":image")	所有type="image"的<input>元素
:file	$(":file")	所有type="file"的<input>元素

选择器	实例	选取
:enabled	$(":enabled")	所有激活的input元素
:disabled	$(":disabled")	所有禁用的input元素
:selected	$(":selected")	所有被选取的input元素
:checked	$(":checked")	所有被选中的input元素

jQuery事件

方　法	描　述
bind()	向匹配元素附加一个或更多事件处理器
blur()	触发或将函数绑定到指定元素的blur事件
change()	触发或将函数绑定到指定元素的change事件
click()	触发或将函数绑定到指定元素的click事件
dblclick()	触发或将函数绑定到指定元素的double click事件
delegate()	向匹配元素的当前或未来的子元素附加一个或多个事件处理器
die()	移除所有通过live()函数添加的事件处理程序
error()	触发或将函数绑定到指定元素的error事件
event.isDefaultPrevented()	返回event对象上是否调用了event.preventDefault()
event.pageX	相对于文档左边缘的鼠标位置
event.pageY	相对于文档上边缘的鼠标位置
event.preventDefault()	阻止事件的默认动作
event.result	包含由被指定事件触发的事件处理器返回的最后一个值
event.target	触发该事件的DOM元素
event.timeStamp	该属性返回从1970年1月1日到事件发生时的毫秒数
event.type	描述事件的类型
event.which	指示按了哪个键或按钮
focus()	触发或将函数绑定到指定元素的focus事件
keydown()	触发或将函数绑定到指定元素的key down事件
keypress()	触发或将函数绑定到指定元素的key press事件
keyup()	触发或将函数绑定到指定元素的key up事件
live()	为当前或未来的匹配元素添加一个或多个事件处理器
load()	触发或将函数绑定到指定元素的load事件
mousedown()	触发或将函数绑定到指定元素的mouse down事件
mouseenter()	触发或将函数绑定到指定元素的mouse enter事件
mouseleave()	触发或将函数绑定到指定元素的mouse leave事件
mousemove()	触发或将函数绑定到指定元素的mouse move事件
mouseout()	触发或将函数绑定到指定元素的mouse out事件
mouseover()	触发或将函数绑定到指定元素的mouse over事件
mouseup()	触发或将函数绑定到指定元素的mouse up事件
one()	向匹配元素添加事件处理器。每个元素只能触发一次该处理器
ready()	文档就绪事件（当HTML文档就绪可用时）
resize()	触发或将函数绑定到指定元素的resize事件
scroll()	触发或将函数绑定到指定元素的scroll事件
select()	触发或将函数绑定到指定元素的select事件
submit()	触发或将函数绑定到指定元素的submit事件
toggle()	绑定两个或多个事件处理器函数，当发生轮流的click事件时执行
trigger()	所有匹配元素的指定事件
triggerHandler()	第一个被匹配元素的指定事件
unbind()	从匹配元素移除一个被添加的事件处理器
undelegate()	从匹配元素移除一个被添加的事件处理器，现在或将来
unload()	触发或将函数绑定到指定元素的unload事件

jQuery效果函数

方　法	描　述
animate()	对被选元素应用"自定义"的动画
clearQueue()	对被选元素移除所有排队的函数（仍未运行的）
delay()	对被选元素的所有排队函数（仍未运行）设置延迟
dequeue()	运行被选元素的下一个排队函数
fadeIn()	逐渐改变被选元素的不透明度，从隐藏到可见
fadeOut()	逐渐改变被选元素的不透明度，从可见到隐藏
fadeTo()	把被选元素逐渐改变至给定的不透明度
hide()	隐藏被选的元素
queue()	显示被选元素的排队函数
show()	显示被选的元素
slideDown()	通过调整高度来滑动显示被选元素
slideToggle()	对被选元素进行滑动隐藏和滑动显示的切换
slideUp()	通过调整高度来滑动隐藏被选元素
stop()	停止在被选元素上运行动画
toggle()	对被选元素进行隐藏和显示的切换

jQuery文档操作方法

方　法	描　述
addClass()	向匹配的元素添加指定的类名
after()	在匹配的元素之后插入内容
append()	向匹配元素集合中的每个元素结尾插入由参数指定的内容
appendTo()	向目标结尾插入匹配元素集合中的每个元素
attr()	设置或返回匹配元素的属性和值
before()	在每个匹配的元素之前插入内容
clone()	创建匹配元素集合的副本
detach()	从DOM中移除匹配元素集合
empty()	删除匹配的元素集合中所有的子节点
hasClass()	检查匹配的元素是否拥有指定的类
html()	设置或返回匹配的元素集合中的HTML内容
insertAfter()	把匹配的元素插入到另一个指定的元素集合的后面
insertBefore()	把匹配的元素插入到另一个指定的元素集合的前面
prepend()	向匹配元素集合中的每个元素开头插入由参数指定的内容
prependTo()	向目标开头插入匹配元素集合中的每个元素
remove()	移除所有匹配的元素
removeAttr()	从所有匹配的元素中移除指定的属性
removeClass()	从所有匹配的元素中删除全部或者指定的类
replaceAll()	用匹配的元素替换所有匹配到的元素
replaceWith()	用新内容替换匹配的元素
text()	设置或返回匹配元素的内容
toggleClass()	从匹配的元素中添加或删除一个类
unwrap()	移除并替换指定元素的父元素
val()	设置或返回匹配元素的值
wrap()	把匹配的元素用指定的内容或元素包裹起来
wrapAll()	把所有匹配的元素用指定的内容或元素包裹起来
wrapinner()	将每一个匹配的元素的子内容用指定的内容或元素包裹起来

jQuery属性操作方法

方　法	描　述
addClass()	向匹配的元素添加指定的类名
attr()	设置或返回匹配元素的属性和值

方　法	描　述
hasClass()	检查匹配的元素是否拥有指定的类
html()	设置或返回匹配的元素集合中的HTML内容
removeAttr()	从所有匹配的元素中移除指定的属性
removeClass()	从所有匹配的元素中删除全部或者指定的类
toggleClass()	从匹配的元素中添加或删除一个类
val()	设置或返回匹配元素的值

jQuery CSS操作函数

CSS属性	描　述
css()	设置或返回匹配元素的样式属性
height()	设置或返回匹配元素的高度
offset()	返回第一个匹配元素相对于文档的位置
offsetParent()	返回最近的定位祖先元素
position()	返回第一个匹配元素相对于父元素的位置
scrollLeft()	设置或返回匹配元素相对滚动条左侧的偏移
scrollTop()	设置或返回匹配元素相对滚动条顶部的偏移
width()	设置或返回匹配元素的宽度

jQuery Ajax操作函数

函　数	描　述
jQuery.ajax()	执行异步HTTP (Ajax) 请求
.ajaxComplete()	当Ajax请求完成时注册要调用的处理程序。这是一个Ajax事件
.ajaxError()	当Ajax请求完成且出现错误时注册要调用的处理程序。这是一个Ajax事件
.ajaxSend()	在Ajax请求发送之前显示一条消息
jQuery.ajaxSetup()	设置将来的Ajax请求的默认值
.ajaxStart()	当首个Ajax请求完成开始时注册要调用的处理程序。这是一个Ajax事件
.ajaxStop()	当所有Ajax请求完成时注册要调用的处理程序。这是一个Ajax事件
.ajaxSuccess()	当Ajax请求成功完成时显示一条消息
jQuery.get()	使用HTTP GET请求从服务器加载数据
jQuery.getJSON()	使用HTTP GET请求从服务器加载JSON编码数据
jQuery.getScript()	使用HTTP GET请求从服务器加载JavaScript文件，然后执行该文件
.load()	从服务器加载数据，然后把返回到HTML放入匹配元素
jQuery.param()	创建数组或对象的序列化表示，适合在URL查询字符串或Ajax请求中使用
jQuery.post()	使用HTTP POST请求从服务器加载数据
.serialize()	将表单内容序列化为字符串
.serializeArray()	序列化表单元素，返回JSON数据结构数据

jQuery遍历函数

函　数	描　述
.add()	将元素添加到匹配元素的集合中
.andSelf()	把堆栈中之前的元素集添加到当前集合中
.children()	获得匹配元素集合中每个元素的所有子元素
.closest()	从元素本身开始，逐级向上级元素匹配，并返回最先匹配的祖先元素
.contents()	获得匹配元素集合中每个元素的子元素，包括文本和注释节点
.each()	对jQuery对象进行迭代，为每个匹配元素执行函数
.end()	结束当前链中最近的一次筛选操作，并将匹配元素集合返回到前一次的状态
.eq()	将匹配元素集合缩减为位于指定索引的新元素
.filter()	将匹配元素集合缩减为匹配选择器或匹配函数返回值的新元素

函　数	描　述
.find()	获得当前匹配元素集合中每个元素的后代，由选择器进行筛选
.first()	将匹配元素集合缩减为集合中的第一个元素
.has()	将匹配元素集合缩减为包含特定元素的后代的集合
.is()	根据选择器检查当前匹配元素集合，如果存在至少一个匹配元素，则返回true
.last()	将匹配元素集合缩减为集合中的最后一个元素
.map()	把当前匹配集合中的每个元素传递给函数，产生包含返回值的新jQuery对象
.next()	获得匹配元素集合中每个元素紧邻的同辈元素
.nextAll()	获得匹配元素集合中每个元素之后的所有同辈元素，由选择器进行筛选（可选）
.nextUntil()	获得每个元素之后所有的同辈元素，直到遇到匹配选择器的元素为止
.not()	从匹配元素集合中删除元素
.offsetParent()	获得用于定位的第一个父元素
.parent()	获得当前匹配元素集合中每个元素的父元素，由选择器筛选（可选）
.parents()	获得当前匹配元素集合中每个元素的祖先元素，由选择器筛选（可选）
.parentsUntil()	获得当前匹配元素集合中每个元素的祖先元素，直到遇到匹配选择器的元素为止
.prev()	获得匹配元素集合中每个元素紧邻的前一个同辈元素，由选择器筛选（可选）
.prevAll()	获得匹配元素集合中每个元素之前的所有同辈元素，由选择器进行筛选（可选）
.prevUntil()	获得每个元素之前所有的同辈元素，直到遇到匹配选择器的元素为止
.siblings()	获得匹配元素集合中所有元素的同辈元素，由选择器筛选（可选）
.slice()	将匹配元素集合缩减为指定范围的子集

jQuery数据操作函数

函　数	描　述
.clearQueue()	从队列中删除所有未运行的项目
.data()	存储与匹配元素相关的任意数据
jQuery.data()	存储与指定元素相关的任意数据
.dequeue()	从队列最前端移除一个队列函数，并执行它
jQuery.dequeue()	从队列最前端移除一个队列函数，并执行它
jQuery.hasData()	存储与匹配元素相关的任意数据
.queue()	显示或操作匹配元素所执行函数的队列
jQuery.queue()	显示或操作匹配元素所执行函数的队列
.removeData()	移除之前存放的数据
jQuery.removeData()	移除之前存放的数据

jQuery DOM元素方法

函　数	描　述
.get()	获得由选择器指定的DOM元素
.index()	返回指定元素相对于其他指定元素的index位置
.size()	返回被jQuery选择器匹配的元素的数量
.toArray()	以数组的形式返回jQuery选择器匹配的元素

jQuery DOM核心函数

函　数	描　述
jQuery()	接受一个字符串，其中包含了用于匹配元素集合的CSS选择器
jQuery.noConflict()	运行这个函数将变量$的控制权让渡给第一个实现它的那个库

jQuery属性

属　性	描　述
context	在版本1.10中被弃用。包含传递给jQuery()的原始上下文
jquery	包含jQuery版本号
jQuery.fx.interval	改变以毫秒计的动画速率
jQuery.fx.off	全局禁用/启用所有动画
jQuery.support	表示不同浏览器特性或漏洞的属性集合（用于jQuery内部使用）
length	包含jQuery对象中的元素数目

jQuery Mobile语法手册

jQuery Data属性

Button：带有data-role="button"的超链接。工具栏中的按钮元素和链接以及输入字段会被自动设置按钮的样式，无需data-role="button"。

Data属性	值	描　述
data-corners	true | false	规定按钮是否有圆角
data-icon	Icons Reference	规定按钮的图标。默认是没有图标
data-iconpos	left | right | top | bottom | notext	规定图标的位置
data-iconshadow	true | false	规定按钮图标是否有阴影
data-inline	true | false	规定按钮是否是行内的
data-mini	true | false	规定按钮是小型的还是常规尺寸的
data-shadow	true | false	规定按钮是否有阴影
data-theme	letter (a-z)	规定按钮的主题颜色

Checkbox：带有data-role="button"的超链接。工具栏中的按钮元素和链接以及输入字段会被自动设置按钮的样式，无需data-role="button"。

Data属性	值	描　述
data-mini	true | false	规定复选框是小型的还是常规尺寸的
data-role	none	防止jQuery Mobile将复选框设置为按钮的样式
data-theme	letter (a-z)	规定复选框的主题颜色

Collapsible：标题元素，其后是位于带有data-role="collapsible"属性的容器中的任意HTML标记。

Data属性	值	描　述
data-collapsed	true | false	规定内容是否应该关闭或展开
data-collapsed-icon	Icons Reference	规定可折叠按钮的图标。默认是"plus"
data-content-theme	letter (a-z)	规定可折叠内容的主题颜色。同时会向可折叠内容添加圆角
data-expanded-icon	Icons Reference	规定内容被展开时的可折叠按钮的图标。默认是"减号"
data-iconpos	left | right | top | bottom	规定图标的位置
data-inset	true | false	规定可折叠按钮是否拥有圆角和外边距的样式
data-mini	true | false	规定可折叠按钮是小型的还是常规尺寸的
data-theme	letter (a-z)	规定可折叠按钮的主题颜色

Collapsible Set：带有data-role="collapsible-set" 属性的容器中的可折叠内容块。

Data属性	值	描 述
data-collapsed-icon	Icons Reference	规定可折叠按钮的图标。默认是"加号"
data-content-theme	letter (a-z)	规定可折叠内容的主题颜色
data-expanded-icon	Icons Reference	规定内容被展开时的可折叠按钮的图标。默认是"减号"
data-iconpos	left | right | top | bottom | notext	规定图标的位置
data-inset	true | false	规定collapsibles是否拥有圆角和外边距的样式
data-mini	true | false	规定可折叠按钮是小型的还是常规尺寸的
data-theme	letter (a-z)	规定可折叠集合的主题颜色
data-theme	letter (a-z)	规定可折叠按钮的主题颜色

Content：带有data-role="content" 属性的容器。

Data属性	值	描 述
data-theme	letter (a-z)	规定内容的主题颜色。默认是"c"

Controlgroup：带有data-role="controlgroup"属性的<div>or<fieldset>容器。组合多个按钮样式的单一类型input（基于链接的按钮、单选按钮、复选框、选择菜单）。

Data属性	值	描 述
data-mini	true | false	规定组合是小型的还是常规尺寸
data-type	horizontal | vertical	规定组合水平还是垂直显示

Dialog：data-role="dialog" 的容器或者data-rel="dialog" 的链接。

Data属性	值	描 述
data-close-btn-text	sometext	规定仅用于对话框的关闭按钮的文本
data-dom-cache	true | false	规定是否为个别页面清除jQuery DOM缓存（如果设置true，则需要注意对DOM的管理，并全面测试所有移动设备）
data-overlay-theme	letter (a-z)	规定对话页面的叠加（背景）色
data-theme	letter (a-z)	规定对话页的主题颜色
data-title	sometext	规定对话页的标题

Enhancement：带有data-enhance="false" 或data-ajax="false" 属性的容器。

Data属性	值	描 述
data-enhance	true | false	如果设置为 "true"，，(default) jQuery Mobile会自动为页面添加样式，使其更适合移动设备。如果设置为 "false"，则框架不会设置页面的样式
data-ajax	true | false	规定是否通过AJAX来加载页面

Fieldcontainer：包装label/form元素对的data-role="fieldcontain" 的容器。

Fixed Toolbar：带有data-role="header" 或data-role="footer" 属性以及data-position="fixed" 属性的容器。

Data属性	值	描 述
data-disable-page-zoom	true | false	规定用户是否有能力缩放页面
data-fullscreen	true | false	规定工具栏始终位于顶部以及/或者底部
data-tap-toggle	true | false	规定用户是否有能力通过点击/敲击来切换工具栏的可见性

Data属性	值	描　述
data-transition	slide | fade | none	规定当敲击/点击发生时的过渡效果
data-update-page-padding	true | false	规定当发生resize、transition以及 "updatelayout" 事件时更新页面上下内边距（jQuery Mobile总是在 "pageshow" 事件发生时更新内边距）
data-visible-on-page-show	true | false	规定在显示父页面时的工具栏可见性

Flip Toggle Switch：带有data-role="slider" 属性的一个<select>元素以及两个<option>元素。

Data属性	值	描　述
data-mini	true | false	规定开关是小型的还是常规尺寸的
data-role	none	防止jQuery Mobile将切换开关设置为按钮样式
data-theme	letter (a-z)	规定切换开关的主题颜色
data-track-theme	letter (a-z)	规定轨道的主题颜色

Footer：带有 data-role="footer" 属性的容器。

Data属性	值	描　述
data-id	sometext	规定唯一ID。对于persistent footers是必需的
data-position	inline | fixed	规定页脚与页面内容是行内关系，还是保留在底部
data-fullscreen	true | false	规定页面是否始终位于底部并覆盖页面内容 (slightly see-through)
data-theme	letter (a-z)	规定页脚的主题颜色。默认是"a"

Header：data-role="header" 的容器。

Data属性	值	描　述
data-id	sometext	规定唯一ID。对于persistent headers是必需的
data-position	inline | fixed	规定页眉与页面内容是行内关系，还是保留在顶部
data-fullscreen	true | false	规定页面是始终位于顶部并覆盖页面内容 (slightly see-through)
data-theme	letter (a-z)	规定页眉的主题颜色。默认是"a"

Link：所有链接，包括data-role="button" 的链接以及表单提交按钮。

Data属性	值	描　述
data-ajax	true | false	规定是否通过AJAX来加载页面，以改进用户体验和过渡。如果设置为false，则jQuery Mobile将进行普通的页面请求
data-direction	reverse	反转过渡动画（仅用于页面或对话）
data-dom-cache	true | false	规定是否清除个别页面的jQuery DOM缓存（如果设置为true，则您需要注意对DOM的管理，并全面测试所有移动设备）
data-prefetch	true | false	规定是否把页面预取到DOM中，以使其在用户访问时可用
data-rel	back | dialog | external | popup	规定有关链接如何行为的选项。Back-在历史记录中向后移动一步。Dialog-将页面作为对话来打开，不在历史中记录。Externa-链接到另一域。opens-打开弹出窗口

Data属性	值	描 述
data-transition	fade | flip | flow | pop | slide | slidedown | slidefade | slideup | turn | none	规定如何从一页过渡到下一页。参加 jQuery Mobile 过渡
data-position-to	origin | jQuery selector | window	规定弹出框的位置。Origin - 默认。在打开它的链接上弹出。jQuery selector - 在指定元素上弹出。Window - 在窗口屏幕中间弹出

List：带有data-role="listview" 属性的\<ol\>或\<ul\>。

Data属性	值	描 述
data-autodividers	true | false	规定是否自动分隔列表项
data-count-theme	letter (a-z)	规定计数泡沫的主题颜色。默认是 "c"
data-divider-theme	letter (a-z)	规定列表分隔符的主题颜色。默认是 "b"
data-filter	true | false	规定是否在列表中添加搜索框
data-filter-placeholder	sometext	规定搜索框中的文本。默认是"Filter items... "
data-filter-theme	letter (a-z)	规定搜索过滤程序的主题颜色。默认是 "c"
data-icon	Icons Reference	规定列表的图标
data-inset	true | false	规定是否为列表添加圆角和外边距样式
data-split-icon	Icons Reference	规定划分按钮的图标。默认是 "arrow-r"
data-split-theme	letter (a-z)	规定划分按钮的主题颜色。默认是 "b"
data-theme	letter (a-z)	规定列表的主题颜色

List item：带有data-role="listview" 属性的\<ol\>或\<ul\>中的\<li\>。

Data属性	值	描 述
data-filtertext	sometext	规定在过滤元素时搜索的文本。该文本而不是实际的列表项文本将会被搜索
data-icon	Icons Reference	规定列表项的图标
data-role	list-divider	规定列表项的分隔符
data-theme	letter (a-z)	规定列表项的主题颜色

Navbar：带有data-role="navbar" 属性的容器内部的\<li\>元素。

Data属性	值	描 述
data-icon	Icons Reference	规定列表项的图标
data-iconpos	left | right | top | bottom | notext	规定图标的位置

Page：带有data-role="page" 属性的容器。

Data属性	值	描 述
data-add-back-btn	true | false	自动添加后退按钮，仅用于页眉
data-back-btn-text	sometext	规定后退按钮的文本
data-back-btn-theme	letter (a-z)	规定后退按钮的主题颜色
data-close-btn-text	letter (a-z)	规定对话上的关闭按钮的文本
data-dom-cache	true | false	规定是否清除个别页面的jQuery DOM缓存（如果设置为true，则您需要注意对DOM的管理，并全面测试所有移动设备）
data-overlay-theme	letter (a-z)	规定对话页面的叠加（背景）色
data-theme	letter (a-z)	规定页面的主题颜色。默认是 "c"
data-title	sometext	规定页面的标题
data-url	url	该值用于更新URL，而不是用于请求页面

Popup：带有data-role="popup" 属性的容器。

Data属性	值	描 述
data-corners	true | false	规定弹出框是否有圆角
data-overlay-theme	letter (a-z)	规定弹出框的叠加（背景）色。默认是透明背景 (none)
data-shadow	true | false	规定弹出框是否有阴影
data-theme	letter (a-z)	规定弹出框的主题颜色。默认是继承，"none" 设置 为透明
data-tolerance	30, 15, 30, 15	规定距离窗口边缘 (top，right，bottom，left) 的距离

Popup：带有data-rel="popup" 属性的锚:

Data属性	值	描 述
data-position-to	origin | jQuery selector | window	规定弹出框的位置。Origin - 默认。弹出框位于打开 它的链接上。jQuery selector - 弹出框位于指定元素 上。Window - 弹出框位于窗口屏幕中央
data-rel	popup	用于打开的弹出框
data-transition	fade | flip | flow | pop | slide | slidedown | slidefade | slideup | turn | none	规定如何从一页过渡到下一页。参加 jQuery Mobile 过渡

Radio Button：label与type="radio" 的input对。会被自动设置为按钮样式，无需data-role。

Data属性	值	描 述
data-mini	true | false	规定按钮是否小型的或者是常规尺寸的
data-role	none	放置jQuery Mobile将单选按钮设置为enhanced buttons的样式
data-theme	letter (a-z)	规定单选按钮的主题颜色

Select：所有<select>元素。会被自动设置按钮的样式，无需date-role。

Data属性	值	描 述
data-icon	Icons Reference	规定select元素的图标。默认是 "arrow-d"
data-iconpos	left | right | top | bottom | notext	规定图标的位置
data-inline	true | false	规定select元素是否是行内
data-mini	true | false	规定select元素是小型的还是常规尺寸的
data-native-menu	true | false	如果设置为false，则使用jQuery自己的自定义选择 菜单（如果您希望选择菜单在所有移动设备上拥有 一致的外观，则推荐使用）
data-overlay-theme	letter (a-z)	规定jQuery自定义选择菜单的主题颜色（与data-native-menu="false" 一起使用）
data-placeholder	true | false	可以在非原生select的<option>元素上设置
data-role	none	放置 jQuery Mobile将select元素设置为按钮样式
data-theme	letter (a-z)	规定select元素的主题颜色

Slider：type="range" 的input元素。会被自动设置为按钮样式，无需data-role。

Data属性	值	描 述
data-highlight	true | false	规定是否突出显示滑块轨道
data-mini	true | false	规定滑块是小型的还是常规尺寸的
data-role	none	放置jQuery Mobile将滑块设置按钮的样式
data-theme	letter (a-z)	规定滑块控件（input、handle和track）的主题颜色
data-track-theme	letter (a-z)	规定滑块轨道的主题颜色

Text input & Textarea：type="text│search│etc." 的input元素或textarea元素。会被自动设置样式，无需data-role。

Data属性	值	描述
data-mini	true │ false	规定是否input元素是小型的还是常规尺寸的
data-role	none	放置jQuery Mobile将 input/textarea设置问按钮的样式
data-theme	letter (a-z)	规定输入字段的主题颜色

jQuery Mobile事件

属 性	描 述
hashchange	启用bookmarkable #hash历史记录
navigate	针对hashchange和popstate的wrapper事件
orientationchange	当用户垂直或水平旋转其移动设备时触发
pagebeforechange	在页面变化周期内触发两次：任意页面加载或过渡之前触发一次，接下来在页面成功完成加载后，但是在浏览器历史记录被导航进程修改之前触发
pagebeforecreate	当页面即将被初始化，但是在增强开始之前触发
pagebeforehide	在过渡动画开始前，在"来源"页面上触发
pagebeforeload	在作出任何加载请求之前触发
pagebeforeshow	在过渡动画开始前，在"到达"页面上触发
pagechange	在changePage()请求已完成将页面载入DOM并且所有页面过渡动画已完成后触发
pagechangefailed	当changePage()请求对页面的加载失败时触发
pagecreate	当页面已创建，但是增强完成之前触发
pagehide	在过渡动画完成后，在"来源"页面触发
pageinit	当页面已经初始化并且完成增强时触发
pageload	在页面成功加载并插入DOM后触发
pageloadfailed	如果页面加载请求失败，则触发
pageremove	在窗口视图从DOM中移除外部页面之前触发
pageshow	在过渡动画完成后，在"到达"页面触发
scrollstart	当用户开始滚动页面时触发
scrollstop	当用户停止滚动页面时触发
swipe	当用户在元素上水平滑动时触发
swipeleft	当用户从左划过元素超过30px时触发
swiperight	当用户从右划过元素超过30px时触发
tap	当用户敲击某元素时触发
taphold	当元素敲击某元素并保持一秒时触发
throttledresize	启用bookmarkable #hash历史记录
updatelayout	由动态显示/隐藏内容的jQuery Mobile组件触发
vclick	虚拟化的click事件处理器
vmousecancel	虚拟化的mousecancel事件处理器
vmousedown	虚拟化的mousedown事件处理器
vmousemove	虚拟化的mousemove事件处理器
vmouseout	虚拟化的mouseout事件处理器
vmouseover	虚拟化的mouseover事件处理器
vmouseup	虚拟化的mouseup事件处理器

jQuery Mobile图标

如需在jQuery Mobile中向按钮添加图标，请使用data-icon属性。

属性值	描 述	图 标
data-icon="plus"	加	⊕
data-icon="minus"	减	⊖

属性值	描 述	图 标
data-icon="delete"	删除	
data-icon="arrow-r"	右箭头	
data-icon="arrow-l"	左箭头	
data-icon="arrow-u"	上箭头	
data-icon="arrow-d"	下箭头	
data-icon="check"	检查	
data-icon="gear"	齿轮	
data-icon="refresh"	刷新	
data-icon="forward"	向前	
data-icon="back"	后退	
data-icon="grid"	网格	
data-icon="star"	星	
data-icon="alert"	提醒	
data-icon="info"	信息	
data-icon="home"	首页	
data-icon="search"	搜索	

jQuery特效插件集

　　jQuery的易扩展性吸引了来自全球的开发者来共同编写jQuery插件。jQuery插件不仅能够增强网站的可用性，有效地改善用户体验，还可以大大减少开发时间。现在的jQuery插件很多，可以根据用户的项目需要来选择。这里介绍15款非常不错的插件。由于这些特效的代码非常多，限于篇幅，不能在附录中列出所有代码，但每一个特效均可以登录下面提供的网址查看对应的源文件，供读者下载代码并参考。

1. Unleash

　　http://codecanyon.net/item/unleash-jquery-responsive-accordion-slider/1851823?ref=beantowndesign
　　极其精美的jQuery Accordion滑块效果，响应式设计，有迷人的切换效果。如下图所示。

Unleash

2. Candy Slider

　　http://codecanyon.net/item/candy-slider/full_screen_preview/3020220?ref=beantowndesign
　　Candy Slider是一款非常强大的Joomla滑块插件，把网页内容组织成对用户友好的滑块。如下图所示。

△ Candy Slider

3. Grid Accordion

http://codecanyon.net/item/grid-accordion-responsive-and-touchenabled-grid/141991?ref=
beantowndesign

Grid Accordion是带有缩略图功能的手风琴插件，能够轻松集成到用户的网站中，如下图所示。

△ Grid Accordion

4. Accordion Slider

http://bqworks.com/accordion-slider/

Accordion Slider是带有滑动功能的手风琴插件，如下图所示。

△ Accordion Slider

5. Accordion Pro

http://codecanyon.net/item/accordion-pro-wp-responsive-wordpress-accordion/1506395?ref=beantowndesign

　　Accordion Pro是基 jQuery的WordPress水平Accordion插件，有多套皮肤。如下图所示。

⬆ Accordion Pro

6. SlideDeck

http://developers.slidedeck.com/

　　SlideDeck非常有名，被冠以"最佳jQuery内容滑块"称号，值得一试。如下图所示。

⬆ SlideDeck

7. Dynamic Accordion Banne Rotator

http://codecanyon.net/item/dynamic-accordion-banner-rotator/628296?ref=beantowndesign

　　这款Accordion特效插件也是用于WordPress的，用于实现图片内容之间的切换展示。如下图所示。

⬆ Dynamic Accordion Banne Rotator

8. jPages

http://luis-almeida.github.io/jPages/defaults.html

jPages是一款非常不错的客户端分页插件，有很多特色，例如自动播放、按键翻页、延迟加载等。如下图所示。

⬆ jPages

9. Lettering.js

http://letteringjs.com/

Lettering.js是一个轻量经的、易于使用的jQuery插件，可创造出极具个性的网页排版，是2010年最佳jQuery插件之一，如下图所示。

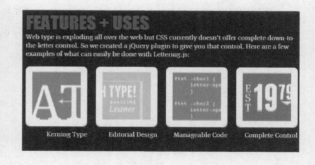

⬆ Lettering

10. Jquery Product Slider

http://blog.karachicorner.com/2010/12/new-fancymoves-jquery-product-slider/

Jquery Product Slider是一款效果很不错的产品幻灯片插件，如下图所示。

⌂ Jquery Product Slider

11. AnythingSlider

http://css-tricks.com/examples/AnythingSlider/#panel1-6

这是一款效果很棒的幻灯片插件，如下图所示。

⌂ AnythingSlider

12. Jquery Upload and Crop Image

http://www.webmotionuk.co.uk/jquery/image_upload_crop.php

这是一款图片上传和裁剪插件，如下图所示。

⌂ Jquery Upload and Crop Image

13. Polaroid Photo Viewer

http://demo.marcofolio.net/polaroid_photo_viewer/

这是一款宝丽莱效果图片浏览插件，如下图所示。

⬡ Polaroid Photo Viewer

14. Drop Down with CSS and jQuery

http://www.jankoatwarpspeed.com/reinventing-a-drop-down-with-css-and-jquery/

这是一款下拉菜单插件，如下图所示。

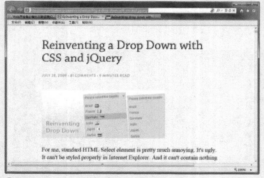

⬡ Drop Down with CSS and jQuery

15. Stroll

http://designshack.net/tutorialexamples/ScrollJS/index.html

这是一个创建滚动特效的jQuery插件，如下图所示。

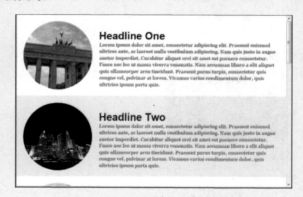

⬡ Stroll

附录五 Dreamweaver使用常见问题解答

1. 如何使一个弹出窗口最大化？

使用下面的语句即可：

```
<script>
self.moveTo(0,0)
self.resizeTo(screen.availWidth,screen.availHeight)
</script>
```

2. 怎样用图片来关闭窗口？

用<A href="javascript:window.close()"><IMGheight=20 width=20 alt="关闭窗口" src="close.gif"
border=0></A>语句即可。

3. 怎样禁止通过鼠标右键查看网页源代码？

使用如下代码即可：

```
<SCRIPT language=javascript>
function click()
{if (event.button==2) {alert('你好, 欢迎光临') }}document.onmousedown=click
</SCRIPT>
```

4. 怎样自动定时跳转到新的页面？

使用<META HTTP-EQUIV="Refresh" content="4"; URL=http://自己的URL">语句可以实现。

5. 怎样自动显示主页最后更新的日期？

使用如下代码即可：

```
<script>
document.write("最后更新日期: "+document.lastModified+"<p>")
</script>
```

6. 怎样使页面全屏显示？

使用如下代码即可：

```
<form>
<input type="BUTTON"
name="FullScreen"value="全屏显示"
onClick="window.open(
document.location, 'big',
'fullscreen=yes')"></form>
```

7. 怎样使鼠标完全被封锁，屏蔽鼠标右键和网页文字？

使用如下代码即可：

```
<body oncontextmenu="return
false" ondragstart="return false"
onselectstart="return false">
```

8. 怎样通过按钮来查看网页源代码？

使用如下代码即可：

```
<input type="BUTTON" value="查看源代码"onClick= 'window.location = "view-source:" + window.location.href' name="BUTTON">
```

9. 如何在网页中调试JavaScript？

有许多方式可以调试JavaScript。插入alert进入代码是最常见的方式，它可以提示变量的值、类型，函数参数和对象属性。如果用分支代码来支持分别做不同的事，可以使用confirm 来强制执行指定的分支功能。如果想能够剪切粘贴结果可使用prompt。要想得到更详细的错误报告你可以使用window.onerror或try..catch 语句。这会让代码直接运行，不会因某个错误而终止挂起，从而在代码执行完成后报告所有的错误。

10. 怎样控制网页的整体属性？

网页的主体部分位于<Body>、</Body>这两个标签之间。<Body>作为一个标签，有许多相关的属性，这其中将包括网页的标题、网页颜色和背景图片等设置。

11. 怎样设置文字的字体与样式？

如果希望更改页面中的字体、字号和颜色，最好使用<FONT>标签。

12. 怎样建立无序列表？

无序列表是指以●、○、□等开头的，没有顺序的列表项目。它通常使用一个项目符号作为每条列表项的前缀。无序列表主要使用<UL>、<LI>几个标签和Type属性。

13. 怎样建立有序列表？

有序列表使用编号，而不是项目符号来编排项目。列表中的项目以数字或英文字母开头，通常各项目间有先后的顺序性。在有序列表中，主要使用<OL>、<LI>两个标签和type、start两个属性。

14. 怎样在页面中插入图片？

插入图片的标签只有一个，那就是<IMG>标签。但仅使用<IMG>标签是不够的，需要配合其他的属性来完成。

15. 如何设置图片的图像映射链接？

插入将要制作图像映射所需的图片文件，然后在图片标签中使用USEMAP属性，即可实现图像的映射链接。

16. 怎样在HTML中播放音乐？

在页面中可以放置如MP3音乐等多种多媒体内容，可通过<Embed>标签实现，但如果创建背景音乐，则通过<BGSOUND>标签实现。

17. 怎样建立表单？

表单是HTML页面与浏览器端实现交互的重要手段。利用表单可以收集客户端提交的有关信息。表单是网页上的一个特定区域。这个区域是由一对<FORM>标签定义的。

18. 表单中常用的标签有哪些？

输入标签<INPUT>是表单中最常用的标签之一。常用的文本域、按钮等都使用这个标签。另外，通过<SELECT>和<OPTION>标签可以设计页面中的菜单和列表效果。<TEXTAREA>标签用来制作多行的文字域，可以在其中输入更多的文本。

19. HTML中框架的基本标签是什么？

框架主要包括两个部分，一个是框架集，另一个就是框架。框架集是在一个文档内定义一组框架结构的Html网页。框架集定义了在一个窗口中显示的框架数、框架的尺寸以及载入到框架的网页等。而框架则是指在网页上定义的一个显示区域。在使用了框架集的页面中，页面的<BODY>标签被<FRAMESET>标签所取代，然后通过<FRAME>标签定义每一个框架。

20. HTML中浮动框架的基本标签是什么？

浮动框架是一种特殊的框架页面，在浏览器窗口中可以嵌套子窗口，在其中显示页面的内容。浮动框架通过<IFRAME>标签实现。

21. 怎样制作滚动文字？

在HTML页面中，可以实现如字幕滚动文字效果。在一个排版整齐的页面中，添加适当的滚动文字可以起到灵活页面的效果。这些可通过<MARQUEE>标签实现。

22. 嵌入多媒体文件的标签是什么？

在页面中可以放置如电影、SWF动画等多种多媒体内容，嵌入标签为<EMBED>。

23. 页面头部的源信息标签包括哪些？

<META>标签的功能是定义页面中的信息，这些文件信息并不会出现在浏览器页面的显示之中，只会显示在源代码中。<META>标签是实现元数据的主要标记，它能够提供文档的关键字、作者及描述等多种信息，在HTML的头部可以包括任意数量的<META>标记。

24. 怎样设置页面的字符集？

HTML页面的内容可以不同的字符集来显示，如中国常用的GB码（简体中文），中国台湾地区常用的BIG5码（繁体中文），欧洲地区常用的ISO8859-1（英文）等。对于不同的字符集页面，如果用户的浏览器不能显示该字符，则浏览器中显示的都是乱码。这时就需要由HTML语言来定义页面的字符集，用以告知浏览器以相应的内码显示页面内容。这也通过<META>标签实现。

25. 如何在网页中应用可以自动更新时间的效果？

在页面中可以实现自动更新的时间，可通过JavaScript中的Document对象来完成：

```
<script>document.write(document.
lastModified)</script>
```

26. 怎样实现页面中的前进和后退？

想要在页面中实现如同浏览器上按钮的前进与后退一样的功能，只需使用JavaScript的

history对象即可：

```
<input type="submit" name="Submit"
value=" 前进" onClick=history.go(1)><
input type="submit" name="Submit2"
value="后退" onClick=history.go(-1)>
```

27. 将网页设为首页的代码是什么？

在网页中可以通过JavaScript代码将页面设置为浏览器的首页，其代码如下：

```
<a href="#" onClick="this.style.beh
avior='url(#default#homepage)';this.
setHomePage('http:// www.yourdomain.
com');" >设为首页</a>
```

28. 去除浏览器滚动条的代码是什么？

如果希望去除浏览器的滚动条，可以通过在<body>语句内添加代码来实现：

```
<body scroll=no>
```

29. 怎样改变浏览器中鼠标光标的形状？

通过样式改变鼠标光标的形状，当把鼠标光标放在被此项设置修饰的区域上时，形状会发生改变。具体的形状包括：hand（手）、crosshair（交叉十字）、text（文本选择符号）、wait（Windows的沙漏形状）、Default（默认的鼠标形状）、help（带问号的鼠标）、e-resize（向东的箭头）、ne-resize（指向东北方的箭头）、n-resize（向北的箭头）、nw-resize（指向西北的箭头）、w-resize（向西的箭头）、sw-resize（向西南的箭头）、s-resize（向南的箭头）、se-resize（向东南的箭头）、auto（正常鼠标）。

30. 如何为网页中的图像添加底片效果？

通过CSS的Invert滤镜可以实现添加图像底片的效果，Invert滤镜是把对象的可视化属性全部翻转，包括色彩、饱和度和亮度值。

31. 怎样将网页中的图像设置为水平翻转或垂直翻转？

通过CSS的FlipH和FlipV滤镜可以实现图像的水平翻转和垂直翻转的效果。

32. 怎样调整网页中图像的透明度？

通过CSS的Alpha滤镜可以实现图像的透明效果。"Alpha"滤镜是把一个目标元素与背景混合。设计者可以指定数值来控制混合的程度。这种"与背景混合"通俗地说就是一个元素的透明度。通过指定坐标，可以指定点、线、面的透明度。

33. 如何将网页中的图像转换为灰度图像？

通过CSS的Gray滤镜可以实现图像的灰度效果。

34. 如何使网页中的图像产生X射线效果？

通过CSS的Xray滤镜可以实现图像的X射线效果。Xray滤镜是让对象反映出它的轮廓并把这些轮廓加亮，也就是所谓的X光片。

35. 如何为网页中的对象添加波纹样式？

通过CSS的Wave滤镜可以实现图像的波纹效果。

36. CSS在网页制作中一般有三种用法，具体在使用时应采用哪种用法？

当有多个网页要用到的CSS，可采用外连CSS文件的方式，这样网页的代码大大减少，修改起来非常方便；只在单个网页中使用的CSS，采用文档头部方式；只有在一个网页一两个地方才用得到的CSS，采用行内插入方式。

37. CSS的三种用法在一个网页中可以混用吗？

三种用法可以混用，并且不会造成混乱。这就是它为什么称之为"层叠样式表"的原因。浏览器在显示网页时是这样处理的：首先检查有没有行内插入式CSS，有就执行，不用管本句的其它CSS；其次检查在网页头部插入的CSS，有就执行；在前两者都没有的情况下再检查外连文件方式的CSS。因此可看出，三种CSS的执行优先级是行内插入式、头部方式、外连文件方式。

38. 在文档头部方式和外连文件方式的CSS中都有<!--和-->代码，其作用是什么？

这一对代码的作用是为了不引起低版本浏览器的错误。如果某个执行此页面的浏览器不支持CSS，它将忽略其中的内容。

39. 有些网页中文字的超链接不会显示底线，这是怎么制作出来的？

这也是CSS的一种应用，语法如下：

```
<style>
<!--
A { text-decoration: none }
-->
</style>
```

40. 为什么我做的网页在Firefox中不能居中显示？

IE浏览器只要在body中定义了textalign: center，就可以实现居中了，标准浏览器则需要在父级容器中定义为margin: 0 auto;，才能居中。

41. 怎样定义网页语言（字符集）？

在制作网页过程中，首先要定义网页语言，以便访问者的浏览器自动设置语言，而我们用所见即所得的HTML工具时，都没有注意到这个问题，因为它是默认设置。要设置的语言可以在HTML代码状态下找到：

```
<meta http-equiv="Content Type"
content="text/html;charset=gb2312">
```

把charset=gb2312改换成其它语言代码即可，比如英文harset=en。

42. 怎样防止别人把你的网页放到自己的框架里？

因为框架的缘故，有许多人把别人的网页放置到自己的框架里，使之成为自己的一部分。如果你要防止别人这样做，可以加入下列Java-Script代码即可，它会自动监测，然后跳出别人的框架。

```
<script language="javascript">
if (self!=top) window.top.location.
replace(self.location);
</script>
```

43. 怎样在网页中加入E-mail链接并显示预定的主题？

使用以下代码：

```
<a href=mailto:husong@huxinyu.
cn?subject=hello>
```

44. 怎样让背景图像不滚动？

使用以下代码：

```
<body background="cnshell.gif"
bgproperties=
"fixed">
```

45. 怎样让背景图像不平铺？

可以通过CSS样式表定义，代码如下：

```
<style type="text/css">
<!--
body { background-image: url(image/
bg.gif);
background-repeat: no-repeat}
-->
</style>
```

46. 怎样定义网页的关键字？

在网页中加入关键字，可以供某些搜索站台的机器人使用，它们会利用该关键字为你的网站做索引，这样，当别人用关键字搜索网站时，如果你的网页包含该关键字，就可以被列出。定义本网页关键字，可以加入以下代码：

```
<meta name="keywords" content="html,
dreamweaver,flash,css">
```

其中，content 所包含的就是关键字，你可以自行设置。这里有个技巧，你可以重复某一个单词，这样可以提高自己网站的排行位置，如：

```
<meta name="keywords" content="dreamw
eaver,dreamweaver,dreamweaver">
```

47. 怎样链接网页的对象？

有时链接发生在一个网页里，比如页面上半部分列出了目录，下部分列出了内容，而单击目录任何一个项目都可以跳到指定部分，可以在要被链接的内容部分设置如下代码：

```
<a name="#1"></a>
```

而要链接到以上设置的部分，可以进行如下编制：

```
<a href="index.htm#t1">t1</a>
```

48. 怎样为不支持框架结构的浏览器指定内容？

为了防止不支持框架结构的浏览器访问你的网页，可以在网页中加入以下内容：

```
<body>
<noframes>
    本网页是框架结构，请下载新的浏览器浏览
</noframes>
</body>
```

49. 怎样删除表格边框？

删除表格的边框，可以在表格的属性中加一句〝border="0"〞即可，或者把border设置为如下代码：

```
<body><table border="0" width="100%">
<tr>
<td width="100%"></td></tr>
</table></body>
```

50. 怎样隐藏在状态栏里出现的Link信息？

大家知道，当指向一个链接时，该链接的信息会出现在浏览器状态栏里，如果需要隐藏信息，可以进行如下设置：

```
< a  href="http://www.yufeng21.
com"  onMouseOver="window.
status=''none'';return true">test</a>
```

如果想要指向一个链接时，浏览器状态栏里出现特定的信息，只需将none改成你需要的文字即可。

51. 怎样在网页中添加多媒体文件？

有些多媒体文件无需其他程序就可以播放，但大部分多媒体文件都需要外部程序的帮助，当浏览器下载不支持的格式时会调用外部程序。如果浏览器没有安装这种外部程序，那么浏览器会自动去下载；如果你需要加入多媒体格式，可设置如下代码：

```
<embed src="tt.ram" autostart="true"
loop="2" width="80" height="30">
```

52. 怎样在网页中添加电子邮件表单提交？

表单提交需要CGI程序的支持，但你也可以利用E-mail提交，当设计好表单后，把action内容加入邮件地址即可，如下：

```
<form method="post"
action="mailto:yourmail@
mail.com" enctype="text/plain">
```

53. 怎样在网页中添加最后修改日期？

在body中加入以下代码即可：

```
<script Language="javascript">
document.write("最后修改日期" +
document.lastModified);
</Script>
```

54. 如何清除页面中的框架结构？

在链接属性中加入target="_top" 如下设置：

```
<a href="http://www.yourdomain.com"
target="_top">链接</a>
```

当单击这个链接后，页面所有框架会被清除，并由该链接内容替代。

55. 如何防止站点页面被任意链接？

有许多好站点的页面会被其它站点任意链接，如果你不希望别人直接链接到你的站点内部去，可以通过经常更换页面文件名，如每十天改一次，这样就可以有效防止别人的任意链接。

56. 如何避免网站的电子邮箱地址被搜索到？

如果你拥有一个站点并发布了你的E-Mail链接，那么其他人会利用特殊工具搜索到这个地址并加入到他们的数据库中，这就是你经常会收到不请自来的垃圾信件的原因。要想避免E-Mail地址被搜索到，可以在页面上不按标准格式书写E-Mail链接，如yourname at mail.com，它等同于yourname@mail.com。

57. 如何让访问者忽视缓冲页面？

请在<head>与</head>之间加入以下代码：

```
<MEAT HTTP-EQUIV="Pragma" CONTENT="no-
cache">
```

58. 如何为页面制作幻灯片效果？

如果想为访问者展示一系列的图片，并且要求页面每间隔一段时间自动刷新图片。假设要展示三副图片，为这三幅图片制作三个页面1.htm，2.htm，3.htm。在每个页面的<head>与</head>之间分别加入下列代码：

```
<META  HTTP-EQUIV="Refresh"
Content="6;URL=x.htm">
```

其中1.htm指向2.htm，2.htm指向3.htm。

59. 如何改变表单submit按钮上的文字？

把下面代码中的value属性值改成你需要的文字即可。

```
<input type="submit" value="submit"
name="B1">
```

60. 如何加快页面图片的下载速度？

当首页图片过少，而其它页面图片过多

时，为了提高效率，可设置当访问者浏览首页时，后台进行其他页面的图片下载。方法是在首页加入如下代码：

```
<img src="cn.jpg" width=0 height=0>
```

其中width，height要设置为0，cn.jpg为提前下载的图片名。

61. 如何自动弹出对话框？

在<body>与</body>之间加入如下代码：

```
<script LANGUAGE="javascript">alert("
弹出内容")</script>
```

62. 是否可以利用大写字体来书写HTML标签？

对于大多数HTML标签元素，你可以利用大写体或小写体及两者的混合体来书写标签元素。比如：<html></html>和<HTML></HTML>同等有效。但如果是特殊字符的标签元素，就只能使用小写体。

63. 如何在页面中利用单击来关闭浏览窗口？

在<BODY>与</BODY>之间加入以下代码：

```
<a href="javascript:window.close()">关
闭窗口</a>
```

64. 在Dreamweaver中采用行内插入式CSS要手动输入代码吗？

不用。先用CSS面板定义好要用的CSS，然后，在要插入CSS的标签中插入：style=""，再把刚定义的CSS从后面拖到这个双引号中来，把花括号以外的部分删去即可。

65. 如何给一部分文字添加背景色？

给文字添加不同的颜色，只要在Dream-weaver中的属性面板上选取文字的颜色即可，非常方便。但要给部分文字添加不同的背景色却没有相应的功能，这时，我们可以先做一个定义背景色的CSS（如：bgstyle），再在Dream-weaver中点击它既可完成。例如，定义一个淡黄色背景的CSS，在应用时选取那段文字，再在CSS面板上点一下bgstyle即可。

66. 如何使用"检查浏览器"动作？

由于目前网页浏览器还没有一个统一的标准，有可能会出现在一种浏览器中可以正常浏览的界面，在另一种浏览器中页面内容错位的现象。为了使设计好的网页适合不同浏览器，能够自动地检测访问者的浏览器类型，"行为"中的"检查浏览器"动作可根据访问者不同类型和版本的浏览器将它们转到不同的页。一般来说，通常将这种行为附加到body标签上，当浏览器载入页面文档时，就会根据浏览器的类型，跳转到不同的网页。

67. 如何使网页可自动检查表单中输入数据的有效性？

"检查表单"动作是检查指定文本域的内容以确保用户输入的类型是正确的。当用户在表单中填写数据时，检查所填数据是否符合要求非常重要。例如，在"姓名"文本框中必须填写文本内容，而在"年龄"文本框中必须填写数字，而不能填写其他内容。如果这些内容填写不正确，则系统会显示提示信息。一般可以使用onBlur事件将其附加各文本域，在用户填写表单时对域进行检查，或者将触发事件设置为onSubmit，这样当单击"提交表单"时，会自动检查表单中的输入数据是否有效。

68. 如何使网页可检查访问网页的浏览器是否装有指定的插件？

通过"检查插件"动作可以检查访问网页的浏览器是否安装有指定的插件，然后为安装插件和没有安装插件的浏览器显示不同格式的网页。比如，检查是否在浏览器中安装了Flash插件，如果用户安装了该插件，将带有Flash动画对象的网页显示给用户，如用户的浏览器没有安装此插件，就将一幅仅仅显示图像的替代网页显示给用户。

69. 如何使用"预先载入图像"动作？

有很多情况，网页上会存在尚未显示的图像。例如隐藏在层中的图像，在尚未激活层的可见性时并不被显示。还有翻转图像也很容易说明这种效果。它实际上是两幅图像构成，原始图像和翻转图像，只有当鼠标移动到原始图像上，才会显示翻转图像。利用图像预载，就可以将可能显示的图像一起下载，便于脱机浏览。"预先载入图像"行为使浏览器下载还未在网页中显示、但是可能显示的图像，并将其存储到本地缓存中。

70. 怎样设置在指定的框架或当前的浏览窗口载入指定的页面？

利用"转到URL"动作，可以设置在指定的框架中或在当前的浏览窗口中载入指定的页面。此操作尤其适用于通过一次单击更改两个或多个框架的内容。

71. 怎样使用"改变属性"动作？

利用"改变属性"动作，可以动态改变对象的属性值。例如，可以改变层的背景颜色，或者是改变图像的大小等。这些改变实际上是改变对象对应标签的相应属性值。是否允许改变属性值，取决于浏览器的类型。一般来说，Internet Explorer 6.0比Internet Explorer 5.0或Netscape Navigator浏览器支持更多的改变属性特性。

72. 怎样使浏览器的状态栏中显示提示信息？

通过"设置状态栏文本"动作，可以在浏览器状态栏中显示信息。可以用来显示一些提示性信息，如帮助信息、说明信息等。

73. 怎样使用"交换图像"动作？

"交换图像"动作用于改变img标签的src属性，即用另一张图像替换当前的图像。使用这个动作可以创建按钮变换和其他图像效果（包括一次变换多幅图像）。因为这个动作只影响src属性，所以变换图像的尺寸应该一致（高度和宽度与初始图像相同），否则交换的图像显示时会被压缩或扩展。

74. 什么是模板？

模板可被理解成一种模型，用这个模型可以方便地做出很多页面，然后在此基础上可以对每个页面进行改动，加入个性化的内容。为了统一风格，一个网站的很多页面都要用到相同的页面元素和排版方式，使用模板可以避免重复地在每个页面输入或修改相同的部分，等网站改版的时候，只要改变模板这个文件的设计，就能自动更改所有基于这个模板的网页。可以说，模板最强大的用途之一就在于一次更新多个页面。从模板创建的文档与该模板保持连接状态（除非用户以后分离该文档），可以修改模板并立即更新基于该模板的所有文档中的设计。

75. 什么是库？

库文件的作用是将网页中常常用到的对象转化为库文件，然后作为一个对象插入到其他的网页之中。这样就能够通过简单的插入操作创建页面内容。模板使用的是整个网页，库文件只是网页上的局部内容。

76. 怎样指定一个页面中可以更改的部分？

由模板生成的网页上，哪些地方可以编辑，是需要预先设定的。设置可编辑区域，需要在制作模板的时候完成。可以将网页上任意选中的区域设置为可编辑区域，但是最好是基于HTML代码，这样在制作的时候更加清楚。

77. 如何更新整个站点中的模板？

可以将模板套用在已有的网页上，在有些时候，需要对模板的不可编辑区域进行编辑，如添加网页的样式、行为等，或者要创建不同形式的网页外观。然后Dreamweaver将根据模板的改动，自动更新这些网页。

78. 如何将创建好的库项目添加到网页中？

刚刚创建好库文件后，对于转换成库文件的内容，网页中已经拥有了这个库文件，即背景会显示为淡黄色，不可编辑。

79. 如何更新整个站点中使用了库的页面？

如果修改了库文件，Dreamweaver会自动更新全站使用库的页面。

80. 什么是表单？

表单是HTML页面与浏览器端实现交互的重要手段。利用表单可以收集客户端提交的有关信息。表单的主要功能是收集信息，具体说是收集浏览者的信息。比如，要在网上申请一个电子邮箱，就必须按要求填写完成网站提供的表单网页，其内容主要包括姓名、年龄和联系方式等个人的信息。

81. 网页中的插件有哪些类型？

Dreamweaver中的插件是专门用来扩充Dreamweaver功能所开发的。通过集成的插件，可以在网页中实现许多原本非常复杂的技术，从而避免从事大量源代码的编写和调试工作。在Dreamweaver中使用的插件可以分为"对象（Objects）"、"行为（Behaviors）"、"命令（Command）"以及"属性（Inspector）"4种类型。

82. 怎样下载插件？

Adobe公司免费提供600多种插件，其中可以用在Dreamweaver中的就有几十种，我们可以在其中选择需要的插件并下载。

83. 如何使用扩展管理器安装插件？

为了方便用户安装三方插件，Dreamweaver添加了"扩展管理器"这一功能。"扩展管理器"提供了非常简便的方法用来安装或反安装三方插件，Dreamweaver在"命令"菜单中添加了"扩展管理"这一项。

84. 如何用Dreamweaver快速创建CSS外连式文件？

对于一个初接触CSS的网页设计人员来讲，要用记事之类的编辑器去创建一个CSS外连式文件是相当困难的。由于Dreamweaver对CSS支持的很好，因此可利用它来创建。具体操作步骤如下：先在纸上写好在网站的网页中可能要用到的CSS名称，然后在Dreamweaver的编辑窗中调出CSS面板，一个一个地定义，并在一个空白页上适当地写一点相关内容，边定义边试用，效果不满意，立即修改，全部定义好后，再用记事本创建一个空的CSS外连式文件，再把之前那段定义好的CSS复制到CSS文件中去，就大功告成了。

85. <!DOCTYPE>代码是什么意思？

在网页中，经常会看到代码<!DOCTYPE HTMLPUBLIC'-//W3C//DTD HTML 4.01//EN'>，这是声明HTML文件的版本信息。

86. 如何在网址前面添加小图标？

首先，必须知道所谓的图标是一种特殊的图形文件，它是以.ico作为扩展名。可在网上找一个制作图标软件来进行制作。一般，图标具有特定的规格：图标的大小为16×16（以像素为单位）；颜色不得超过16色。插入图标时只需在该网页文件的HEAD部分加入下面的代码：

```
<LINK REL="SHORTCUT ICON" HREF="http://
www.yourdomain.com/图标文件名">
```

87. 在800×600的显示器中，如何不让网页出现水平滚动条？

使用代码<body leftmargin="0" topmargin="0">，此时网页中的表格宽度为778。

88. 怎样使用<IFRAME>标签在网页中嵌入网页？

使用代码<iframe src="iframe.html" name="test" align="MIDDLE" width="300" height="100" marginwidth="1" marginheight="1" frameborder="1" scrolling="Yes">即可。

89. 怎样使用<tbody>标签？

<tbody>用于加强对表格的控制能力的，例如，<table><tbody>.......</tbody></table>。<tbody>标签如果不是手动输入的话，只有在用IE打开一个网页并把它另存的时候，另存为的文件的表格才会生成<tbody>标签。

90. alt和title都是提示性语言标签属性，它们之间有什么区别吗？

在浏览网页时，当鼠标指针停留在图片对象或链接上时，在指针的右下方有时会出现一个提示信息框，对目标进行一定的注释说明。在一些场合，它的作用是很重要的。Alt属性就是用来给图片设置提示，而Title属性用来给链接文字或普通文字设置提示。用法如下：

```
<p Title="给链接文字提示">文字</p>
<a href="#" Title="给链接文字提示">文字</
a>
<img src="图片.gif" alt="给图片提示">
```

91. alt和title都是提示性语言标签属性，它们之间有什么区别吗？

在浏览网页时，当鼠标指针停留在图片对

象或链接上时，在指针的右下方有时会出现一个提示信息框，对目标进行一定的注释说明。在一些场合，它的作用是很重要的。Alt属性就是用来给图片设置提示，而Title属性用来给链接文字或普通文字设置提示。用法如下：

```
<p Title="给链接文字提示">文字</p>
<a href="#" Title="给链接文字提示">文字</a>
<img src="图片.gif" alt="给图片提示">
```

92. 怎样利用<pre>标签对文本进行精确的布局控制？

位于<pre>和</pre>之间的任何文本都将会准确地按照原先的布局来显示，包括两个以上的连续半角空格和额外的回车。

93. 怎样使用背景音乐的相关标签？

背景音乐使用的相关标签是<EMBED SRC="001.mid">，这个标签可以视需要放置在<BODY>和</BODY>之间的任何地方。在网页中对应的标签放置的位置上会出现一个类似媒体播放程式的图案，可以控制音乐的播放或暂停。下面是它的其他参数：

```
<EMBED SRC="001.mid" WIDTH=145
HEIGHT=60 AUTOSTART=TRUE LOOP=TRUE
HIDDEN="TRUE" >
```

94. <base>标签的作用是什么？

这是基本的HTML语言。用<base target=_××>来设置这个网页所有链接的目标窗口。也就是说，网页中只要添加<base target=_××>代码，那么就无需分别设置所有的超链接。最好将这句写在<head>和</head>之间。例如，<base target=_blank>代码表示网页中所有的超链接的目标地址都在新建窗口中打开。

95. visibility和display属性最大的区别是什么？

visibility="hidden"的对象在页面中占有空间但是不显示，dispaly="none"的对象在页面中不占有空间。例如：

```
<div style="width:100px;height:20px"
id=div1>第一行</div> 第二行<input
type=button onclick=div1.style.
```

```
display='none' value=display><input
type=button onclick=div1.style.
visibility='hidden' value=visibility>
```

96. 如何使DIV居中？

主要的样式定义如下：

```
body {TEXT-ALIGN: center;} #center {
MARGIN-RIGHT: auto; MARGIN-LEFT auto;
}
```

首先在父级元素定义，"TEXT-ALIGN: center:"的意思就是使父级元素内的内容居中，一般，对于IE这样设置可以了。但在mozilla中不能居中，解决办法就是在子元素定义时再添加"MARGIN-RIGHT: auto; MARGIN-LEFT: auto;"。需要说明的是，如果想用这个方法使整个页面居中，建议不要套在一个DIV里，可以依次拆出多个DIV，只要在每个拆出的DIV里定义"MARGINRIGHT: auto; MARGIN-LEFT: auto;"即可。

97. 如何使图片在DIV中垂直居中？

运用背景，例如：

```
body{BACKGROUND: url(http://www.w3cn.
org/style/001/logo _ w3cn _ 194x79. gif)
#FFF no-repeat center;}
```

关键就是最后的center，这个参数用于定义图片的位置。还可以输入top left（左上角）或bottom right（右下角）等，也可以直接输入数值。

98. Dreamweaver可以支援首行缩排、凸排或是设定字距吗？

可以的，请利用Cascading Style Sheet的功能。

99. 如何添加字体？

在网页制作过程中，如果需要的字体没有显示在"字体"下拉列表中，则可以在"编辑字体列表"对话框中添加字体。

100. 怎样合并与拆分单元格呢？

在页面布局中，经常需要合并与拆分单元格，来达到布局网页的目的。要合并与拆分单元格，可执行"修改"菜单中的命令。